Schubert, Gotthilf Heinrich.

Reise in das Morgenland in den Jahren 1836 und 1837

1. Band

Schubert, Gotthilf Heinrich von

Reise in das Morgenland in den Jahren 1836 und 1837

1. Band

Inktank publishing, 2018

www.inktank-publishing.com

ISBN/EAN: 9783747766989

Reise

in das

Morgenland

in den Jahren 1836 und 1837

von

Dr. Gotthilf Heinrich von Schubert.

Erster Band.

Erlangen, 1838

bei J. J. Palm und Ernst Enke.

Ihrer Königlichen Majestät,

Theresia,

regierenden Königin von Bayern,

2c.   2c.   2c.

Eure Königliche Majestät haben es nicht ver=
schmäht einige Immortellenblüthen allerhuldvollest
anzunehmen, welche jüngsthin ein armer Pilgrim,
dessen Hand nichts Besseres zu geben fand, mit sich
aus dem Lande einer alten Verheißung und Erfüllung
brachte. Jene Blumen sind von der Sonne des
Ostens zum Leben geweckt und groß gezogen wor=
den, und auch jetzt, wo der Reiz des besondren Le=
bens erloschen ist, blieb ihnen wenigstens das bunt=

farbige Gewand, mit welchem Sonne und Boden des reichen Geburtslandes sie umwebten.

Dem Buche, das der Pilgrim Eurer Königlichen Majestät hiermit in tiefester Ehrfurcht zu Füßen legt, mangelt zwar das lieblich bunte Gewand der Immortellen; die Gluth der Sonne, welche auf die Arbeit fiel, war für die Kraft der Darstellung zu übermächtig; mit dem frischen Triebe der Gestaltung ermattete und verblich öfters auch die äußere Farbe. Dennoch hat vielleicht derselbe Strahl, der das Grün zerstörte, dem kahlen Felsen der Wüste irgend eine Beleuchtung gewährt, die das Auge zum Aufmerken bewegt. Dieses allein gab dem Verfasser den Muth Eurer Königlichen Majestät eine Reisebeschreibung in tiefester Ehrfurcht zu widmen, deren Erinnrungen von einem Morgenroth der Zeiten beleuchtet sind, welches Eure Majestät kennen und lieben, und von einem Thau des Thabor und Hermon benetzt,

dessen Segnungen im reichsten Maaße über Aller-

höchst Sie und das ganze Königliche Haus kom-

men und fortwährend auf ihm verbleiben mögen.

Ich beharre in tiefster Ehrfurcht

Eurer Königlichen Majestät

allerunterthänigster

München den 21ten August 1838.

G. H. v. Schubert.

Vorwort.

Ich gebe hier den ersten Band der Beschreibung meiner Reise in das Morgenland, welcher freilich gerade da zu erzählen aufhört, wo der Weg nach dem eigentlichen Ziele meiner diesmaligen Wandrung seinen Anfang nahm. Möge daher die Gedult des Lesers nicht ermüden, wenn ich ihn, nothgebrungen, zuerst in diesem Bande durch jenes unfruchtbarere Dickig der vorbereitenden Wege und Schwierigkeiten führe, durch welches ich selber hindurch mußte, um auf das freie Feld der größesten Thaten und Geschichten unsres Geschlechts hinaus zu kommen. Freilich war durch die Beschaffenheit des Bodens, über welchen dieses erste Drittel der Reise seinen Gang nahm, die Aussicht nach dem hehren Endziel noch sehr gehemmt, doch brach auch da schon zuweilen ein Strahl in das Dunkel herein, der zum Weitergehen Freudigkeit und Kraft gab.

Der zweite Theil, welcher durch die Stätte des Reiches der Memphiten und durch die Wüsten des Sinai und des Hor nach dem gelobten Lande führen soll, wird

11

dem erſten ſehr bald, dem zweiten dann der dritte und
letzte in möglichſt kurzer Zeit nachfolgen. In dieſen bei-
den folgenden Bänden werde ich namentlich die naturwiſ-
ſenſchaftlichen Bemerkungen auf den ungleich engeren
Raum der Notenſchrift verweiſen.

Jenen Leſern, welche ihrem Auge die Luſt der un-
mittelbaren Anſchauung mancher in meiner Reiſe berühr-
ten Gegenden verſchaffen können und wollen, darf ich
die lithographirten Abbildungen empfehlen, welche mein Rei-
ſegefährte, Herr Maler Vernaß, durch die Steinkopf'ſche
Buchhandlung zu Stuttgart öffentlich mitgetheilt hat. Ich
kann verſichern, daß dieſe Abbildungen wenigſtens treu
und wahr ſind, während ſo viele andre Bilder von Ge-
genden und Orten des gelobten Landes, welche in dieſem
Augenblick verbreitet werden, entweder ganz erdichtet,
oder doch durch ein dieſen Gegenſtänden fremdes, blen-
dendes Gewand entſtellt ſind.

München am 21ten Auguſt 1838.

Der Verf.

Inhalt des ersten Bandes.

14

16

———

I. Einleitung.

Wohin willst du?

„Wohin willst du?" so fragen wir den Wandrer, den
wir auf einem einsamen, von uns noch nie betretenen
Stege einholen, und an den wir uns, wenn er etwa
gleichen Weges mit uns gienge, als Gefährten anschließen
möchten. „Wohin willst du?" so möchte wohl auch der
zum Mitreisen geneigte Leser den alten Wandrer fragen,
welcher in den nachfolgenden Blättern die Geschichte sei-
ner Reise nach dem Morgenlande beschreibt. Dieselbe
Frage wurde schon viermal, zu vier verschiedenen Zeiten
meines Lebens an mich gethan und ich brauche hier nur
zu berichten, was ich jene vier Male auf sie zur Ant-
wort gegeben.

Es hat wohl selten ein Mensch, der kein Schweizer
von Geburt war, so tief, so verzehrend am Heimweh
gelitten, als ich. Da ich, in meinem neunten Jahre zum
ersten Male vom Hause der Eltern getrennt, an einem
fremden Orte lebte, um dort die Schule zu besuchen, da
schien mich auch die Miene eines Jeden, der mir theil-
nehmend in mein verweintes Auge schaute, zu fragen:
„wo willst du hin?" und jeder Nerv, jede Ader mei-
nes Wesens antwortete: „Ich will zum Hause meiner

Eltern." Dachte und sprach ich ja, außer den Stunden
der Schularbeit nichts andres als was die Heimath, was
das Elternhaus angieng; das Heimweh ließ mich nicht
einschlafen, ließ mich nicht ausschlafen; es ließ mich nicht
ruhen beim Spiele der Kinder, nicht froh werden beim
Essen, wenn ich auch noch so hungrig war: im Hause
der lieben Mutter hätte mich wohl trocknes Brod und
Wasser mehr vergnügt, als in der Fremde Alles was
süß und lecker ist. Mein Heimweh wurde nicht eher still,
bis die Thräne kam; die bittre süße Thräne des heißen
Sehnens nach dem Elternhause, die anfangs im Verbor-
genen, später aber, immer zudringlicher um Mitleid und
Hülfe flehend, auch vor Andren geweint wurde.

Ich wundre mich selbst darüber wie ich so gar siech
und elend vor Heimweh seyn konnte. Von Natur war
ich ein kräftiger, munterer Knabe, dem, das wissen Alle
die mich in meiner Kindheit kannten, kein Thurm- oder
Kirchengemäuer zu hoch und zu gefährlich, kein Baum
oder einzeln hinausragender Ast zu gäh oder zu schwierig
zum Besteigen war; der ohne Grubenlicht dem Bergmann
nachschlich in die dunkle Tiefe *) ohne sich von dem Sau-
sen und Heulen der Kunsträder und Saugwerke stören
zu lassen. Ich liebte die Einsamkeit und gieng oft stun-
denlang im Buchen- und Tannenwald umher, suchend
nach Dingen, nach denen Keiner unter meinen Gespielen
Verlangen trug, außer mir. Und an dem fremden Orte,
wohin man mich in meinem neunten Jahre gebracht hat-
te, wohnte ja meine liebe, älteste Schwester und der Vor-
stand der gut eingerichteten, kleinen Schule, war mein

_____

*) Meine kleine Vaterstadt hatte damals noch Bergbau.

eigner Schwager; wie kam es doch da, daß jeder Odem=
zug, jeder Blutstropfen in mir nur nach dem Elternhau=
se ächzte und hinjagte, und daß mich die kindische Thräne
des Heimwehes so blind machte gegen all das Tröstliche
und Gute das um mich her war?

Freilich hatte das Elternhaus gar besondere Dinge
in und an sich, die ein junges Herz, gerade je stärker be=
weglich es war, desto mehr zu sich hinziehen konnten.
Es wohnte da vor allem eine Mutter, welcher eine Ga=
be und Macht der Liebe zu Gott und den Ihrigen, so
wie zu allen Menschen verliehen war, wie dergleichen
nur selten in einem Menschenherzen gefunden wird; eine
Liebe die überall um sich her Friede, Freude und heitres
Wohlseyn ausstrahlte, weil sie in beständiger, das eigne
Selbst vergessender That lebendig war. Mit ihr ein Va=
ter, über dessen kräftiges Wesen die Ruhe eines guten
Gewissens vor Gott und den Menschen ihren Fittich brei=
tete, ein Mann in Wort und That, dessen ganzem, fe=
sten Wesen der Wahlspruch eingeprägt war: „schlicht
und recht das behüte mich" *). Dabei noch zwei Schwe=
stern, welche dieser Eltern Kinder waren und welche den
jüngsten, spätgebornen Bruder von Herzen liebten.

Das Elternhaus hatte aber außer dem innern, mäch=
tig anziehenden Reiz noch einen andern, auch äußeren: das
war die hohe Anmuth der Gegend in welcher es lag.
·Das nachbarlich an diese angrenzende Muldenthal hat
schon vor zweihundert Jahren einen begeisterten Lobred=
ner und Sänger gefunden, an meinem mir sehr theuren,

---

*) Pf. 25. V. 21.

vielgereisten Landsmanne Paul Fleming aus Harten=
stein, von welchem namentlich das schöne Lied: „In
allen meinen Thaten" so lange forttönen wird als es ei=
nen deutschen christlichen Gesang giebt *). Der Berg
aber, der sich wie eine hehre Warte an der Westseite
der kleinen Halbinsel erhebt, welche durch die beiden
gleichnamigen Schwestern: die Freiberger und Zwickauer
Mulde gebildet wird; der Berg worauf meine kleine Va=
terstadt Hohenstein, in der Grafschaft Schönburg liegt,
trägt denn doch jenes Element, an welchem sich in der
Brust des Schweizers das Heimweh entzündet, in noch
viel höherem Maaße an sich, als das liebliche Muldem=
thal. Er ist ein Rigiberg im Kleinen; ein Gilead zwi=
schen der hehren Gebirgsgegend des Südens und der hier
angränzenden, fruchtbaren Ebene des Nordens. Die
Kirche des Städtleins, mit ihrem Thurme, wird wegen
der hohen Lage weithin im Lande gesehen; nahe bei die=
ser Kirche wohnten meine Eltern. Von den Fenstern ih=
res Hauses, mehr aber noch vom väterlichen Garten am
Thurme und von der an ihn angrenzenden Höhe über=
blickt man gegen Süd und Südost zunächst ein wellen=
förmig emporsteigendes, von grünenden Thälern durch=
schnittnes, hügliches Land, über dessen Saum weiterhin
die Gebirgskette der erzreichen Subeten, mit ihren Gra=

_____

*) Neuerdings hat ein verwandter Geist: Gustav Schwab
durch die Herausgabe von Paul Flemings erlesenen
Gedichten (Stuttgart 1820) sammt einer kurzen Le=
bensbeschreibung des Dichters den Freunden der deut=
schen, lyrischen Poesie ein werthvolles Geschenk gemacht.
Das hier erwähnte „Reiselied" steht in der Schwab'schen
Ausgabe S. 48.

nitzinnen und rundlichen, basaltischen Kuppen emporsteigt;
in West und Südwest erheben sich die waldreichen Hoch-
ufer des Muldenthales, und in weiter Ferne die Voigt-
ländischen Gebirge; gegen Norden ergeht sich die Aus-
sicht ungehemmt über die weite Ebene des niedreren Mul-
denlaufes; tief am Horizont zeigt sich noch, als letzte dem
Auge wahrnehmbare Erhöhung, der Petersberg bei Halle.
Damals, in den Zeiten meiner Kindheit, war der seitdem
fast kahl gewordene Scheitel unsres vaterstädtischen Ber-
ges von einem Walde der hohen Edeltannen und Buchen
umkränzt, aus dessen kühlem Schatten mancher seitdem
versiegte Quell hervorströmte, in dessen dunkeln Zwei-
gen mancher seitdem verstummte Gesang der Vögel er-
tönte.

Allerdings war das ein Anblick von seltner Art,
wenn von den Fenstern des Elternhauses aus gesehen die
Morgensonne an einem hellen Wintertage über die be-
schneiten Felsenwände des Greifensteines (bei Geyer) em-
porstieg und wenn nun die beeisten Bächlein im Thale
wie Silberfäden das dunkle Grün der Fichtenwälder um-
spannen, oder wenn das Abendroth seine Flammen über
dem Voigtländischen Gebirge und im Nachbarwald der
Edeltannen spielen ließ und der Rabe schreiend von dem
Flug des Tages wiederkehrte. Der Sturm hatte auf
diesen freien Höhen, wenn er die Zweige des vereinzelt
stehenden Baums erfaßte oder durch die Schalllöcher des
Thurmes hindurchstrich, einen ganz andren, mächtigeren
Laut als anderswo; der Strahl der Frühlingssonne,
wenn er in das grünende, terassenartig emporsteigende
Thal trat, das in Süden und Westen den Fuß des
Berges umwindet, oder wenn er auf den südlichen Ab-
hang von diesem selber fiel, weckte da mit den Maibrun-

nen *) zugleich eine Mannichfaltigkeit der Frühlingsblu=
men des Gebirges, wie fie, in gleicher Fülle nur selten
erscheint. Der alte Wandersmann, der damals als Kna=
be mit einer freilich kindisch übertriebenen Vorliebe an
der Gegend seines Geburtsortes hieng, hat seitdem man=
che Länder und Gegenden gesehen, die wohl zu den schön=
sten der Erde gehören, noch aber wird ihm das Herz
warm, wenn, nach langer Abwesenheit wieder einmal
sein Blick, verjüngt wie ein Adler, von der Höhe des
Berges seiner kleinen Vaterstadt einen Ausflug weithin
über die Thäler und Berge machet.

Im Garten meines Vaters, wie im Thal und auf
den Höhen hatten jeder bunte Stein, jede Blume für mich
ihre besondere Sprache, ihren Namen; die kleine, glän=
zende Quarzdruse, die mein erstes, köstliches Besitzthum
der Art war, verwahrte ich, wie einen, wenn etwa
Feuersgefahr ihn zerstörte, unersetzbaren Schatz, in einer
Oeffnung der innern Gartenmauer. Wenn mich dann
auch beim Anblick des Bergsaumes, der den Horizont be=
gränzte, je zuweilen das Verlangen anwandelte, zu sehen
was jenseits der Berge wäre, so hatte ich doch Viel zu
Viel und angelegentlich mit dem Elternhause und seiner
Umgebung zu schaffen und zu reden, als daß mir, da
zum ersten Male die Frage an mich ergieng, „wo willst
du hin?" eine andre Antwort möglich gewesen wäre als
die: „zum Hause der Eltern."

---

*) Kleinere, nur im Frühlinge und zwar auf kurze Zeit flie=
ßende Quellen, die von dem in die Bergklüfte eingedrun=
genen Wasser des thauenden Schnees und Eises der Hö=
hen ihren Zufluß haben.

Der Wunsch, der in dieser Antwort lag, wurde gewährt; nach etwa zweijährigem Aufenthalte an fremdem Orte kam ich wieder heim und blieb im Hause der Eltern bis zur Gränze des Knabenalters. Ueber-die ersten beiden Jahre der neuen Trennung breitete ein jugendlicher Leichtsinn seinen Nebel; an dem Orte wo ich damals war, konnte keine Art von Heimweh, konnte nichts Tieferes aufkommen; es war nichts da, was die Tiefe aufregte. Da zog mich, wie eine sichere Ahndung des Künftigen, dergleichen ich in meinem Leben öfters erfahren, Herders mir kaum bekannter Name, Herders Gegenwart nach Weimar, und siehe es ward mir das Glück zu Theil in der Nähe dieses großen Geistes, der seinem Zeitalter ein Ararat, ein Ort der Bergung vor großen Wassern war, aufzuwachen, zum innern, geistigeren Leben. Was ich etwa späterhin als wissenschaftlicher Schriftsteller hervorgebracht habe — es ist so Weniges und so Mangelhaftes, daß ich fürchte es würde den theuren Mann beschämen, wenn er diese Worte vernähme — dazu danke ich, nächst Gott, den ersten Antrieb und die erste Anregung Herder. In diese lebendig, bis in die Tiefe aufgeregte Zeit meiner Jünglingsjahre fällt nun der zweite Brennpunkt meines Lebens, an welchem mein Innres die Frage vernahm und beantwortete „wohin willst du?"

Die Frage ließ sich zwar damals wiederholt vernehmen, es ist mir aber vor allem ein Moment in der Erinnerung stehen geblieben, in welchem, wie mir scheint, Frage und Antwort am lautesten sich begegneten. Ich erzähle was mir damals geschehen.

Es war ein Tag des eben beginnenden Frühlinges, ein solcher, der in allen Seelen das Vorgefühl eines Le-

bens weckt, das niemals aufhört, da wollte in mir das
Heimweh, das bittersüße, nach dem Elternhause zum
zweiten Male, und wie mir schien, innig tiefer als je-
mals erwachen. Ich stund, ganz allein, an dem kleinen
See eines stillen Thales. Das Gewölk gegen Süd und
Ost hatte sich leise geöffnet; ein röthlicher Schimmer
schwebte am Horizont; ein röthlicher Strahl fiel aus dem
Gewölk auf die Bäume am Ufer und auf den Spiegel
des Sees; es war als wollte noch jetzt, am Mittage,
der ganze Himmel in Morgenroth sich auflösen. Eine
Schaar der erst neulich wiedergekehrten Vögel, die über
den See flog, wurde nur gesehen, nicht gehört; die Ler-
che, als dürfte sie die Stille des Thales nicht stören,
sang ihr Lied hoch in der Luft; das Gebüsch wie der
Baum waren schweigend in das Geheimniß ihres Wach-
sens und Gedeihens versenkt; es war wie ein Warten in
der Natur: ein Warten, das seinen Mund nicht aufthut,
weil sich das sehnlich Erwartete schon nahet. Es sind
dieses Stunden, da der Geist, welcher in der Natur
webt und waltet, dem Geiste, der im Menschen lebt,
mehr denn sonst sich nähert, deutlicher denn sonst sich ihm
kund giebt. Das Sehnen das in dem heimwehkranken
Herzen so eben noch von dem Elternhause sprach, schwieg,
mit der schweigenden Natur; wie ein Wandrer, wenn er
bei einer am Wege stehenden Menschenschaar vorüber-
kommt, welche unverwandt, in stiller Erwartung, nach
einem vor ihr gelegenen Punkte hinblickt, unwillführlich
sein Auge dahinwendet, wohin die Andren sehen; so
lauschte der innre Sinn des Jünglinges, von welchem
wir hier, aus seinem eignen Munde erzählen, auf eine
Stimme, die ihm sagen könnte, wohin dieses Warten
der Natur gienge?

Die Frühlingssonne trat jetzt frei aus dem Gewölk
hervor, da endete das Schweigen; die Nachtigall im Ge-
büsch begann ihr erstes Lied: das Lied, das nach dem
Verlauf der Wanderzeit durch ferne Auen, die wiederer-
reichte Heimath begrüßt. Dem Jünglinge war es als
sey heute sein innres Ohr geöffnet; als verstünde er die
Sprache der Sängerin, die mitten in die Begrüßung der
Heimath das Lob des Landes verwebte, aus dem sie so
eben kam. „Ja," so schien mirs lautete der Inhalt des
Liedes, „ja das Wiedersehen der Stätte, die mich ge-
bar, ist süß, und mächtig der Zug, der mich nach ihr
zurückführte; mächtiger aber noch war jener, der mich
im Spätsommer, als hier noch Feld und Gebüsch mit all
ihrer grünenden Fülle geschmückt waren, hinwegtrug über
Meer und fernes Land, in die Geburtsstätte der höheren
Art, aus der sich am Morgen die Sonne erhebt und über
die ihr Weg am Mittage hinübergeht. Das Sehnen,
das zum Wandern treibt, weiß von einer doppelten Hei-
math: von jener, in der das einzelne, sterbliche Leben ge-
boren ward und erzogen, und von einem andern, aus
welchem das Leben Aller, das Leben des ganzen Ge-
schlechts seinen Anfang nahm."
Es war freilich nicht bloß das Lied der Nachtigall
oder die begeisternde Kraft die in der Schönheit des
Frühlingstages lag, sondern mehr denn beide war es ein
innres, aus der Seele selber kommendes Bewegen, was
in jener Stunde dem enger beschränkten Heimweh, das
noch kurz vorher sich schmerzlich geregt hatte, eine neue
Richtung gab; was dem Herzen auf die abermals wach
gewordene Frage: wohin willst du? die Antwort ein-
sprach: „in das Land des Aufganges der Geschichte
meines Geschlechts." Eine unbeschreibliche Lust zum

Wandern, zum weiten Wandern hatte mich seitdem er=
griffen; meine liebste Erholung von dem gewöhnlichen
Werk des Tages war das Lesen von Reisebeschreibungen,
und wenn im Herbst die kleinen Zugvögel auf der Heide
sangen: „ziehe mit" — „ziehe mit," da konnte ich nicht
widerstehen, ich ergriff den Wanderstab, und zog, so
weit es gehen wollte über Berg und Thal, bis zuletzt,
nach vierzig Jahren — denn so weit liegt jener Früh=
lingstag meiner Jugend *) schon hinter mir, es mir war,
als ob der Wanderstab, den ich so lange rüstig geführt
und bewegt hatte wohin ich wollte, jetzt mich, bei schon
ergrauendem Haare erfaßte und mich führte dahin ich ge=
hen mußte. Ehe ich aber dieses Begebniß, so wie jenen
entscheidendsten Augenblick meines späteren Mannesalter
beschreibe, da in meinem Innern zum dritten Male die
Frage gefragt und beantwortet wurde: „wohin willst du"
muß ich zuerst noch über den Sinn der Antwort, die
mir das zweite Mal auf jene Frage in Herz und Mund
gelegt wurde, etwas Weiteres berichten.

Es wirkt nicht allein auf den Vogel ein zweifacher
Zug zum Wandern: einmal nach dem besondren, engbe=
schränkten Bergungsplatz, da sein mütterliches Nestlein
ist, und Nahrung für ihn und die Jungen, dann nach
dem allgemeineren, weiteren, da die zahllosen Schaaren
seines Geschlechts Bergung vor dem Winter und Fülle
der Nahrung finden, sondern auch im Menschen regt sich
ein ähnlicher, doppelter Zug des Heimwehes und der
Wanderlust. Kaum giebt es ein Volk der Erde, in wel=
chem nicht, wie ein Jugendtraum noch die Kunde nach=

---

*) Im Jahr 1797.

tönte von einem Lande des gemeinsamen Ursprunges, von
einer paradiesisch reichen, früheren Heimath seines Ge=
schlechts, und in welchem diese Kunde nicht einen Zug
des Heimwehs aufregte. — Ein Berg war es, bewacht
von geisterhaften Mächten: der Goldberg Meru, von
welchem, nach der Sage der Inder, als von dem Wohn=
sitz der seligen Götter, der Ausgang des Schaffens ge=
schehen; die Kunde von diesem Paradiese, dessen ewige
Fülle von keinem Sturme bewegt ward, kleidete sich bei
den Griechen in die Sage vom Lande der Hyperboräer;
ein letzter Nachklang der alten Ueberlieferung war viel=
leicht selbst die Dichtung von der Nibelungen Hort.
Wie die Magnetnadel in den Gegenden, die ostwärts
dem physikalischen Erdpole liegen gen Westen, in denen
die westwärts gelegen sind gen Osten hinweiset: nach
dem Punkte, von welchem ihr lebendiges Bewegen aus=
gieng; so weiset uns ein altes Sehnen der Völker in
Osten, wie die Stimme des sterbenden Confucius, wie
der Stern jener Weisen des Morgenlandes nach Westen,
während sich das Erwarten der Bewohner des Westens
gegen den Aufgang, als auf das Land der Erfüllung hin=
wendet. Es ist dieses Heimweh des Menschen nach dem
vormaligen, paradiesisch schönen Wohnsitz seines Ge=
schlechts zum Theil selbst ein anregendes Element für die
Wanderungen der Völker gewesen, welche im Reiche des
Sichtbaren vergeblich nach dem suchten, das nur in einem
Reiche des Höheren zu finden war. Und dennoch spiegelt sich
ja immer, auch im Sichtbaren und Niedreren, das Höhere,
nicht mehr im Bereich des Sichtbaren Liegende ab; es
läßt sich wirklich, auch noch auf Erden eine Stätte be=
zeichnen, welche auf den Namen des Ausgangspunktes
der Geschichte unsers Geschlechtes und der zunächst zu

diesem gehörigen organischen Natur einen Anspruch ma-
chen kann.

Seitdem Paul Tournefort auf seiner Reise nach
den Morgenländern an dem Ararat eine Welt im Kleinen
kennen gelernt und beschrieben hatte, in welcher sich auf
engem Raume fast alle Hauptformen des Pflanzenreiches
beisammen finden: unten am Fuße des Berges die Ge-
wächse des wärmeren Asiens, höher hinauf die des mitt-
leren Europas, näher nach dem beschneiten Gipfel die
Pflanzengeschlechter vom nördlichen Schweden und Lapp-
land, hatte sich hie und da bei den Naturforschern die
Vorstellung von einem, ich möchte sagen, Schöpfungs-
berge gebildet, der vielleicht wie eine Insel aus dem Ge-
wässer hervorragend, die Stammformen der Geschlechter
der organischen Wesen trug und hegte, die sich nachmals
im Verlaufe der Zeiten über alle Gegenden der Erde aus-
breiteten und fortpflanzten. Und in der That, an die
von Tournefort veranlaßte Vorstellung werden wir noch
von einer ganz andern Seite erinnert.

In dem Hochlande Armeniens, umgürtet und bewacht
von der Wildniß, welche hier erhabener ist und gewalti-
ger als an andern Orten der Erde, liegt eine Gegend, auf
die der Morgenglanz der Geschichte unsres Geschlechts
seine ersten erhellenden Strahlen wirft. Einsam erhebt
sich dort der Ararat über die Hochebene; ein Mittelpunkt
des größesten Länderstriches der Erde, welcher vom Süd-
ende von Africa bis zum nordöstlichen Küstensaume von
Asien reicht; ein Mittelpunkt des Zuges der Wüsten, wie
der Gewässer, deren Stromgebiete von seiner Nachbar-
schaft aus nach allen Richtungen hin zu den Meeren und
Seen im Norden und Westen, in Süden und Osten sich

hinabsenken *). Die hehre Warte jenes Gebirges, das in seinen Umrissen einem Schiffe verglichen wird, erscheinet noch jetzt den umwohnenden Völkern wie den Bewohnern der westlichen Länder als eine Denksäule der großen Errettungen; als eine Stätte des Ausruhens von dem Ungestüm der gewaltigen Wasser. Denn hier, in dieser Gegend, war es, wo der übrig gelassene Sprosse eines älteren, zertrümmerten Stammes unsres Geschlechts zuerst wieder Wurzeln schlug; hier erbaute am Frühlingsmorgen des zweiten Welttentages Noah jene Hütten, aus denen, wie aus einem gemeinsamen Quellpunkte, die Ströme der Völker von neuem über die Länder der Erde sich ergossen.

Aber diese Gegend, in deren Thälern und Ebenen noch jetzt ein fast beständiger Frühling seinen Sitz hat, ist nicht bloß die Zeugin des einen, zweiten Frühlingsmorgens der Geschichte unsres Geschlechts gewesen; sie war auch Zeugin nicht nur, sondern Theilhaberin an der Herrlichkeit eines andern Tages, dem an äußerer Fülle und Lieblichkeit kein andrer Tag der Erde gleich kam. Könnten diese Berge und Thäler mit Worten von Dem zeugen, was einst in ihrer Mitte sich zugetragen, dann würde ihre Stimme ein Lied der Schöpfung nachhallen, bei dessen Tönen der Mensch einst zum Bewußtseyn seiner selbst und zum Anschauen Dessen erwachte, der ihn erschuf. Denn hier, diese Hochebene an den Quellen des Euphrat und Tigris, welche noch jetzt, vorzugsweise vor allen andren Punkten der Erdfläche, als das vermuthli-

_____

*) M. vgl. C. v. Raumers Abh. in der Hertha 1829 S. 346., so wie desselben allgem. Geographie.

che Vaterland unsrer Getreide- und Obstarten, wie der nützlichsten Hausthiere erscheint, wird uns von der heiligen Urkunde als die erste Heimath unsres Geschlechts; als die Stätte des Paradieses bezeichnet *). Noah, als er aus den Schrecknissen der allverheerenden Fluth hieher entrann, hatte seine Bergungsstätte nahe bei der Heimath der ersten Väter gefunden.

Und fürwahr, die Kräfte der frischesten Jugend der Menschennatur müssen sich, ein und das andre Mal, hier, wie in den nachbarlich angränzenden Ländern, in einer Stärke und Mächtigkeit geregt haben, wie kaum sonst in andren Gegenden der Erde; hier ward namentlich ein Bauwerk des Menschengeistes begründet, welches statt der Werksteine aus den Sternen des Himmels zusammengefügt ist; denn noch jetzt verräth das älteste System der Sternkunde durch die Anfügung seiner Elemente an die Grade der Breite dieses Erdstriches, daß es von da seinen Ausgang genommen. Riesenhaft groß und mächtig, dieß bezeugen selbst die wenigen übrig gebliebenen Trümmer, muß aber auch alles Das gewesen seyn, was, bald nach dem Beginn des zweiten, noachischen Weltentages, die Jugendzeit der Völker, dort, auf dem Tummelplatz ihrer ersten Thaten, aus irdischem Material erbaute. Das, was der spätgeborne Sohn des Westens bei dem Anblick von Baalbeck empfindet, in dessen Ringmauern Werkstücke von mehr denn sechzig Fuß Länge sich finden; das was er bei dem Anblick von Palmyra fühlt, das ist dennoch, was die Größe und Macht der Massen betrifft,

---

*) Genes. 2.

nur ein schwacher Nachhall von Dem, was vormals in
den östlicher gelegenen Ländern bestanden.

Wie ein einsamer Wandrer strömt der Euphrat an
den Schutthaufen des alten Babylon, der Tigris an der
Stätte vorüber, auf welcher einst das mächtige Ninive
drei Tagreisen weit sich ausbreitete; statt der Menge der
Städte die während ihres längst vergangenen Jahrtau-
sends in dem Gewässer jener Ströme sich spiegelten, wirft
jetzt die verödete, menschenleere Wüste ihren Schatten
darein; nicht ein Drittheil, nicht die Hälfte, sondern mehr
denn neun Zehntheile der Zahl der Seelen, die einst hier
wohnte, und von Geschlecht zu Geschlecht sich forterbte,
sind von dem schweren Gericht der Zeiten, das diesen
reichen Erdstrich traf, ertödtet und hinweggeräumt wor-
den; zur Erde, in den Staub gefallen, sind die Sterne
der irdischen Größe, welche einst hier leuchteten. Sollte
jener große König, der im Gesichte der Nacht mit dem
goldnen Haupte verglichen ward; jener König, der auf
dem Dache seiner Burg wandelnd, vor Hochmuth trun-
ken, sich des Anblickes „der großen Babel‟ freute,
„die er sich erbaut hatte zu Ehren seiner Herrlichkeit‟*),
sollte dieser jetzt auf dem Trümmerhügel stehen, zu wel-
chem seine Königsburg zusammengesunken ist, und um
sich schauen, wie würde es da vor Dem ihm grauen,
das einstmals seiner Augen Lust war. Den Lauf der
langen, geraden Straßen, die sich meilenweit in Osten,
meilenweit in Westen, seitwärts vom Strome des Eu-
phrat, und 'eben so weit, seinem Laufe folgend, gegen
Norden und Süden ausdehnten, bezeichnen anjetzt nur

---

*) Daniel 4. V. 27.

noch jene wall- oder rainartigen Schutthaufen, an deren
Abhange sich die Schlange sonnet; Nebucadnezars, des
Weltbeherrschers Pallast, in dessen Sälen Alexander, der
Welterschütterer, starb, unterscheidet sich von den andern
Trümmerhaufen, die an der Ostseite des Stromes liegen,
nur durch seine bedeutendere Höhe und Ausdehnung; ver-
geblich suchet da das Käuzlein ein aufrecht stehendes Ge-
mäuer, in welchem es sich vor dem blendenden Lichte des
Tages verbergen könnte. Und wen sollte auch die grauen-
volle Zerstörung aller der Bauwerke, welche die Ostseite
der vormaligen Haupt- und Mutterstadt der Weltenrei-
che umfaßte, noch befremden, wenn er die Zertrümme-
rung jener ungleich colossaleren Werke der Menschenhand
gesehen, die an der Westseite des Stromes stunden. Von
Bagdad herkommend, haben mehrere frühere Reisende
jenen Theil der Ruinen des alten Babylons, von denen
wir jetzt reden, gar nicht beachtet, denn sie liegen drei
Stunden Weges vom Ufer des Euphrat ab. Hier — es
war einst, nach der Beschreibung der Alten, die Mitte
der Stadt, stund, selbst noch in den Zeiten der genaue-
ren historischen Kunde, jener Birs Nimrud oder Thurm
des Baal, welcher in acht terassenartig sich absetzenden
Stockwerken, deren unterstes sechshundert Fuß im Durch-
messer beherrschte, bis zur entsprechenden Höhe von sechs-
hundert Fußen sich erhob; es umfaßte dieser Thurm in
seinem mächtig weiten, unterem Ringe, den vierecken
Tempel des Baal, dessen Umfang zwölfhundert, die Län-
ge jeder der einzelnen Säulen dreihundert Fuß betrug;
im Innersten des Tempels fand sich das vierzig Fuß ho-
he güldene (wenigstens mit dichtem Goldblech überzogene)
Bild des babylonischen Gottes, für dessen unmittelbares,
persönliches Annahen die Kammer des obersten Stockwer-
kes

kes erbaut war. Doch dieser Thurm, den uns Strabo
beschreibt, war selber nur ein Neubau, errichtet über den
Trümmern eines Thurmes zu Babel, von dessen ältestem
Bau die historische Kunde uns zwar kein Maaß der Fuße
und Ellen, die heilige Urkunde aber ein andeutendes
Bild gegeben hat, das den Schatten seines mächtigen
Emporstrebens weithin über das Feld der Geschichte der
nachkommenden Geschlechter wirft. Noch jetzt ziehet der
Trümmerberg, der sich an der Stätte des denkwürdigen
Gigantenwerkes emporthürmt, von Allem was die Zeit,
deren Zuname das Vergehen ist, von der alten Babel
übrig gelassen hat, das Auge des Wandrers am meisten
an sich. Er erscheint als eine terassenartig emporsteigen=
de Anhöhe, die zu unterst aus einem Schuttwerk von al=
ten Bausteinen bestehet, welche, nach Ker=Porters
Beschreibung und Ausdruck *), wie durch ein Feuer vom
Himmel, wie durch Blitze verglast sind, und vielleicht,
daß dieser unterste Hügel der zerschmetterte Leichnam je=
nes ältesten Thurmes zu Babel ist, der sich die Höhe
des Höchsten zum Endziel seines jugendlich übermüthigen
Emporstrebens erlesen hatte. Oben auf der Mitte des
Trümmerhügels giebt noch jetzt ein kunstreiches Gemäuer,
aus den Zeiten der späteren assyrisch=babylonischen Welt=
herrschaft den wilden Thieren, welche in unsern Tagen
die wüste Stätte des gesunkenen Thrones beherrschen,

---

*) Ker-Porter travels II. p. 312—317. u. f.; m. vgl. auch
  Maurice Rich. Memoir on the ruins of Babylon, so wie
  Desselben Observations on the ruins of Babyl. und To-
  pographie of anc. Bab. in d. Archeol. Britt. XVIII. 8.
  243.; u. Hammers Fundgruben III.; K. O. Müllers
  Handb. d. Archäol. u. Kunst S. 259.
v. Schubert, Reise i. Morgld. 1. Bd.   2

einen nothdürftigen Schatten; Ker-Porter sahe bei
einem seiner Besuche des Birs Nimrud zwei Löwen ne-
ben jenem Gemäuer stehen, welche erst bei dem lauten
Geschrei, das seine arabischen Begleiter erhuben, sich
entfernten.

Daß von Ninive, daß von der noch gewaltigeren Ba-
bel, deren Stadtmauern, ehe Darius Hystaspes sie er-
niedrigte, nach Herodots Angabe 350 Fuß hoch waren,
fast gar nichts übrig geblieben als häßliche Schutthaufen,
das darf uns nicht befremden. Das Material aus wel-
chem zum größeren Theil jene uralten Städte erbaut
waren, konnte ihnen keine lange Ausdauer sichern: es be-
stund aus Backsteinen, geformt aus dem feinen Thon der
Euphratebene, verbunden mit Asphalt aus Is am Eu-
phrat und mit Rohrlagen. Auch bei solchen Menschen-
werken wird erkannt, daß der Anfang zwar von einem
Antriebe ausgehe, der, im Vergleich mit jenem der den
Fortgang bewirkt, von überwiegend mächtigerer geistiger
Natur ist, daß aber die leibliche Basis mit welcher dieser
Antrieb sich überkleidet, wie bei der Blüthe des Baumes
eine leichter vergängliche sey, während später, nach dem
Vergehen der Fülle der Blüthen die Früchte, sparsamer
an Zahl und langsamer, zugleich aber auch in dauerhaf-
terer Form heranwachsen. Uebrigens konnte auch Baby-
lon, außer der Euphratsbrücke noch manche andre Bau-
werke aus festerem Gestein umfaßt haben, deren Trüm-
mer ein später bauendes Geschlecht von ihrer anfängli-
chen Stätte hinwegführte; denn aus den Ruinen jener
alten Herrscherstadt haben *), außer den vielen kleine-

---

*) Begünstigt von den jährlichen Stromschwellen, welche nach

ren, drei namhafte Städte des späteren Alterthums sich
erbaut und ausgestattet: Seleucia der Griechen, Kte=
siphon der Parther und Al=Maiban der Perser.

Siegreicher sind aus dem Kampfe mit den Verhee=
rungen der Zeiten jene Werke der verständig und künst=
lich bauenden Menschenhand hervorgegangen, welche vor=
mals um einen zweiten Thron der irdischen Herrlichkeit
versammelt waren: um jenen, den das Geschlecht des
Chus im Nilthale begründete; in dem Thale das so reich
begabt ist mit allen Lieblichkeiten, mit aller Fülle und
Kraft der Natur. Der Geist des Menschen hat hier,
an der Gränze der Wüste, welche den beständigen Schlaf
des Todes schläft, Denkmale seines lebendigen Bewegens
hinterlassen, die noch jetzt in dem sie Betrachtenden eine
lebendige Bewegung der Theilnahme erwecken, an einem
irre gegangenen Sehnen der Menschenseele, welches das
Leben, das ohne Ende ist, da gesucht hatte wo dasselbe
nie gefunden wird: bei den Gebeinen der Todten. Rie=
senhaft mächtig dann, wie das ungestillte Sehnen des
Menschengeistes, erheben sich jene Pyramiden, neben de=
ren fast unzerstörbar festem Gebäu schon weit mehr denn
hundert Geschlechter den Menschen geboren wurden und
sich niederlegten zur langen Ruhe des Grabes. Auch die
Ruinen der alten Königsstadt Theben, welche noch jetzt
einen Umkreis von neun Stunden Weges erfüllen, tra=
gen eine Beachtung erweckende Macht in sich, die mehr
in der Bewegung des Suchens, als in der befriedigten
Ruhe des Findens oder Gefundenhabens ihren Grund

Ker=Porter das Ueberschiffen der Steine vom Euphrat
bis zum Tigris möglich machen.

2 *

hat. Denn wenn der Geist des Wanderers jene Mem-
nonskoloffe „Tama" und „Chama" *), welche hoch
über den Akazienwald des alten thebanischen Gefildes
hervorragen; wenn er jene riesenhaften Sphinre, deren
Reihen zwischen Lukfor und Karnack eine weithin lau-
fende Allee bilden **); wenn er die Bildwerke der Tem-
pel und Grabgewölbe des alten Aegyptens fraget: „wo-
hin schauet euer Auge fo unverwandt?" — Da antwor-
ten jene: „wir sehen des Lebens Ende, wir schauen den
Tod an." — Wenn dann der Geist des Wandrers wei-
ter fragt: „was suchet ihr bei dem Tode?" — Da spre-
chen jene „wir suchen bei ihm die Löfung des Räthfels,
das in der Brust des Menfchen stehet." — „Und wie
heißt das Räthfel?" — „Es heißet Ewigkeit." —
„Habt ihr bei dem Schweigen der Gräber die Löfung
gefunden?" — „Der Staub, den gestern der Wind ver-
wehte, fagte zu uns, ich kenne fie nicht; der Splitter
des Todtengebeines, dem unfre Kunst Ewigkeit zu geben
wähnte und mit welchem nun die Hand des spätgebornen
Fremdlings ihr Spiel treibt, sprach: ich weiß nicht was
ewig ist."

Wir haben erst einen Theil der Fernanficht jenes
Landes des Anfganges der Geschichte unfres Geschlechts
betrachtet, von welchem damals, als zum zweiten Male
die Frage: „wohin willst du?" in mir laut wurde, die
Antwort sprach. Näher als alle Herrlichkeiten und Wer-
ke der schaffenden Menschenhand lagen damals dem Jüng-

---

*) So nennen fie die umwohnenden Araber.
**) Die hier erwähnte erstreckt fich über mehr als eine halbe
  Stunde Weges.

ling jene noch unvergänglicheren Herrlichkeiten und Wer-
ke, welche der bedenkende, schaffende Geist namentlich bei
dem Volke der Griechen und 'Römer geweckt und zur
Vollendung gebracht hat. Ninive's Stätte und Nebucad-
nezars Königspallast konnten keinen so anziehenden Reiz
für mich haben, als Homers liebliches Vaterland, als
der hohe Ida und Troja's verödete Küste. Jene Lehren
uralter Weisheit welche man einst in Aegyptens Tempeln
vernahm, oder welche die chaldäische Sternkunde auf Ba-
bylons künstlich bereitete Steine schrieb, mögen allerdings
hehren, reichen Inhaltes gewesen seyn; näher aber und
vertrauter sind dem nach Erleuchtung verlangenden Gei-
ste jene offenkundigen Lehren, welche die Weisen von
Athen nicht im verschlossenen Innern der Tempelgewölbe,
sondern hier im Schatten der Platane, dort beim freund-
schaftlichen Mahle und selbst mitten im Geräusch der öf-
fentlichen Volksversammlungen Jedem, der offnen Sin-
nes für ihre Worte war, verkündeten. Das Andenken
an Ninus und Semiramis ausgedehnte Herrschergewalt,
oder an Nebucadnezars stolze Macht, konnte mich nicht
so rühren, als die Beschreibung von des alten Roms
Einfalt der Sitten und innerer Kraft; die Ufer von Sa-
lamis und Marathons Gefilde können es bezeugen, wie
weit überlegen die eigne durch ernstes Streben erworbe-
ne Kraft des Armes jener Macht sey, welche der im
Purpur erwachsene Despot des Morgenlandes durch die
Menge der bei der Geburt ihm zugefallenen Arme der
Sklaven empfieng.

Ueberhaupt zog mich namentlich zu den Griechen und
Römern nicht bloß die Verwandtschaft der äußern Form
und der innern Richtung mit der meines eignen Volkes
hin, sondern ein jugendliches Wohlgefallen an jener ju-

genblich selbstthätigen Kraft, die sich, wie der Adler des
Fluges, so der Arbeit und des Sieges über das feindlich
hemmende und beschränkende Element freut. Denn wäh-
rend die vormals herrschenden Völker am Euphrat wie
am Nil zunächst nur des Genusses und Besitzes jener
Güter pflegten, in deren Fülle, wie in einem wohlgesi-
cherten väterlichen Erbtheil, sie geboren waren, mußten
und wollten die Völker des Westens mit der Mühe der
Hand das Eigenthum sich erwerben. Dem Westen und
höherem Norden, wohin diese kräftigen, unter sich nahe
verwandten Völker sich ausbreiteten, konnte auch äußer-
lich der fruchtbringende Boden nur im männlichen Kam-
pfe des Armes mit den schwer durchdringlichen Waldun-
gen und mit den wilden Thieren in ihrem Innren abge-
wonnen und durch immer sich wieder erneuernde Arbeit
im Bau erhalten werden. Hier giebt es keine Palmen,
die dem Schläfer unter ihrem Obdache ihre Früchte fast
mühelos darreichen; selbst den Sprößling des Obstbau-
mes und den Saamen des Getraides mußten die Völker,
welche hier ihre Wohnstätten aufschlugen, mit sich aus
der alten Heimath des Ostens herüberbringen. Wie das
edle Metall des Nordens und das nützliche Eisen ist da
Alles als ein Keim, welcher der Menschenthat zu seiner
Belebung bedarf, im Boden verschlossen, oder muß durch
den rüstigen Arm, mit Jagdspieß, Bogen und Fischernetz
erbeutet werden. Selbst in dem Gebiet des Wissens be-
trat das kräftige Volk des Westens, durch eigne Wahl,
zuerst die Bahn eines selbstständigen Forschens; die Gü-
ter jener Tempelweisheit, welche den Völkern des Ostens
ohne ihr Zuthun, als ein ererbtes Gut aus dem Mund
und der Hand der Väter gekommen waren, diese verar-
beiteten sich namentlich die Griechen durch eignes Ein-

nen und geistiges Bemühen; so zeigte sich in jeder Hin-
sicht der Stamm der Völker, welcher im Westen des
mittlern Asiens und diesseits des Bosporus und des Ar-
chipelagus herrschte, neben jenem, der auf Sinears und
Aegyptens üppigem Boden wurzelte und waltete, wie ein
kräftig männliches Geschlecht, neben dem minder kräfti-
gen, nicht männlichen.

Die heilige Urkunde nennt uns drei Hauptstämme
des nun auf Erden angesiedelten Geschlechtes der Men-
schen, welche, nach der allverheerenden Fluth, in das
Geschäft der Besitznahme und des Wiederanbaues der
Länder sich theilten, und in der That sind es drei ver-
schiedene Richtungen des Bewegens und der äußren Ge-
staltung, in welche, von frühester Zeit an, die Masse
der Völker sich scheidet.

Wir betrachten zuerst jene Verschiedenheit, welche die
innerste Wurzel der Menschennatur angehet: die Kraft
und Aeußerung des Denkens und Erkennens. Daß der
Mensch nicht ursprünglich, so wie er aus der Hand sei-
nes Schöpfers hervorgieng, ein Thier, mit Anlage zur
Vernunft, sondern umgekehrt ein vernünftiges, denkendes
Wesen, mit Anlage zur Thierheit gewesen sey, das be-
weist uns jeder vergleichende Blick auf die älteste wie
neuere Entwicklungsgeschichte unsres Geschlechts. Der
Mensch war ein Denkender und Sinnender, weil er ein
Sprechender war; der Geist des Erkennens, der Geist
aus Gott, wodurch er von dem Thier sich unterschied,
war das Wort, war die Sprache. Daß diese nicht von
niederem, thierischen Anfange, sondern höheren, geistigeren
Ursprunges sey, das bezeugt uns die Betrachtung der
ältesten bekannten Sprachen; die tiefe Vielsinnigkeit ih-
rer Worte, die Kraft ihres Ausdruckes. Wie die Pyra-

miden Aegyptens und die Herrlichkeit des alten Thebens
zu den bequemen, aber keineswegs großartigen Bauwer-
ken einer modernen Gewerbstadt, verhalten sich die uns
bekannten Sprachen des ältern Orients und die des klas-
sischen Alterthums der Griechen und Römer zu den jetzt
lebenden, sogenannt gebildeteren Sprachen. Mit Recht hat
man gesagt, daß allein in der vielseitigen Bedeutung und
Zusammenfügung der Worte der hebräischen und sams-
cretamischen Sprache ein ganzes System der Philosophie
verborgen liege. Daß in jenen frühesten Menschenaltern, von
denen die historische Kunde weiß, nicht ein halbthierischer
Instinkt die Bauwerke am Euphrat und am Nil, wie am
Ganges hervorgebracht habe, sondern ein tief bedenkender
Verstand, das zeigen uns die Nebengebäude der geistigen
Art, die bei jenen steinernen bestunden: die Sternkunde
der alten Chaldäer, wie der Aegypter und Inder.

Während die Wissenschaft bei den Völkern aus dem
Stamme Japhets, wie wir oben sahen, zwar als das
Erzeugniß einer höheren Begeisterung, zugleich aber als
ein Werk des einzelnen Menschen erscheint, und Allen zu-
gänglich ist, nennt uns die Tempelweisheit der Völker
des Ostens aus den Geschlechtern des Sem und des
Cham keine einzelnen, menschlichen Erfinder ihrer geisti-
gen Werke, sondern sie spricht nur von einem höheren,
göttlichen Ursprung derselben; die Verwaltung der Güter
des höheren Wissens ist zunächst in die Hände eines ein-
zelnen Standes: des Standes der Priester gelegt. Doch
eben hiebei zeigt sich ein neuer, bedeutender Unterschied
zwischen dem erwählten Saamen aus dem Stamme
Sems und den Völkern aus Chams Geschlecht. Das
Haus des Sem blieb fortwährend auf dem festen Grun-
de des höheren, geistigen Anfanges erbaut; nicht bloß die

eigne Aussage, sondern die That und Kraft seiner Ge-
schichte bezeuget es, daß dasselbe wie ein Kind und Erbe
in fortwährender, lebendiger Verbindung mit den Kräf-
ten des ewigen, väterlichen Ursprunges blieb. Wie eine
Felsenwarte, aus deren Ruhesitz die Quellen des Thales
hervorbrechen und deren Gipfel dem Wandrer der Wüste
zum Richtpunkt des Weges dienet, stehet Sems friedli-
che Hütte mitten in dem mühevollen Treiben der Urge-
schichte der andern Völker da; Sems Geschlecht wußte
in der That von einer andren höheren Lust zu zeugen *)
als von der Lust der Sinne. Dagegen war in Chams
Völkern, so wie diese im Spiegel der Urkunde und Ge-
schichte uns erscheinen, von Grund aus eine andre innere
Richtung, welche vorherrschend auf den Genuß und Be-
sitz Dessen hingieng, das die Sinne ergötzt und was der
leiblichen Natur des Menschen herrlich und groß erscheint.
Dieser innre Zug führet nothwendig zur Abhängigkeit
unsres Wesens von der Lust und dem Bedürfniß der
Sinne, und wie sich aus dem Schooß der Sklaverei
und neben dieser stets die Herrschsucht entfaltet, so wird
jene Richtung mittelbar eine Begründerin der Weltenrei-
che und ihrer Eitelkeit. Ihr entsprechend und sie begün-
stigend ist dann auch die Wahl des äußern Wohnortes
gewesen. Denn wenn irgend eine Gegend der Erde
geeignet erschien den Zug nach dem Besitzen und Genie-
ßen der Herrlichkeit der Welt auf sich hinzulenken, so
war dieß jene, die hinabwärts am Euphrat und Tigris
und hinanwärts am Nil sich ausbreitet. Hier aber, wie
bald nachher am Ganges, schlug vor allem Chams Ge-

─────────

*) Ps. 1. V. 2.. 37. V. 4. Hiob 22. V. 26.

schlecht seine Wurzeln; Nimrod, der Sohn Chus, des
Sohnes Chams, so erzählt uns die heilige Urkunde hatte
in Sinear (Babylonien) das erste Weltenreich begründet,
während Mizraim, Chams Sohn, Aegypten zur Stätte
seiner Herrschermacht erkohr.

An dem einzelnen Menschen wie in der Geschichte
ganzer Völker wird es erkannt, daß die Kräfte unsrer
Natur in der Gluth des Sehnens nach dem nahe liegen-
den Sinnlichen am frühesten reifen; am frühesten zu ei-
nem Zustand der äußern Vollendung und der raschen
Beweglichkeit nach dem Ziele jenes Sehnens gelangen.
Dieses frühe Reifen zu einer vollendeten Form der Staa-
ten und einem Gipfelpunkt der Herrschergewalt zeigte sich
namentlich auch bei den Völkern aus dem Geschlechte
Chams. Denn diese waren es, wie wir eben gesehen,
welche mitten in der Fülle des irdischen Paradieses in
Mesopotamien und am Nil, jene vorhin erwähnten Bau-
werke errichteten, welche, noch in ihren Trümmern, nicht
minder von der Geschicklichkeit der bauenden Hände als
von der unumschränkten Gewalt der Herrscher zeugen.
Sie waren es auch, welche zuerst von Phöniziens Küste
aus, weithin über das gefahrvolle Meer den Gang nach
der Herrlichkeit und den Schätzen der weiter abgelegenen
Länder wagten.

Wie viel langsamer und später, und dennoch dann
wie viel kräftiger und selbst mächtiger entwickelte sich der
Keim, der in Japhets hartem Geschlechte lag, das die
Ströme seiner Völker über die Länder des Westens und
Nordens ergoß. Es hatte dieses Geschlecht die Kräfte
eines doppelten Segens mit sich aus dem gemeinsamen
Hause der Väter genommen: den der weitern Verbreitung
über das freie, dem Scepter der Weltenreiche des Cham

nicht unterworfene Land der Erde und jenen der einstigen
Wiederkehr zu Sems friedlichen Hütten. Die Kraft des
letzteren Segens war es, welche Japhets Geschlecht auf
dem labyrinthischen Wege seiner Mühen einen Faden der
Ariadne in die Hand gab: einen Zug des Heimwehes
nach der Ruhe im Vaterhause, der zuletzt aus dem Kam=
pfe der Schwerter zum Frieden, aus dem Dunkel des
ungewissen Sehnens zum Licht führte.

Die nordische Edda giebt uns in einer ihrer Sagen,
in der von Gangler, dem weitgereisten Könige, ein
treues Abbild jenes Geschlechtes der vielgeschäftigen Män=
ner: des Geschlechtes Japhets welches Freude hatte an
dem Gedeihen des selbstgepflanzten Keimes und an dem
Genießen der selbsterbeuteten Lust, und welches deshalb
in der Wissenschaft, die es sich selbst neu erschuf, wie im
Leben von der That des Armes wie des Geistes sich
nährte. Gangler, der königliche Wanderer, war aus der
Ferne hergekommen, zu forschen nach der Weisheit Ur=
stätte; nach des Werdens verborgenem Anfang und Ende.
Gefunden hat er endlich den Ort, von dem eine dunkle
Kunde ihm sprach; die sichtbare Vorhalle, da das Gött=
liche dem Menschlichen sich nahet. Das Thor der mäch=
tigen Burg ist ihm aufgethan; aus ihren Sälen vernimmt
er die lauten Stimmen vieler Sprechenden, ein Getös
der Waffen. Er tritt in den ersten Saal aus dem das
Tönen der sprechenden Stimmen kam und findet ihn leer;
die Sprechenden, er hört dies deutlich, sind im angrän=
zenden Saale. Er kommt in diesen, aber auch da ist
wieder Alles stumm und leer. So zieht er, im vergebli=
chen Suchen nach dem Anblicke der Redenden, dem Lau=
te nach, durch manchen der Säle, bis er näher nach dem
Innern der Burg gelangt, vor sich Schaaren der spielen=

den Helden erblickt, welche sich vergnügen an dem Em-
porwerfen und Wiederauffangen der spitzigen, scharfen
Schwerter. Durch die Tausende der stürzenden Schwer-
ter, welche so dicht fallen als Flocken des Schnees, ge-
het sein Weg hin; er wandelt ihn furchtlos. Da öffnet
sich ihm die Thüre zum innersten Gemach. Hier ist Frie-
den und Stille; das Getös der Stimmen wie der Waf-
fen wird nicht mehr gehört; auf dem Throne sitzen, von
ruhigem Lichte beleuchtet, jene Drei, welche jetzt Drei
dann wieder Einer sind: Har, Jafuhar und Tredie;
hier vernimmt der Forschende das Geheimniß des Seyns
und der Schöpfung Kunde; hier findet er das ersehnte
Ziel des langen, vielfach irrenden Wanderns.

Seit jenem Frühlingstage am stillen See, da in mir
die Wanderlust nach der Heimath im höheren Sinne:
nach den Stätten des Ausganges der Geschichte unsres
Geschlechts so mächtig erwachte, war mehr denn ein
Jahrzehend vergangen; die Zeit des Lebens war von der
Morgenstunde hinweg, dem Mittage näher gerückt. Mir,
wie vielen Andren aus Japhets Geschlecht, war das ge-
schehen was uns die Sage von Gangler im Abbilde dar-
stellt. Wir suchten weit herum im Lande nach einer
Weisheit, an deren Fülle der Geist ein Ausruhen und
Frieden finden könnte, und siehe ein Ende des Weges —
es war wie ein Gemäuer, das uns nicht weiter ließ —
schien erreicht. Da hörten wir ein Gerede vieler Stim-
men; wir giengen dem Gerede nach, denn durch die Vie-
len, so wähnten wir, konnte man vielleicht die sichre
Kunde vernehmen von dem was wir suchten. Aber das
Gerede der Vielen, wenn wir näher traten, zerstob in
ein leeres Nichts, auch das Gedräng der Noth, wenn
es gleich den spitzen Schwertern der Kämpfer, in Gang-

lers Sage, dicht wie Schneeflocken auf uns herabfiel,
konnte nichts Andres als unsre Schritte nach dem Ort
des Friedens und des sichern Ausruhens beschleunigen.
Endlich fand sich das, was wir suchten, in der stillen
Kammer, die jenseit des Lärmens der vielen Stimmen
wie der Waffen, im Innersten des Hauses lag.

Ein Räthsel war mir auf dem Wege den mein Seh-
nen nach den Stätten des Aufganges, mein Wandeln
über das Feld der Geschichte unsres Geschlechtes nahm,
aufgefallen, davon hätte ich die Lösung gerne gewußt;
das Räthsel wie doch das, was durch eignen, inwohnen-
den Zug seiner Natur, gleich dem fallenden Steine hinab
zur Tiefe gesunken war, ganz seiner Natur entgegen, sich
wieder erheben und emporsteigen konnte. Denn wenn
aus der Mitte der Menschenzeiten jenes äußerlich so un-
scheinbare Ereigniß hinwegfiele, das einst in Bethlehem,
in Jerusalem statt gefunden, was wäre dann aus der
innern Verwesung geworden, in welche die herrschende
Welt der Heiden mit all ihrer äußern Bildung und Herr-
lichkeit am Ende des zweiten Weltentages versunken war?
Giebt es auch wohl unter den Heilmitteln unsrer Men-
schenweisheit eines, welches kräftig genug wäre das Tod-
te, das schon so weit von der Fäulniß eines allgemeinen
Verderbens ergriffen war, wieder zu erwecken und dassel-
be zur Jugendfrische und Gesundheit zurück zu führen?

Vor diesem Räthsel stund ich noch sinnend, da kam
die Stunde, da zum dritten Male in meinem Leben in
meinem Innern die Frage gefragt und beantwortet wur-
de: wohin willst du? Es ist diesmal nicht zunächst
von einem äußren, sondern von einem innern Ereigniß
die Rede, welches der wörtlichen Erzählung sich entzie-
het; ich gebe deßhalb, statt eines äußerlich thatsächlichen

Berichtes von der Geschichte jener Stunde, ein Bild der innren Gestalt derselben, wie dieses in dem Spiegel eines Vergleiches sich darstellt; eines Vergleiches der jedoch Vielen von Denen, welche mit mir die Geschichte jener Tage erlebten, aus denen ich Ein einzelnes Moment hervorhebe, leicht verständlich seyn wird.

Es war eine Nacht — ich meine die dunkelste meines Lebens; — der Himmel war mit Gewitterwolken bedeckt; mit dem Laut des Donners vermischte sich ein Rasseln in der Luft, wie das des nahenden Hagels; Blitze zuckten von allen Seiten hervor; kehrte der Wandrer, von dem Leuchten, das aus Osten kam, geschencht, sich zurück nach Westen, da schreckte ihn eine andre stärkere Flamme, die aus dem Westen hervorbrach; hinter der Gefahr, die aus Norden drohete, machte sich unverzüglich die andre auf, die von Süden ausgieng. Das arme Land war damals *) von den Kriegsvölkern eines äußern Feindes zertreten; der Weinberg, wo man sonst, wenn etwa die Stadt ein Gedräng der Noth traf, eine Stätte der Bergung und der Sicherheit gefunden, war von innren Feinden — von den Weingärtnern selber **) — verwüstet; er war zu einem Anblick des Entsetzens und des Eckels geworden ***). Ich suchte, getrieben von innrer Angst, nach einem Obdach; nach einer Lagerstätte in der späten Nacht, denn mein ganzes Haupt war krank, das ganze Herz war matt. „Da kam ich an einen Ort, der einem Häuslein im Weinberge, einer Nachthütte im

---

*) 1809 und 1810.
**) Es. 3. V. 14.
***) Matth. 21.

Kürbisgarten" *) glich. Ich hörte da die Stimme eines
Rufenden, welche zu Dem sprach, Der da hält Bund
und Gnade Denen die Ihn lieben und die seine Gebote
halten **), eine Stimme welche die Schuld der Wein-
gärtner und des ganzen Volkes bekannte, das sich zur
Feindschaft seines eigenen väterlichen Erbes und des hei-
ligen Berges verkehrt hatte. Mitten unter den Tönen
der Stimme des Rufenden hörte man die eines Kampfes,
welchen Einer, der von Natur schwach war, mit dem
Starken zu kämpfen wagte. Und siehe, jener siegte über
den Starken, als er, statt der eignen Waffe, die Waffe
des Starken erfaßte, welche dieser ihm willig abtrat,
weil der Kampf ein Kampf des Liebenden mit dem Ge-
liebten war ***).

Ich trat hinein in die Nachthütte des Kürbisgartens
und fand da eine vom Feinde noch unbesiegte, „übrig
gelassene" Stätte †) des Ausruhens. Hier war ein fe-
stes Obdach gegen den niederstürzenden Hagel; das Zuk-
ken der Blitze leuchtete nicht hinein; der Donner war jen-
seits der Berge verstummt. In mir war es, durch die
Stimme des Rufenden, mehr aber noch durch die Nähe
Dessen, mit dem der Rufende den Kampf des geistigen
Sehnens gekämpft hatte, Friede geworden; eine Stunde
der Ruhe war gekommen, wie ich sie seit Langem nicht
genossen. Der Morgen leuchtete herein; sein Strahl fiel
gerade auf das Bild jenes großen Ereignisses, das in

---

*) Esaj. 1. B. 5—8.
**) Dan. 4. B. 4—19.
***) Dan. 4. B. 18.
†) Esaj. 1. B. 9.

Bethlehem, das in Jerusalem statt gefunden, und siehe,
der Augenblick war vorhanden, da ich an und in mir sel-
ber die Lösung des Räthsels erfuhr: wie das Herz das
durch eigenen, inwohnenden Zug seiner Natur, gleich dem
fallenden Steine hinab zur Tiefe gesunken war, ganz
seiner Natur entgegen, sich wieder erheben und empor-
steigen könne. Das „kranke Haupt" war eben noch ge-
neigt; von dem Ausruhen gestärkt richtete es sich jetzt
empor; siehe da war mirs als vernähm ich zum dritten
Mal in meinem Leben die Frage: wo willst du hin? und
die Antwort war fast eine ähnliche als sie würde gewe-
sen seyn, wenn jemand in meiner Kindheit, im Hause
der Eltern mich so gefragt hätte. „Wo sollte ich hinge-
hen," so lautete sie jetzt, „was ich gesucht das hab' ich
nun." Die Ruhe in der sichern, stillen Stätte that
wohl; sie diente zur Stärkung und Bekräftigung des
Hauptes wie der Glieder.

Der Herr des Weinberges, bei welchem es mir ver-
gönnt war meine Hütte zu bewohnen, hatte mich indeß
zu dem Geschäft eines Boten bestellt, welcher gebraucht
ward um etwa da und dort ein Gewürzkraut der Berge,
einen Stein zum Bauen oder auch Blumen zur Erquik-
kung und Belehrung der Kinder des Hauses herbei zu
holen. Wenn ich dann in der Stunde des frühen Mor-
gens, da der Thau auf dem Felde lag, oder am späten
Abend über Berg und Heide gieng, da war ich fröhlich,
denn ich wußte, mein Gang sey nach Seinem Geheiß.
Oefter wurde es mir auch freigestellt, in der Nähe oder
in der Ferne den Ort selber zum Ziel meines Weges zu
erwählen, wo ich den heilsamen Enzian oder die balsami-
sche Lilie des Thales reichlicher zu finden meinte. Und
so geschah mir es auch jüngsthin da ich rufend in meiner
                                                     Hütte

Hütte stund und darüber nachsann wohin der etwa weite=
re Gang am meisten sich lehnen möchte, daß ich abermals
gefragt wurde: wohin willst du? Da erwachte auf ein=
mal wieder — und er durfte dieses — in seiner ganzen
Macht und ersten Richtung der alte Trieb zum Wandern
und die Antwort auf die Frage lautete diesmal wieder
ähnlich jener, die mein wanderlustiger Sinn in der Zeit
des Jünglingsalters auf dieselbe Frage gab: „Ich will
mich aufmachen nach der Stätte des Aufganges und der
Geburt, nicht des Lebens des Einzelnen, sondern des Le=
bens Aller, damit ich beim Sammeln der Gewürzkräuter,
wenigstens in der lebendigen Erinnerung an das, was hier
geschehen, die Kräfte des Sehens mit eignen Augen, des
Berührens mit eignen Händen erfahre."

Das Ziel der Pilgerreise, die auf diese Weise doch
noch, nachdem der Keim des Vorsatzes so lange im Bo=
den verborgen gelegen, zur Ausführung kam, habe ich
bereits bezeichnet. — Es war ein kleiner, armer Fleck
der Erde, bewohnt von einem durch eigne Schuld sehr
verachtetem Volke, wo es der ewigen Weisheit gefiel den
Grundstein zu einem geistigen Gebäu zu legen, welches
das wahrhaft erlangte, was jener alte Thurmbau zu Ba=
bel in seinem Uebermuth vergeblich erstrebte: ein Hinan=
steigen des Irdischen und Menschlichen zu dem Himmli=
schen und Ewigen. Das was etwa ein Wandrer, der
mit „Ganglers" Sehnen, weit über Länder und Meere
nach dem Lande der großen Verheißungen und ihrer Er=
füllung kam, dort findet, das sind freilich keine Pyrami=
den Aegyptens, es sind keine Tempelhallen oder Königs=
gräber von Theben, sondern es ist da nur ein verödetes
Erdreich, benetzt von den Thränen der Tausende, welche
hier nicht eine Stätte der großen Menschenwerke, son=

dern der Wunderthaten Gottes begrüßten. Aber es
ruhet noch eine besondre Kraft in diesen veröbeten
Steinen, in dem Anblick dieser Höhen und Thäler; eine
Kraft, welche, wie Elisa's Gebein den Todten, den man
darauf hinwarf, so die Erinnerungen zum Leben erweckt,
wenn sie auch fast erkaltet und todt im Herzen schliefen.
Wer hat nicht erfahren, welches neue kräftige Leben der
Anblick der Gräber oder der Wohnstätte der längst ver-
storbenen Eltern den Gefühlen der dankbaren, kindlichen
Liebe gab, wenn er einmal, nach langem Verweilen in
der Fremde die Heimath wieder besuchte. Und in der
That, das was in den Thälern und auf den Höhen Ju-
däa's sich bezeugte, das war ja mehr als Vatertreue,
mehr als Mutterliebe. Darum möge man auch dem alten
Wandersmann, der in den nachfolgenden Blättern seine
Reise nach den Ländern des Aufganges beschreiben will,
es zu gute halten, wenn er nicht bloß manches äußerlich
unscheinbare Blümlein, sondern selbst die dürren Gras-
hälmchen und Keime an seinem Wege je zuweilen in dem
rosenfarbenen Lichte einer sich selber nicht mehr beherr-
schenden Liebe betrachtet; in dem Lichte das über jenem
Frühlingstage seiner Jugend leuchtete, an welchem, wie
er vorhin erzählte, der so spät zur Ausführung und Rei-
se gekommene Gedanke zu dieser Reise zuerst, im Inn-
ren, zu keimen anfieng.

II. Reise nach Constantinopel.

Abreise von München nach Wien.

Wenn der Alpenjäger noch spät am Abend die gähe Felsenwand hinanklimmt und die Herbstsonne war so dun=kelroth untergegangen als wollte auf die Nacht ein Nebel kommen, da ruft ihm sein Nachbar aus der Hüttenthür bedenklicher und nachdrücklicher als sonst sein „behüt dich Gott" zu. Der Weg, den der alte Wandersmann am 6ten September 1836 antrat schien von nicht minder be=denklicher Art als der des Jägers über die Alpenwand bei später Abendzeit; denn wenn man schon sechs und fünf=zig Jahre alt ist, da geht es auch auf den Abend zu, und als das Anzeichen eines nahen Nebels, der am Wei=terziehen hätte hindern können, ließ sich wohl die Kränk=lichkeit betrachten, die den Wandrer in den letzten Mo=naten vor Antritt der Reise heimgesucht hatte. Darum sahen ihn viele seiner Freunde und Nachbarn ungern zie=hen und auch der treuen Hausfrau, die nöthigenfalls dem alten Genossen selbst zum Tode folgen wollte, kam diesmal der Ausgang aus der Heimath härter als je=mals an.

Das Haus war bestellt; nicht bloß wie vor einer großen, sondern, wenn es Gottes Wille wäre, wie vor der größesten Reise, von welcher keine Wiederkehr mehr möglich ist; der letzte Schlaf im lieben, eignen Kämmer=

3 *

lein, wenigstens für lange Zeit, war vorüber; der Rei-
sewagen stund bereit. Noch einmal ein Blick zurück, auf
alles Das was die Trennung schwer, ja unmöglich ma-
chen würde, wenn es da überhaupt eine Trennung gäbe;
und nun die Hand frisch an den Pflug gelegt und nicht
mehr umgeschaut.

Du muntre Isar, wenn ich an deinem grünen Was-
ser saß, da sehnte ich mich so oft nach der Stunde, da
ich deinen ganzen Weg mit dir machen dürfte, der zuletzt,
nach so manchen Hemmungen und Krümmungen, vereint
mit dem der Donaufluth in dem weitab in Osten geleg-
nem Meere sich endet, darinnen der hohe Caucasus sich
spiegelt und dessen südöstliche Küste an das Nachbarland
der Armenischen Hochebene gränzt. Und siehe da die
Stunde ist jetzt gekommen wo ich mich dir als Reisege-
fährte anschließen darf; als ein Mitwandrer nach dem
Lande des Aufganges.

Der Morgen war wunderschön und heiter; wir ge-
nossen seines vollen Glanzes, da wir jenseits der Isar-
brücke die Anhöhe erreichten und nun der Zug der Alpen
weithin in Süden sich entfaltete.

Die Masse der Hochgebirge ziehet nicht bloß das
schwebende, todte Bleiloth und das fliegende Gewölk ge-
gen sich; sie bewegt auch mit unwiderstehlicher Gewalt
die Empfindung des Menschen; man weiß daß selbst
Blinde ein deutliches Gefühl von der Annäherung des
Gebirges hatten. Der Anblick der Alpen macht auf die
Seele, wenn diese es gelernt hat die Sprache der Natur
in die des Geistes zu übersetzen, immer einen wohlthuen-
den Eindruck; er hebt sie empor wenn sie niedergebeugt,
er bewegt sie freudig, wenn sie durch Traurigkeit der
Welt gebunden und gelähmt ist, denn es scheint als lie-

ßen sich bei dem Anblick zugleich die Worte eines alten
Liedes vernehmen: „ehe denn die Berge wurden . . . bist
du Gott von Ewigkeit zu Ewigkeit" *). Und in der
Seele antwortet darauf eine Stimme: „Ich hebe meine
Augen auf zu den Bergen, von welchen mir Hülfe
kommt" **). — Wer nun auch bekümmerten und be=
schwerten Gemüthes den Weg von München nach Salz=
burg und von da weiter nach Wien machte, den müßte
wohl, sollte man denken, schon der Anblick der hohen,
herrlichen Alpenkette, die er bei heitrem Himmel fast im=
mer zu seiner Seite erblickt, aufmuntern und freudig
stimmen. Auch auf uns hatte heute, wie schon so manch
andres Mal, der Ausblick auf die Berge diese Wirkung.
Wie ein Vogel, der dem Käfig entronnen, endlich die
Fittiche zum langersehnten Fluge bewegt hat und der
nun, ausruhend in den sichren Zweigen des Eichbaumes
sein erstes Lied singt; so feierte die Seele im Anblick der
hehren „Werke" welche das Auge neben sich sahe, und
der Mund sang seine gewohnten Lieder.

Erst jetzt auf dem Wege und auf den Stationen des
Ausruhens gab es wieder Zeit und Ruhe genug um mit
den Reisegefährten, die sich für diese Pilgerfahrt mit uns
verbunden hatten, ein Wort zu reden; denn in dem
Drange der letzten Tage vor der Abreise hatte man sich
kaum gesehen, noch weniger gesprochen. Auch der Leser,
der sich im Geiste der Reisegesellschaft anfügen will,
muß diese Gefährten kennen lernen, denen er hoffentlich

---

*) Pf. 90.

**) Pf. 121.

in der Folge noch manchen freundlichen Blick zuwenden
wird.

An das ältere Paar der Wandrer, an mich und
meine Hausfrau, hatte sich vor allem diesmal ein jünge=
res: ein Paar von Freunden angeschlossen, deren Seele
von der innigen Zuneigung zu einem und demselben heh=
ren, schönen Gegenstand entzündet und bewegt wird:
von der Liebe zur Erkenntniß der Natur und des Wal=
tens jener ewigen Weisheit, die sich dem redlich forschen=
den Sinne in den sichtbaren Werken kund machet. Beide,
Dr. Johannes Roth und Dr. Michael Erdl sind
ihrem ganzen innren und äußerem Berufe nach Naturfor=
scher und Aerzte. Sie sind dem Ziele ihrer jugendlich
kräftigen Zuneigung schon über manchen Berg und durch
manches Thal nachgegangen und auch jetzt ist es vor
allem dieses Eine, was sie zur Mitreise nach den Mor=
genländern bewegt. Zu diesen Vieren hatte sich, schon
von München aus, noch ein andrer Freund gesellt: der
fleißige und geschickte Architectur= und Landschaftsmaler
Martin Bernatz, der durch seine vielen, treuen Zeich=
nungen dem schnell vorüber eilenden Flusse der äußren
Erscheinungen, welche uns auf dieser Reise begegneten,
ein festes Bestehenbleiben für die Erinnerung verlieh. Für
diese Fünf, welche gleich von dem ersten Schritte der
Reise an gemeinsam das Angesicht wie die Herzen gerich=
tet hatten nach dem Lande des Aufganges, bedurfte es
keiner längeren Bekanntschaft und Zusammengesellung um
sie in Einklang mit einander zu bringen; sie glichen schon
daheim fünf Saiten eines Saitenspieles welches die Hand
eines guten Tonkünstlers an einander gefügt und gestimmt
hat, zu einem Liede das von Freude und Frieden singet,
und so blieben sie dieß auch im fernen Lande. — Für die

kürzere Strecke des Weges, von München nach Salz-
burg, hatten sich uns überdieß noch mehrere andre, nahe
befreundete Begleiter zugesellt.

Mit Freuden begrüßten wir bei Wasserburg (dem
alten Pons Aeni) den Inn, den kräftigen Jüngling un-
ter den vaterländischen Flüssen, welchem eines der merk-
würdigsten und schönsten Thäler von Europa zur Hei-
math verliehen ist und der seinen Ursprung von einem
Elternpaare der Gebirgsstämme herleitet, das die Reihe
seiner Ahnen bis zu den altberühmten Hochrücken des
Taurus und des Antitaurus hinanführen kann. Denn
das Innthal, das zusammen mit jenem der Adda eine
fortlaufende, tief einschneidende Kluft durch die Alpen,
von der oberdeutschen bis zur oberitalischen Hochebene bil-
det *), ist nichts andres als die natürliche Abgränzung
des südistrischen, vom Antitaurus herkommenden, und
des avenninischen, vom Taurus auslaufenden Gebirgszu-
ges **); jener begleitet und nähret durch seine zuströ-
menden Wasser den Inn von der rechten (südlichen), die-
ser von der linken (nördlichen) Seite. Selbst bei
Wasserburg hat sich der nun seinem Ende nahende Ver-
lauf des Flusses noch einzelne Spuren seiner majestäti-
schen Schönheit erhalten. Aber es will hier freilich Abend
werden mit dieser Schönheit; statt der hehren Alpen, de-
ren beschneite Häupter weiter aufwärts in sein Thal
herabblicken, statt der gähen Felsenwände, die sich, bei
Finstermünz, nahe zusammengerückt die Stirne bieten,

---

*) M. vgl. Ulysses von Salis in Johann von Mül-
lers Schriften. XII. c. 54.

**) M. vgl. meine Geschichte der Natur. I. S. 255.

zeigen sich hier nur noch niedere Berge und bald verlie=
ren auch diese sich in hügliches Land. Die Abendsonne
warf einen verklärenden Schein über Thal und Höhen
und mit ihrem glänzenden Taglauf war auch unser un=
scheinbarer, kleiner Taglauf in Fraberts heim geendet;
klein wie er auch gewesen, war er doch ein Schritt vor=
wärts, auf dem Wege nach dem Ziel.

In Salzburg, der mir so wohlbekannten, lieben
Stadt *) gab es am andren Abend, beim Hofwirth zum
Mirabell, eine zahlreiche, fröhliche Familientafel, denn
zu unsrer aus München gekommenen Reisegesellschaft fand
sich hier noch eine andre, von jungen Freunden, die vor
uns die Vaterstadt verlassen hatten und von einer eben
beendeten Alpenreise ausruhten. Ein Nachklang der Ge=
spräche der letzten Tage vor unsrer Abreise lebte auf;
noch einmal erfüllte mich das ganze, volle Gewicht der
langen Trennung von dem mir so eng und nahe anlie=
genden Kreise meines gewöhnlichen Wirkens und Lebens.

Wir hätten keinen schöneren Tag für unsren diesmal
nur kurzen Aufenthalt in Salzburg haben können als den 8ten
September. Der Himmel war heiter und rein; die Alpen
stunden in voller Klarheit vor uns, neben und zwischen ihren
hellglänzenden Höhen lag das tiefe Dunkel des Engpasses
am Lueg wie ein verschlossenes Haus da, dessen Bewoh=
ner noch schlafen, während die muntren Nachbarn umher
schon längst Thüren und Fensterläden ihrer Wohnungen
dem hellen Tage geöffnet haben. Es war heute Festtag
(Mariä Geburt); auf den Gassen und in den Kirchen

*) M. vgl. mein Wanderbüchlein eines reisenden
Gelehrten durch Salzburg, Tyrol u. s.

zeigte sich überall ein fröhliches Gedränge der festlich ge=
kleideten Städter und Landleute. Auch der Mönchsberg,
den wir noch während der kühleren Morgenstunden be=
stiegen, war mit seinem Festtaggewand bekleidet: mit dem
Grün, durchwirkt von dem farbigen Schmucke der man=
nichfaltigen Blumen, unter denen das rosenröthliche Cy=
clamen schon aus der Ferne durch seinen lieblichen Duft
sich verrieth. Wir erquickten uns lange an der hehren
Aussicht, die sich bei dem Herumgehen um die Höhe des
Berges auf jeder Seite neu gestaltet und entfaltet, dann
suchten wir eine andre Aussicht auf, welche, wenn auch
nicht das äußre, leibliche, doch das innre, geistige Auge
in noch weitere Fernen führte als die vom Gipfel des
Berges.

Es fand sich diese Fernsicht in einem Eckzimmer des
Lustschlosses Mirabell, an das sich für den alten Reisen=
den manche tiefanregende Erinnerungen knüpfen. Hier
ward (am 1ten Juni 1815) ein König geboren, dessen
Scepter, zugleich mit der Form welche die Herrscherge=
walt bezeichnet, die Bedeutung des Pilgerstabes vereint,
auf welchen der Wandrer, der nach den Stätten des Auf=
ganges zieht, sich stützet; ein Wandrer, dessen jugendliches
Haupt mit dem Diadem zugleich die Palme umschlingt,
welche mitten in des Kampfes Last und Mühe vom Loh=
ne des Siegers spricht. Bedeutungsvoll erscheint der le=
bendig gewordenen Erinnerung Alles, was von jenem
Zimmer aus das Auge siehet. Aus dem Fenster, das
sich gen Süden öffnet, zeigt sich jenseit des Gartens,
dessen Blumenbeete als ein Symbol der lieblichen, sorg=
los spielenden Kindheit, unmittelbar an das Haus an=
gränzen, da das Auge zuerst dem Lichte sich öffnete,
zuerst die gute Stadt, wie ein Bild der schönen, reichen

Heimath; hinter ihr aber erhebt sich, ohne merklichen
Uebergang, mit plötzlichem, gähen Ansteigen im Südost —
als sollte dies die künftige äußre Richtung des Lebens
andeuten — der Fels mit dem hohen Kreutze: dem Pa-
nierzeichen des östlichen Königreiches; ihm gegenüber die
fest auf ihrem Berge gegründete Burg, und zwischen bei-
den siehet das Auge hinaus in den engen, dunklen Weg
der nach dem Lande des Südens führt: in den Paß Lueg.

Der Tag war heiß geworden; auf den Höhen in
Südwesten sammelten sich Gewitterwolken; wir wollten
den Regen, mit welchem das Thal der Salzach so oft
und so reichlich gesegnet ist, diesmal nicht mit der sonst
so werthen Gegend theilen und unser Weg war noch ein
weiter: darum machten wir uns noch heute, bald nach
Mittag, zur Weiterreise auf. Bald hatten die Alpen
rings umher ihre Nebelkappen aufgesetzt, doch blickten
noch unter dem tiefgehenden Gewölk die Umgegend des
Mondsees und der waldige Höhenrand, der den Attersee
umgürtet, in ihrer ganzen Anmuth hervor, bis mit dem
Dunkel der Nacht der Regen zugleich über das Thal
hereinbrach. Erst spät erreichten wir das Nachtlager in
Frankenmarkt, das mit all den Bequemlichkeiten reich-
lich versehen war, welche der spät ankommende, vor
allem der Ruhe bedürfende Fremdling begehrt.

Der Regen war mit der Nacht vorübergegangen,
nur noch einzelne Wolken hatten sich zwischen den waldi-
gen Hügeln am Attersee verspätet, welche, als die hö-
her steigende Sonne ins Thal vordrang, eilig den Rück-
zug nach den Hochgebirgen antraten, wo sich ihr zerstreu-
tes Heer noch einmal sammlete. Der Eindruck, welchen
die Gegend zwischen Frankenmarkt und Lambach, das
wir am Mittag erreichten, auf die Sinne des Reisen-

den machet, gleicht jenem, den ein lebhaftes Gespräch
in einer geistreichen, großen Gesellschaft hervorbringt,
das vom näher Liegenden und Gewöhnlichen auf das
Höhere und Entferntere und von diesem wieder aufs Nä=
here übergeht, über Alles aber, was es im Vorüberge=
hen beleuchtet, einen Glanz der Anmuth ausstrahlet. Mit
dem reichen Wiesengrund der Thäler wechslete die weite,
freie Aussicht auf den Höhen der Hügel; mit dem An=
blick der wohlbebauten Ebene jener des gähen Alpenrük=
kens. Hier rechts im Gebirge, das im Süden über das
hüglige Land hervorblickt, hat ein altes Ehepaar von Na=
turmächten seine Wohnstätte aufgeschlagen, welches kei=
nen bei ihm zusprechenden Wandrer ohne das Gastge=
schenk einer reichen, tiefeingeprägten Erinnerung von sich
lässet: die Erhabenheit des Hochgebirges vermählt mit
der Lieblichkeit des grünenden Thales, hat sich die Ge=
gend des Traunsees zu einem Ruhesitz erlesen, der auch
auf das Gemüth des hier verweilenden Fremdlings öfters
einen eigenthümlich beruhigenden Einfluß übet. — Am
Nachmittag erfreuten wir uns an dem Betrachten des
lebendigen Verkehres, den die neu angelegte Linzer Eisen=
bahn der Welser Heide gebracht hat; Kleinmünchen,
das wir zum Nachtlager erwählten, erinnerte wenigstens
durch den Anblick der vielen biertrinkenden Gäste, die
sich unter Rauchwolken des Tabaks in der geräumigen
Wirthsstube versammlet hatten, an die bürgerlichen Abend=
unterhaltungen des großen Münchens. Uns ward ein
Bergungsort vor dem betäubenden Nebel in einem klei=
nen, freundlichen Nebenzimmer angewiesen.

Der zehnte September war einer jener Tage der
Reise, da mit dem äußren Laufe auch der innre auf ei=
ne recht merkliche Weise gefördert ward. Bisher war

es mir öfter gewesen, als wenn sich mehr nur der Leib,
im Wagen sitzend, vorwärts bewege nach Osten, die
Seele aber noch nicht recht dabei, sondern zurückgeblieben
sey im Westen, bei mancherlei Geschäften und Sorgen
des Hauses. Heute aber kam die Verspätete nach und
nahm wirklichen, wachen Besitz von dem Glücke, das sie
bisher nur wie im Traume genossen hatte; von dem Be-
wußtseyn, daß sie nun endlich wirklich auf dem Wege
nach dem langersehnten Ziele sich befinde. Vielleicht liegt
selbst in der historischen Bedeutung der Gegend, durch
welche wir heute kamen ein Element das den Zug des
Heimwehes nach der Stätte des Aufganges anregt und
verstärkt, denn hier in der Nähe, bei Enns, war jene
alte Pflanzstätte des Christenglaubens, die schon in den
Zeiten der ersten Jahrhunderte von dem Morgenlicht des
neuen, geistigen Lebens bestrahlet war, während das
Land rings umher noch tiefe Nacht bedeckte. Hier stund
einst das römische Laureacum (Lorch), welches die
Füße der Boten, die da Heil verkündeten, schon in den
Zeiten des zweiten Jahrhunderts betraten; das der gott-
geweihte Bischof Maximilian, im dritten Jahrhundert
mit dem Wort des Lebens erfüllte und wo der christliche
Kriegsheld Florian, im Wasser der Enns, den Zeugentod
starb. — Noch jetzt hat sich Unterösterreich, in das wir
nun jenseit der Enns hineintraten, die Gestalt einer
fruchtbaren Pflanzstätte, gleich wie ein äußeres Abbild
oder wie einen Namen der großen Zeit, die einst hier
lebte, erhalten: es gleichet, durch seine reichen Obstbaum-
Anlagen, einem großen, schönen Garten. Besonders am
Nachmittag, jenseit Strengberg ergriff uns Alle, mit
ganz besonderer Macht, die Lieblichkeit des Herbsttages,
die erhabene Schönheit des Landes. Die Zinnen der

steyerischen Alpen, zum Theil mit frisch gefallenem Schnee
bedeckt, glänzten im Wiederschein der Abendsonne; ein
erfrischender Wind regte die Zweige der Bäume und die
Blumen des Feldes auf; aus der Nähe wie aus der
Ferne ließen sich die Töne der Vesperglocken vernehmen.
Mir war es als verkündeten mir diese Töne nicht nur
das Annahen des morgenden Sonntages, sondern ein
Annahen an das Land, das der Woche ihren Sonntag,
das dem mühseligen Treiben des Menschengeschlechtes die
Ruhe des Sabbathes gab. War ich doch wenigstens ei=
nige Schritte vorwärts auf meinem Wege gekommen und
jeder neue Schritt sollte mich dem Ziele näher bringen.
Ich ruhete freudig in dem Gedanken, daß ich nun wirk=
lich, endlich einmal das Angesicht gewendet habe, zu
wandeln nach Jerusalem und daß ich nicht eher es wie=
der zurückkehren werde nach Westen, bis ich das Ziel
erreichte. Das zuversichtliche Hoffen das mich, mit ganz
besonderer Kraft, in diesen Stunden ergriff, hat den
ganzen, weiteren Weg meiner Reise wie ein Morgenstern
beleuchtet und ist mir selbst in den Stunden des kleinmü=
thigen Zagens auf dem Meere vor Rhodus noch ein
innrer Quell der Beruhigung geworden.

Am 11ten September, einem Sonntag, näherten
wir uns schon frühe den hier ganz besonders lieblichen,
reichbegabten Ufern der Donau. Bald eröffnete sich uns,
in ihrer ganzen Herrlichkeit, die Aussicht nach dem bergi=
gen Lande das im Norden des Flusses ansteiget und auf
jeder neuen Höhe zu der es emporwächset, mit wohlge=
bauten Dörfern und Flecken, mit zierlichen Landhäusern
und Lustschlössern der neuern Zeit, wie mit Burgruinen
der alten, längstvergangenen sich bekleidet. Ueber den
Wein = und Obstgärten schmücken grünende Saatfelder

die Stirn der Hügel, den Scheitel des Hochlandes be=
deckt die Fülle der Waldungen; in der That die Wall=
fahrtskirche von Maria Taferl konnte keinen, zum Hinan=
steigen auf ihre Höhen einladenderen Punkt sich erwäh=
len, als diese grünende Stufenleiter der Thäler und Hü=
gel, welche hier der letzte Abfall des böhmisch=mährischen
Urgebirgs bildet. Ihm gegenüber, in Süden, zeigt sich
von der Höhe herab, welche die Straße an einigen Punk=
ten besteigt, der Zug der Alpen; näher heran der grünen=
de Hügelzug am Ufer der Erlaf.

Mölk, mit seinem prächtigen, auf einem Granitfel=
sen thronenden Kloster wird mit Recht für einen der
schönsten Anhaltspunkte der Donaugegenden gehalten.
Der Fels, auf welchem es gründet, erhebt hier seine
gähe Wand 180 Fuß hoch über den Wasserspiegel des
Flusses; an seinem nördlichen Abhange und Fuße liegt
das Städtlein, dessen äußerer Gestalt man leicht die Wohl=
habenheit und Ordnungsliebe der Bewohner anmerkt.
Das Kloster — eine Abtei der Benedictiner, wurde zuerst
im Jahr 984 durch Leopold den Erlauchten begründet,
sein jetziger prachtvoller Bau: im sogenannt italiänischen
Stile ist das Werk des berühmten Baumeisters Pran=
dauer aus St. Pölten und ist nur wenig über hundert
Jahre alt. Es findet sich hier die Familiengruft der Ba=
benberge; in der Kirche eine Reihe von Frescogemälden
aus Rothmayers Hand; eine treffliche, weitberühmte Or=
gel; im Klostergebäude selber eine reiche Bibliothek mit
einem Coder des Horaz, neben ihr eine Münzsammlung,
so wie ein, mit vaterländischen Gegenständen wohlver=
sorgtes Naturalienkabinet, auch einige schätzenswerthe
ältere deutsche Gemälde, namentlich von Lucas Kranach.
Zu der herrlichen Aussicht, die sich im Garten des Klo=

sters darbietet, möchte man, wäre dies möglich, gar ger=
ne öfter wiederkehren. Zunächst am gegenüberliegenden
Ufer des Flusses zeigt sich, unter der Ruine Weideneck,
das kaiserliche Landhaus Lubereck in edler Einfalt und
Anspruchslosigkeit der äußern Form, als wollte es mitten
unter den Herrlichkeiten der äußern Natur, welche es
umgeben, die Aufmerksamkeit des Reisenden nicht stören;
nicht auf Menschenwerk hinlenken. Denn in der That
diese Gegend ist geeignet das Auge zu beschäftigen und
zu vergnügen; sie darf sich, was Naturschönheiten be=
trifft, mit mancher der lieblichsten Ansichten des Rhein=
thales messen. Das Engthal in das der Strom hier
mehr nach Norden gewendet sich hineindrängt: die Wa=
chau - genannt, ist an seinem untern Saume mit Wein=
bergen, höher hinan von Obstgärten und Waldungen um=
gürtet; die Menge der römischen Ruinen, wie der noch
jetzt blühenden Ortschaften, die grauen Gemäuer der al=
ten, zerstörten Burgen des Mittelalters neben den schön=
gebauten neuen Schlössern und Landhäusern bezeugen es
dem Vorüberreisenden, daß der eigenthümliche Reiz die=
ses Thales nicht bloß für einzelne Stunden die Theilnah=
me aufs Höchste zu steigern vermöge, sondern daß er in
alter wie in neuerer Zeit kräftig genug gewesen sey eine
Menge der fleißigen Bewohner an sich zu ziehen und sie
aufs reichlichste zu begaben. Unfern von Lubereck hat
sich Emmersdorf an die Stätte einer alten, römischen
Niederlassung gebettet; ihm gegenüber öffnet sich das
Thal der Bielach in jenes der Donau; hoch auf einem
Felsen, an dessen Fuß das Wasser des Flusses mit lauter
Strömung sich bricht, stehet das Schloß Schönbühel und
auf seinem weitern Verlaufe gegen Krems hin zieht der
Strom an den Ruinen des einst übermächtigen Raub=

schlosses Aggstein, dann an der Felsenwand der sogenann-
ten Teufelsmauer, endlich, näher an Krems an dem al-
ten Gemäuer des Dürrensteins vorüber, auf welches die
romantische Sagenzeit des Mittelalters ihren farbigen
Schimmer fallen läßt, denn hier ward Richard Löwen-
herz gefangen gehalten. Doch fällt auf diese Berge und
Thäler auch noch ein andres, höheres Licht der Geschich-
te, welches mehr noch als jenes der Sonne die Kraft in
sich trägt nicht bloß zu erhellen, sondern zugleich auch zu
erwärmen und zu beleben. Dort in den waldigen Gebir-
gen gegen Mähren und Böhmen hin haben einst Cyrillus
und Methodius ein festeres Gebäu begründet als alle
diese alten und neuen Städte oder Schlösser des Landes
waren, das Gebäude des Christenglaubens, welches spä-
ter weder die Wuth der heidnischen Fürstin Drahomira
noch die Macht ihres Sohnes: des Brudermörders Bo-
leslav, noch alle Macht und Feindseligkeit des Heiden-
thumes wieder zu zerstören vermochte. Und selbst der
Ort welcher der Betrachtung hier am nächsten liegt, die
Benedictinerabtei Mölk war in älterer wie in neuerer
Zeit eine Wohnstätte und Pflanzschule für Männer, wel-
che mit dem Licht des Erkennens die Kraft des Glau-
bens vereinten. Diese Kraft war es welche im Jahr
1683, als das Heer der Türken die Hauptstadt und das
ganze umliegende Land so hart bedrängte und ängstete,
den damaligen Prälaten von Mölk, Gregorius Mül-
ler, zu einem Retter der Stadt und des Klosters mach-
te. Denn er wußte, durch sein Beispiel, den Muth der
wenigen, aber tapfern Bürger so kräftig anzuregen und
so weislich zu leiten, daß alle, sich öfter erneuernde An-
griffe der Feindesschaaren zurückgewiesen wurden.

Wir kehrten von dem Besehen des Klosters und sei-
ner

ner Umgegend wieder nach dem Städtlein selber zurück. So sehr uns auch die Aussicht vom Klostergarten heraus an die Ufer des Rheines erinnert hatte, so wenig vermochte dieß der hier einheimische Wein zu thun, den wir im Gasthaus genossen. Der Reisende der auf der Donaufahrt durch den Anblick der üppig grünenden und fruchttragenden Weinberge, die zwischen Mölk und Krems die Ufer bedecken, entzückt wird, muß es nicht versuchen an diesem Entzücken des Auges die Zunge Theil nehmen zu lassen. Er darf es nicht vergessen, daß der meiste Wein dieser fruchtbaren Reben nur zur Essigbereitung benutzt wird und daß namentlich Emmersdorf, dessen Weinberge so anlockend schön ins Auge fallen, durch seine großen Essigsiedereien berühmt ist.

In St. Pölten das wir zeitig am Nachmittag erreichten, bemerkten wir schon deutlich den Einfluß welchen die Nachbarschaft der großen, reichen Kaiserstadt auf ihre Umgegend ausübt; die Wirthstafel war mit vornehm erscheinenden Gästen und Speisen besetzt; das Tischgespräch hatte zu seinem Inhalt die jüngsten Tagesneuigkeiten der Hauptstadt. Uebrigens wäre St. Pölten auch ohne die Nähe der Hauptstadt ein nicht unansehnlicher Ort, denn es ist der Sitz eines Bischofes und Domcapitels, so wie Kreisstadt des Ober-Wienerwald-Viertels und überdies der gewöhnliche Aufenthaltsort eines Regimentsstabes. Den großen Hauptplatz ziert eine 63 Fuß hohe Säule; die Domkirche enthält Gemälde von Altamonte. Die alten ehrwürdigen Stadtmauern haben in früheren Zeiten manchem Anlauf der Feinde widerstanden; im Jahre 1683 wurde St. Pölten durch eine kleine Reuterschaar vom Dünewaldschen Regiment gegen die heranstürmende Uebermacht der Türken geschützt.

Die Aussicht nach der Steyrischen Alpenkette, wel=
che sonst die Ebene von St. Pölten darbietet, war uns
durch das immer mehr sich verdichtende Gewölk verschlos=
sen; bald ergoß sich der Regen in Strömen und trieb
uns unter das freundliche Obdach des Posthauses von
Perschling.

Der Regen war ein bald vorübergehender gewesen;
der erste Eindruck der großen, schönen Kaiserstadt sollte
uns ein unverwischt lieblicher und erfreuender werden, die
Nähe von Wien empfieng uns mit einem freundlichen
Angesicht des Himmels. Wir hatten den Weg des heu=
tigen Tages (am 12ten September) mit der aufgehenden
Sonne zugleich angetreten; die Bäume, vom Morgen=
wind bewegt, schüttelten die nächtliche Last des Regens
von sich; aus den grünenden Wiesen stieg ein leichter
Nebel auf; der sich über das Gebüsch der Hügel ergoß;
ein etwas dichterer umzog noch das Gebirge, bald aber
hatte die wärmer scheinende Sonne die Scheidung der
oberen, blauen Veste, durch welche ihr Pfad gehet, von
der unteren, grünenden der Erde, auf welcher der Fuß
des Menschen wandelt, vollendet und das Wasser als
fallenden Nebel an seine eigentliche, untere Wohnstätte
zurückgewiesen. Wie oft habe ich später, im weitren
Verlauf dieser Reise, mit einem im eigentlichen Sinne
dürstenden Sehnen an solche Naturscenen mich erinnert, wie
die war, welche wir an jenem Morgen vor uns sahen
und wie sie in den vaterländischen Gegenden so oft und
häufig auftreten. Diese Fülle des fließenden, des nieder=
träufelnden, des in jeder Vertiefung des Bodens und
auf jedem Blatte stehenden Wassers und dagegen die
dürre, wasserlose Oede des nach Erquickung lechzenden
Bodens der arabischen Wüste! Was wäre das arme

Erdreich, mit all seinen in dasselbe hineingelegten Lebens-
keimen, ohne das ernährende Wasser; aber was wäre
auch das Wasser der Erde, wenn nicht ein Licht von
oben, das der Sonne, seine belebenden Kräfte in dassel-
be hineinlegte.

Der letzte Ausläufer des Kahlenberges, eines Ab-
kömmlinges der Alpenkette, lag jetzt vor uns; auf einer
der Anhöhen zu der sich unser Weg erhob, öffnete sich
uns zur Linken die Aussicht nach der Donauebene gegen
Tuln und Klosterneuburg, zur Rechten die nach den weiter
entfernten Reihen der Gebirgshäupter. Wir hatten aber jetzt
nicht mehr Zeit noch Neigung zur Rechten oder zur Lin-
ken, das was in der Ferne lag zu betrachten, denn zu
mächtig zog uns der Anblick des Nahen und des vor uns
Liegenden an.   Neben unserem Wege die Menge der
Landhäuser und ihrer Gärten, die lieblich auf den Anhö-
hen und in ihren Thälern gelegenen Dörfer und Lustör-
ter, vor uns die Thürme und Häusermasse der prächti-
gen Stadt.   Bald sahen wir uns innerhalb ihrer Thore
und gegen drei Uhr waren wir schon, wenn auch nur
für wenig Tage, Bewohner derselben, die sich, im guten
Gasthof zur Stadt London, so wohl versorgt und einhei-
misch fühlten, als in einem eignen, seit Jahren bewohn-
ten Hause.

Die noch übrigen Stunden des wunderschönen Nach-
mittages benutzten wir um eine vorläufige Bekanntschaft
mit der Stadt und ihrer nächsten Umgebung zu machen.
Aus dem muntren Gedränge einiger der schönsten und
besuchtesten Hauptplätze gieng ich, mit meiner lieben Be-
gleiterin hinaus auf den Wall.   Ich hatte da, gerade
heute, noch etwas ganz Besonderes, mir sehr Werthes
aufzusuchen und zu thun.   Ohne daß ich vorher daran

4 *

gedacht, noch weniger aber ohne daß ich dieß absichtlich
so eingerichtet hatte, war ich an einem Tage und in
Stunden dieses Tages nach Wien gekommen, die meiner
Erinnrung aus der Geschichte dieser Stadt in besonderer
Tiefe und Frische eingeprägt sind *). Heute vor hundert
und drei und funfzig Jahren, gerade als die Noth der
von den Türken hart geängsteten Stadt am höchsten ge-
stiegen war, kam die Stunde der Errettung aus des
Feindes Hand. An der Stätte der alten Löbel- und
Burgbastey stehend, ließ ich, so weit ichs vermochte, das
Andenken der ganzen Reihe jener Begebenheiten aus der
Geschichte der damaligen Leiden und Freuden Wiens an
mir vorübergehen. Einen Monat lang hatte die verhält-
nißmäßig kleine Schaar der Belagerten durch Wunder
der Tapferkeit den Andrang der Hunderttausende der
Feinde von den Mauern der Stadt zurückgehalten, als
am 12ten August eine feindliche Mine die äusserste Ecke
des Burgravelins zerstörte. Zwar wurde an diesem Ta-
ge der zweistündige, wüthende Sturm der Türken zu-
rückgeworfen und bis zum 16ten August der Einbruch
ihrer Schaaren in den Graben verhindert, dann aber
durchbrach die Wuth der übermächtigen, immer neu an-
bringenden Feinde den Damm der Gegenwehr; ihre Hau-
fen ergossen sich, über die Leichname der Ihrigen, in den
Löbelgraben, den sie besetzten und von wo aus nun ihre

*) Vorzüglich durch meine Bearbeitung von Claudius An-
geli de Martelli Errettung in und aus der türkischen
Gefangenschaft. Erlangen 1825. Die Einleitung dieses
freilich durch eine Masse von Druckfehlern und durch seine
Sprachweise selber entstellten Büchleins giebt eine kurze Ge-
schichte der Belagerung und Entsetzung Wiens im Jahr 1683.

unmittelbar an der Contrescarpe errichteten Batterien
die Mauern der Stadt beschossen. Dennoch hielt der
Muth der Belagerten sich und die sinkende Stadt noch
aufrecht, obgleich das Schwert der Feinde, mehr aber
noch eine unter der zusammengedrängten Volksmenge aus-
gebrochene ruhrartige Seuche Viele der Kämpfer hinweg-
genommen oder zum Kampfe unfähig gemacht hatte. Als
aber nun durch die ungeheure Gewalt der Minen, wel-
che die Türken am 4ten, am 6ten und am 8ten Septem-
ber springen ließen, zuerst die Spitze der Burgbastei und
eine fünf Klaftern lange Strecke der Courtine, dann so-
gar die beiden Façen der Löbelbastei sammt einem vier-
zig Fuß langem Theil der Stadtmauer, endlich der grö-
ßeste Theil dieser Bastei selber zerschmettert und in Schutt-
haufen verwandelt waren, da schien der nahe Untergang
der Stadt unvermeidlich. Zwar hatte diese, statt der
gesunkenen Mauern mit dem unerschütterlichen Glaubens-
muth ihrer christlichen Kämpfer sich umgürtet und der
vom Großvezier selber geleitete furchtbare Sturm vom
6ten September wurde mit großem Verlust der Stür-
menden von der Macht dieser unscheinbaren Schutzwehr
zurückgeworfen, auch war es gelungen eine Kreuzmine
des Feindes zu entdecken und unwirksam zu machen, die
in der Nacht zum 9ten September der Burgbastei Zer-
störung drohete; dennoch konnte man es nicht hindern,
daß der Feind vom Graben aus allenthalben in die wan-
kenden, zerborstenen Gemäuer sich hineinwühlte. Da
schien denn doch endlich der Kahlenberg jene feurige
Sprache der Angst und Noth zu verstehen, welche die
bekümmerte Stadt bisher jede Nacht durch unzählige auf-
steigende Raketen mit ihm gesprochen hatte und man sahe
besonders vom 9ten September an von seinem Gipfel

antwortende Raketen emporsteigen, welche die Annähe=
rung des verbündeten Heeres und durch dasselbe die Ret=
tung Wiens verkündeten. Endlich als am letzten Abend
dieser angstvollen Woche die Sonne noch im Scheiden
das Gehänge des Kahlenberges beschien, sahe man auf
seinen Höhen von der Stadt aus die ersten Vorposten
der Verbündeten, deren Stücke schon auf einige Feindes=
haufen zornig herabblitzten. Da eilte Alles, was noch
gehen konnte, auf die Zinnen der Häuser, auf Mauern
und Thürme, um sich an diesem seit neun Wochen bang
ersehnten Anblick zu weiden, und alsdann in die Kirchen
um Gott für die nahe Rettung zu danken.

Einen schöneren, mehr zur Andacht stimmenden Sonn=
tagsmorgen hatten die damaligen Bewohner Wiens wohl
niemals erlebt, als der jenes 12ten Septembers war,
welcher ihnen die Hülfe brachte in der großen Noth. Da
sie beim Anbruch des Tages „ihre Augen aufhuben zu
den Bergen,“ von denen ihnen diese Hülfe kam, erblick=
ten sie auf dem Gipfel des Kahlenberges eine Fahne, an
der sich auf rothem Grunde ein weißes Kreuz zeigte, um
den Belagerern sowohl als ihren Drängern anzudeuten,
wessen Sache jenes Heer vertheidigen solle, das sich, so
weit nur das Auge reichte, über den ganzen Rücken des
Berges hin verbreitet hatte und welches nun allmälig
nach dem Thale herabzuziehen begann. Freilich war die=
ser Sonntag für die Belagerten sowohl als für das be=
freundete Heer noch keineswegs ein Tag der Ruhe; das
Volk der Janitscharen, das die Laufgräben erfüllte, schien
die letzte Anstrengung der wüthenden Tapferkeit zu ver=
suchen, um noch vor der Ankunft der Verbündeten in die
hier mauernlose Stadt einzudringen, welche sie ohne ihr
und sich ein Ausruhen zu gönnen, durch Bomben und

Steinwerfen, Miniren und Anstürmen aufs Aeußerste be=
drängten. Auf der andern Seite mußte auch das Heer
der Retter, welches der Zahl nach kaum ein Drittel so
stark war als das der Türken, jeden Schritt seines Vor=
dringens durch die vom Feinde besetzten Hohlwege,
Schanzen und Steinhaufen mit manchem Heldenblut und
gewaltiger Anstrengung erkaufen. Endlich am Mittage
hatte es die Ebene erreicht; der linke Flügel, geführt
von dem Herzog von Lothringen und dem alten Kriegs=
helden Golz, mit der schweren sächsischen Cavallerie und
mehreren andren wohlgeübten Truppen hatte sich den
schwersten Theil des Tagwerkes: den Kampf mit der
Hauptmacht der Janitscharen erlesen, deren Gegenwehr
durch die kriegserfahrensten, tapfersten Baschen aufs Höch=
ste gesteigert wurde; den Kern des verbündeten Heeres
bildete die bayerische Armee, zu der sich, wie zum linken
Flügel, die Blüthe des deutschen Adels aus allen Ge=
genden des Vaterlandes gesellt hatte; am rechten Flügel
kämpften die Schaaren der Polen, geführt von ihrem
edlen Könige Sobiesky. Unter dem Herzog von Lothrin=
gen, auf dem linken Flügel des Heeres, begann der
Kampf zuerst und war zugleich am furchtbarsten und aus=
dauerndsten, bis zuletzt Prinz Ludwig von Baden die
sächsische Cavallerie zum Absitzen ermahnte und mit ihnen
und einigen kaiserlichen Regimentern sich den Weg nach
der Roßau und hiermit auch ins feindliche Lager und zur
Stadt bahnte. So hatte denn auf dieser Seite das
Heer der Unsrigen zuerst die Süßigkeiten eines Sieges
geschmeckt, welcher nicht von armseliger Selbstsucht her=
beigewünscht, sondern von dem Sehnen aller rechten
Gottesfreunde herbeigebetet worden war; bald drang auch
der Mittelpunkt der verbündeten Armee, die sich in allen

ihren Bewegungen nach denen des linken Flügels gerich=
tet hatte in die Flanke des Feindes und als nun selbst
der heldenmüthige König Sobiesky mit frischen Truppen
gegen diesen anrückte, wurde derselbe zuerst ins Lager
zurückgeworfen, dann aber durch die Flucht seines von
Lothringens Schaaren geschlagenen rechten Flügels mit
fortgerissen in die gleiche Eile des Entfliehens.

So war denn jener zwölfte September, dessen An=
denken wir heute, da er sich jährte, dort auf dem lieb=
lich von der Abendsonne beleuchteten, jetzt mit allen Ga=
ben eines langen Friedens geschmückten Walle feierten,
ein Tag des großen Heiles und der innigen Freude für
Wien geworden. Ich hatte, als wollte ich auch noch die
Fußtapfen der großen Begebenheit am Boden erblicken,
so lange und unverwandt nach dem Kahlenberg, auf den
sich jetzt die untergehende Sonne niedersenkte, hinüberge=
schaut, daß ich ganz geblendet, das Nahe kaum mehr er=
kannte; erst in dem fröhlichen Getümmel der Straßen
und Hauptplätze über die wir noch giengen, fand sich die
Erinnrung und der bemerkende Blick für das gegenwär=
tige Heute und seine Erscheinungen wieder.

Die Dämmrung war schon eingebrochen als wir uns
aus dem Treiben und Geräusch der Straßen wieder zu=
rückzogen auf unsre stillen Zimmer; das Bild aber von
Dem, was wir heute gesehen, leuchtete noch lange in
unsrer Seele fort, und in den Gesprächen an der Wirths=
tafel, an der wir heute Abend mit unsern Reisegefährten
ganz allein waren, verwandelte sich das mannichfache
Getöne der Stimmen und der rollenden Wägen, das
wir noch so eben gehört hatten, in einen Nachklang,
welcher wie ein fröhliches Lied lautete, denn uns Allen
war es in dieser großen, volkreichen, für unsre Sinnen

noch ganz neuen Stadt in den wenigen Stunden, welche
wir da gelebt hatten, schon so vertraulich wohl gewor-
den, daß wir, wäre der Zug nach dem fernen, großen
Ziele der Reise nicht so mächtig gewesen, Wochen statt
der einzelnen Tage hätten verweilen mögen.

Wien.

Statt eines eigentlichen Capitels meiner Reisebe-
schreibung gebe ich hier nur eine Ueberschrift, zu der sich
Jeder, der selber zu sehen Gelegenheit hat, aus eigner
Anschauung oder Erinnrung den Text hinzufügen kann.
Denn des noch künftig zu Beschreibenden, weniger Be-
kannten, ist noch zu viel, und überdieß wäre die Aufga-
be für den Beschreiber zu schwierig; denn wie von einem
Maler der sich unterfängt, das Portrait eines allbekann-
ten, geehrten Fürsten zu mahlen, würde man von ihm
ein treffend ähnliches Abbild verlangen und dazu hat mir
der große, schöne Gegenstand meiner Beschreibung zu
kurze Zeit gesessen, indem wohl Monate nöthig seyn
möchten, um alles Sehenswerthe der Kaiserstadt und
ihrer Umgebung zu sehen, uns aber hierzu für dieses
Mal nur vier Tage gegeben waren.

Das was sich uns von jedem Besuch einer vorhin
noch nie gesehenen Gegend oder Wohnstätte der Men-
schen am ersten, und zugleich am tiefesten in die Erinn-
rung einprägt, ist zuletzt doch nur Das, was selber in
der Tiefe des Seyns und Bleibens gründet: der Geist
der etwa einst in den Thaten der Geschichte hier waltete,
oder der in den Bewohnern noch jetzt lebt und fortwirkt.
Das herrschende Prinzip des geselligen Lebens und Be-
wegens in den Bewohnern Wiens ist ein solches, mit
welchem sich auch der schnell hindurchgehende Fremdling

und Wandrer bald und leicht befreundet: es herrscht da,
so weit wir dieß zu beurtheilen vermochten, im Allgemei-
nen ein Geist des Wohlwollens und der Friedlichkeit,
wie er uns in einer glücklichen, einträchtig beisammenle-
benden Familie begegnet. Eine solche gute Stimmung
aller Genossen des Hauses geht zunächst von der verwal-
tenden Stimmung der Häupter der Familie: des Haus-
vaters und der Hausmutter aus, und wer die Geschichte
von Wien seit längerer Zeit kennt, der weiß es, daß es
hier gute, an innrem Frieden reiche Oberhäupter des
Haushaltes gegeben hat und noch fortwährend giebt.
Was dem geselligen Ton in Wien, dem Grundton der
durch den Wechselverkehr seiner Bewohner geht, den ei-
genthümlichen Wohllaut mittheilt, das ist der Geist der
Freundlichkeit und des Wohlwollens, der von dem Haus
der Herrscher ausgieng. Darum wird es auch dem
Fremden unter den Bürgern Wiens so zu Muthe wie
unter Kindern die bei der guten, ausreichenden Ver-
sorgung welche sie im Elternhause haben, ganz vergnügt
und wohlauf leben und ihre Eltern in Ehren halten.

Die große Kaiserstadt war gerade in den Tagen, in
denen wir sie besuchten, in etwas vereinsamt; der Hof
befand sich in Prag, bei den Festlichkeiten der Krönung;
ein großer Theil der Gelehrten und Lehrer der Hochschu-
le, auf deren Bekanntschaft ich mich gefreut hatte, be-
fand sich auf dem Lande oder war auf Ferienreisen in
der Nähe und Ferne verstreut. Man sagte uns es sey
eben jetzt bei weitem weniger „Leben" in der Stadt als
gewöhnlich; wir aber bemerkten das nicht, uns war es,
wenn wir in manchen Stunden des Tages über einen
der Hauptplätze giengen so zu Muthe wie den Landleu-
ten, wenn sie an einem Jahrmarktstage aus ihrem stillen

Dorfe in das Volksgedränge der Stadt kommen. So in
langen Reihen und so zusammengeschaart wie hier an je-
dem schönen Nachmittag sieht man bei uns die gehenden
und fahrenden Städter und Städterinnen nur an Sonn-
tagen oder bei besonderen Festlichkeiten; Wien legt sein
Sonntagsgewand die ganze Woche nicht ab.

Aus einer solchen Masse des Sehenswerthen und
Neuen, wie die ist, welche hier auf unsre Sinnen ein-
stürmte, wählt man sich bald einzelne Lieblings - und
Ausruhepunkte aus, zu denen man gern öfter wiederkommt.
Ein solcher Ausruhe - und Richtpunkt der Wege war für
uns die St. Stephanskirche, die schon im Jahre
1144 von dem ersten Babenberger Herzog gegründet wur-
de, obgleich der Ausbau nach dem jetzigen Umfang erst
in die Jahre 1359 bis 1430 fällt. In ihrem Innern
drängen sich mehrere Mächte der älteren Kunst zusam-
men: die Glasmalerei der drei Fenster um den aus
schwarzen Marmor gebildeten Hochaltar; die Fürsten-
gruft; das Grab Friedrichs des Vierten mit mehr als
300 Figuren und vielen Wappen, oben auf ihm die lie-
gende Figur des Kaisers im fürstlichen Ornat. Zur Ver-
vollständigung des Eindruckes, den schon das Innre,
selbst auf den bloß Beschauenden macht, gehört jedoch
vor allem die Betrachtung des Aeußeren. Der eine,
ausgebaute Thurm, hat mit Recht auf den Tafeln der
Messungen der Höhen und Tiefen seine Stellung neben
den höchsten menschlichen Bauwerken der Erde erhalten.
Er stehet hierinnen der größesten der ägyptischen Pyra-
miden und dem Straßburger Münsterthurm nur wenig
nach; seine Höhe erscheint wie ein wohlgelungener Reim
auf das Höhenverhältniß des Donauspiegels bei Wien
zur Fläche des Meeres, denn so hoch der mittlere Stand

des Flusses über das Meeresniveau, so hoch erhebt sich die Spitze des gewaltigen Stephansthurmes über den Boden in welchem sein Grundgemäuer ruhet *). Das Baumaterial der Quadersteine, abgesehen von dem kräftigen, in wohlerwogenem Verhältniß zur Höhe stehenden Durchmesser, giebt diesem mächtigen Gebäu das Ansehen eines fast auf der Tiefe ruhenden Berges, den die mannichfachen, zierlichen Gestalten der altgothischen Verzierungen wie eine Welt der auf ihm wohnenden Thiere und Pflanzen beleben. Es thut dem Auge, das gern in die Höhe schaut, ganz besonders wohl, wenn es mitten auf der Ebene und in der Mitte der immer bewegten Wellen des gewöhnlichen Lebens einer großen Stadt an einem solchen Berge (nach Psalm 121) ausruhen kann, den sich, wenn auch nur als ein Abbild, ein frommer Sinn mitten in die Fläche der Alltäglichkeit hineingesetzt hat. Auf der Höhe des Stephansthurmes, zu der man auf etwa 700 Stufen hinaufsteigt, hat man auch den besten, den vollständigsten Ueberblick über die Stadt und ihre reiche, schöne Umgegend. Wie riesenhaft groß das Gebäude sey, das man erstiegen hat, das bemerkt man bei dem genauen Anblick der Tafel der Uhr, welche über 12 Fuß hoch und fast eben so breit ist. Die große Glocke des Thurmes, die aus dem Erz der eroberten türkischen Kanonen gegossen ward, wiegt 354 Zentner (nach andern Angaben 412 Z.) sie übertrifft mithin an Masse und Gewicht die große Glocke zu Notre Dame in Paris, wie die des Mailänder Domes, welche beide zu 320 Zentnern geschätzt werden, noch mehr die zu Magdeburg (von

---

*) Gegen 420 Fuß.

293 Z. Gewicht) und hat im deutschen Vaterlande zur
gleichkräftigen Gesellin nur die berühmte Erfurter Susan-
na, deren Gewicht 362 Zentner betragen soll. Ueber-
haupt wird die St. Stephansglocke in Europa (seitdem
die riesenhaft große Glocke in Moskau, von, wie man
sagt, mehr als 4000 Zentnern Gewicht, nicht mehr vor-
handen ist) nur von wenigen solchen stimmführenden
Mächten, namentlich von der Corbeillac zu Toulouse (sie
wiegt über 500 Zentner) übertroffen.

Nächst der St. Stephanskirche hat noch gar man-
ches andre der prächtigen Kirchengebäude von Wien ei-
nen anziehenden Reiz für den Fremden. Die kleine St.
Ruprechtskirche erhielt sich nur den Ruf, nicht aber
das äußere Ansehen ihres hohen Alterthumes, denn
obgleich ihre erste Erbauung auf das Jahr 740 gesetzt
wird, gehört dennoch ihre jetzige Form dem 15ten Jahr-
hundert an. Dagegen hat sich die St. Michaelskirche in
ihrem Innern unverändert die ehrwürdige Form der mor-
genländisch christlichen Bauart bewahrt; eine freundliche
Gabe der jüngsten Zeit an das alterthümlich merkwürdi-
ge Gebäude sind die Gemälde von Ludwig Schnorr.
Selbst außen auf dem Vorplatze von St. Michaël erin-
nert man sich gern an ein Ereigniß aus den Zeiten der
vorhin erwähnten Belagerung Wiens durch die Türken.
Die erste Bombe welche damals die Feinde in die Stadt
warfen, war gegen diese Kirche des Schutzengels der
Unschuld gerichtet, sie fiel, Verderben drohend, vor ih-
rem Gemäuer nieder; da lief ein dreijähriges Kind, das
sich von selber zu dieser kühnen That getrieben fühlte,
zu ihr hin, löschte sie aus und wendete so die Gefahr
von der Kirche und allen ihren Nachbargebäuden ab.

Gleich am ersten Nachmittag unsres kurzen Aufent-

haltes in Wien waren wir von dem sogenannten Gra-
ben durch ein schmales Seitengäßchen zu der St. Pe-
terskirche gekommen, welche Johann Fischer von Erbach
der Form der Peterskirche zu Rom nachbildete; von dem-
selben Meister ist auch die prachtvolle St. Karlskirche
auf der Wieden erbaut worden. Das Grabmahl der
Erzherzogin Christina von Canova's Meisterhand findet
sich in der Hofpfarrkirche der Augustiner.

Auf unsren Wanderungen durch die große Kaiser-
stadt und einige ihrer Vorstädte verweilten wir öfters mit
vorzüglichem Wohlgefallen auf dem Josephsplatze. Die
eine Seite desselben nimmt das Gebäude der k. k. Hof-
bibliothek ein, dessen äußere Pracht und Herrlichkeit nicht
vergeblich auf einen eben so reichen innern Gehalt schlie-
ßen lässet. Der Sarkophag von weißem Marmor, den
man unten in der Vorhalle des Gebäudes sieht und auf
welchem in halberhabener Arbeit der Kampf des Theseus
mit den Amazonen dargestellt ist, wurde (im siebzehnten
Jahrhundert) unter den Ruinen von Ephesus aufgefun-
den und durch seinen glücklichen Finder — einen Grafen
von Fugger — hieher geschenkt. Der Freund der natur-
geschichtlichen Litteratur wird nicht ohne ein Gefühl der
höchsten Befriedigung den großen, herrlichen Saal der
Bibliothek verlassen. Von der alten Handschrift des
Dioscorides an, bei der sich gemalte Pflanzenabbildun-
gen finden, bis zu den theuersten und seltensten Kupfer-
werken der neuesten Zeit wird man beständig daran erin-
nert, daß man sich hier in einer Stadt befinde, wo sich
mehrere durch Talent und Wissen wie durch hohen Stand
mächtige Geister der Naturwissenschaft zugewendet haben.
Der Reichthum an den bedeutungsvollsten Werken des
Morgenlandes ließ mich den Einfluß des reichen Geistes

von Hammer's errathen, überhaupt erkannte ich und er=
freute mich gar vielfältig in Wien an den Fußtapfen der
Wirksamkeit dieses verehrten Mannes, ihn selber aber,
dessen Werke wie wohlwollende Empfehlungen mir doch
ein so kräftiges Geleite auf diese Reise gaben, fand ich
nicht. — Für die Betrachtung der Landcharten und Ku=
pferstiche, so wie doch eigentlich für die genauere der
Bibliothek hätte man sich nur mehr Zeit wünschen mögen,
als für dieses Mal dafür vorhanden war. Eben so für
die Betrachtung der gehaltreichen Naturaliensammlung. —
Auf dem Josephsplatze steht auch noch die große, schöne
Reuterstatue Josephs II., von Zauner. — Außer dieser
für mich so vielfach anziehenden Parthie der Stadt, sind
mir auch der neue Markt mit den trefflichen Brunnenfi=
guren von Donner, der hohe Markt, mit dem kleinen
Tempel in seiner Mitte, wo die Vermählung der heil.
Jungfrau dargestellt ist; der sogenannte Graben mit der
wenigstens stark genug in die Augen fallenden Dreifaltig=
keitssäule gar wohl in der Erinnrung geblieben. Unter
den vielen, nicht immer regelrecht verlaufenden Gassen
der Stadt lernte ich mich nicht einmal bei dem Tages=
licht der unmittelbaren Anschauung zurecht finden, noch
weniger vermöchte ich dieß jetzt, bei dem dämmernden
Licht der Erinnrung. In der k. k. Burg und ihrer Nähe
ist mir es immer sehr wohl geworden; sie ist ein Stamm=
buchblatt in der Geschichte Deutschlands, auf welchen
viele werthe Namen, Derer die hier walteten, aufgezeich=
net stehen. Ihr Innres gewährt viel mehr als das
Aeußre verspricht. Die köstliche Mineraliensammlung sa=
he ich nicht; der treffliche Mohs war verreist. Vor den
Gewächshäusern und in den nachbarlichen Gärten der
Burg weilte ich mit Wohlgefallen.

Nun möchte aber auch wohl bald alles das beisam=
men seyn, was ich von der Altstadt von Wien zu sagen
weiß. Denn wenn ich auch aus dem Tagebuch des Ge=
dächtnisses noch einige Dinge erwähnen wollte, würde
man bald die flüchtige Eile bemerken, in der ich an
Allem vorübergekommen bin, oder ich müßte nur aus
Hörensagen beschreiben, was ich nicht einmal selber gese=
hen, wie namentlich Belvedere mit der reichen Gemälde=
gallerie und der schönen Aussicht nach der Stadt und
ihren Vorstädten. Ueberdieß ist auch noch gar zu viel
von der Geschichte der Reise nach dem Morgenlande zu
erzählen, welche doch eigentlich erst von Wien aus ihren
Anfang nimmt. Indem ich aber nun meine Erzählung
anheben will, fühle ich mich wie von neuem an der gu=
ten Kaiserstadt festgehalten und zu ihr hingezogen; ich
finde, daß die Geschichte der Reise nicht erst von Wien
aus, sondern schon in demselben ihren Anfang nimmt.
Denn in seiner Mitte entspannen sich jene goldenen Fä=
den des Wohlwollens und der freundlichen Fürsorge, die
mich auf meinem ganzen weitem Wege von der Donau
bis zur Herrscherstadt vom Propontis und von da wieder
an den Meles, Nil und Jordan, ja bis zum Arno geleite=
ten. Die kräftige Wirksamkeit jener Empfehlungen, wel=
che ich aus der Staatskanzlei Seiner Durchlaucht, des
Fürsten von Metternich mit mir nahm, ließen es
mich erfahren: daß der große, vielumfassende Geist dieses
Staatsmannes mit der Vorsorge für das Allgemeine und
Ganze auch die für das Bemühen eines Einzelnen zu verei=
nen wisse, und daß neben dem mächtigen Strome des
politischen Bewegens, dessen Lauf derselbe zum Wohle
des Vaterlandes zu leiten bemüht ist, auch ein armes
Bächlein seiner Hülfe sich erfreuen dürfe, welches, aus
                                                    dem

dem Quell der Wissenschaft hervorgehend, vielleicht irgendwo einen noch schlummernden Keim des Erkennens wecken könnte. Was ich hierbei dem hohen Wohlwollen Seiner Excellenz, des Herrn Grafen von Ottenfels verdankte, das war so Wesentliches und so Vieles, daß ich meinen tiefgefühlten Dank dafür besser durch den Thatbericht über das, was jenes Wohlwollen in dem ihm so nahe bekannten Lande des Ostens für mich bewirkt hat, als durch Worte auszusprechen vermag. Einen andern Punkt, von welchem die goldnen Fäden der freundlichen Bemühungen für mich und das gute Gelingen meiner Reise ausgiengen, habe ich schon genannt; das war ein Schreibtisch, von welchem gar viele goldne Fäden über ganz Europa und tief nach Asien hinein, bis weit über den Euphrat auslaufen: der Schreibtisch des hochverehrten Ritters von Hammer. Der Mittelpunkt aber, das eigentliche „Herz" von welchem alles das Bewegen zu meinem Gunsten in Wien seinen ersten Antrieb empfieng, habe ich noch nicht genannt: das war jener Mann, der die hülfreiche That seines Wohlwollens und seiner Liebe schon in so manches frühere Jahr und Begegniß meines Lebens unvergeßlich tief hineingeprägt hat, der hochtheure K. Bayerische Minister, Baron Maximilian von Lerchenfeld. Wenn aber alle die eben erwähnten Beweise von Wohlwollen und Güte, die wir in Wien erfahren durften, zusammen mit dem freundlichen, nur unsres Vortheiles gedenkenden Geleites, das uns die Briefe der Herrn Eskelin und E. in alle größeren Handel treibenden Städte der östlichen und südöstlichen Mittelmeeresküste gaben, wenigstens doch an die Fortreise erinnerten, so waren daneben auch noch andre Fäden wirksam, die uns in der Kaiserstadt selber so fest

und innig umspannen, daß sie uns fast hätten können
das Weitergehen vergessen machen. Wir erfuhren hier
die Kräfte und Aeußerungen einer Freundschaft, welche
zu ihrem Erstarken keiner längeren Zeit des Sehens und
Bekanntwerdens bedarf, weil sie von einer Art ist, über
deren Gedeihen und Fortbestehen die Zeit keine Ge-
walt hat.

An der Seite des theuren Endries besuchten wir
noch am letzten Tage unsres Aufenthaltes einige Gärten
und Landhäuser in der Nähe der Stadt; vor allem
Schönbrunn. Hier ließ uns die Umgegend von Wien
noch einmal die Fülle aller ihrer Lieblichkeiten sehen und
genießen; zuerst bei der weiten Aussicht am Gloriette,
dann in den stillen, schattigen Gängen der hohen Baum-
gruppen und am Gesundbrunnen der hehren Nymphe.
Die kräftig gedeihenden, ausländischen Gewächse der
Treibhäuser und Blumengestelle sprachen mit mir zum
Theil schon die Natursprache jener Länder, die mein Fuß
nun bald betreten sollte. Bei jedem solchen Anblick merk-
te ich recht deutlich, daß mein ganzes Sinnen und Trach-
ten nicht mehr daheim, sondern bereits ausgewandert sey
in das Land gegen der Sonne Aufgang, und wo das
Herz wandelte, da wollten dieß auch die Füße. Darum
auf, zur Weiterreise!

Die Donaufahrt von Wien nach dem schwarzen Meer.

Es schien als sey eine ganze Gemeinde im Auswan-
dern begriffen, so groß war die Zahl der Reisenden, so
wie der mit Reisegepäck belasteten Träger und Karren,
welche mit uns zugleich am Nachmittag des 15ten Sep-
tembers hinabzogen durch den Lustwald des Praters nach
der Donau. Hier, bei dem Dampfschiff, war das Ge-

dräng noch größer; denn so wie mehrere liebe Freunde
uns aus der Stadt bis hieher das Geleit gaben, so hat=
ten auch die Schaaren der andern Reisenden ihre Beglei=
ter, zu denen sich die Menge der Neugierigen und der
im Prater Lustwandelnden gesellte, welche das Dampf=
schiff wollten abfahren sehen. Das Glöcklein das die
Abfahrt verkündete, hatte zum letzten Male geläutet, die
Räder der Dampfmaschiene setzten sich in Bewegung und
mit ihnen zugleich die Stimmen, die sich noch einmal
vom Schiff und vom Lande aus begrüßten. Auch auf
der schnellen Fahrt, die nun begann, fuhren die Stim=
men, die mit uns im Schiff geblieben waren, fort, an
Lauttönigkeit und Schnelle mit den Rädern und Getrie=
ben zu wetteifern; die Menge der Mitreisenden war
aber auch so groß, daß sich zum Sitzen nur selten Raum
und Gelegenheit fand, man stund da in einem Menschen=
gedränge, wie jenes ist, das sich an einem Jahrmarkte
vor einer Garküche anhäuft. Denn gerade dergleichen
Erinnerungen an Jahrmarkt und Garküche drängten sich
hier der Seele am meisten auf, wo man so viel reden
hörte von den in Wien gemachten Einkäufen, so viel
wahrnehmen mußte von der Geschäftigkeit der Küche,
deren Erzeugnisse, von den schnellen Dienern ohne Aufhö=
ren unter die immer mehr und Neues begehrende Menge
ausgetragen wurden. Unter solchen Umständen konnten
freilich die Gedanken an die Pilgerschaft nicht recht auf=
kommen, obgleich gerade heute eine besondere Anregung
zu denselben vorhanden gewesen wäre. Denn es hatte
sich von Wien aus noch eine Mitpilgerin an uns ange=
schlossen, die wir mit ihrem Vornamen: Elisabeth
nennen wollen. Eine muthige und freudige Wanderin
nach dem Morgenlande, welche namentlich meiner Haus=

5 *

frau oftmals, wenn zu den äußern Stürmen auf dem
Meere die innern der Sorgen und der Furcht vor dem
„großen Wasser" hinzukamen, von neuem Muth und
Freudigkeit mittheilte, und durch ihr geduldiges Ertragen
der vielfältigsten Bedrängnisse uns Allen zur Stärkung;
durch Rath wie That zur Erleichterung und Hülfe ge=
reichte.

Der Anfang der großen Wasserbahn, die wir jetzt
auf unserm Dampfschiffe, der Nabor genannt, betreten
hatten, gewährt dem Auge nicht viel Unterhaltung. Der
mächtige Strom wird hier zu beiden Seiten durch eine
grünende Ebene begränzt, die sich erst bei F i s c h a m e n t,
am Ufer der rechten Seite, wieder hüglich erhebt. Hier
belebt sich die unmittelbare Nachbarschaft des Wassers
auch durch die große Landstraße, welche auf dem 10 Fuß
hohen Damme hingehet; zur Linken dehnt sich noch das
Marchfeld aus. Uebrigens gehet die Fahrt hier an einem
Boden vorüber, den man gerne, nicht bloß im schnellen
Vorüberschiffen mit dem Auge durchstreifen, sondern zu
Fuß durchwandern möchte, denn nahe bei P e t r o n e l l
deuten der Triumphbogen des Tiberius, so wie andre
Ruinen die Stätte des alten ursprünglich Celtischen,
dann Römischen C a r n u n t u m an; eine merkwürdige
Schanze, welche diese alten Bewohner und Beherrscher
des Landes errichteten, reichet von dieser Gegend fünf
Stunden weit gen Süden, bis an den Neusiedlersee und
dehnt sich auch jenseit des linken (nördlichen) Ufers der
Donau bis an Zwerndorf aus. Vor H a i n b u r g (Hun=
nenburg) erinnert der 60 Fuß hohe rundliche Hügel,
noch mehr aber die Ruine der wahrscheinlich von den
Römern angelegten, dann aber von den Hunnen bewohn=
ten Veste an König Etzels (Attila's) Hofhalt und an den

Sagenkreis des Nibelungen Liedes. Noch jetzt in ihren
Trümmern riesenhaft mächtig erhebt sich am linken Ufer
des Stromes die Burg des schon zu Ungarn gehörigen
Gränz= und Mauthortes Theben, deren Begründung
auch den Römern zugeschrieben wird und welche dem
Mittelalter für eines der unüberwindlichst festen Schlös=
ser des Landes galt. Berge zu beiden Seiten, deren
Abhänge und Schluchten mit Laubwald und Weinpflan=
zungen sich bekleiden, geben der Nähe von Preßburg,
dessen alte Königsburg sich von ferne zeigt, ein gastlich
einladendes Ansehen und noch ehe die Sonne sinkt landet
das Dampfschiff bei der Stadt an. Wir waren von
Wien nach Preßburg, wohin der gerade Weg (abgesehen
von den Krümmungen der Donau) 12 Stunden beträgt,
in nicht ganz 3 Stunden gekommen.

Wir hatten uns beim Hineingehen nach der Stadt
etwas verspätet; denn welchen Fremdling sollte nicht der
erste Anblick dieses alten, ungarischen Königssitzes anzie=
hen und festhalten, der von den Vorbergen und Wein=
bergshügeln der kleinen Karpathen im Halbkreis, wie
von einem grünen Mantel umgeben ist, und welcher sei=
nen Fuß auf den hier ungetheilten, 780 Fuß breiten,
majestätischen Strom stellt. Die Herrscherburg, in wel=
cher vormals die Reichskleinodien bewahrt wurden, thro=
net auf einem 420 Fuß hohem Felsen und hat sich noch
immer, obgleich die Feuersbrunst von 1811 ihr Inneres
verheerte, die äußren Züge ihrer stattlichen Gestalt be=
wahrt; ehrwürdig durch ihr Alter wie durch ihre Bauart,
stehet die von Ladislaus dem Heiligen im Jahr 1090 be=
gründete St. Martinskirche mit ihrem prächtigen Thur=
me da; unter manchen andren schönen und ansehnlichen
Gebäuden zeichnet sich der erzbischöfliche Pallast aus.

Während wir jedoch so beim Anschauen zögerten, hatte
das kleine Heer von Reisenden, das sich aus dem Schiffe
über alle Gassen und Plätze der Stadt ergoß, bereits
von allen bessern Gasthöfen Besitz genommen, wir fanden
endlich nach langem Herumfragen nur noch in einem
Wirthshause von ziemlich niederem Range ein Unter-
kommen.

Wir fuhren am andern Morgen bald nach Tagesan-
bruche ab; der Himmel hatte sich getrübt, die Gluthsäu-
le des Morgenrothes über den grünenden Hügeln, so
schön sie dem Auge erschien, war nichts Erfreuliches,
denn sie deutete auf nahen Regen. Bald jenseit Preß-
burg theilt sich die mächtige Donau in mehrere Arme,
zwischen denen sich die beiden Inseln Schütt, die größere
zur Linken auf die Länge von 9, die kleinere zur Rech-
ten auf 7 Meilen ausdehnt, wobei die Breite von jener
4—5, von dieser etwa 1 Meile beträgt. So fruchtbar
auch diese Inseln seyn mögen, hätten wir für heute ger-
ne ihres Anblickes entbehrt und uns vor dem dicht herab-
fallenden Regen in die Cajüten gerettet, wenn da nicht
das Gedränge der vielen Menschen eine so unerträgliche
Schwüle erzeugt hätte, daß der Aufenthalt auf dem Ver-
deck unter dem Regenschirme noch immer vorzuziehen
war. Es waren indeß nur Gewitterregen, die sich, ei-
ner nach dem andern, über die Ebene entluden, dazwi-
schen gab es auch heitre Sonnenblicke, die uns das un-
überwindlich feste Comorn, am Einfluß der Waag und
die jenseits Comorn wieder bergig sich erhebenden, na-
mentlich bei Neszmely (Nesmil), reich mit Reben und
Obstbäumen bepflanzten Ufer, so wie den majestätisch auf
seinem Felsen hervortretenden Dom zu Gran mit genuß-

reicher Ruhe betrachten ließen. Ueber den Höhenzügen des Bakonyerwaldes zu unsrer Rechten, stiegen am Nachmittag von neuem die Wetterwolken wie Berge auf, während die noch höherstehende Sonne den wunderlichen Bau der dreieckigen Bergveste von Vissegrad (der Plentenburg) beleuchtete, in welcher einst der edle Matthias Corvinus in der Gesellschaft unsres großen Landsmannes des Astronomen Regiomontanus Tage eines genußreichen Ausruhens verlebte, und welche ein Lieblingsaufenthalt mehrerer ungarischen Könige war. Unten am Fuße des Berges, der die Burg auf seinem Rücken trägt, stehet der 6 Stockwerk hohe Salomo'sthurm, so genannt, nicht nach dem weisen Herrscher des Israelitischen Reiches, sondern nach einem Vetter des Königes Ladislaus, dem ungarischen Gegenkönig Salomo, der (im Jahr 1077) hier gefangen saß. Bei dem schön gelegenen Waitzen nimmt der Strom seine Wendung nach Süden; nur noch eine kurze Strecke hatten wir zu fahren, da zeigte sich das hochgelegene Ofen und bald begrüßte das an dem gegenübergelegenen Pesth anlandende Schiff die Bewohner der schönen Stadt mit Kanonenschüssen. Abgesehen von den vielen, sehr bedeutenden Krümmungen, welche die Wasserbahn machet und die der Landweg abschneidet, misset selbst der gerade Weg von Preßburg nach Pesth 32 Stunden, während unser Dampfschiff in 13 Stunden das Ziel erreichte. Doch brachte wenigstens uns diese Eile für heute wenig Vortheil; ein heftiger Regenguß, der das Ausladen des Reisegepäckes aus dem Nador, den wir hier mit dem Dampfschiff Zriny vertauschen sollten, überaus erschwerte, hielt uns noch mehrere Stunden im Fahrzeug zurück, bis wir endlich nach 9 Uhr Abends im schönen, bequemen Gast-

hause zum König von Ungarn Ruhe und Erquickung
fanden.

Sonnabends, den 17ten September, noch vor Ta-
gesanbruch mußten wir schon wieder auf unsrem Dampf-
schiffe seyn; denn dieses sollte, so war es die Absicht des
Capitäns, heute einen noch weiteren Weg machen als
gestern; es sollte am Abend bei dem gegen 40 Stunden
Weges von Pesth abliegenden Mohacs anlegen, damit
dort das Einladen der Steinkohlen während der Nacht
geschehen könnte. Die Wasserbahn wurde allmälig hel-
ler, die Räder begannen ihren Kreislauf; wir wandelten
wenigstens mit Augen und Herzen nach dem guten Ofen
hinauf, das wir so gerne begrüßt und besucht hätten;
doch schon nach wenig Riesenschritten des Fahrzenges
war uns das schöne Schwesterpaar der Städte, zuerst
Pesth, dann Ofen aus dem Auge gerückt und wir zogen
auf dem einen Arme der hier wieder getheilten Donau
hinab nach der großen, unübersehlich weiten Ebene. Vor
dem eigentlichen Beginn von dieser erhub sich noch ein-
mal der letzte Sprosse des von Westen, vom Savoischen
Gebirgsstamme herkommenden Höhenzuges zu dem mit
Weingärten umkleideten Engeniusvorgebirge, auf welchem
ein prächtiges Lustschloß gesehen wird; dann aber fiel der
Vorhang eines dichten Nebels über den großen Schau-
platz herunter, das Dampfschiff mußte, weil jetzt die
Weiterfahrt wegen der vielen Schiffsmühlen am Ufer be-
denklich erschien, den kaum begonnenen Lauf hemmen,
und wir lagen da, mitten im Strome, bis gegen Mit-
tag still. Indeß hatten wir Zeit genug uns in dem
Dampfschiffe umzusehen, das von heute an auf längere
Zeit unsere Wohnstätte seyn sollte. Der Zriny, so heißt
dasselbe, hat eine Länge von 180 Fuß und 23 Fuß Brei-

te, bewegt ſeine Laſt mit einer Kraft, welche jener von
80 Pferden gleichkommt und durchläuft hiermit, unter
ſonſt günſtigen Umſtänden in jeder Stunde eine Strecke,
welche mehr als 6 Stunden Weges beträgt. Zu unſrer
großen Freude hatte ſich das Gedräng der Reiſenden,
das auf dem Nabor ſo übervoll war, ſehr vermindert;
nur eine Schaar von Handelsleuten, die auf einen Jahr=
markt jenſeit Semlin zog, ſchien in Peſt neu hinzugekom=
men zu ſeyn; an unſere nähere Geſellſchaft ſchloßen ſich
jetzt, wo man erſt Gelegenheit fand ſich näher zu kom=
men, ein alter, vielgereiſter, wohlunterrichteter Englän=
der mit ſeinem Neffen und ein junger Grieche aus Chios
an, der in München ſtudirt hatte.

Gegen Mittag wurde der Vorhang des Nebels wie=
der aufgezogen, die neue Scene: der volle Anblick der
großen, ungariſchen Ebene begann, die Fahrt gieng ohne
Hemmung weiter. Der ſchöne Strom, als wollte er
einige Zeit von dem ſchnellen Laufe ausruhen, ergeht ſich
hier, gleich einem weidenden Roſſe durch üppig grünende
Auen; verbirgt ſich bald hinter dem grünenden Gebüſch,
bald zwiſchen einzelnen Laubwäldern, aus denen manche
uralte Bäume weit emporragen. Heerden von bräunli=
chen Cormoranen und wilden Gänſen flogen lautſchreiend
über uns hin, Pelikane mit ſchneeweißem Gefieder ſonn=
ten ſich auf den abgelegenen Sandbänken, Löffelgänſe
ſchoßen begierig nach ihrer Beute, den kleinen Fiſchen,
herunter, hin und wieder zeigte ſich auf einem Baum
am Ufer ein einſamer Seeadler. Nur an wenig Stellen
öffnete ſich über das hohe Grün des Ufers hinüber die
Ausſicht nach einem Dorfe; Heerden des weidenden Vie=
hes oder ein wohlberittener Landmann, der die Schnelle
ſeines guten Roſſes prüfen und zeigen wollte, indem er

auf der Ebene am Ufer mit dem Dampfschiff den Wett=
lauf versuchte, verriethen es, daß das Land von Men=
schen bewohnt sey. Gegen Abend schien sich unser Weg
in undurchdringlichen Waldungen zu verlieren; die Nacht
war schon angebrochen als wir aus der Stille dieser dich=
ten Laubgänge hinausgelangten ins Freie und in Tolna
das Nachtlager suchten. Hier fanden wir ein Gasthaus,
das an die beßern Gasthäuser mancher unsrer wohlhaben=
den Dörfer erinnerte; der Tisch des Wirthes bot in Fülle
die reichen Gaben des Landes dar; noch vor dem Ein=
schlafen ergötzte uns ein lieblich tönender, von Flöten
begleiteter, zweistimmiger Gesang, der sich nahe bei den
Fenstern unsers Zimmers von einer vorüberziehenden Ge=
sellschaft vernehmen ließ.

Die Stille des Sonntag Morgens, am 18ten Sep=
tember, wurde in den sich immer gleich bleibenden, grü=
nenden Auen durch nichts gestört, das etwa die Sinnen
sehr anzuziehen vermocht hätte. Noch vor Mittag erreich=
ten wir Mohacs, dessen reiche Ebene an das malerisch
schöne Gebirge von Villany und Hersany, so wie an die
Höhen sich anlehnt, welche das breite Thal von Fünf=
kirchen begränzen. Unser Dampfschiff hielt hier, um
neue Steinkohlen einzunehmen, mehrere Stunden und
ließ uns Zeit, den in vieler Hinsicht merkwürdigen Ort
zu besehen. Jene Höhe bei Hersany und Villany, die
sich in Gestalt eines rundlichen Grabeshügels über die
Ebene erhebt, trägt allerdings, gleich dem Tumulus des
Patroklos oder Achills die Bedeutung eines alten Helden=
grabes an sich; denn diese Ebene ist ein großes, mit
vielem Blute benetztes Schlachtfeld der Völker, auf wel=
chem das eine Mal die Macht des türkischen Halbmon=
des so zum Wachsen kam, daß der Morgenstern der

Herrlichkeit dieses Landes vor seinem Glanze erlosch;
das andre Mal aber so ins Abnehmen gerieth, daß sein
schwaches Licht in der Helle des neuanbrechenden Tages
verschwand.   Am 29ten August 1526 traf hier bei Mo-
hacs die Schaar der Christen unter Ludwig II., dem Kö-
nige von Ungarn, auf das Heer der Türken, welches
Suleiman der Große zur Schlacht führte. In der That
ein ungleicher Kampf; denn die Armee der Christen, der
Zahl nach nicht viel mehr als ein Zehntheil der türki-
schen, war ein Gemächte aus vielen unter einander strei-
tenden Gliedern, denen ein kräftig herrschendes Haupt
fehlte, weil der erst 20jährige König, zwar von seiner
Geburt an *) durch manche Schule der Schmerzen ge-
gangen, die stählende Kraft aber derselben immer von
neuem in der erschlaffenden Wärme seiner nächsten, nur
auf Sinnenlust denkenden Umgebung wieder verloren
hatte; während Suleiman, der Schrecken der Völker vom
Nil bis zum schwarzen Meere, ein vollkommner Herr-
scher und Heerführer seiner an Kampf und Sieg ge-
wöhnten Schaaren war. Als dort, in den Sümpfen des
nachbarlichen Ezelie der fliehende junge König, unter der
Last seines gestürzten Rosses den Tod gefunden, da brach
die furchtbare Verheerung durch Feuer und Schwert der
Türken über das ganze wehrlose Land herein und erfüllte
dasselbe bis gen Gran, ja bald nachher bis gen Wien,
mit Wehklagen und mit einem Elend, welches über einen
großen Theil von Ungarn länger denn anderthalb Jahr-
hunderte lastete. Aber eben in dieser nämlichen Ebene
von Mohacs kam auch für jenes Land eine Stunde der

---

*) Engels Geschichte des ungarischen Reichs. III. Bd. S. 130.

großen Errettung, als am 16ten August 1687 hier das
Heer der Türken, das der Großvezier führte, von jenem
der Christen, welches der Herzog von Lothringen befeh=
ligte und Prinz Eugen beseelte, vollkommen geschlagen
ward. Achtzig Kanonen und das ganze christliche Lager
waren vormals (im Jahre 1526) in die Hände der Tür=
ken gefallen; achtzig Kanonen und das ganze Lager der
Türken wurden jetzt in die Hände der christlichen Sieger
zurückgegeben; und wie damals der zwanzigjährige Kö=
nig Ludwig ein Triumph der Türken ward, so trium=
phirte jetzt ein nicht viel mehr als zwanzigjähriger christ=
licher Held, Prinz Eugen von Savoyen über die Tür=
ken, als er, in jugendlicher Kampflust zuerst die Gräben
des feindlichen Lagers erstieg und nach beendigter Schlacht
den Auftrag des Feldherrn empfieng: die Kunde des
Sieges selber nach Wien zu bringen *). War es doch
derselbe Eugen, der 10 Jahre später als Feldherr dort
im Osten von Mohacs, bei Zenta die von dem Großherrn
selber geführte Uebermacht der Türken brach, und endlich
nach wiederum 2 mal 10 Jahren (am 16. August 1717)
das Lager des Großveziers bei Belgrad vernichtete, wo=
bei 140 Kanonen und unmittelbar nachher Belgrad selber
eine Siegesbeute der Christen wurden.

Die Geschichte der beiden, an Erfolg so ungleichen
Schlachten bei Mohacs ist in dem dortigen erzbischöfli=
chen Pallast in zwei großen Schlachtgemälden dargestellt,
die man in ihrer gerade nicht sehr kunstwerthen Art als
„grausam schön" bezeichnen könnte. Wir besahen sie
dennoch, so wie das bei ihnen befindliche Porträt des

---

*) Engel a. a. O. III. Bd. S. 295 u. f. V. S. 131.

unglücklichen Königs Ludwig, dann erquickten wir uns
im Gasthaus an dem berühmten Serarder Wein, der
hier in der Nähe wächst und an kräftig bereiteter Spei=
se, später mischten wir uns unter das sonntäglich ge=
schmückte Volk, das heute außer dem Sonntag selber
noch ein andres Kirchenfest feierte. Mohacs hat mehr
als 8000 Einwohner, denen man großentheils Wohlha=
benheit und gutmüthiges Wohlbehagen anmerkt. Ich ha=
be das Volk der Ungarn, so weit ich es auf dieser Reise
kennen lernte, wahrhaft liebgewonnen. Es erinnerte
mich oft, in seiner Art und Sitte, an jene Sarolta,
das schöne Weib des heidnischen Ungarnköniges Geyssa,
welche den Keim der höheren, geistigen Gestaltung in
ihr Volk legte, als sie, selber Christin, zuerst den Ge=
mahl, dann, durch ihren Sohn: König Stephan I. das
Vaterland zum Christenglauben hinführte. Diese, kräftig
und entschlossen wie sie war, wußte nicht allein, gleich
einem Reutersmann zu Pferd zu sitzen und das Roß zu
bändigen, sondern, an der Seite des kämpfenden Ge=
mahles, auch das Schwert zu führen; sie achtete wäh=
rend des Feldzuges nicht Beschwerde noch Gefahr, dage=
gen achtete sie auch des Spottes der Fremden nicht,
wenn sie, nach väterlicher Sitte, den Männern beim
Trinken Bescheid that. So liegen auch in dem kräftigen,
entschloßnen Volke der Ungarn vielversprechende Keime
einer immer höheren Ausgestaltung und der entschiedene
Hang zum Festhalten an väterlicher Art und Weise.

Einige Stunden nach Mittag war das Geschäft des
Einnehmens der Steinkohlen ins Schiff beendigt, die
Fahrt gieng weiter an der sumpfigen, durch ihre große
Schweinezucht berühmten Margarethen=Insel hin. Gegen
Abend erreichten wir, vor Dalya, den Punkt, da die

Drau, aus grünen Waldungen herkommend, sich zur
Donau gesellt, und bald hernach warf unser Dampfschiff
mitten im Strome Anker. Vormals hätte sich freilich
gerade in dieser Gegend ein gastlicherer Ruhepunkt ge=
funden als der im Wasser, denn hier zur Rechten, wo
sich am Einfluß der Drau auf dem hüglichen Vorgebirge
vereinzelte Ruinen zeigen, stund zu den Zeiten der Rö=
merherrschaft Teutoburgum und später die Veste von
Erdöd. Das Land zur Rechten des Stromes, vom Ein=
fluß der Drau bis zu jenem der Save gehört zu Slavo=
nien, dessen reiche Ebene bei dem wohlhabenden Markt=
flecken Vukovar, am Einfluß der Vuka, wo wir am
andern Morgen vorüberfuhren, so wie noch mehr die
waldigen Höhen, welche bei der Ruine von Scharengrab
und Illok die Ufer begränzen, einen neuen, sehr ange=
nehmen Eindruck auf das Auge machen. Hinter Illock,
auf einer Anhöhe des Sissatovajischen Bergrückens zeigen
sich die Ruinen von drei, wahrscheinlich römischen Ka=
stellen, unfern von ihnen im Walde die Trümmer eines
Dianentempels mit einigen halbzerbrochnen Säulen. Die
Worte: Zerstörung und Vernichtung wiederholen sich
hier, in der Zeichensprache der Natur und der unterge=
gangenen Herrlichkeiten der Menschenhand, in den ver=
schiedensten Sprachen und Dialekten; denn während über
die bergigen Ufer der rechten Seite der Grans der Zer=
störung durch Krieg und Kampf der Menschen ihren Lauf
nahm, war die fruchtbare, ungarische Ebene auf der lin=
ken Seite, vornämlich zwischen O=Palanka und O=Fu=
tak, wiederholten Einbrüchen des Stromes ausgesetzt,
welche noch jetzt die Wohnstätten und das Eigenthum
der Menschen fortwährend gefährden und unsicher ma=
chen. Unsicher jedoch wie dieser Boden erscheint, ist er

dennoch nicht ohne mächtig anziehenden Reiz, denn wäh=
rend sich bei Szusfek das rechte Ufer mit Weinbergen
schmücket, vergnügt sich das Auge an der linken Seite
bei O=Futak und Kamenicz an den üppig grünenden
Baum = und Gartenanlagen, welche durch ihre etwas hö=
here Stellung gegen die Verheerungen der Fluthen ge=
schützt sind. Gegenüber der Festung Peterwardein
bei der ansehnlichen Handelsstadt Neusatz, legte das
Dampfschiff an, um hier Waaren auszuladen und einzu=
nehmen. Die Veste von Peterwardein liegt auf einem
Serpentinfelsen, der sich 194 Fuß über den Wasserspie=
gel erhebt; im Halbkreis umschließet als eine zweite, un=
tere Vestung die eigentliche Stadt die gewaltigen Mauer=
werke der oberen Veftung. An der Stätte von Peter=
wardein, das wie man sagt von Peter dem Einsiedler,
dem Anführer der ersten Kreuzfahrer seinen Namen em=
pfieng, lag das Milata der Römer; die untere Festung
wurde erst im 6ten Jahrzehend des vorigen Jahrhunderts
erbaut. Obgleich die benachbarte Eugeniusinsel kein
Denkmal enthält, das des Siegers und Bändigers der
türkischen Macht würdig wäre, läßt sich dennoch der
Felsenhügel von Peterwardein schon für sich allein als
ein Ehrendenkmal des Helden betrachten, der hier am
5ten August 1716 einen der größesten Siege über die
Türken erfocht, welche die europäische Christenheit jemals
über diese Feinde feierte. Das ganze türkische Lager mit
der reichen Kriegskasse der Feinde und 170 Kanonen wa=
ren die eine, die Eroberung von Temes war die andere
Frucht dieses Sieges; das Wehen der Paniere, welche
der Sieger weithin in dem wiedergewonnenen Lande auf=
stellte, verbreitete Furcht und Schrecken durch alle Län=
der der Osmanen, Freude und Jubel durch alle Länder

der europäischen Christenheit vom Eismeer bis zu den
Pyrenäen. Seit diesen glorreichen Tagen konnte auch
Neusatz, das kurz vorher nur ein armes, serbisches Fi=
scherdorf war, sich zu einer blühenden Handelsstadt erhe=
ben, welche in unsern Tagen schon gegen 20,000 wohl=
habende Einwohner zählt, unter denen viele deutsche
Handwerker und Handelsleute sind. Beide Städte, Neu=
satz und Peterwardein, so nahe unter sich verschwistert
wie Pesth und Ofen, sind durch eine Schiffsbrücke ver=
bunden.

Jenseits Peterwardein gehet die Fahrt an den mit
herrlichen Eichenwaldungen gekrönten, von Weinpflanzun=
gen umsäumten Gebirge von Fruška Gora vorüber. Hier
soll Kaiser Probus die ersten Reben gepflanzt haben; in
den anmuthigen Schluchten des Gebirges liegen 15 grie=
chische Klöster zerstreut, welche den Reisenden in all ihrer
Armuth aufs Freigebigste Obdach und Bewirthung dar=
bieten. Obgleich etwas weiterhin die ausgedehnten Sand=
flächen und Sandbänke des Ufers die zuströmende Macht
des Stromes verrathen, so wird dennoch das Auge durch
den Anblick der überreichen Weinbergshügel des am äus=
fersten Saume der Fruška Gora lieblich gelegenen Car=
lowitz viel mehr an die Segnungen erinnert, wel=
che die Nähe des Wassers bringt. Der hiesige, köstliche
Wein gedeiht nicht selten in solcher Fülle, daß man im
Jahr 1812 den Eimer desselben um 48 Kreuzer verkauf=
te. — Von Slankamen, das an der Stätte des rö=
mischen Acimincum liegt, strömt die mächtige Theiß
in die noch mächtigere Donau; bei Szurduck lag das
Rittium der Römer. Allmälig sahen wir jetzt die Ge=
birge des Fremdlingslandes, das unter der Herrschaft
des Halbmondes steht, aus der Ebene aufsteigen, vor
allen

allem den durch seine rundliche Form ausgezeichneten Ava-
laberg, welcher 5 Stunden südwärts von Belgrad liegt
und goldhaltig seyn soll. Ein erfrischender Wind wehete
uns aus Westen, vom Gebirge her entgegen; Heerden von
großen Wasservögeln zogen schwerfälligen Fluges über uns
hin; auf dem Strome bewegte sich das Gedräng der Fi-
scherboote und der kleinen Frachtschiffe, welche Waaren
und Handelsleute zu einem Jahrmarkt in der Nachbar-
schaft hinführten; mitten durch alle und an ihnen vor-
über schritt unser Dampfschiff so eilenden Laufes vorbei,
wie ein schnelles Roß an den Heerden der auf der Wei-
de gehenden Stiere. Noch in einer frühen Nachmittags-
stunde erreichten wir Semlin, bei welchem unser Fahr-
zeug, weil dies eine seiner Hauptstationen war, für die
künftige Nacht anlegte. Obgleich der Landungsplatz eine
ziemlich weite Strecke von der Stadt und ihren Gasthäu-
sern abliegt und die Abfahrt am andern Morgen sehr zei-
tig geschehen sollte, zogen wir es dennoch vor, statt im
Schiffe, auf dem Lande zu übernachten, auf welchem es
uns während der bisherigen, kurzen Reise durch Ungarn
überall so wohl ergangen war. Als wir denn da über
den Damm des Donauufers und durch die nur aus Hüt-
ten bestehende Vorstadt einzogen, wachte unwillkührlich,
in Einigen von uns, jene Stelle aus dem alten, deut-
schen Volkslied von Prinz Eugen auf: „bei Semlin
schlug man das Lager, alle Türken zu verjagen." Doch
dieser Nachklang aus mancher fröhlichen Stunde in der
theuren Heimath mußte bald vor dem ernsteren Eindruck
verstummen, den die Gegenwart auf uns machte. Das
Zimmer, das man uns im Gasthaus zum Löwen anwieß,
hat die freie Aussicht nach dem ganz nahen, am jenseiti-
gen Ufer der Save gelegenen Belgrad, dessen Festung,

v. Schubert. Reise i. Morgld. I. Bd.   6

mit der hochgewölbten Moschee, so wie die untere, am
Ufer des Flußes sich ausbreitende, sogenannte Wasser=
stadt, mit dem Pallast des Fürsten Milosch in größester
Deutlichkeit vor uns lagen. Der Halbmond der Mina=
res erglänzte dort in einem von der Abendsonne erborg=
ten Glanze, während das Abendgeläute der christlichen
Kirchen zu Semlin von einem Lichte sprach, das älter
und bleibender ist, denn jenes der Sonne. Uns freilich
lauteten heute diese Glockentöne wie die Worte eines
Abschiedes, den eine gute Mutter von ihren hinwegwan=
dernden Söhnen nimmt, obgleich bei den Gedanken des
Ernstes das freudige Gefühl war, von dem hülfreichen
Nahebleiben und der Gewißheit des Wiedersehens der
Mutter.

Der wunderschöne Abend zog Mehrere von uns noch
auf einige Augenblicke hinaus, zum Besuchen der Stadt
und ihrer Umgegend. Das jetzige Semlin liegt nahe an
der Stätte des Taurunum der Römer, welches, we=
niger durch seine Größe oder durch Verkehr und Handel
als durch seine große Festigkeit ausgezeichnet, zum An=
haltspunkt jener Abtheilung der Donauflotte diente, die
gewöhnlich beim Ausfluß der Save sich aufhielt. Dage=
gen hat das heutige Semlin die vormalige Bestimmung
zur Festung ganz aufgegeben und sich mit seinen 9000
Einwohnern die friedlichere des Handels und Verkehrs
erwählt. Serbische, griechische und türkische, mit ihnen
einzelne deutsche und italienische Kaufleute haben sich ein=
trächtiglich in dieses Geschäft getheilt; die deutsche Spra=
che scheint allgemein unter ihnen verständlich; selbst die
Häuser, wenigstens in etlichen Straßen der innern Stadt,
wo sich auch ein Straßenpflaster findet, erinnern durch
Bauart und Einrichtung an das Vaterland. Dagegen

gleichen die kleinen Häuser des nördlichen Stadttheiles,
die sich an den sogenannten Zigeunerberg anlehnen, den
Hütten der stets zum Wegziehen bereiten Pilgrime, und
die Ruinen der Burg des Johann Hunwads, die hier
auf einem kleinen Hügel gesehen werden, reden von
Krieg und Zerstörung. Die Quarantäneanstalt, welche
auf der andern Seite der Stadt liegt, umfasset in ihrem
von 12 Fuß hohen Mauern umschloßenen Raume, außer
den Magazinen, 6 einstöckige, massive Häuser, welche,
sammt ihrem freien Vorplatz, von einem hohen Stacke=
tenzaun eingefaßt und durch diesen äußerlich, so wie in=
nerlich durch die Mauern, in vier verschiedene Quartiere,
für eben so viele Reisegesellschaften abgetheilt sind. —
An der Wirthstafel in unserm Gasthause trafen wir beim
Abendessen Landsleute aus den verschiedensten Gegenden
von Deutschland, welche großentheils der Handel hieher
gezogen hatte; das Tischgespräch ergieng sich bald am
Rhein, bald in den Gegenden des Mains und der Elbe,
oder in jenen der Spree.

Der Morgen des 20ten Septembers brach unter
Regengewölken an, die jedoch bald zerrissen und den
blauen Himmel wieder durch sich hindurchblicken ließen.
Der erste Reiseeindruck den wir heute empfiengen, war
der nahe Anblick der Festung Belgrad, (dem Singi=
dunum der Römer, das Justinian mit starken Mauern
umschloß), der so oft von Türken und Christen belager=
ten, eroberten und wiederverlorenen. Wem sollte nicht
vor allem, bei dem Anblick dieser alten Mauern Jo=
hann Hunyads und Capistrano's Heldenmuth und
Heldenglaube in die Erinnrung kommen, welche hier bei
Belgrad ein fester Damm wurden, an welchem die wilde
Kraft Mohammeds II. und der Uebermuth der Türken

sich brach. Denn schon gedachte dieser zweite Moham-
med den Halbmond, so wie auf der Sophienkirche und
den Zinnen des von ihm eroberten Constantinopels, auch
in Ofen, ja auf der St. Stephanskirche und den Zinnen von
Wien aufzupflanzen, als seinem in der rasenden Trun-
kenheit der vielen Siege fast unwiderstehlich gewordenen
Heere am 14. Juli 1456, gerade drei Jahre nachher,
nachdem der türkische Eroberer alle Herrscher der christ-
lichen Nachbarstaaten als Zinnspflichtige erklärt und ab-
geschätzt hatte, Johann Hunyad zuerst die Lehre gab,
daß es im Reiche der Christenheit noch Köpfe gäbe, an
welche man bei der Berechnung der türkischen Kopfsteuer
nicht gedacht hatte.   Denn an diesem Tage schlug der
ungarische Held auf der Donau die Flotte der Türken,
eroberte 3 Galeeren, bohrte 4 in den Grund, die übri-
gen ließ der Sultan selber verbrennen, damit sie nicht
Beute der Christen würden.   Noch aber stund am Lande
das Heer des Mahommed: eine furchtbare Macht durch
seine mehr denn anderthalbmal hundert tausend wohlgeüb-
te Krieger, durch seine 300 Kanonen, unter denen 22
die Riesengröße von 27 Fuß hatten und sieben Mörser
zentnerschwere Steinkugeln schleuderten. Tag und Nacht
hörte man den Donner dieser gegen Belgrad gerichteten
Geschütze, bis nach dem 24 ungarische Meilen entfernten
Szegedin und schon waren die Mauern zerschmettert,
schon war über ihre Trümmer Mohammeds Heer am
21ten Juli in die untere Stadt erobernd eingezogen, auch
die Mauern der obern, so wie Hunyads Muth, welcher
die Festung schon als verloren betrachtete, waren gebro-
chen; da setzte Capistrano's gottbegeisterte Rede andre,
höhere Kräfte in Bewegung als die der Mörser und
Riesenkanonen des Feindes waren.   Er, an der Spitze

jener mit dem Kreuz bezeichneten, meist aus ungeübten
Bürgern, Landleuten und Studenten gebildeten Schaar,
welche sein feuriger Glaubensmuth für diesen Kampf ge-
worben und entflammt hatte, schreckte zuerst die über den
Schutt der gestürzten Mauer heraufklimmenden Türken
durch angezündete, in Schwefel getauchte Reisigbündel
zurück und wagte dann,' mit nur 1000 Kreuzfahrern, ei-
nen angreifenden Anfall auf das mehr als hundertfach
stärkere türkische Heer. Es war ein Schrecken von Gott,
der die Tiger des Ostens ergriff, als sie mit dem lauten
Schlachtruf Allah, vor jenem äußerlich schlecht bewaffne-
ten Häuflein stehen, das mit dem Loosungsworte „Je-
sus" ihren mordenden Waffen sich entgegenwarf. Mo-
hammed selber, am Schenkel verwundet, ward zur Flucht
vor diesen „Hündlein" hingerissen; 24,000 Türken lagen
erschlagen auf dem Schlachtfeld vor Belgrad, unter ih-
nen der tapfre Feldherr Karadscha und Hasan der Ge-
neral der Janitscharen; hundert Wägen, mit Verwunde-
ten beladen, zogen mit dem Reste des feindlichen Heeres
gen Sophia; das ganze Belagerungsgeschütz der 300 Ka-
nonen war in die Hände der Christen gefallen. So en-
digte für diesmal der Lauf der Eroberungen Mohammeds,
der so unaufhaltsam geschienen, vor Belgrad und der
Sieg der Christen hätte noch andre, bedeutungsvollere
Früchte getragen, wären nicht bald nachher Hunyad und
Capistrano, so wie ein großer Theil der Schaaren des
Letztern der Seuche erlegen, welche vielleicht aus dem
verpesteten Aushauch des blutgetränkten Landes ihren
Ursprung genommen hatte. Aber Belgrad mußte dennoch
der türkischen Macht sich beugen, denn schon unter der Re-
gierung Ludwig II., am 29. August 1521, ward diese für
unüberwindlich gehaltene Veste durch Suleiman erobert'

nachdem ein Häuflein von 700 tapfern Ungarn und Ser-
biern, unter des ritterlich kühnen Morgai Oberbefehl,
drei Monate lang der Uebermacht des türkischen Heeres
widerstanden hatte. Und auch jetzt, hätte die Vertheidi-
ger der Stadt der Schrecken, den die Macht der ihnen
noch unbekannten Minen erregte, noch nicht zur Ueber-
gabe bewogen, wäre nicht die Ueberzahl der Serbier,
die als griechische Christen ein unglücklicher Religionsstreit
mit den Ungarn entzweite, auf der Capitulation bestan-
den, in welcher zwar von einem freien Abzuge die Rede
war, der jedoch von den Türken nachmals nur den See-
len der von ihnen niedergehauenen Streiter, nicht den
lebenden Leibern gegeben wurde. Erst am 6ten Septem-
ber 1688 ward Belgrad von neuem durch das christliche
Heer, das der Churfürst von Bayern befehligte, erobert,
schon im October 1690 aber, als ein, wie man glaubt,
durch Verrätherei entzündetes Pulvermagazin die Mauern
zerstört hatte, gieng es zum 2ten Male an die Türken
verloren, wobei von 8 der besten Regimentern des christ-
lichen Heeres nur 500 Mann sich auf Schiffen retteten.
Und was half es, daß Prinz Eugen im Jahr 1717 es
wieder gewonnen hatte, ward es doch schon ein Jahr
nach dem Tode dieses großen Helden, im Jahr 1737, in
dem leichtsinnig und übereilt abgeschlossenen Belgrader
Frieden den Türken ohne Schwertstreich überlassen, ja
selbst, nachdem Landon 1789 noch einmal sie genommen,
kam die Veste schon in dem Friedensvertrag von 1791, den das
Unglück der damaligen Zeiten Oestreich abnöthigte, wie-
der in die Hände der Feinde. Jetzt sind alle die Werke,
welche besonders während des österreichischen Besitzes
von 1717 bis 1737 hier angelegt waren, in einem sehr
augenscheinlichen Verfall.

Bei Panczova verließ uns ein Theil unsrer Han=
del treibenden Reisegefährten; mit der geflügelten Schnelle
unsres Dampfschiffes eilten wir weiter auf der Bahn des
Wassers hinab; das Auge, ohnehin durch einzelne Regen=
schauer gehindert, konnte nur schnell vorüberziehende
Streifzüge machen, bald hinüber in die fruchtreiche Ebe=
ne des Banats, bald in die immer näher an den Strom
heranrückenden waldbedeckten Gebirge und Weinbergshü=
gel von Serbien, und in Kurzem sahen wir uns schon
bei der dreieckig geformten, serbischen Festung Semen=
dria *), an deren zinnenreichen Mauern dreimal sieben
viereckte Thürme sich erheben.   In der That, es ist et=
was Schönes um die Eile eines Dampfschiffes.   Von
Pesth nach Semlin beträgt der Weg 75 Meilen, wir
waren (den Aufenthalt bei Nacht und bei Nebel abge=
rechnet) kaum 26 Stunden gefahren.   Von Semlin oder
Belgrad würde ein Fußgänger fast einen ganzen Tag
lang bis nach Semendria zu gehen haben, denn die Ent=
fernung beträgt 12 Stunden, wir aber hatten diese Strecke
fast in zwei Stunden zurückgelegt. In der Nachbarschaft der
alten, thürmereichen Vestung von Semendria sahen wir
auch den ersten türkischen Gottesacker, über dessen weißen
Denksteinen der Baum, der unter allen andren ein Sinn=
bild der freudig emporstrebenden Kraft seyn könnte: die
Zypresse, als Sinnbild der Trauer dasteht. Weiß doch
die jugendlich kräftige Natur dieses Landes überall, be=
sonders am rechten Ufer des Flußes, Das was ans Ver=
alten und an Zerstörung erinnern könnte, mit ihren Rei=
zen zu verhüllen und zu bekleiden, denn die Trümmer

---

*) Erbaut im Jahr 1433.

der alten Burgveste von **Kulich**, am Einfluße der Mo-
rava in die Donau werden unter der Fülle der Gärten
und Weinberge kaum bemerkt; der Pestkirchhof, nahe an
der Eugeninoschanze, auf der 6 Stunden langen Insel
Ostrava, wird von dem lieblichen Grün der hohen Bäu-
me beschattet; **Rama** (das vormalige Armata?) mit
seinem alten römischen Kastell, stehet, umgürtet von sei-
nen waldbewachsnen Felsen, wie ein zwar grauhaariger,
aber noch immer starker Held da, welcher der Hut des
Landes wartet. Noch am 28sten Juni 1788 vertheidigte
der damalige Lieutenant Joseph Baron **Lopresti** dieses
Schloß mit 23 Mann gegen 4000 Türken und ihre Ka-
nonen, bis zuletzt das von dem Feind in Flammen ge-
setzte Gebäude die tapfre, kleine Schaar unter den zu-
sammenstürzenden Trümmern begrub. Rama gegenüber,
am linken Ufer der Donau, scheint **Uj-Palanka**, nahe
vor dem Einflusse der Nera, den vorüberziehenden Schif-
fer in seine freundlichen Wohnungen einzuladen. Von
hier an zieht sich auch an dieser Seite die Ebene zurück,
und das banatische Gebirge, von Norden herkommend,
tritt an ihre Stelle. Der Strom, von einem, hier fast
beständig wehenden Zugwind des Engthales erfrischet,
windet sich nach Südosten, rauschet an der grünenden
Felseninsel Nova gaja vorüber und zeiget den Ruinen
der serbischen Festung **Gradisca** das Bild ihrer veral-
teten Herrlichkeit in seinem Spiegel.

Gerade die Stelle des linken Ufers, bei welcher un-
ser Dampfschiff, um neue Steinkohlen einzunehmen, eini-
ge Stunden lang verweilte: der Bergabhang von **Bas-
siacz** gewährte wenigstens in dieser Jahreszeit kein be-
sonderes Interesse. Die vorhergegangene, lang anhalten-
de Dürre hatte an den jenseits des kleinen griechischen

Kirchleins häufig wachsenden Rosengesträuchen nur noch
die Dornen, keine einzige der schönen Blüthen zurückge=
lassen, auch die Schmetterlingsblume der hier gedeihen=
den Hülsengewächse war zur unscheinbaren Frucht gewor=
den. Statt des Gesanges der Vögel oder des Blöckens
der Lämmer hörte man nur das unliebliche Grunzen einer
Schweinheerde, welche auf den Ruf einer Frau die aus
der Wohnung des griechischen Geistlichen hervortrat, aus
Wald und Gebüsch herbeieilte und an dem reichlich hin=
geworfenen Mittagsfutter sich sättigte, während ein klei=
ner Zigeunerknabe, der den Hirtendienst versah, durch
einen andren, deutschredenden Knaben, der ihm zum Dol=
metscher diente, gegen uns die Klagen und Wünsche des
bittern Hungers aussprach *).

Jn Alt=Moldawa, bei welchem wir am Nach=
mittag einige Augenblicke anhielten, weil hier der Capitän
unsres Dampfschiffes Vorkehrungen für unsre morgende
Weiterförderung zu treffen hatte, fanden wir ein fröh=
liches Gedränge festlich gekleideter Menschen. Jenseit des
Orts zeigen sich die Trümmer einer zerstörten Burg und
etwas weiter nach Norden das Bergbau treibende Neu=
Moldawa. Der Strom begiebt sich nun von neuem
in die einsame Wildniß der Gebirgswände, aus denen sich
auf der linken (ungarischen) Seite der Fels Tivabicza;
auf der serbischen der Jocz hervorhebt, und welche für
die Bahn des Wassers zum Theil nur einen Raum von
500 Fuß übrig lassen. Der mächtige Fluß wird zwar

---

*) An Süßwasser=Conchylien fanden wir übrigens hier die
Neritina danubialis und transversalis; die Paludina neri-
toides und achatina; Unio tumidus, patavus, crassus;
Anodonta complanata; Mytilus Wolgae.

schon längst nicht mehr durch diesen Engpaß so angestaucht und gehemmt als vormals, wo sein Gewässer in der Ebene des Banats einen großen Landsee bildete, aber sein lautes Rauschen und Anbranden gegen die Felsen verräth die Gewalt, mit welcher er noch immer sich durchdrängen muß. Während das Ohr des sicher dahin Schiffenden mit dem Brausen des Wassers sich unterhält, wird das Auge mächtig angezogen und entzückt durch die wahrhaft majestätische Form der Felsenberge und der Burgruinen von Golubacz und der ihm auf der linken Seite des Stromes gegenüberliegenden vormaligen Veste von Babakaly. An den riesenhaften Gemäuern von Golubacz haben sehr verschiedene Zeiten gebaut, denn ein Theil derselben ist offenbar ein Werk der Römer, die hier eine Veste, Cupus genannt, besaßen; ein andrer Theil, dies bezeugen die arabischen Inschriften, ist von der Hand der Türken. Unter den alten Thürmen dieser Veste wird der, welcher am weitesten nach oben liegt, für das Gefängniß der schönen, griechischen Kaiserin Helena gehalten. So hehr und lieblich diese Gegend dem Vorüberreisenden erscheint, so furchtbar ist sie dem, mit der Natur des Landes bekannten Eingebornen, weil hier aus dem Schooße der Schönheit Schrecken und Verderben hervorgehen. Denn gerade dieses zur Ruhe in seinem Schatten einladende von klaren Quellen und kleinen Wasserfällen durchwebte, malerisch schöne Grün der Waldungen gebiert in der wärmeren Zeit des Spätfrühlinges jene Schwärme der Golubaczer Mordmücken *), welche in manchen Jahren in unermeßlicher Menge über das ganze, benachbarte

*) Simulium reptans.

Land sich verbreiten und ganze Heerden des Viehes, dem
sie durch Nase und Mund in die Luftröhre und Einge-
weide dringen, plötzlich tödten oder in Lebensgefahr brin-
gen. Weil diese sehr kleine Mücke, welche auch in an-
dern Gegenden von Europa, obwohl nirgends in solcher
übermächtiger Menge vorkommt, bei kühlem Wetter und
eintretendem Regen sich in die Felsenhöhlen und Klüfte
verbirgt, wo man sie dann oft in ungeheuren Massen
zusammengehäuft finden kann und von wo aus dieselbe
bei wiederkehrender Wärme in ganzen Wolken hervor-
bricht, ist daraus die Volkssage entstanden, daß sie
ihren Ursprung aus diesen Höhlen, besonders aus einer,
unterhalb Golubacz gelegenen nähmen, in welcher der h.
Georg den Drachen erlegt haben sollte. Vergeblich war
aber, dies zeigte die Erfahrung, das Bemühen, durch das
Vermauern mehrerer solcher Höhlen der Vermehrung der
Mordmücken Einhalt zu thun; man hatte ihnen nur ein
und den andern bequemeren Schlupfwinkel genommen,
worinnen sie bei kühler Zeit leichter als anderwärts durch
Feuer zu tödten gewesen wären; statt dessen fanden die
furchtbaren Schwärme einen andern Bergungsort in hoh-
len Bäumen und Felsenklüften. Nur Eines kann dem
Verderben steuern, das hier aus einer ungebändigten Ue-
berfülle der sich selber überlassenen, herrscherlosen Natur
entsprang: das ist der Fleiß der Menschenhand, welcher
das feuchte Dickig durchbrechen, das in den Schluchten
stehende Wasser der Sümpfe ableiten, den faulenden Ab-
fall und die erstorbenen Reste der organischen Körper
hinwegräumen müßte. Aber das Auge vermisset hier in
diesem serbischen, so reich begabten Waldgebirge und
Wiesenland nur zu sehr die Hand des ordnenden Herr-
schers; es fehlt demselben, wie einem schon ganz zur

Wohnung eingerichteten Hause der Bewohner selber: der
Mensch; auf jeder Miene der dortigen Natur und Crea=
tur spricht sich ein sehnliches Warten des besseren Künf=
tigen aus.

Von Golubacz fuhren wir auf dem hier wieder in
breiterer Strombahn, immer aber noch in reissender
Schnelle verlaufenden Flusse nur noch eine kurze Strecke,
dann warfen wir am linken Ufer Anker; an einer Stelle,
bei welcher keine Ortschaft in der Nähe sich zeigte. Denn
hier fand sich jene Gränze, welche damals noch, wenig=
stens bei niedrem Wasserstande, die von Menschenhänden
unbezwungene Natur, der Dampfschifffahrt von da an
bis zum eisernen Thor jenseits Orsowa setzte. Aber nicht
der unternehmende Sinn der Dampfschifffahrer allein,
sondern auch die Vorstellung die man etwa zu der unga=
risch=serbischen Donauklause von ferne her mit sich brachte,
muß vor dieser Wildniß der Felsengebirge sich beugen,
denn seines Gleichen mag dieser Engpaß, wenigstens in
Europa nur wenige haben, weil die Macht und Fülle des
Stroms, die sich da in den Kampf mit der Veste der
Erde begiebt, eine größere ist, als die der meisten andern
Ströme unsres Welttheiles. Es wunderte mich nun nicht
mehr, daß jener gekrönte Freund der Architektur: Kaiser
Trajan, dessen Geschmack an großartig Schönem so viele
Bauwerke verkünden, seines Namens Gedächtniß so eifrig
und wiederholt in diese Felsenwände einschreiben lassen;
denn hier vergnügt sich das Auge an einer Baukunst der
Natur, deren Herrlichkeit wie der Flug des Adlers den
Flug eines im Käfig erzogenen Vogels, so die Herrlich=
keit der Menschenwerke besieget. Der Engpaß, zu wel=
chem das eiserne Thor gehört, ist keinesweges durch die
mechanische Gewalt eines da hindurchreissenden Gewässers

entſtanden, ſondern durch jene kryſtalliniſch bauenden
Kräfte der Natur gebildet, welche bei dem Entſtehen der
jetzigen Erdveſte aus dem formloſen Zuſtand *) der Maſ‑
ſen, die einzelnen Stämme und Gruppen der Gebirge
von einander ſonderte und abgränzte. Es nähern ſich bei
dieſem Engpaſſe der vom Kaukaſus entſproſſene Haupt‑
ſtamm der nordiſtriſchen Gebirge und der vom Höhenzug
des Antitaurus herkommende ſüdiſtriſche allerdings einander
ſo ſehr, daß ſich ihre tieferen Wurzeln, wie die zweier nach‑
barlichen Gewächſe in einander verpflechten, das aber, was
zuletzt die Wände der ſo nahe gerückten Höhenzüge als Zwi‑
ſchenkluft von einander abgränzt, das ſcheint eine Wirkung
derſelben Kraft, welche die Flächen zweier nachbarlichen
Kryſtalle geſondert hält. Die Felsarten zu beiden Seiten ge‑
hören vorherrſchend zum Geſchlecht der granitiſchen Gebirge.

Ein kleines, aber bequem genug eingerichtetes Ruder‑
ſchiff, von tüchtigen, des Ortes kundigen Schiffsleuten
bewegt und geleitet, brachte uns am andern Tage, den
21ſten September weiter, und die dritthalbſtündige Ver‑
zögerung, die uns bei der Unterſchrift der Päſſe in dem
höchſt unintereſſanten Trenkowa zuſtieß, erſchien uns
härter als die leicht vermeidliche Gefahr, welche die Klip‑
penreihe des Sztenka gleich am Anfang der Fahrt hätte
bringen können, obgleich weiter abwärts unſer Schifflein,
wegen des niedern Waſſerſtandes, auf einer der Klippen
für einige Augenblicke feſtſaß. Der Strom iſt da, wo er
aus der Hemmung der Felſenriffe ſich hinausringet, ſo
kräftig ſchnell, daß er das Fahrzeug auch ohne Ruder‑

---

*) M. v. die treffliche Abhandlung des Oberbergrathes D. J.
N. Fuchs: über die Theorie der Erde im Februar‑
heft der Münchner gelehrten Anzeigen Nr. 26 bis 30.

schlag bald gegen Berßzaßzka hinfördert, dessen Wacht=
thürme sich am linken, ungarischen, gegenüber einer
Burgruine am rechten, serbischen Ufer zeigen. Eine hal=
be Stunde unterhalb Berßzaßzka, bei dem Wachthause
Welika Kozla, verräth die starke Brandung des Stromes
ein andres, durch sein Bette hindurchsetzendes Felsenriff.
Von hier, etwa in einer Entfernung von einer Viertel=
stunde, folgt bei dem Einfluß des Sziripyakbaches in den
Hauptstrom die Charybdis des unteren Donaulaufes: der
berüchtigte Jarbep= oder Kurdapwirbel, der durch das
Zurückprallen des Wassers von den Felsenwänden des
serbischen Ufers entstehet, hierauf die freilich nur bei ho=
hem Wasserstande gefährliche Skylla: der mitten aus dem
Flußbette hervorragende Doppelfels Bioolj. Drei Vier=
telstunden weiter hinabwärts drohet das laut gegen die
Felsen des Jzlas und weiter abwärts des Tachtalia an=
brandende Wasser eine neue Gefahr, welcher noch im
Jahr 1833 fünf große Fahrzeuge erlagen, indem sie an
den hier überall nahe zur Oberfläche heraufragenden Klip=
pen zerscheiterten. Diese Gefahr wird vermieden, wenn
sich die Schiffe ganz nahe zum serbischen Ufer halten,
an welchem ein fahrbarer Paß von 60 Fuß Breite offen
stehet. Jenseit des minder gefährlichen Felsens Brany,
bei dem serbischen Flecken Porecz und der nach ihm be=
nannten Insel Porecza beginnen die Donaufälle, von de=
nen jene des linken, stärkern Armes, über Klippen hinab=
stürzend, auch für die kühnsten Schiffer unfahrbar sind,
während die des rechts an der Insel vorbeiströmenden,
serbischen Armes selbst stromaufwärts befahren werden,
obgleich das Wasser mit solcher Gewalt über die rundli=
chen, glatten Felsenmassen herunterstürmt, daß man, um
ein Frachtschiff mit etwa 80 Zentnern Ladung heraufzu=

förbern, einer Vorspann von 120 bis 130 Menschen und 10—20 Ochsen bedarf. Die Bahn des Stromes erweitert sich nun, sein Lauf wird ruhiger; am linken Ufer zeigt sich Szvinicza, weiter abwärts das Dorf Plavischivicza. An vielen dieser Punkte und selbst an Tachtalia und bei den Donaufällen hat das Auge Ruhe genug an dem Anblick der Uferfelsen sich zu ergötzen, das Ohr, um auf andre Stimmen der Natur zu horchen, welche etwa, vom Lande her, die Melodien des brausenden Stromes begleiten. Aber das majestätische Schweigen dieser Gebirgsgegend wird nur selten durch die Stimme eines Vogels, etwa des Schwarzspechtes, oder in den grünenden Thälern, die sich hie und da an den Seiten des Stromes eröffnen, durch das Brüllen eines Stieres, dem das Echo der Felsen antwortet, unterbrochen; es ist als ob die Häupter der Gebirge, mit stillem Lauschen, nur auf die Stimme der Wasserwogen herabhorchten, welche der Lauf aus manchem fernen, schönen Lande hier vorüberführt.

Die tiefer stehende Sonne war schon hinter die Höhen der niebreren Ufergebirge hinabgesunken; das Thal mit dem Gewässer lag im Schatten, während die gähe Felsenwand des 2000 Fuß hoch über die Thalfläche emporsteigenden Sterbeczberges noch in hellem Sonnenlichte erglänzte, da fieng das seit Kurzem wieder ruhiger gewordene Wasser von neuem an zu wogen und wir hörten sein Brausen, sahen seine Wirbel an dem Felsensaume des Kazan. Der Strom ist hier in ein Engbette von nur 520 Fuß Breite zusammengedrängt, seine Tiefe gleichet an dieser Stelle der Tiefe eines Thurmes, denn sie wird nahe an 170 Fuß geschätzt. Längs der gähen Felsenwände des linken Ufers wird, mit bewundernswürdi-

ger Kunst, auf Kosten der k. k. österreichischen Regie-
rung eine neue Straße angelegt, die schon ziemlich weit
gediehen ist. Eine halbe Stunde lang waren wir durch
diesen Lustwald der Felsen und des brausenden Gewäs-
sers gefahren, da zog die Abendröthe über den Abhang
des Blutberges hinüber, dessen jetziger Name (ursprüng-
lich hieß er Schnkurn) an eine blutige Niederlage erin-
nert, welche die Türken bei seinem Fuße erlitten. In
diesem Berge zeigt sich, 120 Schritte vom linken Do-
nauufer entfernt, in einer Höhe von etwa 12 Fuß, der
von Schanzen umgürtete, von oben durch die 70 Fuß
hohe, weit überhangende Felsenwand geschützte, durch ei-
serne Thüren verschließbare Eingang jener Höhle, deren
alter Name Romanaz und Pescabara seit dem Jahr
1692 fast ganz aus dem Munde der deutsch redenden
Bewohner des Landes verschwunden ist.   Denn in die-
sem Jahre hatte der General Veterani jene Höhle, die
in ihrem geräumigen Innern eine Besatzung von fast 700
Mann zu fassen vermag, zu einer Veste einrichten lassen,
welche durch 300 Deutsche und eine geringe Anzahl ser-
bischer Soldaten so trefflich versehen wurde, daß sie die
Schifffahrt der Türken auf der Donau und auch die Be-
wegungen der Feinde auf dem benachbarten Lande fast
gänzlich hemmte. Nur der Mangel an allen Lebensmit-
teln zwang zuletzt das kleine Häuflein der Vertheidiger
zur Capitulation mit der sie belagernden Armee des Pa-
scha von Belgrad.   Seitdem wird diese Höhle allgemein
die Veteranische genannt. Und warum sollte sie nicht
wenigstens hierdurch das Andenken des Mannes erhalten,
der sich nicht bloß durch seine Tapferkeit und großen
Feldherrntalente, sondern mehr noch durch seine weise
Milde in Siebenbürgen den Namen eines Vaters des
                                            Lan-

Landes erworben hatte und der auch in der Schlacht, welche
gerade heute vor 141 Jahren, am 21. September 1695, bei
dem 10 Meilen von hier nördlich gelegenen Karanſebes
geſchahe, als Vertheidiger von Siebenbürgen den Tod des
Helden ſtarb, als er, verlaſſen von der ihm verſprochenen
Hülfe der befreundeten Armee, mit ſeinem nur 7000 Mann
ſtarken Corps ein mehr als 8 mal ſtärkeres, mit Wuth
kämpfendes Feindesheer von dem Eindringen durch den
Gebirgspaß von Varhely abhalten wollte.   Drei und
zwanzig Jahre ſpäter (1718) vertheidigte gegen die Ueber-
macht der Türken der tapfere Major von Stein dieſe
Höhle, deren Geſchütz die hier nur 840 Fuß breite Strom-
bahn vollkommen beherrſcht.   Einige alte bei der Höhle
aufgefundene Inſchriften bezeugen es, daß ſchon die Rö-
mer hier Waffenthaten geübt haben, und etwas weiter
hinabwärts, dem faſt unmittelbar auf das Dörflein Dubova
folgendem Ogradina gegenüber,   am rechten Ufer,
ſpricht in halbverloſchenen Zügen eine Marmortafel, vom
Bilde des römiſchen Adlers und der Delphine beſchattet,
von Trajans erſtem, ſiegreichen Feldzuge in Dacien. Es
iſt hier · ein Ort des Zuſammentreffens, da der Geiſt,
welcher in der Geſchichte waltet, und jener, der in der
Natur herrſchet, im Zweigeſpräche der großartigen Ge-
danken ſich begegnen; unten im Thale murmelt die ſchnell
vorübergehende Welle ein Erinnern an die Thaten des
Menſchen die hier geſchahen, oben in den feſtſtehenden
Zinnen des Felſengebirges verkündet der tauſendſtimmige
Wiederhall des Sturmwindes oder des Donners die gro-
ßen Thaten Gottes.

Für ein Verweilen von etlichen Tagen könnte es,
am ganzen untern Laufe der Donau, für uns keinen an-
genehmern Ort geben als Alt-Orſova (dem Tierna

oder Colonia Zernensium der Römer und Byzantiner)
in welchem wir jetzt die Ankunft des Dampfschiffes Pan=
nonia zu Kladowa abzuwarten hatten. Das deutsche,
wohleingerichtete Gasthaus bietet Alles dar, was man
zur Ruhe und Pflege des ermüdeten Leibes bedarf; die
Gesellschaft an der Wirthstafel, die aus mehreren wohl=
unterrichteten, freundlich zuvorkommenden Officieren und
Beamten bestund, zu denen am andern Tage noch einige
junge Adelige aus Siebenbürgen hinzukamen, fanden
wir unterhaltend und angenehm. Wir besahen uns am
22ten September zuerst die nächste Umgegend von Orso=
va. Das Städtlein wird landeinwärts von einem Halb=
kreise der Höhen umgränzt, gegen die Stromseite hin
gewährt es eine herrliche Aussicht nach der gerade ge=
genüber am rechten Ufer, auf den Felsen thronenden
Elisabethburg, deren einst unter der österreichischen Herr=
schaft wohlbestellter Bau, jetzt unter türkischer sehr in
Verfall gerathen ist, und auf das serbische Dorf Tekia.
Weiter abwärts zeigt sich die mitten im Flusse, auf ei=
ner Insel gelegene, türkische Festung Neu=Orsova,
und neben ihr, am linken Ufer, erhebt sich der wegen
seiner herrlichen Aussicht gerühmte Alionberg, während
man stromaufwärts in das waldige Engthal hineinblickt,
an dessen Ufer die schon oben erwähnte Trajanstafel und
andere Ueberreste römischer Bauwerke gefunden werden.
Die Umgegend von Alt=Orsova ist vorzüglich reich an
Wein= und Maisbau; den Strom erfüllt eine Menge
von Fischen, unter denen der oft mächtig große Hausen
(Acipenser Iluso) den man öfters gleich einem spielen=
den Delphin über die Wasserfläche emporspringen sieht,
für den Fischfang der wichtigste, für den Gaumen der
köstlichste ist. Das Städtlein selber hat in Folge des

Friedensvertrages von 1739 aufgehört Festung zu seyn,
was es doch schon zu den Zeiten der Römer gewesen
war; seine späteren österreichischen Werke sind geschleift;
die Ueberreste alter Befestigung, die man noch an einigen
Punkten bemerkt, sind früheren, türkischen Ursprunges.
Die Zahl der Bewohner von Alt = Orsova steigt kaum
über 900, doch wird der kleine Ort belebt und wohlha=
bend durch seine Lage an der türkischen und wallachischen
Gränze, die ihn zu dem Wohnsitz eines Cordons = Com=
mandanten und eines Dreißigstamtes macht; auch führt
die Nähe der Heilbäder von Mehadia im Sommer viele
besuchende Fremde hieher.   Ganz nahe bei dem Orte
liegt das Dorf Schupaneck mit einer wohleingerichte=
ten Quarantäneanstalt, die vor vielen andren den aus
dem Orient zurückkehrenden Reisenden zu empfehlen
scheint, da die Lage gesund, die besten Lebensmittel in
Fülle vorhanden, und (wenigstens war es bei unsrem
Hierseyn so) die Anforderungen auf ein längeres Verwei=
len in der Obhut der Quarantäne ungleich gemäßigter
sind, als an den meisten Häfen des adriatischen und des
europäischen Mittelmeeres. Und wo könnte der von der
Reise im Fremdlingslande vielleicht noch heftig angegrif=
fene Reisende sich besser zu dem Wiedereintritt in die
rauhere Heimath stärken, als in den kraftvollen Bädern
von Mehadia.

Am Nachmittag ergötzten wir uns am Besuch der
Skella: jenes Gränz = Ueberfahrtspunktes am Ufer der
Donau, der gegen das Land hin ganz von Pallisaden
umschlossen ist, und bei welchem überdieß Wachtposten
stehen, um jede Verpestung drohende Gemeinschaft mit
den Waaren und Bewohnern des jenseitigen Ufers zu
verhindern.   Hier wird täglich, unter Aufsicht einiger

7 *

Sanitäts = und Mauthbeamten, in einer ziemlich großen,
bretternen Schranne (Verkaufsbude) Markt gehalten. Die
Bewohner des jenseitigen Ufers, Serbier wie Türken,
mit ihnen Zigeuner, die den Geschäftsgang des Handels
mit dem gellenden Laut ihrer singenden Stimmen und
ihrer Instrumente begleiten, kommen auf Fahrzeugen
herüber und stellen sich, so wie die etwa mitgebrachten
Waaren hinter den Schranken des jenseits, nach dem
Ufer hin gelegenen Theiles der Bude auf, während die
Bewohner und Verkäufer, so wie Käufer des diesseitigen
Ufers in dem landeinwärts gelegenen Theile, ebenfalls
hinter Schranken ihre Stelle einnehmen; in der Mitte
zwischen beiden Schranken bleibt ein freier Platz für die
Sanitäts = Officianten.   Man zeigt sich nun gegenseitig
die Waaren des Ostens wie des Westens, des Nordens
wie des Südens, und nach abgeschloßnem Handel wird
das Geld wie die Waare auf den Boden des Mittel=
platzes zwischen den beiden Schranken hingeworfen, oder,
wenn es von diesseits kommt, den Sanitätsdienern über=
geben, die es unmittelbar hinüber befördern an die an=
dere Seite, während das, was von jenseits kam, zuerst
den Räucherungen oder den Waschungen mit Essig und
Wasser unterworfen wird. In ganz vorzüglichem Maaße
zog unsre Aufmerksamkeit eine christliche serbische Familie
an sich, die in reichem, festlichen Nationalschmuck, in ei=
ner zierlichen Barke vom jenseitigen Ufer zur Skella her=
überkam. Es war ein serbischer Hauptmann mit seiner
Frau und mehreren Kindern. Die wahrhaft hohe, männ=
liche Schönheit des Vaters war mit einer Würde ge=
paart, wie sie nur ein angeborner Edelsinn der Natur
des Menschen giebt; wir hörten seiner Unterredung mit
dem Cordons = Commandanten von Orsova, obgleich wir

die Sprache nicht verstunden mit Interesse zu, weil die
Mienen und Gebärden des Serbiers uns zu Dolmetschern
dienten.   Auch die Mutter wie die Töchter schienen es
zu fühlen, daß der höchste Schmuck der Schönheit, wel-
che ihnen die Natur gab, jene bescheidene Sittsamkeit
sey, die sich, ihnen selber unbewußt, in ihrem ganzen
Wesen aussprach.   Uns erinnerte dieser Anblick an jene
schöne serbische Prinzessin, die als Lieblingsgemahlin des
türkischen Sultan Murad I. dem Glauben der christli-
chen Väter auch im Fremdlingslande bis an ihr Ende ge-
treu blieb.

Den zweiten Tag unsres Aufenthaltes in dieser Ge-
gend benutzten wir zu einer Reise nach den Herculesbädern
bei Mehadia, welche in einer Entfernung von 5 Post-
stunden von Orsova an den Ufern der Caserna liegen.
Der Weg gehet zuerst ziemlich nahe an dem Dorfe Schu-
paneck und seinen Quarantänegebäuden vorüber, durch
die reiche Donauebene, und tritt dann durch den Engpaß
von Keramnick in den sogenannten Serakovaer Schlüssel, un-
ter welchen sich jedoch der Reisende, in dieser Gegend,
wo jede kleine Parthie durch die Geschichte der so häufig
hier vorgefallenen Schlachten, ihren eigenen Namen hat,
keine solche Vorstellung machen darf, wie von den „Clau-
sen" und Schlüsselpässen unsrer Tyroler Alpengebirge;
denn gegen diese gehalten, erscheint freilich der Serako-
vaer Schlüssel gleich dem eines Zimmers- gegen einen
Kirchenschlüssel.   Auf einer kleinen Anhöhe zeigen sich
jetzt die ersten vier Bögen jenes Aquädukts, der weder
türkischer noch altrömischer Art, mehr an jene Bauwerke
erinnert, die wir etwa, aus den Zeiten des „Dietrichs
von Bern" in Verona so wie bei Terracina erblicken.
Die Straße zieht sich von da, an dem durch starke

Mauern gestützten Ufer der Czerna hinan und immer zei-
gen sich von neuem die Trümmer der alten Wasserlei-
tung, deren zweistöckige Bögen an einigen Stellen die
Höhe von 30 bis 36 Fuß erreichen. Eine hölzerne Brücke
führt weiterhin über das Bächlein Jardesbizka, das an
Forellen reich ist; weiterhin zeigen sich jene alten, fest-
gemauerten Gräben, die für den Anfang des erwähnten
Aquäduktes gehalten werden und bald ist das reichgrü-
nende Felsenthal von Mehadia mit seinen zum längern
Verweilen einladenden, schönen Gebäuden und hiermit
zugleich die Eingangspforte zu den Bädern des Hercules
erreicht. Wenn auch der Halbgott, dessen Namen diese
Heilquellen, gleich andern ihrer Art geweiht waren, in
die Gegend von Mehadia nicht die Reize des Gartens
der Hesperiden hineinlegte, so gab er ihr doch dafür de-
sto reichlicher den Ausdruck der Alles durchbrechenden
Kraft. Das Werk des Hinwegräumens der niederge-
stürzten und von der Czerna herabgeführten Felsmassen,
scheint wie von der Hand jenes Starken begonnen, nicht
aber vollendet zu seyn, denn zwischen und neben den
üppig grünenden Wäldern und Bergwiesen liegen an vie-
len Stellen, gleich den Gandecken einer ehemals hier
sich stauchenden, dann hindurchbrechenden Wasserfluth, die
wilden Gehäuse des Bergsturzes.

Mehadia, ein Marktflecken mit etwa 1500 Ein-
wohnern, liegt am linken Ufer der Bella-Reka an der
Stätte des römischen ad Mediam. Eine lange, steiner-
ne Brücke führt über das breite Bette des kleinen Flußes
hinüber, der sich nicht fern von da mit der Czerna ver-
bindet. Die Herculesbäder, welche, wie dies die hier
aufgefundenen Inschriften, so wie die vormaligen Ueber-
reste der Tempel des Hercules und Aesculap erweisen,

schen den Römern bekannt, und bei ihnen, wegen ihrer Heilkräfte sehr in Ehren waren, liegen etwa 40 Minuten weit von dem Städtlein entfernt, am felsigen Ufer der Czerna. Das Grundgebirge, aus dessen Gangspalten die Dämpfe hervorsteigen, welche nach oben zu dem Wasser der Heilquellen sich verdichten *), ist Granit, der unten in der Tiefe des Flußbettes, besonders auf der rechten Seite, zu Tage ausstehet und weiter flußaufwärts große Felsen bildet. Ueber dem Granit sind Mergelschiefer und dichter, aschgrauer Kalkstein aufgelagert, aus denen die heißen Quellen zunächst hervorbrechen **). Der Geruch nach geschwefeltem Wasserstoffgas (Hydrothionsäure) der an jenen von faulen Eiern erinnert, kündigt dem im Thale aufwärts gehenden Fremdling die Nachbarschaft der Heilbäder an, welche von 22, mit wenigen Ausnahmen nur am rechten Ufer gelegenen Quellen, mit solcher Fülle von heißem Wasser versorgt werden, daß in dieser Hinsicht nur wenig andre Warmbrunnen von Europa, namentlich die Isländischen, die von Mehadia übertreffen. Denn schon neun jener Quellen, welche Zimmermann mit musterhafter Genauigkeit untersuchte und beschrieb, liefern in einer Stunde im

---

*) In der hoch auf einem Felsen über der Herculesquelle gelegenen Dampfcaminhöhle, steigen aus den Spalten des Bades heiße Dämpfe hervor, die sich an den Wänden zu Tropfen verdichten.

**) Das Streichen der Mergelschieferlagen gehet fast von Süd nach Nord, ihr Fallen unter einem Winkel von beiläufig 25° von N. O. in S. W. Unter den aufgelagerten Massen zeigt sich auch stellenweise eine grauwackenähnliche Felsart, anderwärts Grünstein, flußabwärts Thonschiefer.

Mittel 6525 Cubicfuß Waſſer, mithin mehr denn halb
ſo viel als die geſammten Waſſerleitungen von Paris
dieſer Königsſtadt an Quellwaſſer zuführen *). Unter
dieſen neun genauer beſchriebenen Quellen ſtehet, an
Waſſermenge, die des Herculesbades, welche am weite=
ſten nach oben im Czernathale entſpringt, voran, denn
ſie quillt wie ein kleiner Bach aus der Höhle des dichten
Kalkſteines hervor und ſtürzet, nachdem ſie das was zur
Füllung zweier großen Badekäſten nöthig iſt, in die ver=
deckten Röhren abgegeben, den größten Theil ihres Waſ=
ſerüberfluſſes in die Czerna hinab.   Dieſe Quelle allein
giebt im Mittel in jeder Stunde über 5000 Cubikfuß
Waſſer, doch iſt dieſe Menge veränderlich, weil die
Quelle ihre große Stärke zum Theil der Zumiſchung von
Tagewäſſern verdankt, weßhalb ſie im Frühling, wenn
der Schnee der Gebirge thaut, oder nach ſtarkem Regen,
am reichlichſten fließt, dann aber zuweilen nur 18° R.
Wärme zeigt, während ſie in trockner Sommerzeit min=
der reichlich ſtrömt, zugleich aber 39° R. Wärme an=
nimmt.   Die Heilquellen von Mehadia enthalten außer
dem geſchwefelten Waſſerſtoff = und kohlenſauren Gas
auch etwas Stickgas; unter den feſten Beſtandtheilen
hauptſächlich ſalzſaures Natron und ſalzſauren Kalk **).

───────────

*) Jene Waſſerleitungen liefern täglich 293600 C. F. Waſſer,
   in jeder Stunde 12233 1/3.

**) Die Quelle des Kaiſerbades, welche 44° R. Wärme hat
   und in jeder Stunde 89 Cubikfuß Waſſer giebt, enthält in
   100 Cubikzellen Waſſer: 10,10 Cubikzoll geſchwefeltes Waſ=
   ſerſtoffgas, 1,15 Stickgas, 2,10 kohlenſaures Gas, über=
   dieß 96 Gran ſalzſaures Natron, 50 Gran ſalzſauren Kalk,
   5 Gran ſchwefelſauren Kalk. Die Ludwigsquelle, die 960

Die Wärme einiger der am tiefsten im Czernabette ent=
springenden Quellen steigt bis 51° Reaumur. Ge=
gen Gicht und langwierige Rheumatismen, Lähmun=
gen und gegen eine große Zahl anderer Krankheiten, wel=
che durch eine Steigerung der Hautthätigkeit gehoben
werden können, haben sich diese Warmbrunnen schon viel=
fältig heilsam bewiesen.

An den Ufern der Czerna giengen wir durch das
Schattendach des Laubwaldes und an grünenden Wald=
wiesen vorüber, aufwärts bis zu dem Wasserfalle. Auf
dem grünen Rasen und im Schatten der Gebüsche zeigte
sich mit fleischrothen Blüthen, ähnlich unsrer Herbstzeit=
lose, der Crocus speciosus; unter den Bäumen erhub
sich stellenweise der schöne, türkische Haselnußbaum (Co=
rylus Colurna), an einem Felsenabhang stund neben dem
ruthenartigen Bohnenstrauche (Cytisus elongatus) der
mittägige Zeltenbaum (Celtis australis); im dichten
Waldschatten erschien zwischen den heller grünenden Bäu=
men die Schwarzföhre (Pinus Pinaster). In verwilder=
tem Zustande wird nicht selten am Saum des Waldes
der Weinstock gesehen, und, als Zeichen der Milde die=
ses Landstriches gedeiht schon, nahe bei der Hercules=
quelle, der Feigenbaum (freilich nur von strauchartiger
Größe) im Freien. Unter den Vögeln glaubten wir die

Cubikfuß Wasser in einer Stunde giebt und 37° Wärme
hat, enthält in 100 Cubikzoll Wassers 5,15 C. 3. geschwe=
feltes Wasserstoffgas, 1,10 Stickgas, 1,23 Kohlensäure, fast
55 Gran salzsaures Natron, 23 salzsauren Kalk u. s. w.
Die Herculesquelle führt gar kein geschwefeltes Wasserstoff=
gas, dagegen die meiste Kohlensäure (3,68 C. 3.) und
eben so viel Stickgas als die Ludwigsquelle.

Bewohnerin des Ostens: die wilde Lachtaube (Columba risoria) zu bemerken.

Auf den langen Spaziergang schmeckte uns das wohl= bereitete Mittagsessen im Gasthause sammt dem mit Recht gepriesenen Schillerwein von Mehadia vortrefflich; am Nachmittag kehrten wir nach Orsova zurück, wo die heitre Stimmung, in welche der Genuß dieses Tages uns ver= setzt hatte, auf einige Augenblicke durch die kleinen Quä= lereien unterbrochen ward, welche die Douaniers uns zu= fügten. Doch bald war der innre Ton wieder derselbe, der er am Morgen gewesen, und der letzte Abend in Orso= va wurde fröhlich beschloßen.

Sonnabends am 24ten September traten wir die Weiterreise nach Kladowa an, wo das Dampfschiff Pan= nonia unsrer wartete. Unsre Gesellschaft hatte sich ge= theilt; Einige, welche das beßre Theil erwählt hatten, machten den Weg zu Wasser durch das sogenannte eiser= ne Donauthor (Cataractae Danubii) auf einem mit tüch= tigen Schiffern versorgten Fahrzeuge, Andre zu Lande in einer Art von Gesellschaftswagen. Der Landweg, wel= cher Anfangs die herrliche Aussicht auf die Elisabethburg, Neu=Orsova und das rechte Ufer der Donau, so wie auf den Eingang des eisernen Thores beherrscht und auch in seinem späteren Verlauf meist in der Nachbarschaft des Flußes bleibt, geht eine halbe Stunde unterhalb Alt=Or= sova über die Czerna und zieht sich dann am Vorgebirge Alion vorüber hinab nach der Wodiczer Mühle. Nahe bei dieser, am Bagnabache erinnerten die steinernen Pyramide mit dem Doppeladler und die Gebäude des Cordonpo= stens an den letzten Abschied aus den guten, österreichi= schen Landen, denn hier ist die Gränze; jenseits des Ba= ches betritt man in dem Dorfe Werczerowa die Wallachei

und von nun an wachen die Sanitätsdiener, welche die
Landreisenden begleiten, ängstlich über jede Gelegenheit,
bei welcher eine Berührung ihrer Personen oder ihrer
Pferde mit den Menschen und Thieren von jenseits statt
finden könnte, weil sie sonst selber durch eine lange Qua-
rantäne den freien Eintritt in die Heimath wieder erkaufen
müßten. Die Felsarten, aus denen sowohl das gäh ab-
stürzende linke, als auch das mehr terassenartig ansteis-
gende rechte Ufer der Donau beim eisernen Thore beste-
hen, sind vorherrschend Glimmerschiefer und Gneus; an
unsrem Wege blühten unter andrem die acanthusblättrige
Silberdistel (Carlina acanthifolia), die schwärzlich pur-
purne Centaurea (Centaurea atropurpurea) und das
caucasische Doronicum (Doronicum caucasicum); die
große, grüne Eidechse und die vierstreifige Natter (Colu-
ber Elaphis) sonnten sich am Felsen.

Ungleich interessanter als der Landweg ist der zu
Wasser, der zugleich im wohlversorgten Fahrzeuge so
sicher ist, daß der größte Theil der Damen, welche gleich
uns auf der Pannonia sich einschiffen wollten (es waren
meist Engländerinnen) ihn vorzogen. Denn obgleich auf
der Fahrt durch den eigentlichen Engpaß des eisernen
Thores das Schifflein fast wie auf stürmischem Meere
bewegt wird, obgleich die Brandung an den Felsenmas-
sen, die aus dem Strom hervorstehen und das laute To-
sen des abstürzenden Wassers, so wie die vielen Wirbel
bei der Insel Balmi, in der Nähe des serbischen Dorfes
Sip (man zählte sonst ihrer 23) einen gewaltigen Eindruck
auf die Sinnen machen, darf man dennoch, besonders seit
den Sprengarbeiten des Jahres 1834, ohne alle Furcht
sich der Betrachtung der hehren Felsenpforte hingeben,
durch welche der mächtige deutsche Strom hinaustritt in

das Land des Ostens. Die Länge des Engpasses beträgt
7200 Fuß, die Breite der Strombahn gegen 600, der
Fall des Wassers auf der ganzen Strecke 16 Fuß, die
Geschwindigkeit seines Fortbewegens fast 12 Fuß in einer
Secunde. Bei dem Dorfe Sip werden, auf der rechten
Seite der Donau, noch die Ueberreste eines von den
Römern angelegten, gemauerten Kanales bemerkt, durch
welchen es möglich wurde, die bedenklichsten Stellen des
Engpasses ganz zu umschiffen und auf diese Weise selbst
die Aufwärtsfahrt an den Catarakten zu erzwingen.

Das schöne, große Dampfschiff Pannonia, welches
nahe bei Skela Kladova vor Anker lag, mußte ei-
gentlich einen größern anziehenden Reiz für uns haben,
als das armselige, wallachische Oertlein mit seinen Lehm-
hütten. Da wir aber wußten, daß von dem Augenblicke
an, in welchem wir das in beständigem Verkehr mit dem
rechten (türkischen) Ufer stehende Fahrzeug beträten, der
fernere Verkehr mit dem linken Ufer uns versagt seyn
werde, genoßen wir noch eine Zeit lang der Freiheit am
sandigen Ufer, unter dem langhaarigen Volk der Walla-
chen herumzugehen und in ihre Hütten hineinzutreten, in
denen man Kaffee und allerhand andre Lebensmittel feil
bot. Wir wurden jedoch dieser Unterhaltung ziemlich bald
müde und begaben uns freiwillig, indem wir die Panno-
nia bestiegen, hinüber in den Fremdlingskreis des rechten
Ufers, aus welchem von nun an eine Rückkehr zur Hei-
math nur durch die Sühnanstalt einer langen Quarantä-
ne möglich war. Unser Dampfschiff ließ es übrigens
gleich vom ersten Augenblicke an den Reisenden sehr hei-
mathlich in seinem Innern werden. Das gemeinsame
Aufenthalts- und Speisezimmer, wie die Nebenkammern
mit den reinlichen Betten waren hell und geräumig; ein

italienischer Koch versorgte auf seine vaterländische Weise
den Tisch und ergötzte die Schiffsgesellschaft während sei=
ner freien Stunden mit Guitarrespiel und Gesang; unter
dem dienenden Personal war ein Landsmann: ein Kellner
aus Bayern.

Erst am Nachmittag war das Geschäft des Einräu=
mens der Waaren vollendet; das Dampfschiff begann sei=
nen kräftigen Lauf und führte uns in Kurzem zu den so
viel besprochenen Resten der Brücke, welche Kaiser Tra=
jan nach seinem Siege über die Dacier durch den kunst=
reichen Architekten Apollodorus Damascenus erbauen ließ.
Dieses mächtige Bauwerk ruhete auf 20 durch Bögen
unter einander verbundenen, steinernen Pfeilern, welche
auf hölzernem Rost begründet waren.   Nicht die spätere
Herrschermacht der Barbaren, sondern der Nachfolger des
Trajan selber, Kaiser Hadrian, ließ diese erste und bis
auf unsre Tage letzte Brücke, welche die untere Donau
jemals getragen, wieder zerstören, angeblich um den
Uebergang der Geten über den Strom zu hindern, nach
einer andern Vermuthung des Alterthums aber aus Neid
über den Ruhm des Apollodor *).   In unsern Tagen
sieht man noch, bei niedrigem Wasserstand, die Trümmer
von 11 Pfeilern im Strome stehen; auch am rechten Ufer
haben sich zwei 18 Fuß breite Pfeiler und hier wie am
linken Ufer die Mauerreste der Brückenkastelle erhalten,
welche aus großen Quadersteinen erbaut und mit Ziegel=
steinen überkleidet sind.   Der Brückenkopf des rechten
Ufers hieß das Caput bovis und hier in der Nähe lagen

---

*) M. f. die Beschreibung des Bauwerkes bei Procopius de
aedificiis IV, 5.

Egeta, so wie das stark befestigte Zanes *), am lin=
ken Ufer war in der Nachbarschaft der Brücke die Stätte
von Drubetis und von Amutrium. Da wo einst
diese so wie die Menge der andern Städte und Burgfe=
sten ein eisernes Netz der römischen Waffenrüstungen bil=
deten, welches die Freiheit der alten Bewohner des Lan=
des umstrickte, wirft jetzt der Bewohner von Werbicza
und Tikya seine Netzfallen und Harpunen zum Fange
der Hausen aus, deren Caviar und Fleisch von hier
weithin stromauf= und abwärts verführt werden.

Der spätere Nachmittag und der vom Vollmond be=
leuchtete Abend waren sehr genußreich. Das äußere Auge
ruhete bald im Anblick des fruchtbaren Hügel= und Berg=
landes des rechten (Serbischen) Ufers, bald auf der ge=
traidereichen Ebene der linken Seite oder auf dem stillen
Spiegel des Stromes; das innre Auge betrachtete, im
reichen Lande der Erinnerungen den Lauf eines andern
Stromes, der nicht so still und ruhig, wie hier die Do=
nau, sondern mit verheerender Gewalt über diese Wüste
der Völker hereinbrach; den Strom jener Tausende aus
Japhets=Stamme, welche in den Zeiten der Völkerwan=
derungen aus den Ländern des Aufganges herüberdrangen
in die Wohnsitze ihrer vorangegangenen Brüder, damit
auch an ihnen die Verheißung erfüllt würde, daß sie
wohnen sollten in den Hütten Sems.

Der Mond schien so hell, und die Fahrt auf dem
hier still und ruhig gehenden Wasser ist, mit Ausnahme
einiger leicht vermeidlichen Sandbänke von so wenigen
Hemmungen bedroht, daß unser Dampfschiff auch während

---

*) a. a. O. IV, 6.

der Nacht seinen Lauf fortsetzte. Wir hörten noch bis zu
einer späten Stunde, auf dem Verdecke sitzend, dem Ge-
sange der neapolitanischen Volkslieder zu, mit welchem
der gefällige Schiffskoch uns vergnügte, dann begaben
wir uns zur Ruhe und bald nach Mitternacht folgte auch
das Dampfschiff diesem Beispiele, indem es bei Widdin
sich vor Anker legte.

Es war eine sehr gemischte Empfindung von erheben-
der Freudigkeit und zugleich von einer sich hier in der
Fremde fühlenden Scheu, mit welcher wir am Sonntag
den 25sten September beim Grauen des Tages erwach-
ten, als auf dem ganz nahen Minare der türkische Iman
sein lautes, wohlklingendes: „Gott ist nur Einer, Gott
ist groß, Gott ist allmächtig" sang. Ja, wir werden
auch in diesem Fremdlingslande unter dem Schutz und
Schirm des Allmächtigen sicher wohnen und wandeln! —
Schon in einer der frühesten Morgenstunden traten wir,
jetzt durch keine Sanitätsmaßregeln des linken Ufer mehr
gehemmt und gebunden, hinaus ans Land und ergiengen
uns zum ersten Male in den Gassen und Bazars einer
türkischen Stadt. Ein wohlschmeckendes Frühstück war
hier schon für uns aufgestellt: die Menge der süßesten,
wohlschmeckendsten Trauben, und der in diesen Ländern
gewöhnliche, aus Blätterteig und dem Fleisch der Läm-
merschwänze bereitete Kuchen. Widdin ist eine ansehn-
liche Stadt, welcher ihre 25 Minares schon von fern ein
stattliches Aeußeres geben; die Zahl der Bewohner wird
auf 25,000 geschätzt; unter ihnen sind einige tausend grie-
chische Christen, welche hier unter der Leitung eines Erz-
bischofes stehen und eine viel besuchte Schule haben. So
hat das alte Viminacium als das jetzige Widdin noch
immer einen abendlichen Schatten jenes vormaligen Glan-

zes erhalten den Procopius *) an ihr rühmt, so oft
auch im Verlauf der Jahrhunderte die Fluthen des ver-
heerenden Krieges über sie zusammenschlugen. Denn schon
unter Bajasid I. ward sie zweimal (1394 und 1396) von
den Türken eingenommen, und selbst die Heldenmühe des
Prinzen Ludwig von Baden, der sie am 6ten October
1689 der Hand des Feindes entriß, trug für die christ-
liche Herrschaft keine lang dauernden Früchte des Besitzes.
Die Insel, welche nahe vor der Stadt im Strome liegt,
beherrscht durch ihre Anhöhe die Stadt, und von dort
aus gelang es auch den österreichischen Geschützen im Jahr
1689 jene zur Uebergabe zu zwingen.

Von Widdin aus, wo wir ziemlich lang anhielten,
pflegt sich das Dampfschiff allmählig mit türkischen Passa-
gieren zu bevölkern, was auch auf unsrer diesmaligen
Fahrt, besonders im Verlaufe einiger der späteren Tage
geschahe. Diese, sobald sie das Schiff betreten und einen
Raum für sich und ihre Geräthschaften aufgefunden hat-
ten, setzten sich mit übergeschlagenen Beinen auf die am
Boden hingebreitete Decke, und schienen auf nichts zu
achten als auf den aus der langen Pfeife hervorgeathme-
ten Dampf. Man hätte diese neuen Bewohner unsres
Vapore selber für seelenlose Dampfmaschinen halten mö-
gen, wäre an ihnen nicht, wenigstens in den Stunden des
Gebetes, das Walten einer Menschenseele sichtbar gewor-
den, deren innerstes Wesen in der Hoffnung eines Ewi-
gen bestehet. Denn wenn diese Stunden kamen, da ver-
richteten unsre Moslimeer, ohne sich im Mindesten durch
die Gegenwart der neugierigen Fremden stören zu lassen,

das

---

*) de aedificiis IV, 5.

das Angesicht nach der Gegend von Mekka hinwende .d,
die frommen Gebräuche ihrer Gebete und Waschung: n,
und bezeugten hierdurch, vielleicht auf eine für manche
Christen beschämende Weise, daß Gott ihnen beachtens-
werther und größer erscheine als das Urtheil und Anse-
hen der Menschen.

Aber diese äußere, sich immer gleich bleibende Ru
unsrer türkischen Begleiter scheint auch ein bleibender Ch
rakterzug jenes Landes zu seyn, in das wir von hier t
mehr und mehr hineintraten. Der Hochrücken des nord-
istrischen Gebirges hat sich weit von dem linken Ufer d 3
Stromes zurückgezogen; dieser ist so breit und dabei
ruhig geworden wie einer unsrer Landseen in der win
stillen Zeit eines Sommertages, nur die emporspringe
den, mächtig großen Hausen rühren von Zeit zu Z .t
den stillen Wasserspiegel auf. Das rechte (südliche) U c
des Flusses, in dessen Nähe unser Fahrzeug größentheil 3
blieb, ist bei weitem das schönere; es ist ein fruchtbares
Hügelland, geziert mit dem Gewand des Südens. Denn
in der Nähe der vielen Ortschaften, aus denen die schlan-
ken, weißen Minares hervorglänzen, zeigen sich hin und
wieder kleine Haine von Zypressen; den Bach im Thale
beschattet die hohe Platane; die Anhöhen bekleiden si
mit den Waldungen der immergrünen Eiche; in den Gär-
ten stehet, mit reifenden Früchten bedeckt, der edle Lor-
beer- neben dem Feigenbaum; die Gehänge der Hügei
sind mit Weinreben bedeckt, aus deren Laubdach allent-
halben die großen, reifen Trauben hervorblicken. Nur
ein leiser, kühlender Hauch aus Osten regt sich in den
Zweigen der alten Terebinthe und im Schilfe der großer
Donauinseln; das tiefe Blau des Himmels wird nirgend
von einem Gewölf getrübt; es ist, als habe dort bei de

v. Schubert, Reise i. Morgld. I. Bd. 8

Feldern des zum Theil noch blühenden Mohns und des
eben aufblühenden Safrans neben dem geräuschlos hinein=
strömenden Bächlein die Ruhe selber ihr Bette aufgeschla=
gen, welches so weich und so bequem ist, daß sie nicht
von ihm aufstehen mag.

Wir kamen an diesem Tage vorüber an dem Ein=
fluß des Lom, bei welchem, an der Stätte des jetzigen
Lom=Palanka das alte Almum lag, dann an jenem
des Osibriß, da die Gränzstadt gegen Nieder=Mösien,
Cibrus, ihre Stelle hatte. Das alte Gemäuer einer
zerstörten Veste, das bei dem Flecken Oreava, am Ein=
fluß des Schitul gesehen wird, mag wohl noch zu den
Ueberresten des römischen Variana gehören; nahe ge=
genüber, am linken Ufer, mündet hier der Schyll in die
Donau, der bei den Alten Rhabon, auch Sargetia, von
den späteren Geographen Gilpit genannt war. Die Son=
ne stund schon ziemlich tief, da wir am reich grünenden
Strande den Ort der Begegnung des Eskers (Oescus)
mit der Donau und die Stätte des vormaligen, ansehn=
lichen, mit dem Flusse gleichnamigen Oescus erreichten,
da in späterer Zeit das Heerlager der Hunnen seinen Sitz
aufschlug. Wir fuhren von hier noch etwa eine Stunde,
dann legte sich unser Fahrzeug, nahe vor dem Einfluß
des Utus oder Vid, bei einer kleinen, buschreichen Insel,
aus welcher die Rohrdommel ihr rauhes Abendlied ver=
nehmen ließ, vor Anker.

Das alte Nikopolis mit seinem vormals festen
Schloße lag zwischen seinen grünenden Hügelabhängen in
so ganz besonders günstiger Beleuchtung von der Mor=
gensonne da, daß es uns, als wir am 26ten September
aufs Verdeck traten, war, als wollte diese bedeutungs=
volle Gegend zu uns sagen: siehe mich recht an. Und

wir thaten dieses mit jener ernsten Aufmerksamkeit, mit
welcher der Wandrer in der Fremde irgend einen sinnvol-
len Spruch betrachtet und erwägt, der in einem bemoos-
ten Denkstein am Wege eingegraben stehet. Der Spruch
welchen der Griffel der Geschichte hier dieser Stätte mit
unvergänglichen Zügen eingeschrieben hat, heißet: „der
den Harnisch anleget, soll sich nicht rühmen als der ihn
hat abgelegt" [*]. Dort vor Samaria gab diese Lehre
in zweimaligem Siege ein Tyrann von Israël dem syri-
schen Könige Ben Habad, der auf die Macht seines Hee-
res, seiner Rosse und Wägen trotzend, dem Hort und
Helfer Israëls Hohn sprach; hier nahe bei Nicopolis gab
sie einmal ein Herrscher des westlichen Reiches: Trajan,
dem durch sein Waffenglück trunken gewordenen Dacier-
könige Decebalus, ein andres Mal aber ein waffengeüb-
ter Tyrann des Ostens: Bajasid I. dem vor Uebermuth
rasenden Heere der Christen. Sind es doch gerade jetzt,
1836, in diesen Tagen des Septembers, 440 Jahre, daß
hier bei Nicopolis die Blüthe der damaligen europäischen
Ritterschaft zum Kampfe gegen den gemeinsamen Feind
der christlichen Reiche versammlet stund; ein Heer, so
wohlgerüstet, so waffenkundig und muthig, als bis dahin
der Westen noch keines den Türken entgegen gestellt hatte.
Denn eine Schaar von 1000 französischen Rittern, unter
ihnen mehrere Prinzen von Geblüt, Herzöge und Für-
sten, befehligt von dem kühnen Grafen von Nevers und
dem Connetable Grafen von Eu; geleitet, wenn sie das
hätten seyn mögen, durch den Rath des alten, wohler-
fahrnen Feldherrn Concy, so wie des edlen Admirals

---

[*] 1 Könige 20, V. 11.

8 *

Jean de Vienne; verstärkt durch die Begleitung von 1000
Knappen und 6000 Söldnern waren dem König Sig=
mund von Ungarn zu Hülfe gezogen; mit ihnen ein Heer=
haufe der bayrischen Ritter unter dem Churfürsten von
der Pfalz und dem Burggrafen von Nürnberg, sammt
den Schaaren des deutschen Ritterordens, geführt von
ihrem Großprior, dem Grafen Friedrich von Hohenzol=
lern, so wie der Johanniterritter aus Rhodus unter dem
Ordensmeister Philibert von Naillac.   Wenn auch diese
Macht des Westens, welche zusammen mit dem durch
steyermärkische und wallachische Truppen verstärkten Hee=
re der Ungarn nach der gemäßigtsten Angabe 60,000, nach
andern 100,000 Mann stark war, an Zahl der Streiter
dem Heere des Bajasid nicht ganz gleich kam, so über=
traf sie dasselbe dennoch an innrer auf Kriegskunst ge=
gründeten Stärke, und der Sieg wäre dem christlichen
Heere nicht entgangen, hätte dieses nicht in das Lager
bei Nicopolis zugleich mit jenem tollen Hochmuth, wel=
cher beständig dem nahen Falle vorausgeht, die vermesse=
ne Sicherheit mitgenommen, die den Feind, ohne ihn zu
kennen, verachtet.   Denn wie jene 32 Könige, die vor=
mals als Verbündete den König der Syrer Ben=Hadad
vor Samaria begleiteten, im Zelte saßen beim Schmau=
ße und trunken waren vom Wein, als schon das Rache=
schwert über ihrem Haupte geschwungen ward, so thaten
auch jene Verbündeten des Ungarnköniges Sigismund,
vor Allem die französischen Ritter.   Diese, welche in ih=
rem Uebermuth sprachen: „Wenn auch der Himmel ein=
stürzte, wollten sie mit ihren Speeren ihn aufhalten,‟
hielten sich vor aller Gefahr so sicher, daß sie sorglos und
schrankenlos dem Taumel der Sinnen und der Schwelge=
reien sich hingaben.   Und als heute vor 440 Jahren, am

26ten September 1396, die Kunde von der Annäherung
des türkischen Heeres, welche die hartgekränkten Bewoh-
ner des Landes verheimlicht hatten, durch seine eigenen
Soldaten zu dem Marschall Baucicault kam, da drohte
dieser den Ueberbringern derselben als falschen Lärmma-
chern die Ohren abschneiden zu lassen. Doch jene Kunde
erwieß sich nur zu wahr; Bajasids Heer stund kaum noch
6 Stunden weit entfernt. Am 27ten September wurde
hierauf großer Kriegsrath gehalten, in welchem der Mar-
schall Baucicault und der Connetable den besonnenen
Schlachtplan, den der sachkundige König Sigmund und
mit ihm der greise Couzy sammt dem Admiral vorschlu-
gen, mit toller Geringschätzung verwarfen. Namentlich
stellten sie es als Ehrensache hin, daß nicht die hiezu
am besten geeigneten, leichten Truppen der Wallachen,
sondern die ganze französische Macht der Seifenblase des
türkischen Vortrabes entgegen ziehen und diese zersprengen
sollte. War doch die wilde Hitze und Anstrengung bei
diesen Verblendeten so hoch gestiegen, daß sie, nach ge-
pflogenem Kriegsrath, gegen das gegebene Wort der Ver-
schonung, die im Lager befindlichen türkischen Gefange-
nen mordeten. Als aber nun am Tage der Schlacht,
am 28ten September, das kühn vorandringende Heer der
französischen Ritter durch das Zersprengen der leichten
Asiaten und selbst des verschanzten Vortreffens der Ja-
nitscharen, so wie eines Theiles der Spahi's sich entkräf-
tet und ermüdet hatte, als es auch jetzt, wo die Wag-
schale des Sieges noch immer auf die Seite der Christen
geneigt war, Couzy's Rath, das nachrückende ungarische
Heer zu erwarten, nicht beachtete, sondern im blinden
Selbstvertrauen den Hügel, welchen der Kern des feind-
lichen Heeres besetzt hielt, hinaufsprengte, da ward, beim

Anblick der 40,000 Lanzen, in deſſen Mitte Bajaſid ſtund,
der nicht männliche, ſondern knabenhaft tolle Muth in
weibiſche Feigheit verkehrt *); jene vergeblichen „Him=
melserhalter" flohen in wilder Eile und riſſen in ihre
Flucht den nachfolgenden Troß, ſo wie den rechten, von
Lascovitſch geführten und den linken, aus Wallachen be=
ſtehenden Flügel des ungariſchen Heeres mit hinweg. Nicht
aber den edlen Admiral Jean de Vienne, der den zwölf
Rittern die ihn umgaben es zurief: „hier gilt es ehren=
voll zu ſterben" und mit ihnen zugleich den Tod unter
den Lanzen der Feinde ſuchte und fand; auch König
Sigmund hielt mit dem Kern der ihm treu gebliebenen
Ungarn und mit den ſteyermärkiſchen, ſo wie bayeriſchen
Schaaren feſten Stand und dieſe tapfern Haufen hatten
ſchon die Janitſcharen geworfen, ſelbſt die Spahi's fin=
gen an ihren geſchloßenen Reihen zu weichen, da kam
der Despot von Serbien mit 5000 friſchen, tapfern Strei=
tern Bajaſid's Heere zu Hülfe und Sigmunds Heer erlag
der Uebermacht.   Ihn ſelbſt, den König, hatten der
Burggraf von Nürnberg und der Anführer der Steyer=
märker Hermann von Cilly dem Gedränge der Schlacht
und der Todesgefahr entriſſen und ihn auf ein Donau=
ſchiff gebracht, während viele der Seinen noch mit dem
Muthe verwundeter Löwen kämpften.   Alle bayeriſchen
Ritter, ſo wie die meiſten der Steyermärkiſchen waren
zuletzt in dieſem Heldenkampf gefallen **), zugleich aber

---

*) Ils devenoient tout d'un coup moins que des femmes.
Mém. de Mad. de Lussan III.

**) Schiltberger's Reiſe in den Orient. München 1813.
J. v. Hammer's Geſchichte des osmanniſchen Reiches.
I. S. 241.

deckten auch das Schlachtfeld 60,000 Leichname der Er=
schlagenen aus dem türkischen Heere. Ungleich bedauerns=
werther als das Loos derer, welche den Tod in der Hitze
der Schlacht, ohne ihn fast zu bemerken, gefunden hatten,
war das Loos jener Streiter des christlichen Heeres, wel=
che lebend von den Türken gefangen wurden, oder durch
die Flucht sich zu retten gedachten. Von den Letzteren
ertranken Viele, als sie in den von Menschen überfüllten
Fahrzeugen über die Donau setzen wollten; von den Ge=
fangenen ließ Bajasid am Tage nach der Schlacht, zur
Rache für die gefallenen Moslimen 10,000 niedermetzeln,
unter denen vielleicht Manche waren, welche 3 Tage
vorher dasselbe an den ihnen auf Treu und Glauben er=
gebenen Türken gethan. Zwar der Graf von Nevers
hatte, gegen Versprechen eines hohen Lösegeldes, für sich
und 24 der vornehmsten Gefangenen Schonung des Le=
bens erhalten, aber auch von diesen starben Mehrere, un=
ter ihnen der alte Feldherr Coucy, noch ehe die Auslö=
sung geschahe, in den Gefängnissen von Kallipolis und
Brussa; nur König Sigmund und einige ihn begleitende
Herren waren so glücklich gewesen, an der Mündung der
Donau die Flotte der Rhodiser und auf dieser, schon
nach 3 Monaten, die Küste von Dalmatien zu erreichen.
So endigte hier bei Nicopolis, der „Siegesstadt,“ wel=
che Trajan zum Andenken an seinen entschiedenen Sieg
über die Dacier begründet und so benannt hatte, die
Heerfahrt einer christlichen Macht, die sich vermessen
hatte, nicht bloß die Türken zu besiegen und Jerusalem
wieder zu erobern, sondern selbst den bewegten Kräften
des Himmels die Macht ihrer Arme entgegen zu stellen.
Statt der Lustfeuer und der lärmenden, nur allzu frühe
triumphirenden Freude, womit das fremde Bundesheer

noch kurz vorher das Land erfüllt hatte, brannte jetzt das
Feuer der angezündeten Städte, hörte man das Aechzen
der Sterbenden, das Jammern der hinweggeschleppten
Gefangenen; Steyermark und Sirmien wurden verheert,
die ganze Halbinsel zwischen der Save, Drave und Do=
nau mit dem Schutte der zerstörten Städte und dem
Graus der Verwüstung erfüllt.

Von Nicopolis, dessen deutsche Benennung Schil=
tau ist, selber, sahen wir nur wenig. Die Masse seiner
alten Häuser dehnt sich über einen weiten Raum aus;
es ist der Sitz eines griechischen Erzbischofes, so wie ei=
nes katholischen Bischofes und zählt 20,000 Einwohner.
Ihm gegenüber, am linken Ufer, nahe an der Mündung
des Aluta= (Araros=) Flußes, liegt an der Stätte des
alten Pelendova der wallachische Ort Turnul.

Vorüber an dem grünenden Hügelland und den Auen
des rechten Ufers kamen wir nach einigen Stunden zu
der wohlhabenden Handelsstadt Sistov, welche durch
den Friedensschluß zwischen Oesterreich und der Türkei
im Jahre 1791 eine politische Wichtigkeit erhielt. Wäh=
rend die 21,000 Einwohner dieser freundlich aussehenden
Stadt ein lebhafter Verkehr mit den Bewohnern des eig=
nen Landes, wie der fremden Länder ernährt, beschäfti=
get die Bewohner der nahe gegenüber gelegenen, walla=
chischen Dertlein Simnitza und Tuteschty ein ziem=
lich ergiebiger Hausenfang. — Auf der weiteren Fahrt,
am Nachmittag, glich die Donau, deren Breite zuletzt
bis auf eine Stunde Weges anwächst, einem kleinen,
stillen See; wir landeten bei Rusczuk, wo unser
Dampfschiff eine Menge der in ihm enthaltenen Waaren
ausschiffte, und neue aufnahm: denn diese Stadt, welche
30,000 Einwohner umfasset, ist eine der bedeutendsten

Handelsplätze des unteren Donaulaufes. Zwar, wie dies schon die vielen, ansehnlichen Moscheen mit ihren Minares dem Auge bezeugen, herrschet die Macht des Islamismus hier vor, doch leben unter den Türken mehrere Tausende von Christen (Armenier und Griechen), denen ein Erzbischof vorstehet und eine bedeutende Anzahl von Juden. Die Stadt, von Festungswerken umgeben, liegt auf einem Berge; wir besahen uns einige ihrer Gassen und Plätze, genoßen in einem türkischen Kaffeehaus des warmen Getränkes, giengen dann aber wieder herab an den Abhang des Hügels, von wo die Aussicht nach der Insel Slobodsee und dem festen Schlosse, weiter hinab aber nach dem von Mahommed I. begründeten Giurgevo einen neuen Genuß gewährte. Während wir hier die uns neue Gegend beschauten, waren wir selber für Andre ein Schauspiel geworden, denn neugierig betrachteten uns, durch die Zwischenräume der pallisadenartigen Umzäumung, die verschleierten Bewohnerinnen eines benachbarten Harems. Unsre europäisch gekleideten, so frei sich bewegenden Begleiterinnen schienen der Hauptgegenstand ihrer Betrachtungen zu seyn. Wer sollte nicht, bei einem vergleichenden Blick auf jene Gefangenen und auf diese Freien die Segnungen des Christenthumes dankbar empfinden, welches den Völkern zuerst die wahre Beachtung des weiblichen Wesens lehrte.

Von hier aus brauchten wir noch anderthalb Tage zur Fahrt nach Gallacz. Das von der Morgensonne beleuchtete Giurgevo, bei welchem wir frühe am andern Tage vorbeikamen, imponirte dem Auge mehr durch seine Größe, denn es hat gegen 3 Stunden im Umfange, als durch seine Schönheit. Die große Wüste der Ge-

ten *), am rechten (bulgarischen) Ufer des Stromes, ist
ein grünendes Hügel= und Flachland, welches wenig Ab=
wechslung zeigt.   Turtukai liegt an der Stätte des
alten Transmariska: nahe gegenüber, auf der linken (wal=
lachischen) Seite mündet die Dombrovicza (Argis) in die
Donau, an welcher nur eine kleine Tagreise aufwärts
Bukarest liegt.   Silistria hat sich unter dem kräftig
gestaltenden Einflußße, der in den letzten Jahren auf diese
Stadt wirkte, zu einer Herrscherin des Stromes und des
angränzenden Landes erhoben; mit dem immer blühender
werdenden äußeren Verkehr war sie in dieser Zeit zugleich
ein Mittelpunkt des geistigen Verkehres der Völker des
Nordens und Ostens geworden.   In dieser Hinsicht ist
sie an die Stelle des alten Ariopolis getreten, dessen
Stätte da war, wo jetzt weiter stromabwärts Rassova
stehet.   Nahe bei Silistria werden die Ueberreste jener
Gränzmauer gesehen, welche die Griechen zur Abwehr
gegen die Einfälle der Barbaren erbaut hatten.   Jenseits
Rassova wird die Strombahn des Flusses, der von hier
an nach Ptolemäus Aussage den Namen Ister empfieng,
nach Norden gekehrt; denn die Ausläufer des Balkan=
gebirges, die sich an das rechte Ufer herandrängen, ver=
hindern den geraden Fortgang nach Osten.   Dieser Damm
der Gebirge, welcher stellenweise mit sumpfigen Niede=
rungen und Haideland abwechselt, ist, besonders seit dem
letzten Kriege, zu einer Einöde geworden, in welcher,
gleich den Ameisen, die an den Resten einer längst abge=
fallenen, dürren Frucht zehren, die Schaaren der Zigeu=
ner ihr Wesen treiben. — Am 28ten September kamen

---

*) Getarum solitudo.

wir zuerst an Hirsova oder Kersova vorüber, das an
die Stätte des alten Corsus oder Karsou getreten ist.
Die Stadt, welche nur 4000 Einwohner zählt, wird von
einer Citadelle beherrscht. Der Strom theilt sich jenseits
Hirsova in viele Arme, welche manche buschreiche oder
mit Schilfrohr bewachsne Inseln umschließen. Das Chor
der gefiederten Sänger, das im Frühling und angehen=
den Sommer hier, wie man uns sagte, ohne Aufhören
seine Stimmen vernehmen läſſet, war jetzt verstummt;
nur noch die Trompetentöne der vorüberfliegenden Kra=
niche wurden gehört. Wir naheten uns nun wieder dem
linken Ufer der Strombahn, welche da, wo die zertheil=
ten Arme des Flußes von neuem sich einander nähern,
mächtig breit erscheint. Hier liegt, von Wällen umge=
ben, die ansehnliche Stadt Brailov, der Ausgangspunkt
namentlich eines wichtigen Getraidehandels nach Konstan=
tinopel. Brailov (von den Türken Ibrahil genannt)
zählt gegen 25,000 Einwohner; in seinem großen Hafen
sieht man die Flaggen der verschiedensten, Seehandel
treibenden Nationen wehen; zu den Zeiten des „Pfalwü=
therichs" Wlad, des Woiwoden der Wallachey, als im
Jahr 1461 Mahommed II. sie niederbrannte, war diese
Stadt der berühmteste Handelsplatz des Landes *). Die
beiden Ufer haben ihre bisherige Rolle gegen einander
ausgetauscht; das rechte zeigt nur noch einzelne, kleine
Befestigungspunkte, auf welche in früheren Zeiten der
Krieg zuweilen seinen Fuß setzte, während er mit dem
andern Fuße das Land umher zertrat, dann walbiges

---

*) M. s. J. v. Hammer Geschichte des osman. Reiches II.
S. 64.

124   Donaufahrt.

Hügel = und Flachland, auf welchem einzelne unbedeuten=
de Ortschaften zerstreut stehen; dagegen bietet das linke
dem Verkehr der Völker reiche Sammel = und Ruhepunkte
dar, vor allem jenseit der Einmündung des Szereth an
der Fürstin unter den Handelsstädten des ganzen, unte=
ren Donaulaufes: an Gallacz. Es war in einer der
früheren Stunden des Nachmittags als wir die weithin
über das hügliche Ufer sich ausdehnende Stadt mit ihrem
ansehnlichen, von Schiffen erfüllten Hafen vor uns sahen.
Unter den Schiffen zeigten sich schon einzelne Dreimaster;
im Vorüberfahren hörten wir uns von englischen, italie=
nischen und russischen Zungen begrüßt; Oesterreicher,
Franzosen und Türken sind hier mit den andern Schifffahrt
treibenden Nationen zu friedlichem Verkehr vereint. Die
Strenge der Quarantäne bewachte und hemmte unsre
Schritte; wir durften eben so wenig als die Mannschaft
der türkischen, bulgarischen und serbischen, so wie der
aus Constantinopel kommenden europäischen Schiffe die
Stadt betreten, oder mit ihren Bewohnern und mit den
vom linken Ufer und aus Oesterreich angelangten Fahr=
zeugen unmittelbar verkehren, doch war die von Pallisa=
den umzäunte Skella groß genug, um sich auf ihr zu
ergehen und dem muntern Austausch der Waaren des
Südens und Ostens mit den Erzeugnissen des reichen
Landes zuzusehen.

Da uns, als den Genossen der Türken, der Eintritt
in Gallacz und in dem ganzen Fürstenthum Moldau ver=
sagt war, fuhren Einige von uns am andern Morgen
auf einem kleinen türkischen Fahrzeuge den breiten Strom
hinüber, an eine große baum = und buschreiche Insel, wo
wir den größeren Theil des Tages unter den noch spär=
lich blühenden Gewächsen und dem kleineren wie größe=

ren Geflügel des Waldes zubrachten. Den schönen, gel-
ben Blüthen der punktirten Lysimachia (Lysimachia punc-
tata) mußte hier unter den Spätlingen der übrigen Blu-
menwelt der Preis der Schönheit zugestanden werden;
die hohlsägenblättrige Nachtviole (Hesperis runcinata)
war schon mit Schoten bekleidet; zugleich mit den andern
Schilfarten zeigte sich das Prunkrohr (Arundo speciosa).
Unter den einzeln noch herumschweifenden Schmetterlin-
gen schien uns die Roxelana (Hipparchia Roxellana)
an die Familiengeschichte des großen Suleiman erinnern
zu wollen, dessen vormaligen Wohn- und Herrschersitze
wir uns jetzt naheten. Am Ufer des Stromes lagen die
(fossilen?) Schaalen von Cerithien, Trunkatellen und
Rissoën angeschwemmt, am Lande fand sich noch lebend
und von besonderer Schönheit die österreichische Schnir-
kelschnecke (Helix austriaca) im Gebüsch der drüsenblätt-
rigen Brombeeren (Rubus glandulosus).

Bei einigen Türken, welche etwas aufwärts am
Strome ihr Fahrzeug ausbesserten, konnten wir doch unsre
auswendig gelernten türkischen Grüße anbringen, als wir
aber in dem kleinen Kaffeehause, das stromabwärts, am
Ende der Insel, jenseits einem kleinen Arm des Flußes
lag, außer dem schwarzen, ungezuckerten Getränk noch
andre Lebensmittel verlangten, da war unser Türkisch
nur durch die Sprache der Zeichen verständlich. Die
letzten Stunden des Tages brachten wir wieder auf und
bei unserm Dampfschiff in der Skella zu, wo man so
eben mit dem Einladen der mit Butter gefüllten Ochsen-
häute in die Fahrzeuge beschäftigt war. Noch am Abend
bezogen wir das große, schöne Dampfschiff Ferdinand,
das uns von hier zum schwarzen Meere und nach Con-
stantinopel bringen sollte.

Unsre Abfahrt von Gallacz war eigentlich auf den 1ten Oktober bestimmt gewesen, da aber einer der Vorsteher der österreichischen Donauschifffahrt, an welchem wir seit Cladova einen sehr kenntnißreichen, zuvorkommend freundlichen Reisegefährten gefunden hatten, in dringenden Geschäften seiner Gesellschaft nach Konstantinopel und Smyrna eilte, wurde der Aufenthalt um einen Tag verkürzt und schon am 30ten September, gegen 2 Uhr des Morgens, zogen wir wieder auf die vom Mond beleuchtete, breite Strombahn hinaus. Von Gallacz bis zur Donaumündung bei Sulina durchmisset der oft gekrümmte Lauf des Stromes eine Strecke von 50 Stunden, diese sollte am heutigen Tage zurückgelegt werden, und dem Eilschritt des Ferdinand, der in jeder Stunde, auch bei ungünstigem Winde, 13 englische Meilen durchläuft, wurde dieses auch möglich, obgleich bei Sonnenaufgang ein starker Nebel die Fahrt etliche Stunden lang hemmte. Da der Nebel sich verzogen hatte, sahen wir zur Linken das fruchtbare Hügelland von Bessarabien, zur Rechten begegneten dem Auge die äußersten Höhenzüge des Balkangebirges. Schon war Isaczi (das alte Aegysus) hinter uns; der Strom belebte sich mit einer Menge der aufwärts segelnden Fahrzeuge, während andre, welche gleich uns hinaus zum Meere wollten, am Ufer still lagen. Wir bogen jetzt, zwischen den immer häufiger werdenden Landseen, deren Spiegel, von der Sonne beleuchtet, von Zeit zu Zeit hinter den Hügeln des Ufers hervorblickten, in den Donauarm von Suline ein; noch vor Mittag kamen wir an dem ansehnlich aussehenden Tulcza (dem vormaligen Salsovia) und bald nachher an der Stätte des alten Halmyris (bei Kisilbasch) vorüber. Ein frischer Wind wehete vom Meere her: Schaaren von

Möven flogen lautschreiend über uns hin, am Ufer zeig-
ten sich immer häufiger die Gewächse der Seeküste, es
deutete Alles die Nähe des Meeres an. Aber nur wir,
in unserm Dampfschiffe, das in ungehemmter Eile über
die ruhende Wasserfläche hinabglitt, durften uns dem
freudigen Gefühl überlassen, daß wir jetzt mit jedem Au-
genblick dem Thor zu dem Gewässer des Ostens näher
rückten; der nämliche Wind, der uns mit seinem erfri-
schenden Hauche so wohlthuend entgegen kam, hielt seit
mehreren Wochen, in den einzelnen Buchten des Stro-
mes, eine Menge von Segelschiffen, deren Mastbäume
wie ein dichter Wald über die Ebene hervorragten, vom
Auslaufen zurück. In übermüthigem Scherz riefen unsre
Schiffer ihren Landsleuten auf einigen dalmatinischen
Fahrzeugen, an denen sie jetzt, seit 14 Tagen, zum 3ten
Male vorbeikamen, die Aufforderung zu „sie möchten
doch vorwärts machen." Jene schwiegen verdrießlich.
Die Fahrt im neuen Dampfschiffe ist eine Uebung der
selbstthätigen menschlichen Kraft; die Fahrt in einem Se-
gelschiffe ist eine vielleicht noch wohlthätigere Uebung der
menschlichen Geduld.

Die Sonne neigte sich zum Untergang; ihre letzten
Strahlen beleuchteten uns die blaue, dunkle Tiefe des
schwarzen Meeres. Das Auge hatte einige Augenblicke
den Glanz der eben scheidenden Königin des Tages be-
trachtet; beim Zurückschauen auf das Verdeck schwebten
farbige Schattenbilder vor dem geblendeten; sie glichen
den Gestalten von theuren, fern in der Heimath weilen-
den Freunden, welche in Geist auf dieser Reise uns be-
gleiteten. Die treue Hausfrau, die voll Furcht vor
dem Meere, vor allem aber vor diesem war, von dessen
Gefahren sie so Vieles gelesen und gehört hatte, drängte

sich ängstlich an mich hinan; aber das Rauschen der ho=
hen Wellen wollte uns ja nur einen Spruch in die Erin=
nerung zurückführen, der uns heute, am Morgen des
30ten Septembers, als Loosungswort (Parole) des Tages
gegeben worden war: „die Wasserwogen im Meere sind
groß und brausen gräulich; der Herr aber ist noch größer
in der Höhe" (Pf. 93. B. 4.).

Die Fahrt auf dem schwarzen Meere und durch den Bosporus.

Die Macht der Fluthen der Donau, bei ihrem Ein=
strömen in das schwarze Meer, ist so groß, daß, wie
man sagt, noch in einem Abstand von der Küste gegen
Osten hin, welche drei und eine halbe Meile beträgt,
das Süßwasser des Flußes fast unvermischt über dem
schwereren Seewasser seinen Lauf fortsetzet, und durch
seinen Geschmack sich verräth.   Wir, gegen Süden ge=
wendet, verloren sehr bald dieses Geleite, das der hei=
mathliche Strom den gegen Osten steuernden Schiffen
noch auf ein Stück Weges hin, auf das unwirthbare,
fremde Gewässer giebt; wir traten in das unbeschränkte
Herrschergebiet des Pontus Eurinus ein.   Wie ganz an=
ders war hier das Bewegen des wogenden Wassers; wie
ganz anders das Bewegen des Dampfschiffes, als auf
der stillen Donau.   Das schwarze Meer, auch bei ruhi=
ger Zeit, gehet fast immer in hohen Wogen; sein Was=
serspiegel ist ein Punkt des Begegnens des im Osten an
ihn angränzenden caucasischen Hochgebirges, des im Sü=
den ihn umgürtenden Hämus und Olympus, so wie der
von Westen und Norden her verlaufenden Ebene des unteren
Donaugebietes und der nördlichen Stromtiefen.   Durch die=
sen kräftigen Gegensatz der nahe zusammengränzenden Berg=
ketten

ketten und der von ihnen umschlossenen Ebenen, wird ein fast beständiges Bewegen der Atmosphäre erregt; das schwarze Meer ist im Großen das, was etwa mitten in einer unsrer Städte der Vorplatz vor einer hohen Domkirche im Kleinen ist: der Treibheerd eines beständigen Wind= und Wetterzuges.

Bewegt, wie das Gewässer, wird hier das Gemüth des Wanderers, der zum ersten Male hinaustritt in die Nähe des Schauplatzes der hehren Jugendthaten unsres Geschlechts. Da, im Osten, erhub sich die Sonne des zweiten Weltentages der Geschichte; dort, im fernen Süden erstieg sie die Höhe ihres Mittages.

Der Mond gieng endlich auf und beleuchtete mit unsicherem Scheine die immer weiter zurücktretende, westliche Küste, die Nacht ward so windstill und ruhig, wie sie in solcher Jahreszeit auf diesem Meere nur selten gefunden wird.

Am andern Morgen versuchten die Meisten von uns vergeblich sich vom Lager zu erheben, um wenigstens nach der Stätte der westlichen Küste hinüber zu blicken, an welcher Tomi, die vormalige Hauptstadt der Scythia= minor lag, wo der dorthin verbannte römische Dichter Ovid die Schmerzen seines Heimwehes besang. Uns hatte jetzt jener Zustand ergriffen, der einem Sterben gleicht, an welchem niemand stirbt; jene Krankheit, da man sich übersatt fühlt, ohne gegessen, zum Tode müde, ohne gearbeitet zu haben, weil selbst die Ruhe kein Aufhören der Bewegung bringt. Es ist als fühlte man nicht mehr sich selber, sondern nur das schwankende Schiff; die Gedanken sind aus dem Gehirn entwichen; sie sitzen, wie festgebunden, am Mastbaume, an ihrer Statt ist ein umkreisendes Bewegen der rasselnden Räder und ein Auf= und Nieder=

v. Schubert, Reise i. Morgld. I. Bd.   9

schnappen der Dampfmaschinen hinein in den Kopf ge-
treten, was diesem alle Kraft nimmt, sich aufrecht zu
halten. So vergieng uns der schöne Tag des ersten Oc-
tobers; nur am Nachmittag gewährte der kurze Aufent-
halt vor dem ansehnlichen Varna, dem Odessus der
Alten *) einige Augenblicke des Ausruhens, dann begann
in und außer uns von neuem das Rasseln der Räder,
das Auf- und Niederschnappen des Pumpengestänges.

Aber auf die Unruhe des Sonnabends folgte am 2ten
October eine liebliche Stille des Sonntages. Freilich
schien es uns anfangs, als wir noch vor Mittag den
Kyaneen oder Symplegaden an der äußern Mündung
des Bosporus uns näherten, als sey dieses Fünfgespann
der Felseninseln mit sammt dem Fußgestell vom Altar
des Apoll, welches auf der einen von ihnen stehet, von
neuem von jenen Ruhesitzen aufgestanden und losgeworden,
die ihnen die Orpheische Lyra angewiesen; sie schienen
uns, denn noch schwindelte das Haupt, wieder eben so
bewegt, wie damals, als Jason seiner Argo die Taube

---

*) Sie hieß später Constantia ad Varnam. Uns Christen
könnte sie billig „Warnstadt" heißen, denn hier gab
uns am 10ten November 1444 die an Murad II. verlor-
ne, für das spätere Schicksal der christlichen Reiche so
entscheidende Schlacht die Warnung, daß man durch den
Machtspruch keiner menschlichen Willkühr, trüge sie auch
das Gewand eines Engels des Lichtes, zu dem Wahne
sich verleiten lassen solle, daß wir armen Menschen straflos
seyen, wenn wir einem Andersgläubigen den geschwornen
Eid und das gegebene Wort brächen, da doch Gott selber
das Wort seiner gegebnen Verheißungen allen Völkern
und Heiden so treulich hält.

voraus sendete und als zwei der Symplegaden, durch
welche der Vogel noch so eben hindurchflog, diesem, durch
ihr Zusammenschlagen die Federn des Schwanzes ent-
rissen. Als aber jetzt, bei Fanaraki, das Dampfschiff in
das ruhigere Gewässer des Bosporus eintrat und zugleich
die schankelnden Bewegungen desselben sich milderten, da
kehrten mit einem Male Gesundheit und der sichre Blick
des Auges wieder.

Wir sind nun bei dem Boden einiger bedeutungsvol-
len Sagen des Alterthums. Hier zur Rechten, am euro-
päischen Ufer, auf dem zerklüfteten Felsen stund einst
Phineus, des Erblindeten, Königsburg, der dem Ja-
son und den andren Helden der Argo freundliche Bewir-
wirthung bot. Statt der Harpyen, welche damals, bis
Jasons Begleiter sie besiegten, die Freuden der Gastung
störten; statt der Geier, die noch jetzt hier nisten, kam
ein Vogel der Minerva: die thrazische Nachteule an un-
ser Schiff geflogen und ruhete, nachdem sie mehrmalen
ihn umkreiset, einige Minuten auf dem Mastbaume aus.
Phineus Burg ist längst verschwunden; an ihrer Stätte
stehet das türkische Kastell Karibdsche; diesem gegen-
über, am asiatischen Ufer, ein andres, Poiras genannt,
beide von Batterieen umpflanzt. Hierauf steigen, an der
rechten oder europäischen Seite die Felsenwände von
Mauros-molos, wo vormals ein griechisches Kloster
stund *), so gäh aus dem Meere hervor, daß zu ihren
Füßen kein Raum für den Wandrer und sein Lastthier

*) M. v. die treffliche Beschreibung aller der hier und weiter-
hin erwähnten Küstengegenden in J. v. Hammers Con-
stantinopel und der Bosporus, B. II.

9 *

bleibet; oben auf der Höhe stehet die Turris Timaea: jener alte, rundliche Leuchtthurm, dessen Licht den Schiffern ein sichrer Leitstern durch die Klippen der Kyaneen zum Eingang des Bosporus gewesen wäre, hätten nicht die Barbaren der äußeren Küste durch andre, von ihnen angezündete Feuer die Fahrzeuge zwischen die Klippen verlockt, um die gestrandeten zu berauben. Das eigentliche Thor zu den Schönheiten des Bosporus thut sich erst jenseits der beiden einander gegenüberstehen Vorgebirge von Rumili Kawack und Anatoli Kawack auf. Diese Vorgebirge sind einer der Hauptpunkte des Ueberganges der asiatischen, vom Antitaurus herstammenden Gebirgskette nach Westen; denn die letzten, bei Rumili Kawack hervortretenden Ausläufer des europäischen Hämus begegnen hier unmittelbar gegenüber denen des asiatischen Olympos. Auf diese Gränzhöhen der beiden Welttheile hatte das Alterthum die Mächte aller seiner Götter versammlet; denn der Hinausblick auf die nahen Todesgefahren des Pontus Euxinus mußte auch in der trägesten Seele die Gedanken der Ewigkeit wecken. Dort zur Linken, am asiatischen Ufer, stund der Tempel der zwölf großen Götter, mit dem kostbaren Dache der vergoldeten, metallenen Ziegel. Jason, als er hier anbetend der Herrschergewalt des Unsichtbaren sich gebengt, erbaute am nahe gegenüberliegenden europäischen Ufer die Altäre der Cybele und des Serapis. Während der byzantinischen Herrschaft stunden hier zwei Schlösser, davon das eine in seiner byzantinisch-gennesischen Bauart noch ziemlich wohl erhalten stehet; in Zeiten der Noth wurden von einem Schloß zum andren eiserne Ketten gezogen, um die Durchfahrt der feindlichen Schiffe zu hemmen. Von der Felsenwand des Berges, da der Tempel der Zwölf erbaut

war, wagte, so erzählte die alte Sage, ein jugendliches
Paar von Liebenden eine nur in den Augen des Heiden-
thumes bewundernswerth erscheinende That: es sprang,
als das Opfer einer Liebe, deren Flamme mit dem Tode
stirbt, vom festen Grunde hinab ins Meer; aus dem
Leben des Diesseits, dessen Kräfte es verkannte, hinüber,
in die richterliche, ernste Stille des Jenseits. — Anjetzt
wohnet hier ein Volk, gleich jenem zu Mönkgut auf der
Insel Rügen, kräftig, sittsam und friedlich, die Vermi-
schung mit den Nachbarn vermeidend; von den Türken
des Unglaubens beschuldigt; hierinnen gleiches Loos thei-
lend mit den Drusen des Libanon.

Wir treten nun hinein in das Innre dieses Zauber-
gartens: in das Innre des eigentlichen Bosporus. Welche
Erinnerungen an irgend etwas schon Gesehenes soll ich
aber in den Seelen meiner Leser hervorrufen, welche je-
nes Paradies des Meeres und des Landes noch nicht be-
suchten, um an das schon Geschaute und Erfahrene das
Bild des noch nicht Geschaueten anzuknüpfen. Ich hatte,
ehe ich hieher kam die schönsten Küstengegenden von Ita-
lien, Südfrankreich und Piemont gesehen, aber unter den
Erinnerungen an diese früheren Genüsse meiner Wander-
schaften war keine, die mir, wie ein passender Reim zu
jenen Empfindungen erschienen wäre, welche der Anblick
des Bosporus weckte. — Wir haben etwa in unsrer
Kindheit die Mährchen des Orients gelesen; wir haben
im Spiegel jener Gedichte der Morgenländer, welche
Rückerts Meisterhand auf vaterländischen Boden ver-
pflanzte, das Bild einer irdischen Natur gesehen, durch
deren vergänglichen Schleier allenthalben die Schönheiten
einer unvergänglicheren, überirdischen Natur hindurchblik-
ten; das was jene Dichtungen uns ahnen ließen, das

glaubt hier das Auge verwirklicht vor sich zu sehen. Bei
dem Feigendorfe Indschirkoi, an dem wir weiterhin
vorüberkamen, bewundert der Einheimische wie der Frem-
de eine Baumgruppe von seltsamer Art: zwei Zypressen
und zwei Feigenbäume sind hier so in und durch einander
gewachsen, daß die fruchttragenden Arme des Feigenbau-
mes aus dem Körper der Zypresse, der hohe Scheitel
von dieser aus dem Stamme von jenem hervorzukommen
scheint; der Feigenbaum hat der Zypresse die Fülle seiner
Süßigkeiten, diese aber hat jenem die Kräfte ihres erha-
benen Aufschwunges mitgetheilt. So, wie in dieser
Baumgruppe sind im Bosporus die Elemente des innig-
sten Liebreizes der Natur mit der hochstrebenden Herr-
schermacht derselben verschlungen. Wie das Brennbare,
wenn der entzündende Funke es getroffen sich als Flam-
me emporschwingt, und, je stärker die Gluth wird, im-
mer höher sich erhebt; so erhebt sich bei dem Anblick des
Bosporus die Empfindung; es ist wie ein Jauchzen der
Lust, das gleich der singenden Lerche emporsteigt vom
Boden, in das unbegränzte, unermessene, tiefe Blau des
Himmels. Aber der Vogel der Empfindung, wenn er
auch jetzt sich hinaufschwang, läßt sich doch bald da bald
dort wieder nieder auf das Thal und das grünende Ufer,
wenn sich hier, neben der hohen Platane die Wildniß des
blühenden Rosengesträuches entfaltet; wenn unter dem
Wald der Zypressen die duftende Wiese des Crocus und
der Anemonen sich hinbettet, oder die grünende Fülle der
Orangengärten, gleich einem überschwellenden Strome über
die Mauern der Lustgärten heraustritt und ihre Wände
mit den blühenden Ranken der Ipomöen und persischen
Winden bedeckt. Hier, neben der festlich geschmückten
Natur hat auch die Baukunst des Morgenlandes ihr

Prachtgewand angelegt; die hochgewölbten Moscheen, die
Palläste der Großen, im Glanze des weißen Marmors
ihrer Säulen und Mauern erscheinen wie durchsichtig; es
ist als hätte die Gluth des Schönen, welches allhier in
unbesiegbarer Jugendkraft waltet, das starre Gemäuer
durchdrungen und dasselbe für ihre Strahlen durchleuchtig
gemacht. — Doch es ist Zeit, daß ich einige der lieb-
lichsten Ruhepunkte des Auges, die sich hier unter dem
tiefen Blau des südlichen Himmels und neben dem noch
tieferen Lazur des Meeres auf dem immer grünenden
Boden auferbauet haben, wenigstens nenne und im Um-
riß bezeichne.

Der Hain der Zypressen und Platanen der hier zur
Rechten, sobald jenseit der Landspitze von Mesar-Burnu
das Schiff in das eigentliche Innere des Bosporus tritt,
bei Sarijari ins Auge fällt, ist nur eines jener bunten
Gewänder, welches die Sitte der Moslimen über die
Schatten und Schreckniffe der Gräber breitet, denn unter
den weißen Steinen ruhen Gebeine der Todten, denen
die türkische Inschrift einer der Springbrunnen, Wieder-
belebung, durch die Kräfte eines Wassers verheißet, wel-
ches auch das Erstorbene neu erfrischt. Nahe hierbei
fließet das gepriesene Wasser von Kastanessu, oder des
Kastanienquelles; weiterhin zeigt sich das breite Thal von
Bujuckdereh: ein Lustgarten des Landes, in dessen
grünendem Gebüsch und Bäumen, als wir an ihm vor-
überzogen, ein erfrischender Wind seine Wogen schlug.
Hier erquickte sich, so erzählte die Sage, nach der Mühe
der langen Pilgerfahrt Gottfried von Bouillon mit der
vertrauten Schaar seiner Helden, und noch jetzt ist Bu-
juckdereh ein Ort der Erquickung für den hier, während
des Sommers verweilenden fränkischen Adel. Dort zur

Linken, den Hainen des wasserreichen, thrazischen Bel=
grad *) gegenüber, erhebt sich der Riesenberg, mit
dem steinernen, sogenannten Bette des Hercules, das die
Sage der Moslemen zu Josua's Grabe machet; weiterhin
stehet, am asiatischen Ufer, an der Stätte des vormals
herrlichen Sommerpalastes zu Chunkar Inkalessí die
schönste Papiermühle in der Welt: ein Gebäu aus Mar=
mor errichtet, mit prachtvollen Sälen, am Saume des
reichen Flußthales; als wollte es alle Die, welche auf
Papier schreiben an die Tröstungen und Freuden des
Paradieses erinnern, wo das gar viele Schreiben aufhö=
ren wird. Wenn auch der Blick des schnell Vorüberfah=
renden von da sich wieder hinüber wendete zur europäi=
schen (linken) Seite, auf Tharapias Gärten, bei denen
Medea dem väterlichen Zorn entfliehend, ihre bezaubernden
Gifte aus Land geworfen; oder auf die schattige, fisch=

---

*) Dieses Dorf, früher Petra genannt, erhielt den Namen Bel=
grad, seitdem durch Suleiman den Großen jene Bulgaren,
denen die Türken bei der Einnahme des serbischen Belgrad
im Jahr 1521 das Leben geschenkt hatten, hieher versetzt
wurden. Belgrad liegt in einem Wald von Platanen, Ei=
chen, Buchen, Ahornen, Ulmen, Pappeln, Pinien und
Birken, welcher gegen 6 Stunden im Umfang hat und der
von den Türken sorgfältig geschont wird, weil auch ihnen
die Erfahrung gelehrt hat, daß von dem Wohlbestand die=
ses Waldes der Zufluß und Niederschlag des Wassers in
die bei Belgrad befindlichen, wichtigen Wasserbehältnisse ab=
hänge, aus deren Fülle mehrere Wasserleitungen der na=
hen Hauptstadt versorgt werden (m. v. J. v. Hammers
reizend schöne Beschreibung dieses Lustwald=Ortes in s.
Constantinopel und der Bosbor. II. S. 252.

reiche Bucht von Kalender und die wilde Brandung an
den Felsen von Jenikoi-Burni; so kehrt es doch
bald wieder zurück zu der im Ganzen schöneren und rei-
cheren asiatischen Küste. Hier, bei Begkos und seiner
unter hoher Kuppel spielenden Fontäne waren die Ochsen-
ställe des Amykos, der im Kampfe dem Kastor unterlag;
hier stund die Daphne insana, jener Lorbeerbaum dessen
Blätter — möge doch kein treuloser Krämer in unserm Va-
terlande sie verbreiten — in Jedem, der sie genoß, Streit-
sucht und gehässigen Unmuth erregten. Statt des Lust-
schlosses in persischer Bauart und mit persischer Pracht
innerlich geziert, das Murad III. (um 1585) in Sulta-
nia erbaute, stehet jetzt der Pallast eines türkischen Groß-
beamten am Bache der Platanen. Die Hügel des Dorfes
der Feigen: Indschirkoi, von dessen merkwürdiger
Baumgruppe vorhin Erwähnung geschahe, sind ein Frucht-
garten, so reich und anmuthig, wie das Auge des Wan-
derers durch die Nachbarländer der Heimath noch kaum
einen gesehen.

An der europäischen Seite hat sich jetzt der schönste
Hafen des Bosporus: Stenia eingestellt; die Masten
der europäischen Kriegsschiffe wetteifern an Höhe mit den
Zypressen des nahen Emirgum, wo sonst ein Tempel
der Hekate stund, jetzt aber die türkische Mauth ihren
Sitz aufschlug. Asiatischer Seits öffnet sich den Blicken
die Bucht der Ruthe: Tschübükli, so genannt, weil
Sultan Bajasid II. seinem Sohne Selim hier 8 Ruthen-
streiche ertheilte. Vormals stund da ein Kloster jener
„Schlaflosen", deren einzelne Chöre ohne Aufhören, Tag
und Nacht Loblieder tönten und Gebete.

Prachtvoll wölbt sich bei Karibdsche die Kuppel
der hohen Moschee; ihr gegenüber, bei Balkalimani

zeigen sich Grabmäler der türkischen Heiligen. Die ver-
düsternde Wolke, welche etwa der „schwarze Thurm" bei
Anatoli Hissari, einst ein grausamer Kerker der
Kriegsgefangenen, in der Seele des Betrachtenden auf-
steigen ließ, zerstreut sich beim Anblick der „himmlischen
Wasser" von Göcksu, aus deren Rosenhainen und duften-
den Orangengärten ein Sommerpallast des Großherrn
hervorschimmert. Ein türkischer Dichter besingt diese lieb-
liche Gegend am Bosporus in Versen, deren ohngefährer
Sinn folgender ist:

> Wie Damaskus und Yemen und Sogd auf Erden
> berühmt sind,
> So wird im Paradies Göcksu's Gestade gerühmt.

Der abentheuerliche Bau der alten, gegenüber liegen-
den Veste von Rumili Hissari, welche Moham-
med II. zwei Jahre vor der Eroberung von Constantino-
pel nach einem Grundriß erbauen ließ, der die Züge der
arabischen Buchstaben in dem Worte „Mohammed" nach-
ahmte, bildet mit den Prachtgebäuden des benachbarten
Bebeck, so wie mit denen des nahe gegenüber liegenden
Kandilli einen sonderbaren Contrast. Dort im Thurme
von Kule Bagdscheffi ward Suleiman der Große
Selims I. einziger Sohn, dessen Hinrichtung der mit dem
Blut vieler seiner Freunde befleckte Vater im Zorn befahl,
drei Jahre lang von dem wohlgesinnten Bostandschi Bey
verborgen, bis der Grimm des Herrschers der bittren
Reue über den vermeintlich vollbrachten Mord des Soh-
nes Raum gegeben. Jene hochstämmige, alte Zypresse,
die dort neben dem Quell stehet, soll der gefangene Prinz
mit eigner Hand gepflanzt haben.

Bei Arnaudkoi, an der europäischen Seite, wird
die vorherrschend nach Nord und Süd gehende Strömung
der Meerenge so heftig, daß die Schiffer der kleineren
Fahrzeuge, wenn sie aufwärts fahren, durch die hier
wohnenden Piloten am ausgeworfenen Seile sich ziehen
lassen. Unser Dampfschiff steuerte so ruhig wie ein auf
der Woge scherzender Delphin auf dem schäumenden
Meeresstrom hinab, gegen die Lustgärten und Palläste
von Beglerbegkoi und gegen Kurutsche hin, wo die
berühmten Einsiedler des 5ten Jahrhunderts: Simon und
Daniel Stylites in jahrelanger Entsagung, auf einer
Säule stehend gelebt und Buße gepredigt haben. Kaum
hat das Auge noch so viel Zeit, daß es sich an dem An-
blick des wogenden Blumenmeeres, durch dessen Farben
das von der Sonne beleuchtete Wasser der Springbrun-
nen hindurchschimmert und an den Prunkgebäuden und
Moscheen von Baschiktasch und Istawros ergötzen
kann; denn dort bei Fündüklü, der Stätte des vorma-
ligen Altars des Ajas, Skutari gegenüber beut sich, in
der ganzen Macht des ersten Eindruckes der Anblick der
nahen Hauptstadt des osmanischen Reiches und der ihrer
Vorstädte dar. Die Stunden, welche wir, bis zur Aus-
schiffung unsrer Personen und unsrer Geräthschaften noch
auf dem Verdeck des Schiffes zubrachten, vergiengen uns
wie der Traum eines Schläfers im Schatten des Rosen-
gebüsches. Das Boot das uns von dem Dampfschiff weg-
führte, hatte bei Galata gelandet, von hier, im Geleite
der Lastträger, die unser Gepäck auf ihre starken Schul-
tern nahmen, stiegen wir den Berg hinauf nach Pera,
wo uns das Haus einer trefflichen Landsmännin, der
Madame Balbiani Ruhe und reichliche Pflege gab.
Von den Fenstern unsres Zimmers aus gesehen, lag die

Herrscherstadt des Ostens, auf ihren sieben Hügel gebet=
tet, in ihrer ganzen Herrlichkeit vor uns; die Abendsonne
bestrahlte die hohen, vergoldeten Kuppeln der Moscheen,
die Palläste und Thürme; zu ihren Füßen das blaue
Meer; der Himmel war klar und rein. Aber wie ein
Schatten, den eine im Trauerkleide vorüberwandelnde
Wittwe auf ein Beet der blühenden Tulpen wirft, zogen
mitten durch den Glanz des Neuen die düstern Streifen
der alten Ruinen und der erst neulich, an einem der
Hügel entstandenen Brandstätten hindurch. Die Haupt=
stadt der Moslemen mag ihr gold= und perlengesticktes
Gewand ausbreiten, so viel sie will, dennoch reicht es
nicht hin, um die Flecken des Blutes und die Gebeine
einer vor ihr gemordeten Vorwelt zu verdecken, welche,
so tief sie auch zuletzt gesunken, ohnläugbar einst höher
geragt und Beßres erstrebt hat als sie.

Constantinopel.

An den türkischen Fahrzeugen finden sich öfters die
Namen der Siebenschläfer, aus der bekannten anmuthig=
kindlichen Legende. Denn diese sieben Langschläfer sind
auf eine sonderbare Weise zu der Ehre gekommen, Schutz=
patrone der türkischen Schiffer zu werden; deshalb näm=
lich, weil ihre Geschichte, die der Koran ziemlich aus=
führlich erzählt, mit den Worten endet: „und sie stiegen
in ein Schiff." Auch uns kam, am ersten Tage unsres
Aufenthaltes in Constantinopel jene im Munde der Chri=
sten wie der Moslemen lebende Sage lebhaft in die Erin=
nerung; nicht deshalb, weil sie im Koran stehet; nicht
deshalb, weil die türkischen Inschriften an der Pupa der
vor unsren Augen im Hafen liegenden Schiffe von ihr
redeten, sondern weil das, was wir an und in uns selbst

an diesem ersten Tage erfuhren, Aehnlichkeit mit Dem
hatte, was den Siebenschläfern bei dem Erwachen aus
ihrem tiefen Schlafe begegnete. Diese, nachdem sie in
dem Schlummer der vielen Jahre die Zeiten der blutigen
Verfolgungen und alle Gräuel der seitdem zu Ende ge=
gangnen, heidnischen Herrschaft verträumt hatten, erwach=
ten erst in den Tagen einer neuen Weltherrschaft. Die
lange Ruhezeit hatte ihnen nur wie eine einzige Nacht
gedäuchtet; von alle Dem, was seitdem geschehen und
geworden, wissen sie nichts, so kommen sie hinab in die
nachbarliche, sonst so wohlbekannte Stadt, welche sie noch
so zu finden wähnen, als sie dieselbe „gestern" verließen.
Aber wie ist da Alles so verändert; kaum daß sie noch
eine der alten Gassen wieder erkennen; sie wollen Speise
kaufen, aber die Verkäufer verstehen ihre Sprache, ken=
nen ihr Geld nicht; staunen sie nur an in der alterthüm=
lichen, ungewohnten Tracht, und sie ihrerseits verstehen
jene nicht, staunen das Gewand und die Weise der ihnen
neuen, spätern Welt an.

So ergieng es, abgesehen von Dem was diesmal
die Stellung vom Alten zum Neuen in eine umgekehrte
verwandelte, uns, und so ergehet es vielleicht Jedem,
der den schnellen Flug des Dampfschiffes auf der Donau
hinabmachte, bei dem Eintreten in die große türkische
Kaiserstadt. Wir hatten zwar eine Morgenstunde lang
in den Gassen von Widdin, dann des einen Abends zwi=
schen den Häusern und Hütten von Rusczuk uns herum=
getrieben, Varna, vom Hafen aus, wie ein Bild im
Guckkasten beschaut; dieß Alles war aber nur eben so viel,
als wenn ein Zugvogel, der eilig, ohne Ruhe und Rast
über das Meer in ein fremdes Land ziehet, zuletzt etwa
noch einige Augenblicke lang auf den Dächern eines

Wohnortes der Fischer ausruhet und in die Höfe oder
Gassen hinunterschauet, kaum aber, so groß ist die Eile,
nur Muße hat, das unter ihm Liegende und Stehende
genau zu bemerken. Jetzt war der Flug zu Ende und
wir saßen, giengen und stunden in der mächtigen Herr-
scherstadt und in der Mitte eines Volkes, das an Reli-
gion, Sitte und Sprache uns fremd — wie den Sieben-
schläfern die neue, spätere Welt war. Wie lärmte, wie
schallte, wie drängte sich all das bunte Gewimmel in den
engen Gassen des gewerbthätigen Galata, dem Tummel-
platze aller hieher Schifffahrt treibenden Nationen; zur
Rechten, etwa in einem griechischen Kaffeehause, Musik
und Tanz; zur Linken, in einer von türkischen Officieren
besetzten Garküche, der gellende Gesang eines Zigeuner-
knabens, begleitet von dem Geklimper einer übeltönenden
Zither; dort weintrinkende, lärmende Matrosen der frem-
den Schiffe, nicht weit davon einheimische Türken, die
beim Dampfe der langen Pfeifen den schwarzen Kaffee
tranken; außen auf der Gasse Mäkler und Lastträger;
beschäftigte wie unbeschäftigte Franken und Türken; gra-
vitätisch einherschreitende Derwische und gespensterartig
vermummte Frauen.

Doch wir wollen hier nicht zuerst bei der Beschrei-
bung und Geschichte einer Vorstadt von Konstantinopel
verweilen, sondern uns sogleich über den Hafen hinüber
nach der Hauptstadt selber begeben; wir berichten, ehe
wir von Pera und von der Umgegend reden, das, was
wir auf mehreren unsrer Tagwanderungen in der alten
und neuen Kaiserstadt des Ostens gesehen und empfunden.

Diese zeigte sich uns freilich, so laut auch die Gei-
gen und der gellende Gesang der Zigeuner in Galata tön-
ten, damals, als wir bei ihr verweilten, nicht in der

fröhlichen Gestalt einer Herrscherin, welche durch solche
Musik zum Tanzen sich locken ließe; eine langanhaltende
Dürre, welche das Land, diesseits und jenseits des quel-
lenreichen Bosporns seit Monaten aussog, hatte Asche
auf das Haupt der Fürstin der türkischen Städte gestreut;
die Pest war in ihrem Innren mit einer Heftigkeit aus-
gebrochen, in der sie seit vielen Jahren nicht mehr er-
schienen; eine heftige Feuersbrunst hatte vor Kurzem einige
der ansehnlichsten Gassen der Stadt, mit ihren reichen
Kaufmannsläden vernichtet, und während wir in Pera
wohnten, brach nahe bei uns ein Feuer, in den armseli-
gen türkischen Hütten, am südöstlichen Bergabhange, gegen
das Arsenal hin aus, dessen drohende Gefahr nur durch
die Windstille und die Entschlossenheit der zu Hülfe eilen-
den Franken von der Vorstadt abgewendet schien. Wenn
wir, im Haine der Zypressen, bei den türkischen Grab-
stätten, deren lange, meist durch säulenartig aufrecht ste-
hende Steine bezeichnete Reihen fast bis unter die Fenster
unsrer Wohnung sich heranzogen, hinabgiengen zum Meere,
da begegneten uns Lastträger, welche einen Todten, in
härene Decke gehüllt, hinausschleppten; im Hafen kleine
Fahrzeuge, mit belasteten Särgen oder Todtenbahren.
Jenseits der Stadt, auf der Landseite, etwa gegen Daud-
Pascha hin waren die Gräber der moslemitischen Heiligen
nach einem eben so gefährlichen als eckelhaften Gebrauche
des hiesigen Volkes mit Kleiderstücken und Lappen vom
Körper oder Lager der tödtlich Kranken behangen, welche
hierdurch Linderung ihrer Krankheit und selbst Heilung
zu erlangen hofften; in den Gassen und Bazars der Stadt
begegnete man allenthalben den in schwarzen Wachstaffet
gekleideten Franken, die sich durch diese Verhüllung, so
wie durch die langen Stöcke der Gefahr der Berührung

von den Türken zu entziehen strebten; wenn man in das
Haus eines Franken trat, oder nach einem Ausgange in
die Stadt und ins Freie in die eigne Wohnung zurück-
kehrte, da ward man in einen schrankähnlichen, nur oben
an der Thüre mit einer kleinen Oeffnung zum Athmen
versehenen Kasten gesperrt, und von dem übelriechenden
Rauchwerk eines zu den Füßen gestellten Kohlenbeckens
fast bis zum Ersticken durchräuchert.

Bei all diesen Bedenklichkeiten und Gefahren blieben
jedoch die eigentlichen Bewohner der Hauptstadt: die
Moslemen so unerschüttert ruhig, als wäre die Pest nur
als eine beiläufige Zeitungsnachricht aus fernem Lande,
nicht sie selber, als verwirklichtes Ereigniß unter ihnen
verbreitet; in den Gassen wie in den Bazars drängten
sich, eben so wie sonst, die Haufen der gleichgültigen,
Handel- und Wandel-treibenden Menschen; kaum daß sie
den Trägern auswichen, die etwa wieder einen Todten
aus den Häusern forttrugen; verächtlich blickte der im
Kaffeehause sitzende, ruhig rauchende Türke heraus, auf
das ängstliche Bemühen der Franken jedes Anstreifen an ei-
nen Vorbeigehenden zu vermeiden. Uebrigens gehörten wir,
besonders in den ersten Tagen unsres Hierseyns nicht zu
diesen ängstlichen Franken; wir drängten uns, gleich den
Moslemen, ziemlich furchtlos durch die Haufen des Vol-
kes; sey es, daß wir die Größe der Gefahr allzuwenig
erkannten oder daß uns etwa die Worte jenes heiligen
Hochgesanges, den wir am ersten Morgen mit einander
lasen, bei gutem Muth erhielten: „ob Tausende fallen zu
deiner Rechten und Zehntausende zu deiner Linken, so
wird es doch Dich nicht treffen" *).

Wir

---
*) Ps. 91.

Wir blieben in Allem neun Tage in Constantinopel
und sahen in dieser Zeit außer dem Innren der hehren
Sophia, zu welchem den nicht allzu schwierigen Eingang
uns zu bahnen wir versäumt hatten, Alles, was für uns
und wohl für die meisten Reisenden aus dem Westen als
das Sehenswürdigste und Schönste in der großen Stadt
und ihrer nächsten Umgegend erscheint. Ich beschreibe
hier in einigen Hauptumrissen vernämlich die Geschichte
zweier Tage, die mir als die genußreichsten und denkwür-
digsten unsres Aufenthaltes erschienen.

Dienstags am 4ten October hatten wir uns frühe,
als der Tag noch kühl war, aufgemacht. Hier, in der
Nähe des Weges, der uns hinab zum Hafen führte,
fand sich vormals, auf einem der nun verwitterten Gra-
besteine, welche die Gebeine der in den früheren Käm-
pfen des Islams mit Byzanz gefallenen Krieger deckte,
eine Inschrift des folgenden, ohngefähren Inhaltes:

> Sie sind es, die gekommen und gegangen,
> Was haben sie auf dieser Welt erlangt?
> Gekommen und gegangen, was erlangt?
> Das Eine, daß ins ewge Heim sie drangen.

Als wir über den Meeresarm des Hafens hinüber-
fuhren, da glänzten die Moscheen auf den Höhen der
Stadt; da leuchteten die Minares mit ihren farbigen
oder vergoldeten Dächern und Halbmonden, von der
Morgensonne beschienen, so mächtig auf uns herab, daß
wir, von diesem Glanze geblendet, das kleinliche Gewirr
der andren Häusermasse nicht bemerkten. Es ist jedoch
dieses nur die Ouvertüre, aus einem alten Meisterstück
der Tonkunst entnommen, die zu dem Stücke des heuti-
gen Tages, das so eben gegeben werden soll, nicht ganz

paßt; denn Conſtantinopel verſpricht, von fern geſehen, mehr, als es in der Nähe, in ſeinem Innren gewährt. Man hat, wegen der nach oben kolbigen Geſtalt des meiſt bunten Dachwerkes die Minares mit Tulpen verglichen; wohl mag denn die türkiſche Kaiſerſtadt wegen der Menge der hellfarbigen Minares die nach allen Richtungen über ſie verbreitet ſind, ein prunkendes Tulpenbeet genannt werden, man thut jedoch wohl, wenn man den Boden, aus dem dieſe Tulpen ſich erheben, nicht zu genau beachtet; denn dieſer beſtehet aus einem Stoffe, der zwar den Gewächſen eine gute Nahrung gewährt, für die Sinnen aber des Vorübergehenden nur ein Gegenſtand des Ekels, nicht des Wohlgefallens ſeyn kann.

Wir näherten uns, bei unſrer erſten Ueberfahrt von Pera, der Hafenſeite der Stadt in der Gegend des Mehl= und Holzthores. Wir hatten uns in mehrere der kleinen, beſtändig bereit liegenden türkiſchen Fahrzeuge vertheilt, denn außer uns Sechſen, die wir die eigentliche Hauptgeſellſchaft dieſer Reiſe bildeten, war mit uns ein junger (israëlitiſcher) Dragoman aus Varna, der ſich uns ſchon auf dem Dampfſchiffe zu dieſem Geſchäft angeboten hatte, im Ganzen ein günſtiger Fund, denn obgleich dieſer Dragoman bei jedem Handel oder ſonſtigen Auftrag, wobei Geld im Spiele war, ſeines Vortheils wahrnahm, ſo geſchahe doch dieſes in keinem zu übertriebenen Maße, dabei war er im hohen Grade unternehmend und zum Führer ſelbſt an ſchwerer zugängliche Orte geſchickt; in Ungarn erzogen, ſprach er ſo fertig Deutſch als Türkiſch und Ungariſch. Außer dieſem freilich unentbehrlichen Begleiter der mit der jetzigen Stadt und ihren Bewohnern gleich einem Eingebornen bekannt war, fand ſich in unſrer Geſellſchaft noch ein freundlicher, wackrer Landsmann,

Herr Mühr, der ſchon ſeit längerer Zeit in Conſtantino=
pel gelebt und mit Sprache ſo wie mit Sitte des Volkes
ſich bekannt gemacht hatte, vor Allem aber, was dem
Dragoman abgieng, einen Ueberblick über die alte und
neue Geſchichte der Stadt, eine Kenntniß der alten Bau=
werke und Denkmale beſaß, welche uns die Bekanntſchaft
mit dem alten wie neuen Byzanz ſehr erleichterte und das
Intereſſe unſrer Wanderungen ungemein erhöhte.

So eben haftete der Blick noch an der prächtigen
Meſchee Suleimans des Großen, dem Meiſterwerke des
großen Baukünſtlers Sinan, da mußte er ſich, denn wir
waren am Ausſteigen, auf den Boden niederlaſſen. Unſre
türkiſchen Schiffer hatten nicht gerade den günſtigſten
Punkt zu dieſem Ausſteigen gewählt. Wir mußten gezo=
gen am Arme von unſren Türken an der morſchen Bret=
terwand, welche hier den Hafen einfaßte, emporklimmen,
und wo wir ans Land traten, hatte dieſes kein erfreu=
liches Ausſehen. Dort lagen, am Strahle der Morgen=
ſonne ſich wärmend die Schaaren und Familien der ver=
wilderten Hunde auf den erhöhten Haufen des Unrathes,
neben dieſen, ſchon beſetzten Höhen, breitet ſich der Stoff,
auf dem jene liegen, in reichlicher Menge aus. Hier
ſollte wohl der Wandrer immer ſeine Waſſerſtiefeln
anhaben, dieſe könnten ihn noch gegen andre Dinge ſchüz=
zen als gegen Waſſer. Doch ſchon ſind wir über den fatalen
Landungsplatz hinüber; wir ſteigen zuerſt von der Gegend
des Mehlthores (Unkapu) an dem Abhang des einen
der ſieben Hügel (Sirek), durch die Mühlengaſſe hinan.
Tagwerker gehen da eben an ihr Geſchäft, dazwiſchen
beladene Eſel, kleine Truppen von Schlachtvieh; einzelne,
vermummte Frauen. Auch hier erinnerte das ſchlechte,
vereinzelt über den Schmutz gelegte Pflaſter, wie die

10 *

Rotten der Hunde, nur zu sehr daran, daß man fern von den Wohnungen des Heimathlandes: in der Türkei sey.

Während wir so am Hügel hinansteigen, zeigt sich zur Rechten über uns, auf der Höhe desselben, die Moschee des Eroberers von Constantinopel, Mohammeds II., und, mit der lang fortlaufenden Reihe ihrer Bögen, die alte Wasserleitung des Valens. Vor diesen beiden beschäftigt uns jedoch der Anblick einer an unsrem Wege liegenden Ruine, an deren Schutt und Gemäuer kaum noch der Umriß jener Pantocrators-Kirche, mit ihren vormaligen vierzig Kuppeln zu erkennen ist, welche Johannes der Comnene mit seiner Gemahlin Irene erbauen ließ. Diese alte, von Mohammed II. in eine Schusterwerkstätte, später in die Moschee Kilissi dschamissi verwandelte Kirche umfaßte einst die Familiengruft der byzantinischen Herrscher aus dem Geschlecht der Comnenen; hier begrub man auch (im Jahr 1158) die deutsche Bertha, Kaiser Conrads Schwester, Kaiser Manuels I. geliebte Gemahlin. Ein alter Sarkophag von Verde antico, aus jener Fürstengruft entnommen, dienet jetzt, außen vor dem Gemäuer, zum Wassertrog. — Die Wasserleitung, nach Valens genannt, sollte eigentlich die des Constantin heißen, weil dieser ihr erster Begründer und Erbauer, Valens nur ihr Wiedererneuerer war. Doch, so wie sie jetzt vor Augen steht, ist sie ein zusammengesetztes Werk der Hände manches späteren Jahrhunderts; denn das Erdbeben hatte öfters ihre Bögen zerrissen und niedergestürzt; Barbarenhände den Bau zerstört, dessen einzelne Steine selber an Krieg und Zerstörung erinnerten, da Valens sie den geschleiften Stadtmauern Chalcedons hatte entnehmen lassen. Hier ist ja

überall, wohin das Auge siehet, ein Feld der wilden
Bewegungen der Natur und der Gräuelthaten der Men=
schen; denn die ersteren unter Justinian, unter Michael
der Paphlagonier und manchem andren der späteren Herr=
scher wecken nur jene Empfindungen die ein Orkan oder
ein tobendes Gewitter erregt, und auch die Wuth der Ava=
ren, welche einen Theil der Wasserleitung verheerten,
erregt keine solchen Gefühle des Abscheus als die Erin=
nerung an das gräuelvolle Leben und den noch gräuel=
volleren gewaltsamen Tod des einen Bauherrn an diesem
Aquädukt, Andronikus des Comnenen (im Jahr 1184),
so wie an die Ermordung eines der späteren Bauherrn,
des 18jährigen Sultans Osmans II. im Aufstande der
Janitscharen (1622) *).

Da, wo nun die Moschee des Eroberers von Con=
stantinopel, Mehammed II. auf dem vierten der sieben
Hügel stehet, prangte vormals einer der schönsten Tempel
des christlichen Byzanz: die Kirche der heiligen
Apostel. Sie war, in jener Form und innern Pracht,
welche Theodora, Justinians Gemahlin ihr verliehen, an
Rang wie an Schönheit die zweite der Kirchen, nach
der Aja Sophia; in ihren Todtengrüften ruheten, von
Constantin an, die Gebeine der meisten morgenländischen
Kaiser, umschlossen von den reich verzierten Särgen aus
Porphyr, ägyptischem Granit und lacedämonischem Mar=
mor, bis die Lateiner, nach Einnahme der Stadt unter
Balduin und Dandolo im Jahr 1204, die Särge sammt
den Gebeinen ihren alten Lagerstätten entrissen und diese

---

*) M. v. J. v. Hammers Gesch. d. osman. Reiches IV
S. 553—555.

stummen Zeugen einer längst vergangenen Herrlichkeit ver-
nichteten. Nach Mehammeds, des osmanischen Erobe-
rers Absicht, sollte der Tempel, den er hier zu seines
Namens Gedächtniß erhöhete, nicht der zweite: er sollte
der erste der Stadt an Höhe und äußrer Gestalt werden;
hierzu fehlten jedoch der damaligen Baukunst die Mittel
und Kräfte. Der erzürnte Tyrann ließ — so erzählt
man — dem Baumeister Christodulos, als er erfahren,
daß dieser zwei der höchsten, zum Bau bestimmten, an-
tiken Granitsäulen etwas kürzer sägen lassen, beide Hände
abhauen, stellte sich jedoch auch, da der Verstümmelte ihn
verklagte, wie ein andrer (gemeiner) Bürger der Stadt
vor den Richter, der ihn vorladen lassen, ein, und fügte
sich willig dem strafenden Urtheil, das ihm die lebensläng-
liche, reichliche Versorgung des Baumeisters und seiner
Familie auferlegte. Die Moschee, auf einer 8 Fuß hohen
Terrasse stehend, ragt vom Boden bis zur Höhe der Kup-
pel gegen 170 Fuß; die Säulengänge des Vorhofes, mit
den bleigedeckten Kuppeln; die Fontäne, welche mitten im
Vorhofe zwischen den hohen Zypressen spielt; die 8 zu
Hochschulen bestimmten Hallen, mit den hinten an sie
anstoßenden 360 zellenartigen Wohnplätzen für Studirende;
das Krankenhaus und die Küche, aus welcher täglich
eine große Zahl der Armen gespeist wird; das Becken
mit dem hervorsprudelnden Wasser, zu welchem man ne-
ben den Moscheegebäuden tief in den Boden hinabsteigt,
sind Gegenstände, welche der jetzige Reisende ganz un-
gehindert betrachten darf.

Unser diesmaliger Weg führte uns vor Allem, denn
wir suchten einen Ueberblick über das Ganze der Stadt
zu gewinnen, auf den Thurm der Feuerwache: den
Thurm des Seraskiers in der Nähe des alten Se-

rais. Ich habe nichts dagegen, wenn der Reichshistorio-
graph Isi, der in der Mitte des vorigen Jahrhunderts
schrieb, den Scheitel des Feuerwächterthurmes sammt dem
fensterreichen, obersten Rundgemach, mit einem in den
Lüften schwebenden Neste des Paradiesvogels vergleicht[*]),
denn die Aussicht, die man von da über Land und Meer
genießt, ließe sich wohl eine paradiesische nennen, doch
scheint es mir fast ein wenig übertrieben, wenn derselbe
Schriftsteller in seinem türkischen Hofstyl hinzufügt: „es
ist eine, für erleuchtete Sinnen ausgemachte Wahrheit,
daß man von diesem Thurme aus nicht nur die Feuers-
brünste des ganzen Erdkreises, sondern auch den Brand
der Sterne am Himmel mit den Augen der Beobachtung
ermessen könne." — Armes Byzanz! du selber hast im
Verlaufe deiner Geschichte mehrmalen das Beispiel eines
innren Brandes gegeben, dessen Flamme den ganzen Erd-
kreis erschreckte, dessen Trauer verkündende Asche über
die Reiche der Christenheit hinstäubte; dessen entzündende
Fackeln aus den bewegten Gewalten der Höhe wie der
Tiefe hervorbrachen!

Wir stehen hier oben als Zuschauer vor einer Bühne,
auf welcher eines der ernstesten, tief bedeutendsten Trauer-
spiele der Geschichte gegeben ward. Das Stück ist noch
nicht zu Ende; es spielet im fünften Akt; möge, ehe der
Vorhang fällt, in die vom abnehmenden Mond nur düster
beleuchtete Scene ein Morgenstrahl hereindämmern, der
die annahende Zukunft eines neuen, besseren Tages, eines
Tages des Friedens von oben verkündet.

---

[*]) Nach J. v. Hammers Constant. und der Bospor. I.
S. 331.

Wir treten als Freunde und geistige Genossen deiner
vormals herrlichen Jugendzeit in deine Mitte, du altes
und neues Byzanz. Aber wo sind wir hier, und wo ist
der Eingang zu deiner Gruft, aus der dein Schatten,
wenn unser theilnehmendes Sehnen ihn beschwört, gleich
Samuels Gestalt heraustreten wird vor unser Auge?
Zwar das Meer, das deinen Fuß umspülte, ist noch das-
selbe geblieben; hier im Süden spiegelt sich, wie sonst,
der blaue Himmel in den weiten Fluthen des Propontis
ab; in Osten rauscht an deiner Seite noch die Strömung
des Bosporus vorüber, in Nord und Nordosten umgürtet
dich noch wie vormals der Meeresarm des Hafens. Auch
der vormalige Umriß der Herrscherstadt der Konstantine
ist an dem jetzigen, osmanischen Stambul noch zu er-
kennen, ein etwas unregelmäßiges Dreieck, dessen eine
Seite die von den Blachernen bis zu der Spitze des
neuen Serai's reicht gegen das Gewässer des Hafens,
die andre vom Serai bis zu den sieben Thürmen nach
dem Bosporus und dem Propontis, die dritte dem flachen
Lande, gegen Adrianopel zugewendet ist und davon jede ein-
zelne etwa auf die Länge einer Stunde sich ausdehnt. Noch
sind die sieben Hügel, darauf auch die östliche Roma be-
gründet war, eben so abgegränzt, noch fließt der Lykus,
der zum armseligen Bächlein geworden, an derselben
Stelle von Westen zur Stadt herein, noch wird in der
asiatischen Vorstadt Skutari das alte Chrysopolis,
in Kadikoi der Ort der Kirchenversammlung: Chal-
cedon erkannt, dort vor Skutari, auf dem Meeres-
felsen Damalis steht noch der von Manuel dem Com-
nenen befestigte Leanderthurm, von welchem, in
Zeiten der Gefahr, eiserne Ketten hinüber nach dem
Thurme an der Spitze des Serai's gezogen, den Paß

zwischen dem Bospor und Propontis sperrten, und hier gegenüber liegt noch Galata, dessen einer Thurm einen andern Befestigungspunkt der Ketten, vom jetzigen Serai her, zum Versperren des Hafens darbot. Wo aber finden wir die eigentlichen Wohnstätten der von dem tausendstimmigen Lobe der Dichter wie der Redner, hoch, bis zum Himmel erhobnen und gepriesnen Herrlichkeiten der alten, byzantinischen Herrscherstadt? — Wie? sollte jenes bräunlich graue Trumm, dessen Gipfel da südostwärts, wie ein verbrannter Schornstein, über das ihm nahe Gedräng der Häuser hervorragt, wirklich ein Ueberrest der fast 100 Fuß hohen, von goldenen Kränzen umwundenen Porphyrsäule seyn, die nach der Beschreibung der Zeitgenossen auf Erden nicht ihres Gleichen hatte; jener Porphyrsäule, welche zuerst das colossale Bildniß des Constantin, dann das des Julian, hierauf jenes des Theodosius, zuletzt, nachdem das Erdbeben dieses gestürzt ein hochragendes, vergoldetes Kreuz trug? War denn da, bei dieser Säule nicht das Forum des Constantin? Wohin sind denn die bedeckten Hallen, welche dieses umgaben; wo die 12 Porphyrsäulen mit den goldenen Sirenen; die eherne Uhr, das riesige, eherne Gebilde des Elephanten, die künstlich aus Metall gegossenen Rosse, Seewölfe und Schildkröten? Zwar, die Herrlichkeit jener mit den Blüthen der altgriechischen Baukunst und Architektur geschmückten Bogenhallen, die sich vom Forum der Porphyrsäule bis zu dem andern Forum des Constantin: dem Augusteon, an der Seite der Sophienkirche und vor dem alten Kunstpallast ausdehnten, sie, sammt dem goldnen Meilenzeiger und allen Kunstwerken, welche diesen umgaben, sind schon bei dem verheerenden Einbruche der Lateiner von den Flammen verzehrt

worden; wo aber stehet, auf hoher Säule, die Reiter-
statue des prachtliebenden Justinian? Lagen nicht zu den
Füßen des Pferdes dieses metallenen Reiters noch, in den
Tagen der osmanischen Eroberung der Stadt das Haupt
und der Leichnam des Letzten der christlichen Kaiser hin
zur Schau gestellt, und nun ist mit der hohen Säule und
ihrer Statue selbst jener freie Platz verschwunden, in
dessen Mitte die Säule stund? Sollte nicht hier, in der
Nähe des Thurmes des Seraskiers, da wo nun das so-
genannte alte Serai zur Wohnung der veralteten Schön-
heiten aus den Sultanischen Frauenkäfichen dient, die
Stätte des Theodosischen Forum Tauri, mit jener
Triumphsäule gewesen seyn, welche im Schmucke der
künstlichen, halberhabenen Arbeit der Triumphsäule des
Trajan in Rom nacheiferte? Und der kleine Raum' des
jetzigen, sogenannten Hünermarktes ist dann der einzige
Rest jenes hochgepriesenen Forums? Wo stehet denn die
120 Fuß hohe, prächtige Säule des Arcadius?
War nicht dort, wo nun der Weibermarkt des türkischen
Stambuls ist, ihre Stätte? Und jene Schaar der Kunst-
werke, welche die byzantinischen Herrscher aus allen Ge-
genden ihres Reiches im Hippodrom versammelten,
ist sie denn, bis auf den Obelisken, dort vor Ach-
mets Moschee, ganz vernichtet und zerstäubt? —
War dort, an der nordwestlichsten Ecke der Stadt, der
hohe Pallast der Blachernen, war da, in seiner Nä-
he, jenes Thor, durch welches Justinian als Sieger, be-
grüßt von dem Päan der Sänger: Jo Triumphe herein-
zog; voran der Zug der betenden, Hymnen singenden
Priester, mit den Heiligthümern der Kirchen, nachfolgend
die Reihen der lieblich blühenden, mit Rosen geschmück-
ten Jungfrauen. — Du schöne Jungfrau des Ostens,

wie sind deine Rosen entblättert und in den Staub ge-
treten; wie ist der Nacken, der sich siegreich emporhob,
unter der Last der Sklavinnenkette zum Boden gebeugt.
Gehe nicht hin dein Leid im Haine der Zypressen zu kla-
gen; die Zypresse darf, so will es dein Dränger, nur
an den Gräbern der Seinen von Leid und Schmerz re-
den; dort wo an der Meeresbucht des Propontis die
jugendliche Platane schattet, da sprich von deiner Ver-
gangenheit und von der Hoffnung des Künftigen. Denn
unter den Zweigen dieses langlebenden Baumes wird
sich, wir hoffen es mit dir, ein Geschlecht deiner Kinder
oder Enkel jener wiedererwachten, gerade nach oben stre-
benden Kraft des Geistes, aus welcher mit der innern
zugleich auch die äußere Freiheit kommt, erfreuen, von
welcher die Zypresse nur wie ein Abbild des Traumes zu
deinen Feinden redet.

Die gastfreundliche Sitte des Morgenlandes ruft uns
aus den Gedanken an das, was vormals gewesen, zurück
in die Gegenwart, deren Luft wir athmen. Die Thurm-
wächter haben am Kohlenfeuer des Kamins den Kaffee
bereitet; man bringt uns die mit dem schwarzen, bittern
Getränk gefüllten, kleinen Tassen, dabei Gläser voll treff-
lich schmeckenden Wassers. Der freundliche Mann, der
uns das Getränk herumreicht, versichert uns: es sey
dieß von dem besten Wasser, das sich in Stambul finde.
Und er hat recht, denn es ist aus der Simeons Fon-
täne am östlichen Thore des alten Serai's geschöpft;
aus jener Fontäne, deren Wasser, da unter Mahom-
med II. alle Brunnen der Stadt durch Sachverständige
geprüft wurden, vor ihnen allen das höchste Lob em-
pfieng, so daß seitdem selbst der Bedarf des Trinkwassers
für die Tafeln des Großsultans und des neuen Serai's

hier, in silbernen Flaschen geschöpft, und drei Pferdela=
dungen täglich, weggeführt wird.

Der türkische, schwarze Kaffee hat die Kräfte eines
Nepenthes: er setzt das Blut, welches noch so eben durch
die ernsteren Gedanken der Seele nach ernsterem Takte
bewegt war, in eine leichte, zur Fröhlichkeit stimmende
Wallung; der Takt ist ein andrer geworden; unwillkühr=
lich passet sich der veränderten Tonweise ein neuer Text
der Gedanken an. Wir kehren wieder zu der weiten
Aussicht an den Fenstern des Thurmes zurück; wir ge=
hören jetzt der Gegenwart an. Wie deutlich sieht man
dort, gegen Süd in Ost den Gipfel des hohen Olymp;
wie schmückt sich die ganze Küste von Asien, vom fernen
Süden herauf bis zum nahe gegenüber liegenden Osten
(bei Skutari) mit Bergen und grünenden Hügeln. Die
goldenen, von porphyrnen Säulen getragenen Sirenen
im vormaligen Forum des Constantin sind verschwunden;
der Ton ihrer Stimmen aber, zur Sehnsucht lockend,
wird noch immer auf diesen mit Gärten und Nebenpflan=
zungen bedeckten Hügeln vernommen. Die Nachtigall, da
sie noch jung war, hat hier den Sirenen die Melodie
des Gesanges abgelauscht; sie besingt im Gebüsch des
Lorbers den Reiz jener Daphne, die selbst in Apollos
Brust das Lied eines Sehnens erweckte, welches in ver=
gänglichen Thautropfen der Rose das Bild der unver=
gänglichen Sonne erkennt. Das mitfühlende Herz schlägt
lauter; ist es doch als wollte selbst das arme Gebüsch,
welches einst menschlich fühlende Daphne war, aus dem
Schlafe der Starrsucht erwachen; da breitet der ernste
Hain der Zypressen seinen abkühlenden, düstern Schatten
über den Hügel aus und bald ist der letzte Wiederhall
der Töne verstummt.

In der That, der „Beinbrecher" (dies ist die Be=
deutung des Namens des Osmanen) *) hat sein Nest
allenthalben in den Hain der Zypressen gesetzt. Wohin
man sieht, in Ost und Nord und Westen, da blickt der
grüne Teppich der Zypressenwälder hervor, auf dem die
Herrscherin der Städte des Halbmondes sitzet. Jede
Grabstätte der Türken hat, wo noch Raum für einen
jugendlichen Stamm war, jenen Baum der Trauer wie
der nach oben sich richtenden Hoffnung neben sich hinge=
pflanzt; er erhebt seine hohen Wipfel in der Nähe der
Moscheen und der Springbrunnen der Stadt, wie auf
allen Hügeln und Flächen des Landes; seine Tausende
sprechen ohne Aufhören von der Ruhe der Gräber, wel=
cher sich die Lebendigen auf den Tausenden der Wege
ihrer Mühen und Freuden nähern. Mag immerhin, wie
nach Edris's Erzählung von Osmans prophetischem
Traume **), Constantinopel mit seinen glänzenden Mo=
scheen hier am Zusammenfluß zweier Meere und zweier
Erdtheile, als ein Diamant zwischen zwei Sapphiren und
zwei Smaragden gefaßt erscheinen, dennoch blicken die
weißen Steine der Todtenmäler, wie Flecken aus der
smaragdnen Einfassung hervor; das Blau der beiden
Sapphire war nur zu oft durch Blut geröthet; der De=
mant in ihrer Mitte ist voll Risse und Mackel.

Gefällt es uns: der Aufseher des Thurmes zeigt und
nennt uns wenigstens die Gegend aller der acht und
zwanzig Thore, welche (nur sieben jedoch von ihnen an

*) J. v. Hammers Gesch. d. osm. Reich. I. S. 64.
**) Ebendas. S. 50.

der Landſeite) die jetzige Stadt beſitzt; nennt uns die
Namen der feſten Thürme der Hafenſeite, deren viele
noch die Namenszüge ihrer alten byzantiniſchen Erbauer,
und, wie die in und bei ihnen liegenden Kanonen, grie-
chiſche Inſchriften an ſich tragen. Er zeigt uns, dort in
Oſten, neben der hehren Sophia, das neue Serai: den
Pallaſt der jetzigen Herrſcher, mit feſten Mauern um-
ſchloſſen, eine Stadt im Kleinen; er zeigt uns hier in der
Nähe die Gebäude des alten Serai; etwas ferner, an der
ſüdöſtlichen Ecke der Stadt, da wo die dreifache Mauer
der Landſeite am Propontis endigt, die Stätte der alten,
byzantiniſchen Burg des Cyklobion: die ſieben Thürme,
mit dem altgeprieſenen, goldenen Thore, zugleich aber
auch mit dem Blutbrunnen in ihrem Innren. Uns aber
reizet für jetzt mehr als das Ferne der Anblick der nahe
von hier, auf der Höhe des dritten der ſieben Hügel ge-
legenen Suleimanje, der Moſchee des großen Sulei-
man. An Symmetrie und äußrer Würde iſt ſie das
ſchönſte Gebäude des jetzigen Konſtantinopels; Sinan,
der Baumeiſter, errichtete ſie in den Jahren 1550—56.
Hier, von oben hinabgeſehen, wird es uns am leichteſten
die äußren Grundzüge des Bauplanes aller Moſcheen,
an einem der beſten Beiſpiele zu überblicken. Gleich den
alten, ägyptiſchen Tempeln beſtehet jede von ihnen aus
drei Haupttheilen: dem Vorhofe, oder, nach dem türki-
ſchen Kunſtausdrucke, dem Harem, dann dem eigentlichen
Kirchengebäude *), dann dem ſogenannten Garten, mit
den Begräbnißſtätten der Erbauer und ihrer nächſten An-
gehörigen. Am Eingange zum Vorhof oder zur Moſchee

---

*) Dem Mesdſchid, d. h. Ort der Anbetung.

felber, stehen die hohen Minares *), deren die Sulei=
manje vier hat: zwei niedere am Vorhofe, zwei höhere
am eigentlichen Tempelthore. Im Vorhofe findet sich im=
mer ein laufendes oder emporspringendes Wasser, be=
stimmt zu den vorgeschriebenen Waschungen Derer, die
in den Tempel treten wollen; bei der Suleimanje ist es
eine Fontäne, deren Wasser unter einem thürmchenarti=
gen Dache spielt. Säulenhallen, bei eben dieser Moschee,
von acht und zwanzig Kuppeln gedeckt, laufen um die
drei Seiten des Vorhofes herum; im Innern desselben
die langen Reihen der Marmorsitze. Das Dach des ei=
gentlichen, prachtvollen Tempelgebäudes wölbt sich zu einer
hohen Kuppel, umgeben von zwölf kleinen Halbkuppeln.
Der Haupteingang zu allen Moscheen der Hauptstadt
und ihrer Umgegend, wenn sie nicht etwa durch bloße
Umgestaltung einer christlichen Kirche entstanden sind,
liegt an der S. S. O. Seite, weil der Mihrab, oder
mahommedanische Hochaltar (eine Nische zur Aufbewah=
rung des Korans), welche, dem Eingange gegenüber,
im hintersten Grunde des Gebäudes stehet, seine Rich=
tung nach der Kibla, das heißt nach jener Weltgegend
nehmen muß, in welcher Mekka liegt, und diese ist für
die Gegend von Konstantinopel in Süd=Süd=Ost. Ober
dem Haupteingange, nach welchem sich die Moslimen
beim Gebete hinwenden, stehen, im Innern der Sulei=
mans=Moschee, mit goldenen Buchstaben auf lasurblauem
Grunde die Worte: „Ich habe mein Gesicht zu ihm ge=
wendet, der Himmel und Erde ernährt." In dieser Mo=

---

*) D. h. Leuchtthürme, wegen ihrer Beleuchtung besonders am
Ramasan=Feste.

ſchee, deren Bau 760,000 Ducaten gekoſtet hatte *), ließ der Erbauer unter andern die vier ſchönſten und höchſten Säulen des alten Konſtantinopels bringen, wel-che ihm ſeine bauluſtigen Vorfahren noch übrig gelaſſen; namentlich die, welche vormals das Reiterbildniß des Juſtinian trug. Jene vier Säulen aus rothem Granit, an deren marmornen Capitälern der Meißel des Sinan mit den prachtvollſten Zierrathen der Säulen von Pal-myra und Perſepolis zu wetteifern verſuchte, ſtützen die Kuppel. Auch am Mihrab, ſo wie an der zu ſeiner Linken ſtehenden Kanzel (Kurſi) und dem Gerüſte des Freitagsredners (dem Mimber) und an dem Sitze des Sultans (Maksſure), der eine Art von Emporkirche, rechts vom Mihrab bildet, zeigt ſich, in mannichfachen Zierrathen, dieſe künſtliche Hand; an den Wänden lau-fen Reihen von Marmorbänken für die Leſer und Hö-rer des Korans herum; oben, die Gallerieen dienen hier wie in vielen Moſcheen zu geheiligten Verwahrungsorten für das Geld und die andern Koſtbarkeiten der Privat-leute, welche mit Recht in dieſem feſten, ſteinernen, von der Andacht bewachten Gebäude ihr Eigenthum vor Feuers-brünſten und Diebereien beſſer verwahrt glauben als in ihren eigenen, leichtgebauten Wohnungen. Die prunkend-farbig ins Auge fallenden Glasmalereien der Fenſter, welche Blumen oder die Namenszüge „Allah" darſtellen, ſind von der Hand eines zu ſeiner Zeit berühmten Mei-ſters in dergleichen Arbeiten, der „trunkene Ibrahim" ge-nannt. Im Friedhof oder ſogenannten Garten der Mo-ſcheen, welcher unmittelbar an die Seite des Mihrab

(d. h.

*) J. v. Hammers Geſch. d. osm. Reich. III. S. 341.

(d. h. der Hochaltars = Nische) angränzt, ohne hier durch
einen Ausgang unmittelbar mit der Kirche verbunden zu
seyn, zeigen sich, von hohen Kuppeln bedeckt, das große
Grabmahl des Erbauers: des Sultan Suleiman *) und
hinter ihm das etwas kleinere seiner berüchtigten Lieblings=
sultanin Roxelane, jener schönen und talentvollen Russin,
an deren blutige Ränke die nicht fern von hier, südwärts
von der Suleimanje gelegene, kleine Moschee der Prin=
zen wenigstens mittelbar erinnert. Denn hier wurde zwar
nicht der gefürchtetste Sohn von Roxelane's Nebenbuhle=
rin, der trefflich begabte, edle, künftige Thronerbe Mu=
stapha, als unschuldiges Opfer eines bei dem Vater er=
regten Verdachtes begraben, wohl aber sein Bruder, der
geistreiche Prinz Dschihangir, dessen von Natur gebrech=
licher Körper dem tiefen Schmerz über des Vaters Härte
und des Bruders Tod erlag. Roxelane selber starb schon
im zweiten Jahre nach Vollendung der Suleimans = Mo=
schee, 1558.

Nur noch einen Blick auf die hehre Sophienkirche
des alten, auf die Aja Sophia des neuen Byzanz, und
wir begeben uns wieder hinab in das muntre Volksge=
dränge der Hauptstadt. Der riesenhafte, vergoldete Halb=
mond, der auf dem Gipfel pranget (sein Durchmesser soll
50 türkische Ellen betragen), weckt schon aus weiter Fer=
ne die Aufmerksamkeit des Auges, denn man sieht, wenn
die Sonne ihn erweckt, seinen Glanz viele Meilen weit
im Meere; man bemerkt ihn von der Höhe des fernab=
liegenden Olymp. Das Gebäude selber, mit seiner leicht

*) Er starb vor Szigeth zehn Jahre nach Vollendung der Su=
leimanje am 6ten Sept. 1566.

v. Schubert, Reise i. Morgld. I. Bd. 11

sich hinüberspannenden, großen, kunstreich flachen Kuppel,
welche die Kreise der kleineren Halbkuppeln umgürten,
vermag jene erwachte Aufmerksamkeit des Auges nicht
bloß fest zu halten, sondern sie zur höchsten Theilnahme
zu steigern. Doch eben dieser Fernanblick ist es auch,
der uns am unwiderstehlichsten wieder hinunter, zu der
näheren Betrachtung des gepriesensten Bauwerkes des al-
ten Byzanz führet.

Wir nehmen unsren Weg am Vorhof der prächtigen
Suleimanje vorbei; weiterhin zieht unsre Neugier die
Gasse der Teriaki's oder Opiumverkäufer an, in
deren Hallen sich schon ein Theil der Freunde und Ge-
fangenen der an Wahnsinn gränzenden, silenischen Be-
geisterung des Mohnsaftgenusses eingefunden haben. Wer
die närrischen Taumelfreuden dieses in seinen Folgen ge-
fahrvollen Zustandes einmal und mehrmalen gekostet, für
den mögen sie, abgesehen von dem Bedürfniß nach neuer
Aufregung, welches aus der Abspannung hervorgeht, eine
fast unwiderstehliche Kraft der Anziehung haben. Jene
Bedauernswürdigen oder auch jene Neugierigen, die sich
ihm, jene für immer, diese nur auf ein und das andre
Mal hingaben, schildern die innre Aufregung durch den
Mohnsaft fast ganz auf dieselbe Weise, auf welche Käm-
pfer die Trunkenheit von den aus Hanfertrakt und ande-
ren narkotischen Stoffen bereiteten Fröhlichkeitspillen be-
schreibt, welche er einstmals, auf seiner asiatischen Reise,
aus eigner Erfahrung kennen lernte. So leiblich über-
glücklich und fröhlich, sagt er, habe er sich in seinem
Leben noch niemals gefühlt als in jenem Zustande; das
Tischgespräch solcher Berauschter wird zu einem Lachen,
welches zuletzt über nichts mehr als über sich selber lacht;
man ist mit der ganzen Welt in Brüderschaft getreten;

Franken und Moslimen umarmen ſich wie alte Freunde
und Bekannte. Und beim Nachhauſereiten am Abend
fühlt man ſich ſo leicht und ſeltſam in die Höhe gehoben,
daß es einem däuchtet als gienge das Pferd nicht auf
dem Boden, ſondern in den Lüften und man ritte gerade
in das Gewölk der Abendröthe hinein. Man kommt nach
Hauſe, ißt mit gutem Appetit, ſchläft vortrefflich, fühlt
am andern Tage keine Beſchwerde. — Dieß iſt der
Viele verlockende, harmlos ſcheinende Zuſtand der noch
geſund verdauenden Anfänger im Opiumeſſen. Kämpfer
ließ ſich indeß hierdurch nicht zum weitern Genuß auch
der minder ſchädlichen Fröhlichkeitspillen verleiten; er
kämpfte ritterlich gegen jede Wiederholung des Verſuches.

Auch die berühmten Kaffeehäuſer dieſer Stadtgegend
verdienen eine Beachtung; ihr täglicher Beſuch, vom
Morgen bis zum Abend iſt zu innig mit dem Lebenskreiſe
der Bewohner der osmaniſchen Hauptſtadt verſchlungen.
Man kann ſich den jetzigen Türken faſt nicht ohne Kaffee
und Tabak denken; beide Genüſſe, ſo ſollte man meinen,
haben hier ihren Ausgangs- und Mittelpunkt. Und doch
wurde das erſte Kaffeehaus in Conſtantinopel erſt im
Jahr 1554 von einem Aleppiner errichtet, der nach 3
Jahren mit einem baaren Gewinn von 5,000 Ducaten
in ſein Vaterland zurückkehrte. Die Sitte des Tabakrau-
chens geſellte ſich im Jahr 1605 zu der des Kaffee-
trinkens.

Wir gehen weiter, gegen die Mauern des alten Se-
rai's hin, welche die Wohnungen der Gemahlinnen und
der noch unverheiratheten Töchter der verſtorbenen Sul-
tane umſchließen. Hier herrſchte gewöhnlich nur ein ſtum-
mes Nachſinnen über das Vergangene, doch gab nament-

11 *

lich die Wittwe Achmeds I., die Stiefmutter Osmans II., diesem hier ein mehrtägiges glänzendes Feſt.

Weiterhin im Süden vom alten Serai verweilen wir ein wenig bei der Moschee Bajaſids II. (der Große genannt), des Sohnes und Nachfolgers des Eroberers der Stadt: Mehammed II. Sie ward 1505 ſieben Jahre vor Bajaſids Tode vollendet. Der Vorhof mit dem Brunnen, deſſen Kuppel auf acht Marmorſäulen ruhet, zog uns zu ſich hin; wir blickten von da ungehindert in das ſchmuckloſe Innre hinein, in welchem keine Säulen, und außer der Emporkirche mit vergoldetem Gitter (dem Sitze des Sultans) nichts Beſondres bemerkt wird. Sie hat nur zwei Minare's. Bei dieſer Moschee werden die hochgeſchätzteſten Kiblaname oder Gebetscompaſſe für die Moslimen gefertigt und verkauft; ſie ſollen, ſo meint man, dem Betenden, wo er auch ſtehe, am ſicherſten es erkennen laſſen, wo Mekka liege und wohin er beim Gebet ſein Geſicht zu richten habe. Denn, ſo erzählt die Sage, als der Baumeiſter der Moschee den Sultan Bajaſid, der bei den Türken im Geruch großer Heiligkeit ſtehet, um Beſtimmung der Kiblalinie für den Grundplan des Gebäudes bat, da ließ ihn der Herrſcher auf ſeinen Fuß ſteigen, und die Augen des Baumeiſters wurden geöffnet; er ſahe Mekka vor ſich liegen. Bajaſid der ſich während ſeiner dreißigjährigen Regierung als ein natürlich wohlwollender, nach dem Maaße ſeiner Erkenntniß frommer Moslim zeigte, war eben als ſolcher im hohen Grade für die Träumereien der Aſtrologie und orientaliſchen Myſtik eingenommen. Eine Menge von Schulen und Bildungsanſtalten, welche er ſtiftete, wie ſeine Bereitwilligkeit jedes weiterſtrebende Talent zu unterſtützen, beurkunden vielleicht das freilich unbefriedigt gebliebene

Sehnen dieses Mannes für sich selber wie für sein Volk ein höheres Erkennen zu begründen. Nicht ohne Theilnahme erinnert sich der vorübergehende Wandrer der Schicksale dieses osmanischen Herrschers; besonders seiner Entthronung durch seinen ihm ungleichen Sohn, den Wütherich Selim, und der Auswanderung des kränklichen Alten, der sich jetzt von allem, so lang gewohnten Prunk und Glanz des Thrones so wie den Schaaren der Höflinge entkleidet und verlassen sahe, nach seinem Geburtsort Demitoka, den er jedoch nicht mehr erreichte, weil ihn bald nach dem Hinaustreten aus der Herrscherstadt der Tod eine nähere Ruhestätt, hier in dem Garten der von ihm selber erbauten Moschee anwieß.

In der Nähe der Bajasids Moschee, welche auch auf dem dritten Hügel der Stadt stehet, blickten wir in eine sogenannte Ueberlieferungsschule, wo von einem hierzu bestellten Lehrer eine Art von Encyclopädie der höheren Rechtskunde und der Glaubenslehren der Moslimen vorgetragen wird. Jenseits dem kleinen mit Marmor gepflasterten Hofe, in einem großen, lüftigen Saale, an dessen Wänden die Reihen der gepolsterten Kissen für die vornehmeren Zuhörer herumliefen, saß der türkische Professor (Muderris); ein stattlicher, alter Mann, lesend in einem Buche und Tabak rauchend. Wir begrüßten ihn nach orientalischer Sitte, mit den über die Brust gelegten Armen; er dankte mit Gravität. Die Thüren stunden offen, aber kein Zuhörer hatte sich noch eingefunden.

Wir naheten uns jetzt der Stätte und den Resten der gepriesensten Kunstherrlichkeiten des alten Byzanz. Da stund denn vor uns die noch immer fünfzig Fuß hoch über ihr Gestell hinaufragende „verbrannte Säule," der einst so weltberühmte Styles von Porphyr, den Constantin

hatte errichten lassen. Von den acht Stücken aus denen
diese Porphyrsäule vormals bestund, bis ein Erdbeben
unter Alexius I. die drei obersten, sammt der Statue des
Kaisers herunterstürzte, sind noch fünf stehen geblieben;
statt der prächtigen, goldenen Kränze, welche die Fugen
zwischen den einzelnen Stücken umgürteten und verdeckten,
sieht man nur noch die schon von den Byzantinern her-
umgelegten, häßlichen, eisernen Reifen. Der Schaft der
Säule, die von dorischer Ordnung ist, misset im Umfange
33 Fuß; jedes der acht ursprünglichen Stücke hatte zehn,
das Piedestal achtzehn Fuß Höhe, so daß das ganze
Werk, ohne die auf ihm stehende Statue 98 Fuß hoch
ragte. Unter dem Grundgemäuer dieses von Erdbeben
und Feuersbrünsten so vielfach entstellten Säulenkolosses
ließ Constantin das Palladium des alten Romes, gebildet
aus den Gebeinen des Pelops vergraben, damit durch
diesen Talisman seine Herrscherstadt, selber unbesiegbar,
eine Besiegerin der andren Städte werde, wie Rom dieß
war. Da jener Grund, seitdem man ihn legte, niemals
aufgegraben, ja nur berührt worden ist, hat dieses Palla-
dium nun schon fünfzehn Jahrhunderte lang Zeit gehabt
seine magischen Kräfte zu bewähren; dieses ist jedoch auf
eine Weise geschehen, welche wenig Zutrauen zu derglei-
chen magischen Kunststücken, an denen das alte Byzanz
so reich war, einflößen konnte. Hat sich doch die unbe-
zwingbar und unverletzlich machende Kraft der Gebeine
des Pelops nicht einmal über die nächste Umgebung zu
erstrecken vermocht, denn die Statue des Apolls mit dem
ihr angesetzten von einem Nimbus umgebenen Kopfe, wel-
cher Constantins Züge trug; diese heidnisch=christliche so-
genannte Bildsäule des Constantin, die zuerst den Gipfel
der Säule einnahm, stand hier kaum 30 Jahre eine blei-

beude Stätte und auch die Statue des Julian, welche
dieser statt dem Bild des Erbauers auf so hohen und
doch so wandelbaren Fußschemel stellte, mußte abermals
nach 30 Jahren jenem des großen Theodosius weichen.
Nachdem das Erdbeben im Jahr 1112 auch diese Herr-
scherstatue sammt den obersten Stücken des Schaftes her-
abgestürzt und zerschmettert hatte, stund auf der nun
kürzer gewordenen Säule ein hohes, vergoldetes Kreuz.
Dieses wollte allerdings an jenes „Geheimniß" *) erin-
nern, welches, so lange es über den „Hütten" der Erd-
bewohner „bleibet" eine mächtiger bewahrende und schüz-
zende Kraft hat als jedes Palladium aus Gebeinen der
Todten oder das Bild der Glücksgöttin, das am Fuß der
Porphyrsäule stund. Aber das Volk von Byzanz hatte die
Erinnerung, welche das vergoldete Zeichen gab, weder
beherzigt noch verstehen wollen, darum wurde auch das
todte Denkzeichen von den Augen hinweggenommen; statt
des Goldschimmers blieb nur die Farbe des Rostes und
des Rußes.

Das gewesene F o r u m, in dessen freiem Raume
die vermalige Porphyrsäule emporragte (m. v. oben
S. 153.), ist jetzt mit einer Menge, zum Theil sehr unan-
sehnlicher und verfallener Häuser überbaut; eine dieser
Ruinen wird, ohne hinlänglich überzeugenden Grund als
der gewesene Pallast des Belisarius bezeichnet. In
der Nähe der so oft von den Schrecknissen Gottes ge-
troffenen, verbrannten Säule, in einer der hier angrän-
zenden Latrinen fand der Urheber vieler innrer Zerrüttun-
gen und geistiger Verheerungen der Kirche: Arius seinen
grausenhaften Tod.

---

*) H i o b, 29 v. 4.

Auf diesem Platze, bei dem angeblichen Pallast des Belisarius befand sich in den früheren Zeiten der Osmanischen Herrschaft der Eltschichan oder die Wohnung der auswärtigen Gesandten, welche hier gleich Gefangenen bewacht und behandelt wurden. Einem von ihnen, einem Herrn von Sinzendorf, wurden auf Großsultanischen Befehl die Fenster seiner Wohnung zugemauert, weil er durch dieselben herausgesehen hatte und weil (was er kaum wissen konnte) diesen Fenstern gegenüber ein Türkischer Harem war.

Wir besahen, von hier weiter gehend, jene berühmte Cisterne in der Nähe des Hippodrom, welche die Türken, nach ihrer Liebhaberei an großen, runden Zahlen, Bin bir dinek, d. h. die tausend und eine Säulen nennen. Wirklich fanden und finden sich in ihr noch jetzt 672 Säulen, denn dieses alte Wasserbehältniß, welches Philorenos der Senator unter Constantin dem Großen erbauen ließ, bestund aus drei Stockwerken, davon jedes von 224 Säulen getragen wurde. Die Säulen des obersten (Decken-) Geschosses sieht man noch in ihrer ganzen Höhe von 24 Fuß frei hervorstehen; die des zweiten sind mit zwei Drittheilen ihrer Länge, die des untersten Geschosses ganz im Schutt und Schlamm versenkt. Um dieses Behältniß ganz zu füllen, bedurfte es nach Andreossy's Berechnung einer Wassermenge von mehr als einer Million Cubikfuß, mithin fast so viel als alle jetzige Wasserwerke Constantinopels zusammengenommen in drei Tagen liefern. Gegenwärtig findet sich in dem kühnen Bauwerk der (sogenannt) 1001 säuligen Cisterne eine Seidenspinnerei, die einem Armenier zugehört. Auf dem nun mit Schutt und Modererde bedeckten Platze, der an das Gebäude angränzt, fanden sich einst die Bäder und der

Pallast des Lausus, ausgeziert mit vielen der berühmtesten, schönsten Kunstwerke der alten Welt.

Doch diese alle waren nur Zierrathen einer schönen Vorhalle, denn siehe, noch um einige Schritte weiter finden wir uns auf dem Boden des Hippodrom oder des At Meidan, auf jener merkwürdigen Tenne, da einst Früchte der Kunst aufgespeichert waren, deren Werth die Schätze eines jetzigen Königreiches nicht aufzuwiegen, deren Verlust die später gebornen Zeiten bis jetzt noch nicht wieder zu erstatten vermogten. Dieser At Meidan, für die Spiele des Wettrennens schon von Severus begründet, war unter den Kaisern des Ostens nicht nur ein Hauptpunkt der Stadt und des ganzen Reiches, sondern der gesammten damaligen gebildeten Welt geworden. Denn wie sich von hieraus alljährlich aus der ehrgeizigen Streitsucht der Rennpartheien jene Fäden der inneren Kämpfe und Zerrüttungen entspannen, welche öfters das ganze Reich erschütterten; so feierten da, auf eine edlere, stillere Weise die Künste der blühendesten Jahrhunderte des gesammten Griechenlandes ohne Aufhören einen Wettkampf, der die Seelen der Betrachtenden zur tiefsten Theilnahme bewegte, und aus welchem sich die Fäden eines Gewebes entspannen, das nachmals der christlichen Kunst zu einem Teppich diente, auf welchen sie zuerst ihre Füße setzte. Die Herrscher des oströmischen Reiches hatten die gepriesensten Kunstwerke des Griechischen und zum Theil selbst des Römischen Alterthumes hieher auf diesen engen Raum versammlet, und, so kann man sagen, auf die Schlachtbank der später über sie hereinbrechenden Vernichtung geführt. Hier stund das Meisterwerk des Lysimachos: jenes kolossale, eherne Bildniß des knieenden Herkules, dessen Daumen der Dicke, des-

sen Wade, an dem niedergelehnten Fuße der Höhe eines
Mannes gleich kam; ein Werk, das sich dem Andenken
der Alten so tief eingeprägt hatte, daß sie es als Bild
des Knieenden, in den Darstellungen der Sternbilder
nachahmten. Hier war, unter den Tausenden der andern
Kunstwerke, jenes Bildniß der Trojanischen Helena,
dessen Untergang ein alter Freund der Kunst nicht min-
der beklagenswerth nannte, als Iliens Untergang selber;
hier stunden die Kunstwerke des Reuters, auf dem
kampfgierigen Rosse; des Helden, der mit dem Löwen
rang; des fliegenden Adlers; des Viergespan-
nes der Rosse vor dem Wagen der Siegesgöttin und et-
was weiter hin auch jenes andere freie Doppelpaar der
Rosse, welches vormals, ehe Theodosius II. es von dort
hinweggeholt, der Stolz von Chios war und das jetzt
den Eingang der Markuskirche in Venedig schmücket. Hier
im Hippodrom fanden sich auch die Bilder der Dios-
kuren, der Wölfin Roma's, des Erymanti-
schen Ebers und des Eseltreibers aus Actium,
eines Meisterstückes aus der Augusteischen Zeit, welches
an das Glück verheißende Wort des begegnenden Land-
mannes vor der entscheidenden Schlacht bei Actium erin-
nern und der Stadt Constantius selber Glück bedeuten
sollte. Doch, wer sollte es versuchen wollen, eine für
sich allein nichtssagende Reihe von Namen aller Götter
und Heroën, so wie der Herrscher und Herrscherinnen,
der Ungeheuer und Wunder des Meeres wie des Landes
zu wiederholen, deren Gestalten, aus der Hand der kunst-
mächtigsten Meister des Asiatischen und Europäischen Grie-
chenlandes hier zusammengehäuft stunden. Hatten doch
Ephesus und Sardis, Smyrna und Chios, Athen, Cäsa-
rea, Cycikus und Sebastia, Tralles und Antiochia, Cy-

pern, Creta und Rhodus, mit allen andern kunstlieben=
den Städten und Inseln ihrer Nachbarschaft die Augen=
lust ihrer Tempel und vormaligen Herrscher=Palläste her=
geben müssen, damit sie, wie die enggedrängten Stämme
eines Waldes, der Arena des byzantinischen Hippodromes
Schatten gäben. Manche dieser alten Herrlichkeiten des
Alt Meidan hatten schon die großen Feuersbrünste der Re=
gierungszeiten des Arkabius und Anastasius (in den Jah=
ren 406 und 498) beschädiget; viele, ja die meisten hatte
die Barbarei der Lateiner am Anfang des 13ten Jahr=
hunderts vernichtet, welche, namentlich das Bild des
knieenden Herkules zu kleinen Geldmünzen und Waffen=
geräthen verschmolzen, das aber, was noch übrig war,
das haben die Baulust und die Bilderschen der Dömanen
vollends hinweggeräumt. So wurden die Säulen des von
Severus errichteten unteren Theiles des Rennplatzes zum
Bau der Moschee des großen Suleiman, die Marmor=
stufen zum Bau des Pallastes eines seiner Minister ver=
wendet. Der jetzige Alt Meidan, seiner Breite nach durch
den Aufbau der Achmedmoschee, der Länge nach durch den
eines Spitales verkürzt, misset noch immer 250 Schritte
in die Länge, 150 in die Breite; er empfängt seine schön=
ste Zierde jetzt nicht mehr durch die eignen Kunstwerke,
sondern durch seine prächtige Nachbarin: die Moschee
des Sultan Achmed, jenes Herrschers, der während
seiner vierzehnjährigen Regierung, welche durch Krieg und
Empörung von außen wie im Innern des Reiches viel=
fach beunruhigt war, sein liebstes Ausruhen an der Be=
gründung und Ausschmückung dieses prunkend schönen Ge=
bäudes fand. Die Achmeds=Moschee, zu welcher der
Grund im Jahr 1609, am 25. December, dem alten Ge=
burtsfest des Mithras, in einer von den Hofastronomen

bestimmten, glücklichen Stunde *) gelegt ward: im zwan=
zigsten Lebensjahre des Sultans, sechs Jahre nach seiner
Thronbesteigung, läßt sich, wegen ihrer Bestimmung bei
den Hauptfesten der Stadt als die eigentliche Cathedrale
derselben betrachten. Sie pranget mit sechs Minares;
vier thurmartig nach außen vorstehende Säulen tragen
die Kuppel, in ihrem Innern finden sich die hochgerühm=
ten vier mit Smaragden besetzten Lampen, die riesen=
haften Leuchter aus edlem Metall und andre Kostbarkei=
ten. Und doch erinnert dieses prunkende Gebäu, wenig=
stens bei dem Anblick seines Todtengartens, zugleich an
die Gräuel des Hippodroms, dessen Kunstgehalt nach sei=
nem Maßstab es nachzuahmen versuchte. Denn neben
den Gebeinen Achmeds des Erbauers, welcher, nur 28
Jahre alt, 1617 starb, ruhen hier die Gebeine seiner
Söhne: Sultan Osman II., der den frühzeitigen Anfang
seiner Regierung mit dem Mord des Bruders (Mahom=
med) befleckte, er selber aber, schon im 18ten Lebensjah=
re aufs grausamste und schmählichste von den empörten
Janitscharen gemordet ward, außer diesen die Reste auch
von drei andern Söhnen Achmeds, namentlich die des
Wütherichs Murad IV. und der beiden von ihm gemor=
deten Brüder Bajasid und Suleiman.

Nur noch einen Blick auf jene traurigen Reste der
Herrlichkeit der Kunst, die einst, wie ein Schattenspiel
an der Wand, an der Stätte des Byzantinischen Hippo=
droms vorüberzog. Hier ist noch die dreifache cherne
Schlange des Delphischen Dreifußes; doch sind
ihr die drei Köpfe (der eine durch Mohammed II.) abge=

---

*) M. vergl. Jos. v. Hammers Gesch. d. Osm. B. IV.
S. 442.

hauen. Da stehet auch noch der nach oben wie abge=
spitzte Obelisk, der aus der alten Aegyptischen Heimath
zuerst nach Athen, dann nach Constantins Stadt geführt
wurde, mit seinen, auf einigen Seiten noch deutlich er=
kennbaren Hieroglyphen=Räthseln. Unten an seiner Ba=
sis bezeugen es die lateinische wie die griechische Inschrift,
daß Theodosius diesen Obelisken, der vom Erdbeben ge=
stürzt lag, wieder aufrichtete. In der Reihe dieser bei=
den, armen Reste zeigt sich endlich auch noch die Spitz=
säule des Rennbahnzieles, welche jedoch ihrer metallenen
Bekleidung mit der prahlenden Inschrift aus den Zeiten
des Constantinus Porphyrogenitus schon vorlängst beraubt
ward.

So ist die Lust der Augen, so ist die Pracht der
Städte Kleinasiens und Hella's wie ein Stein im Meere,
im Elend der späteren Zeiten versunken; gleich Blasen des
Schaumes schweben nur noch jene armseeligen Reste über
der Fluth. Aber ein flüchtiges Doppelpaar von Rossen,
das ungefesselt stund, ist dem Kampf entronnen; es kam
zu uns, an Venedigs Gestade herüber. Wie? — wollte
es etwa gegen die sonstige Weise der Streitrosse, welche
den Kampf der Männer lieben, der Gefahr sich entzie=
hen, das Getöse der Waffen meiden? — Keineswegs;
das was es zu uns über das Meer herüberführte, das
war ein Zug der Treue zu dem alten Herrn und Pfle=
ger; denn wie es dort in der Nähe der Kirche gestanden,
da die Gebeine mehrerer der Apostel ruheten und ihr An=
denken geehrt ward; so wollte es mitten durch die Gräuel
der Verwüstung das friedliche Heiligthum des Schwester=
tempels der hehren Sophia: die Markuskirche Venedigs
aufsuchen, weil hier noch fortlebend das Gedächtniß und
der Name eines der Apostel wohnet. Das vielgewander=

te Doppelpaar der Rosse, das aus seiner Heimath Athen
zuerst nach Chios, dann nach Byzanz, dann nach Vene-
dig, von hier nach Paris und abermals nach Venedig ge-
zogen ist, erweckt noch eben so wie vormals in der See-
le des Betrachtenden ein Andenken an das Werk der Hel-
denkämpfe; weniger aber jener des Schwertes als der
friedlich stilleren, dafür aber desto kräftigeren des Gei-
stes, welche zuletzt alle Macht der Finsterniß und der
Barbarei besiegt.

Doch wir haben lange genug bei der Betrachtung des
Hippodroms und seiner nächsten Nachbarschaft verweilt,
mächtig zieht uns die hohe, über die Masse der alten
Palläste und Häuser hervorragende Kuppel der Aja So-
phia zu dem Anblick dieses dreizehnhundertjährigen Tem-
pels hin, welcher neunhundert Jahre lang der Gottes-
verehrung der Christen geweihet war.

An solchen Greisen, die zuletzt gedächtnißschwach wur-
den, hat man öfters bemerkt, daß, während die Mühen
und die Noth so wie das kleinliche Thun und Treiben der
späteren Jahre ganz aus der Erinnerung geschwunden
sind, einzelne Begebenheiten aus der glücklichen Zeit der
Jugend oder einzelne, bedeutungsvollere Thaten des frü-
heren Lebens ihnen noch so frisch vor der Seele stehen,
als wären sie erst gestern geschehen. Gleich einer solchen
deutlichen, sich vollkommen treu gebliebenen Erinnerung
an den genußreichsten, kraftvollsten Moment der früheren
Vergangenheit, stehet mitten in dem Osmanischen Stam-
bul das schönste, prachtvollste Gebäude des alten, von so
manchem Ungewitter des Elendes verheerten Byzanz, die
Aja Sophia da. Wenn man sich die vier unsym-
metrisch gebauten Minare's und die Nebengebäude hin-
wegdenkt, welche die türkische Architektur angefügt hat,

und die sich hier ausnehmen wie Aenderungen oder Zu=
sätze, die ein moderner Dichterling an dem Lied eines alten
Meisters anbrachte; wenn man, sage ich, von dem tür=
kischen Schleier absiehet, der einen Theil des Angesichtes
der hehren Sophia verhüllet, so hat man da, noch voll=
kommen erhalten, den Tempel der ewigen Weisheit, den
Justinian im 6ten Jahrhundert (im Jahr 538) erbaute,
vor sich. Denn als der Osmanische Eroberer Mahom=
med der Zweite 900 Jahre später mit seinem Barbarenheer
in die Stadt eindrang, behielt er sich, als seinen Antheil
an der reichen Beute, nur die Gebäude vor, und da er,
beim Hineintreten in das Innere der Sophienkirche einen
seiner Soldaten bemerkte, der im Begriff war, einen
kostbaren Stein des Mosaikpflasters herauszubrechen, traf
sein handgreiflicher, mit dem Schwert geführter Verweis
den Frevler so empfindlich in die Schulter, daß man die=
sen ohnmächtig aus der Kirche heraustragen mußte. Die=
ser freilich sehr wirksamen Art der allergnädigsten Ver=
weise danken wir denn die Rettung und so vollkommne
Erhaltung des berühmtesten christlichen Kirchengebäudes
des Morgenlandes.

Ich versuche es, das Aeußere der hehren Sophia aus
eigner Anschauung zu beschreiben; das Innere habe ich
zwar leider nicht selbst gesehen, dennoch werde ich auch
von ihm aus fremden Berichten Einiges erwähnen. —
Es war heute zum ersten Male, daß mich jene Weh=
muth ergriff, die ich nachmals öfters auf dieser Reise
empfunden: die Wehmuth, die jenen alten Nordländer
erfaßte, als er seinen Sohn zu Algier in dem Gewand
und der Lebensweise des türkischen Renegaten erblickte.
Du altes Heiligthum des Christenglaubens; der Christ
darf deine Hallen nicht betreten; er darf nur im Vor=

übergehen hinein in deine Vorhöfe blicken. Wie lange
weilet der Minstrel, der außen vor deinem Gefängniß,
wie vor dem Thurme, in welchem Richard Löwenherz ge-
fesselt lag, die wohlbekannten Töne anstimmet, denen dann
Du, im Innern, mit Hymnen des Lobes und dem Po-
saunentone des Dankens antworten wirst? Der Minstrel,
dein Retter und Befreier; er weilet lange. Du alter
Glockenthurm am Eingange, gegen die Minare's und ih-
re vergoldeten Halbmonde erscheinest du nur klein, wenn
dir aber dereinst die Stimme wiederkehrt, da wird sie
weiter tönen über Meer und Land, als der Ruf des
Muessin's.

Die Sophienkirche, welche in manchen Zügen der
Aehnlichkeit an die Marcuskirche in Venedig erinnert, ist
so wie alle älteren christlichen Kirchen orientirt; der Haupt-
eingang in Westen, der Hochaltar stund in Osten. Der
Umriß ahmet die Gestalt eines griechischen Kreutzes nach.
Die Länge des innern Schiffes, von West nach Ost, mis-
set 269, die Breite 143 Schuhe; 180 Fuß beträgt die
Höhe vom Boden bis zum Scheitel der Kuppel. Diese,
die Kuppel, machet durch die Leichtigkeit, mit welcher sie
sich, gleich einer nur wenig gehobenen Woge des Mee-
res, über das Gebäude hinspannt, einen besonders mäch-
tigen Eindruck aufs Auge, denn bei einem Durchmesser
von 115 Fuß hat diese Kuppel kaum 20 Fuß Höhe. Ueber
den Eingang zum Tempel wölben sich zwei Vorhallen,
die erste gegen Westen mit drei, gegen Nord und Süd
mit einer Pforte, die andre mit 16 Thüren, davon 5 in
die erste Vorhalle, 2 nach den Seiten, 9 nach dem In-
nern der Kirche sich öffnen. An dem Deckengewölbe die-
ser Hallen zeigen sich noch Spuren der vormaligen kost-
baren Mosaikbilder. Das Haupt, das äußere Ansehen
des

des alten Gemäuers, aus Backsteinen bestehend, ist sei-
ner ehemaligen christlichen Zierrathen beraubt, dagegen
enthält das Innre, das sein meistes Licht durch die 24
Fenster der Kuppel empfängt, noch immer jenes Heer
der herrlichsten Säulen, welches mit Zuversicht des gewis-
sen Sieges den Fremdling zu fragen scheint, ob er wohl
auf Erden seines Gleichen gesehen habe. Denn als Ju-
stinian hier an die Stätte der von den Rennpartheien im
Jahr 532 niedergebrannten Sophienkirche des Constantin
und Theodosius dieses mächtige, steinerne Bauwerk setzen
ließ, da wurden acht der schönsten Säulen des Dianen-
tempels zu Ephesus, achte des Sonnentempels zu Bal-
beck zum Bau herbeigeführt; zu ihnen gesellte man jene
berühmten aus dem Cybeletempel zu Cyzikus, deren
weißer Marmor von rosenrothen Streifen (erinnernd an
das Blut des Athys), durchwirkt ist; und wo es noch
sonst in alten Tempeln und Pallästen zu Athen und Troas
wie auf den Cykladen Säulen gab, welche vor andern
als die schönsten galten, die wurden herbeigebracht, um
die damalige Herrscherin aller christlichen Kirchengebäude
zu schmücken. Die große Kunst der beiden Baumeister,
des Anthemius von Tralles und des Isidorus
von Miletos giebt sich noch jetzt in der sichern Anord-
nung des kostbaren Materials kund, das ihnen zu Gebote
gestellt war. Denn obgleich das thurmartige Tabernakel
mit der goldnen von goldnen Lilien umkränzten Kuppel,
und dem goldnen, 75 Pfund schweren Kreuze, obgleich
die 12 goldnen Säulen vor dem Altar, so wie der gol-
dene Baldachin über dem Lesepulte, mit seinem 100 Pfund
wägenden goldnen, mit Edelsteinen und Perlen besetzten
Kreuze längst verschwunden sind; obgleich der türkische
Ritus, der den Hochaltar in die Mekkalinie oder Kibla zu

stellen gebeut, mithin nach S. S. O., die Symmetrie
des alten Kirchengebändes durchkreuzt, stehen dennoch in
ungebrochener Kraft ihrer Schönheit und Würde jene acht
Porphyrsäulen aus Balbeck da, von denen vier die große,
vier die an diese gränzenden kleineren Kuppeln tragen; die
grünen Säulen des Dianentempels, welche den Frauen=
chor stützen und jene andern, auf denen die Gallerien ru=
hen.   Vierzig zählt man in allem im innern Theile der
Kirche, sechszig in den Gallerien, sieben an den Ein=
gängen.

Wir werfen noch im Vorübergehen einen Blick auf
die mit vielen Kuppeln gedeckten Säulengänge, welche
den Vorhof von drei Seiten umgeben; auf den Spring=
brunnen von Marmor in seiner Mitte, und auf die Men=
ge des laufenden Wassers, das unter dem alten Glocken=
thurme hervordringt. Es kommt aus einem immer gefüll=
ten unterirdischen Gewölbe der Sophienkirche und wem
sein klarer Strom noch nicht wohlschmeckend genug er=
scheint, der kann an einem jener beiden Brunnenhäuser,
die zu den Stiftungen dieses Tempelgebändes gehören,
sich von den hiezu bestellten Leuten den erfrischenden Trunk
reichen lassen.   War nicht vielleicht hier in der alten by=
zantinischen Zeit jene Cisterne, auf welche der große Ju=
stinian, dieser Ludwig XIV. der oströmischen Kaiser, das
Bild des Königs Salomo hatte darstellen lassen, welcher
mit den Mienen der Verwunderung, ja des Schreckens
nach der Sophienkirche hinblickte? Wie denn auch Ju=
stinian, am Tage der Einweihung der Kirche unter an=
deren dadurch an Salomo zu erinnern suchte, daß er
1000 Ochsen, 1000 Schafe, 600 Hirsche, 1000 Schwei=
ne, 10,000 Hühner für die Armen schlachten, 30,000 Mez=
zen Kornes und mehrere Zentner Goldes unter sie ver=

theilen ließ. Wenn ihm aber auch wirklich diese äußer=
liche Nachahmung des weisesten der Könige gelungen seyn
sollte, so gelang ihm desto weniger jene mehr von innen
kommende Nachahmung, die sich in dem, was er bei der
Einweihung sprach, kund gab. Denn nachdem der große
Kaiser hinlaufend gegen den Altar, die Worte gesagt hat=
te: Ich danke dir Gott, daß du mich diesen Bau hast
vollenden lassen; rief er selbstgefällig mit lauter Stimme
aus: „Ich habe dich besiegt Salomo." Ja, jene Weis=
heit, welche Salomo kannte und in deren Kraft er bei
der Einweihung seines Tempels betete, war eine andre
als die Weisheit Justinians; jene von himmlischer, gött=
licher, diese von irdischer, menschlicher Art.

Wir gehen von hinnen; denn diese B e g r ä b n i ß =
s t ä t t e M u r a d s III. und seiner Söhne ist eine Denk=
säule des Brudermordes. Hundert und zwei Kinder wa=
ren dem Sultan Murad geboren, von diesen überlebten
ihn 20 Söhne und 29 Töchter. Außer Mohammed III.,
dem Thronerben waren bei dem Tode des Vaters vier
Söhne, schon erwachsen; durch ihren Lehrer Newi aufs
Sorgfältigste erzogen und gebildet, unter ihnen der viel=
versprechende Prinz Mustapha. Sie alle, zugleich mit
den 15 noch unmündigen Brüdern, ließ Mohammed am
Tage seiner Thronbesteigung erwürgen; sieben Sclavin=
nen, noch vom verstorbenen Sultan schwanger, wurden
auf seinen Befehl im Meere ertränkt; bald folgten den
sämmtlich, einen Tag nach dem Begräbniß des Vaters hier
bestatteten 19 Brüdern noch andre, dem Sultan verdäch=
tig gewordne Verwandte, selbst seine eigene Mutter, ge=
waltsam hingerichtet, in die Gruft; nach einer nicht ganz
neunjährigen Regierung wurden auch die Gebeine des
Mörders zu denen der durch ihn Gemordeten gesamm=

12 *

let *). Die Würmer, welche sterben, möchten immer
nagen; die Verwesung, die ein langsames Verbrennen ist,
möchte das arme Todtengebein verzehren, gäbe es nicht
einen andern Wurm, der niemals stirbt; ein Feuer, das
niemals verlöscht.

Der Tag fängt an heiß zu werden, der reinliche
schöngeschmückte Laden des Sorbetbereiters zieht das
Auge wie den Geruch an; wir treten hinein uns zu er-
quicken. Wie groß ist da die Mannichfaltigkeit der lieb-
lich kühlenden Getränke, der eingemachten Früchte und der
Gelees. Sorbet und Gelee aus Rosen von Brussa, aus
Aprikosen von Damascus, aus den Datteln Aegyptens,
den Pandanusblüthen Arabiens, den Amomumwurzeln In-
diens; wohlriechende Wasser und Spezereien aus Yemen
und Persien. Dazu genießt man das treffliche Wasser
des gegenüber liegenden Brunnenhauses, von welchem ein
kühlender Aushauch über die ganze Nachbarschaft aus-
gehet.

Es bedarf hier keiner langen Ruhe; der Anblick des
Neuen wirkt selber wie Speise und Trank. Wir sind ja
da auch ganz nahe am neuen Serai und in wenig
Minuten stehen wir vor seinem Hauptthore. Ehe wir
hineintreten, betrachten wir erst den von Achmed III. er-
bauten Wasserthurm, dessen oberer Theil an den Bau
einer chinesischen Pagode erinnert. Er ist im Ganzen von
viereckigem Umriß; statt der Ecken stellen sich aber zwi-
schen den beiden Seitenflächen noch vier schmälere ein,
und diese Flächen enthalten auf lasurblauem Grunde poë-

---

*) M. s. Jos. v. Hammers Gesch. des Osm. Reich. IV.
S. 241.

tische Lobschriften der Güte dieses Wassers. Einer un-
ser Begleiter erzählte uns mit halblauter Stimme von je-
nen Schreckensstunden, da hier, nach der Besiegung der
aufrührerischen Janitscharen, Haufen von abgehauenen
Menschenköpfen zur Schau lagen.

Wir treten hinein in dieses Thor, dessen Halle vor-
mals, in der Zeit der byzantinischen Herrscher mit den
auserlesensten Statüen, die Decke und Wände mit den
Mosaikbildern geziert waren, welche Belisars Siege dar-
stellten. Jetzt hat hier, statt der Götter und Helden die
türkische Thorwache der Kapidschi's ihren Sitz. Ein
junger angehender Offizier und ein Unteroffizier oder wohl
auch Gemeiner ließen sich bereitwillig finden, uns zuerst
in den Garten, dann in die Höfe des Serais zu beglei-
ten. Wir traten durch das Gartenthor hinaus in das
Haus der Rosen oder Gülchane, wo die Pagen des Ho-
fes alljährlich, am dritten Tage des Bairams vor den
Augen des Sultans in den Waffen sich üben. Wir ge-
hen hinab, neben dem Lusthaine der alten Zypressen und
jenseits desselben bis an die Mauern am Meere; bis zu
dem neuen Köschk am Sommerharem. Was küm-
mern uns die geschmacklos eingerichteten, jetzt leer stehen-
den Käfiche der Frauen da neben uns; oder das Thea-
ter für die Ballettänze, wo der Sultan auf der Bühne
sitzt, während die Schauspieler im Parterre ihre Kunst-
stücke machen; wir mögen das nicht sehen; wir weilen
bei der Aussicht am Meere und setzen uns dann in der
Nähe des neuen Köschk bei einem gar wirthlich für die
besuchenden Freunden eingerichteten Hause, wo man uns
Kaffee und jene blasenden Instrumente reicht, welche, statt
zu tönen nur dampfen. Wie groß erscheint von hier aus
das Serai mit seinen hohen Mauern und Thurmzinnen.

Ich glaube gerne, daß es mit den Gärten eine Stunde
im Umfange hat, und daß Raum für Tauſende der Be=
wohner in ihm iſt. Hier nordwärts von uns iſt das
Kanonenthor des Serai's. Steht da vielleicht jene
Kanone, die bei nächtlicher Weile durch ihren Donner den
Bewohnern der Stadt es ankündigt, daß jetzt die gleich
weiterhin ans Kanonenthor angränzende, ſonſt immer ver=
ſchloſſene Pforte Odun Kapuſſi einmal wieder ſich
aufthue, nicht für Einen der die liebliche Kühlung der
Nacht in ſich aufnehmen will, ſondern für Einen den jetzt
die Nacht für immer in ihre Schatten aufnimmt: für den
Leichnam eines hingerichteten, durch die Anklage der Eu=
nuchen verdächtig gewordenen Weibes, oder eines gefal=
lenen Günſtlinges.

Wir kehren zurück zum erſten Hofe des Serais. Da
links vom Haupteingang durch den wir vorhin kamen,
das jetzige Zeughaus, war einſt, man erkennt es noch
am Baue, die Kirche der heiligen Irene, vor wel=
cher, gegen die Sophienkirche hin jene ſilberne Statue der
Kaiſerin Eudoxia ſtund, von welcher nicht in jene beiden
nachbarlich angränzende Kirchen allein, ſondern durch alle
Kirchen der Stadt eine mächtige Bewegung ausgieng.
Denn als Chryſoſtomus mit heiligem Ernſte gegen
die heidniſche Verehrung des Bildniſſes predigte, da zog
ihm ſein lautes Sprechen das Urtheil der Verbannung
zu; der Kirche des Landes aber innre Zerrüttung und
Kämpfe. — Hier der Brunnen am Raſenplatze iſt ein
Ajasma oder ein Weihbrunnen, deſſen Waſſer die Grie=
chen an ihren Feſten um ziemlich hohen Preis von der
Thorwache des Serais erkaufen. Dort weiterhin an der
linken Seite des Hofes iſt die türkiſche Münze mit
den Wohnungen des Münzdirectors, des Stadthauptman=

nes, und des Cabinetssecretärs. Wir stunden da im
Schatten einer uralten, herrlichen Platane, während un-
ser Dragoman im Münzhause für uns neue türkische
Piaster, Paras und etliche kleine Goldmünzen einwechselte.
Auf der rechten Seite des Hofes sind die Kanzleien, die
Bäckerei und die Wohnungen der niederen Dienerschaft.
Wir nähern uns nun der Seite die zum zweiten Hofe
führt und ihrem Thore, in dessen Halle so Mancher hin-
eintrat, der nicht mehr aus ihr herausgieng. Da rechts
neben dem Thore ist der Eingang zum Marstall des Se-
rais (der eigentliche, größere Stall liegt am Meere);
die Fontäne vor dem Marstall des Serais ist nach Abla,
dem Beduinenmädchen genannt, das der ritterliche Sara-
zene Antar liebte und besang; nicht weit davon steht
der große Mörser, welcher, so geht die Sage, sonst zum
Zerstampfen nicht von allerhand Wurzeln, sondern von
allerhand Menschen diente. Da, unmittelbar am Eingang
zum Thore des zweiten Hofes ist der Stein Binek-taschi
d. h. Vortheil der Reitschule, an welchem die fremden
Gesandten und andre Standespersonen, Einheimische wie
Fremde, die sich des Sultans Majestät nähern wollen,
absteigen müssen. Wir treten jetzt hinein unter die Halle
des Thores, die sich nach beiden Seiten hin durch Thü-
ren schließen läßt. Hier ist oder war wenigstens sonst die
Wohnung des Scharfrichters; hier geschahen auch meist
die Hinrichtungen der zu solchem Zweck hieher Gelade-
nen, und hier mußten, wenigstens sonst, nach der barba-
rischen Etikette des osmanischen Hofes, die Gesandten der
fremden Mächte so lange stehen, bis man sie beim Sul-
tan gemeldet. Doch war dies nur die vorläufige Mel-
dung, die eigentliche, wenn drinnen Alles bereit war,
brachte der Großwessir in dem blumenreichen Styke des

Orients unmittelbar vor dem Thore der Glückseligkeit,
d. h. vor dem Eingang zum dritten Hofe an. Die Herrn
Gesandten konnten es jetzt selber mit anhören, denn ob-
gleich die Ceremonienmeister, die vor ihnen Schritt vor
Schritt vorausgiengen, den Stock mit dem vergoldeten
Knopfe immer laut auf das Pflaster aufstießen und hier-
durch ihr „bis hieher und nicht weiter" aussprachen konnte
man doch der Hauptmeldung ganz nahe beiwohnen. Diese
lautete wörtlich übersetzt dahin, daß der Großvessir bei
dem Throne der Glückseligkeit die Gnade nachsuchte, „daß
der fremde Gesandte, nachdem er gespeißt und gekleidet
worden, seine Stirne in dem Staube der Füße der sulta-
nischen Majestät abreiben dürfe" *).

Wir bedurften dieser Anmeldung nicht; unsre beiden
Kapidschi's, zu denen sich noch, ohne unser Begehren
ein Dritter und Vierter, damit der Weg nicht ohne Leute
sey, gesellt hatte, führten uns wohlbehalten durch das
unheimliche Mittelthor in den zweiten Hof hinein. Hier
zeigen sich drei gepflasterte Wege; der zur Rechten führt
zu den neun Küchen des Serai's; der zur Linken zum
Diwan, in dessen beiden, mit Kuppeln bedeckten Sälen
der Reichsrath sich versammlet, welchem der Sultan, so
oft er will, in seiner vergitterten Loge ungesehen beiwoh-
nen kann, und neben dem Diwan sind die Sorbetbäckereien.
Der zwischen beiden die Mitte haltende, gerade, geht
nach dem Thore der Glückseligkeit, nach dem Eingang
zum dritten Hofe hin. Hier halten gewöhnlich die weißen

*) M. s. über dieses erniedrigende Ceremoniell des türkischen
Hofes J. v. Hammers Constantinopel und der Bospor.
I. S. 246 u. f.

und schwarzen Eunuchen Wache; uns ließ man, nach dem
der junge, türkische Offizier für uns gesprochen, hinein
treten und hindurchgehen. Die alte Porphyrsäule, außen,
vor dem Thore der Glückseligkeit*), so wie die alten, ver
goldeten Schilde, die in der Halle des Thores hängen,
erregten keine großen Erwartungen, und auch im Innren
des dritten Hofes ist nicht viel Besondres zu schauen;
die alte sultanische Herrlichkeit sieht ziemlich baufällig aus;
die Gebäude des Harems und des Schimschirlück,
oder des Prinzenkäfiches, worinnen seit jenen Bruderkrie
gen die sich durch Roxelanes Ränke entspannen, alle
Prinzen bis zur Thronbesteigung wie gefangen gehalten
wurden, so wie alle die andren hier anstoßenden Theile
des Kaiserpallastes lassen, wenigstens von außen, nichts
von dem Prunk ahnden, der in ihrem Innren sich zeigen
soll. Wir hielten uns auch mit ihrer Betrachtung nicht
auf, sondern wendeten uns sogleich nach dem reich ver
goldeten und bemahlten, marmornen, porzellanenen, bunt
steinigen Audienzsaale, wo den auswärtigen Gesandten
nach der alten Sitte des Hofes vormals die Gnade wie
derfuhr, daß ihnen die beiden hierzu verordneten Ceremo
nienmeister, die neben ihnen hergiengen, die Hände auf
das Haupt legten, und dieses, so tief sie wollten, zu
einer Verbeugung gegen des Sultans Majestät nieder
drückten. Wir schauten neugierig durch die hellen Fenster
des Saales hinein, dessen Wände von allerhand glänzen
den Dingen flimmerten. Da man uns dieses so hingehen
ließ, wollten wir auch in ein andres schönes, buntes

*) Sie stund früher im Portikus des byzantinischen Kaiser
pallastes.

Lusthäuslein oder Gemach hineinblicken, da kam ein alter, bartloser, vornehm gekleideter Türke, von der Seite, wo der Eingang zum Harem ist, heraus und schält auf Türkisch über uns und unsre Kapidschis. Etliche von diesen, sammt dem Dragoman, traten ganz erschrocken zurück, als wollten sie sich hinter uns verstecken, nur der junge Offizier blieb bei uns in Reihe und Glied stehen, brummte etwas in den Bart hinein, machte aber, sobald der alte Herr den ersten, ziemlich langen Satz seiner Strafrede geendigt hatte, rechts umkehrt euch mit uns und wir beeilten uns Alle, glücklich wieder aus dem Thor der Glückseligkeit hinaus zu kommen.

Die neun Küchen, worinnen für den Sultan, für die Sultanin Kasseki und Walide so wie für ihre Damen und Dienerinnen, für den Präfecten des Serais, den Schatzmeister und andre Hofdiener, der tägliche Bedarf der Tafeln zubereitet wird, schienen namentlich unsren Reisegefährtinnen einer nähern Betrachtung werth, und da man uns den Eintritt anbot, besuchten wir zunächst die Küche der Sultaninnen. Man setzte uns hier eine große Schüssel vor, mit einem süßen Gebackenen, das noch überdieß in Zucker geschmalzen war, wir mußten jedoch diese Gabe der Gastfreundschaft stehend vor dem Küchentische verzehren und Messer, Gabeln und Löffeln gab man uns auch nicht. Sobald wir Andren zulangten, griffen unsre Kapidschi's auch sehr eilig mit uns in die Schüssel. Vielleicht sollte uns dieses an jene alte türkische Hofsitte erinnern, nach welcher, wenn fremde Gesandten und Herrschaften kamen, den Janitscharen Schüsseln mit Pilau vor die Küche hingesetzt wurden, und wenn dann die Soldaten recht munter auf die Schüsseln zusprangen und Hand an die Speisen legten, so

war das ein gutes Zeichen; ein Zeichen, daß dieses so
leicht aufzureizende Volk zufrieden und Alles ruhig und
sicher sey *). Da nun unsre Kapidschis so eilig mit ihren
Händen in die Schüsseln fuhren, konnte man dieß aller=
dings als ein Zeichen ihrer Zufriedenheit und der öffent=
lichen Sicherheit betrachten; nur wäre zu wünschen ge=
wesen, daß diese fleißigen Hände sich mit Löffeln oder
Gabeln versehen hätten. Nach diesem türkischen Mahle
der Süßigkeiten zeigte man uns noch Alles was zu den
Räumen und Geschäften der Küche gehörte und wenigstens
bei dem Türken, welcher, wie es schien, das Geschäft
eines Unteraufsehers der Küche begleitete, geschah dieß
ohne Eigennutz, denn unser Geschenk, das der Drago=
man ihm anbot, wurde von ihm ab= an die Dienerschaft
der Küche gewiesen.

Mit einem Gefühl des Unheimlichen verweilten wir
noch im Hinausgehen einige Augenblicke beim Anblick des
mittleren Hofes und der zu ihm gehörigen Gebäude. Wäh=
rend den Zeiten des alten christlichen Byzanz haben sich
allerdings über diese Stätte vielfache Gräuel ergossen,
aber immer ward doch der im Innern der entarteten
Herrscher wüthenden Seuche durch die Furcht vor der
Kraft oder vor dem äußern Ansehen eines göttlichen Ge=
setzes noch Ziel und Damm gesteckt. Welche Furcht konn=
te aber die einst hier hausenden Wütheriche unter den
mohammedanischen Herrschern bändigen, welche vom neuen
Serai aus über Stadt und Land Furcht und Entsetzen
verbreiteten? Wer wollte es, unter Murads IV. Herr=
schaft nur wagen den Mauern dieser prunkvollen Mord=

---

*) M v. J v. Hammer a. a. O.

grube sich zu nahen.   Schoß doch der Tirann mit eigner
Hand den Sohn eines Pascha nieder, ließ er doch ein
Boot, das von Weibern erfüllt war, im offnen Meere
versenken, weil sie unversehens den Mauern des Serais
zu nahe gekommen waren; eine andre Gesellschaft von
Frauen, die auf einer Wiese mit Tanz und Gesang sich
vergnügte, wurde ertränkt, weil den Sultan der Aus-
druck der Frölichkeit in Grimm setzte; Hunderte der Mäch-
tigen und zum Theil auch der Edlern des Landes, wel-
che des Sultans Befehl ins Serai zum Handkuße rief, en-
deten, ehe sie das Thor der Glückseligkeit erreichten, unter
der Hand des Henkers.   Nur in den letzten sieben Jah-
ren seiner siebenzehnjährigen Regierung, welche mit dem
Mord der Brüder begann, wurden 50,000 Menschen auf
Murads Befehl hingerichtet; als er selber schon mit den
Vorboten des Todes rang, befahl er die Hinrichtung des
einzigen noch lebenden Bruders und Thronerben der os-
manischen Dynastie, Ibrahim, und als man die (erdich-
tete) Nachricht von der Vollziehung des Urtheils ihm
brachte, erheiterte ein schadenfrohes Lächeln noch einmal
sein Gesicht, auf welchem man gleich vorher nur den Aus-
druck der Schrecken des Todes gesehen.   Doch wie bald
mögen, in vielfach vergrößertem Maaße diese Schrecken
zurückgekehrt seyn, dem Manne, welcher, so lange er
lebte, Allen, die um ihn seyn mußten, so zum Schrecken
war, daß sie kaum es wagten, in seiner Gegenwart an-
ders als durch Zeichen der Taubstummensprache zu reden
und zu antworten.   Und was hatte das arme Land ge-
wonnen als nun an die Stelle der Grausamkeiten des
mordlustigen Murad IV. die Gräuel der Wollüste seines
Bruders und Nachfolgers Ibrahim traten und Verheerun-
gen andrer Art über das Reich der Osmanen ergoßen, wel-

die nur als Mordthaten in andrer Form erschienen, bis
mit Ibrahims Hinrichtung (im Jahr 1648) die schmach-
volle Herrscherzeit der drei Söhne Achmeds und ihres
blödsinnigen Oheims Mustapha endigte.

Wir traten jetzt wieder hinaus vor das Serai in die
Straßen der Stadt. Hier betrachteten wir die vormals
sogenannte hohe Pforte: den Pallast des Groß-
wessirs, worinnen dieser Audienzen ertheilt und in wel-
chem die wichtigsten Angelegenheiten des Reiches berathen
und besorgt werden. Allerdings konnte man das alte, vor-
malige Wohn- und Geschäftshaus der osmanischen Groß-
wessire, das in dem letzten, großen Aufstand der Janit-
scharen großentheils in Trümmer fiel, als die hohe, von
den Seufzern des Elendes nur selten erreichbare Pforte
betrachten, durch deren geöffnete Thüren Schrecken und
Kriegsgeschrei weithin über Land und Meer ihren Aus-
lauf nahmen, in welchem auch mancher nicht bloß kräf-
tige, sondern zugleich weise Wessir, wie der Sokolli Mo-
hammed Pascha, dann der greise Köprili und mehrere
Andre das wahre Wohl des Landes beachteten, aber diese
allvermögenden türkischen Minister selber, so sehr ihnen
mit dem Thor der Glückseligkeit zugleich der Weg zu allen
irdischen Ehren und zu allem Glück der Sinnenwelt er-
öffnet schien, waren dennoch deßhalb keinesweges hierüber
zu beneiden. Unter dem Tyrannen Selim I., dem Vater
Suleimans des Großen, der selbst diesen, seinen einzigen
Sohn hätte hinrichten lassen, wenn der kluge Bostandschi
Pascha (nach S. 138.) die Gräuelthat nicht verhindert
hätte, war es eine seitdem lange in Gebrauch gebliebene
Verwünschungsformel der Türken geworden, zu dem Fein-
de oder Beleidiger zu sagen: mögest du Sultan Selims
Wessir seyn. Denn, wie dies der osmanische Geschichts-

schreiber Aali erzählt*), die Weſſire Sultan Selims blie=
ben oft kaum einen Monat im Amte, ohne der Hand des
Henkers überliefert zu werden, daher dieſelben ihr Teſtament
beſtändig bei ſich im Buſen trugen, und, ſo oft ſie wieder le=
bend von der Audienz des Tyrannen herauskamen, das Leben
als ein neugeſchenktes betrachteten. Da einmal der kräf=
tige, kluge und in allen Geſchäften gewandte, dabei auch
unbeſcholtene Großweſſir Piribaſcha dieſen „ſtrengen“ Herrn
bei beſonders guter Laune traf, ſprach er, halb im Scherze
zu ihm: mein Padiſchah, ich weiß, daß du mich zuletzt
doch unter irgend einem Vorwand umbringen wirſt; könn=
teſt du mir nicht wenigſtens einen freien Tag zuvor ſchen=
ken, an welchem ich meine Rechnungen mit dieſer und
jener Welt in Ordnung bringen könnte? Der Großherr
lachte über dieſe freimüthige Bitte und antwortete: ſeit
langem gehe ich wirklich mit dem Gedanken um, dich hin=
richten zu laſſen, aber ich habe noch keinen Andern, den
ich an deine Stelle ſetzen könnte, ſonſt wäre es mir ein
Leichtes, dir deine Bitte zu erfüllen. — Unter ſolchen
Umſtänden, die ſich unter vielen der türkiſchen Sultane
wiederholten, erſchien allerdings der Zugwind der vom
Serai durch die hohe Pforte wehte als eine ſchlimmere Ur=
ſache des Halswehes, denn der Zugwind unter den Thü=
ren der armen Bürgerhäuſer.

Auf dem weitern Wege wurde uns an der Mauer
des Serais der Köſchk oder das Luſthaus gezeigt, hin=
ter deſſen Gitter=Jalouſieen der Großſultan den öffent=
lichen Aufzügen zuſieht, ohne ſelber geſehen zu werden.
Durch manche der langen, krummen Gaſſen kamen wir

*) Bei Joſ. v. Hammer Geſch. d. osm. R. II. S. 378.

zu der modernen, fensterreichen Moschee Osmans III.
(vollendet im Jahr 1755), in deren Nähe das 14 eckige
Bibliothekgebäude dem Auge auffällt. Hier finden sich
unter den 1693, meist geschriebenen Büchern selbst die
astronomischen Tafeln von Cassini in einer türkischen, die
heiligen Schriften der Christen in arabischer Uebersetzung*).
Mehr jedoch als die Betrachtung der Bücher zog unsre
Begleiterinnen, und für diesmal auch uns der Besestan
oder große Markt zu seinen unter den bedeckten Hallen
hinlaufenden Kaufmannsläden hin. Hier ist Alles zu ha=
ben, was an Kleidung, Zierrathen und Kostbarkeiten ein
türkisches Herz sich etwa wünschen mag. Wie prunkten
da, in ganzen Reihen der Buden, die kostbaren Kaschemir=
Schawls; die gold= und perlengestickten Tücher, Tabaks=
beutel, Schleier, Kopfputzsachen, Schuhe und Pantof=
feln. — Mit den eigentlichen Türken ist es gut handeln;
sie sind im Ganzen ehrlich und offen, legen kein zu hohes
Ausgebot auf ihre Waaren, lassen sich aber von der ge=
botenen Summe nur wenig abhandeln. Bei einer spätern
Gelegenheit sagte ein türkischer Fabrikant aus Magnesia
zu jemand aus unsrer Begleitung, der an einem seiner
Teppiche Gefallen zu finden schien: mich kostet er 60 Pia=
ster, dir will ich ihn um 70 lassen, statt daß unsre Fabri=
kanten öfters in solchen Fällen das Umgekehrte sagen.
    Mit Freund Mühr gieng ich jetzt noch durch den
ägyptischen Marktplatz (Missr-tschar schussi), dessen
Gewürze schon aus ziemlicher Entfernung durch ihren
starken Duft sich verriethen, hinab nach dem Hafen, um
in der Nähe desselben den einfach schönen, im Jahr 1775

---

*) J. v. Hammers Const. u. d. Bosp. I. S. 521.

erbauten Begräbnißplaß des Sultan Abbulha-
midschau zu betrachten. Er selbst der Großsultan, so
wie seine beiden in den Soldatenempörungen umgekom-
menen Söhne Selim III. und Mustapha VI. sind hier
beerdigt; wie bei vielen andern Begräbnißstätten der ver-
storbenen osmanischen Herrscher, finden sich auch bei die-
ser mehrere wohleingerichtete, fromme Stiftungen. Dem
Grabmahle gegenüber zeigt sich eine reinliche und geräu-
mige Armenküche, mit ihren großen, glänzenden, metalle-
nen Kesseln und Pfannen. Hier werden täglich, außer
den vielen Fleischspeisen und Pilau, 1200 Brode an die
Dürftigen vertheilt. Neben dem Hauptgebäude selber ver-
dient noch das Gebäude einer andern, wohlthätigen Stif-
tung die Aufmerksamkeit des Fremden: das der Bibliothek
des Abdulhamidschan, zu welcher auch Ausländer und
Nichttürken ungehinderten Zutritt haben. Hier, wie bei
allen Grabmählern der Großen sind einige Hymnensänger
und Leser des Korans zur Erbauung des Volkes ange-
stellt.

Die Sonne stund noch hoch; der Abend war schön;
wir nahmen beim Gartenthor eine Barke und fuhren im
Hafen hinab, nach der Seeseite des Serai hin. Vor al-
lem fällt an dieser der Indschuli Köschk oder das
Perlenlusthaus, in seiner morgenländisch prächtigen Bauart
und mit seinen grünen, wie es scheint aus „lacedämoni-
schem Marmor" gehauenen Säulen ins Auge; weniger
das Uferlusthaus oder der Jalli Köschk, von welchem
der Sultan dem Aus- und Einfahren der Flotten, sitzend
auf silbernem Throne zusiehet. Heimkehrend nach Pera,
nehmen wir unsren Weg über die stattlich aussehende Vor-
stadt Tophana, welche unter Pera am Ufer, neben Ga-
lata liegt. Doch von den Gebäuden und andren Sehens-
würdig-

würdigkeiten dieser, wie der übrigen Vorstädte, wird
nachher noch besonders die Rede seyn, vor der Hand er-
wähnte ich nur noch einiger sonderbaren Ueberschriften der
öffentlichen Bäder, auf welche mein Freund und mehr
noch Joseph von Hammer in seinem Werk über die Haupt-
stadt und ihre Umgebungen mich aufmerksam machte *).
Schon durch diese Ueberschriften bestimmt sich fast jedes
Bad für einen besondern Stand, dessen Zugehörige sich
auch wirklich an diesen Orten, die zugleich der geselligen
Unterhaltung dienen, zusammenfinden. So giebt es, we-
nigstens besagen dieß die einladenden Inschriften, ein
eignes Bad für Gesetzgelehrte, eines für fromme und an-
dächtige Männer, ein andres für unschuldige und sittsame
Leute, andre, besondre Bäder sind für Sternkundige, für
Dichter, für Maler, für Tonkünstler, für Derwische, für
Pferdeliebhaber bestimmt; in Akhaba sogar eines für My-
stiker und nicht weit davon eines für Vogelfänger. Aber
außer diesen wohl- oder doch nicht geradezu übellauten-
den Inschriften giebt es auch andre, welche den, der ihre
Züge zu enträthseln versteht, nicht sehr zum Besuch des
Bades einladen können. Denn man findet unter andren
ein Bad für Solche, welche das Gebet nicht lieben, eines
für bons vivans, eines für Possenreisser, eines für Ban-
diten, in Tophana eines für Lügner. Freilich könnte da
jeder Badende beim Eintritt in das Haus voraus wissen,
welche Gespräche hier unter den Gästen vorherrschen wer-
den; der Rechtsgelehrte wird sich dahin gesellen, wo
von den Rechtshändeln, der Pferdeliebhaber dahin, wo
von den schönsten Pferden der Stadt die Rede ist.

---

*) J. v. Hammers Const. u. d. Bosp. I. S. 537.
v. Schubert, Reise i. Morgld. 1. Bd.   13

Wir gehen nun zu der kurzen Beschreibung einer
zweiten Tagwanderung durch Constantinopel über.

Donnerstags den 6ten October hatte sich ein erfri-
schender Herbstwind aufgemacht, der uns hinüber über
den Hafen nach der Stadt und einiger ihrer nächsten An-
gränzungen begleitete. Wir waren diesmal zu Pferde;
unser Weg gieng an der Nordostseite von Constantino-
pel, zwischen dem Hafen und den alten hohen Mauern
der Stadt hinan. Er zog sich großentheils durch enge,
schlecht gepflasterte Gassen, in deren einer die langen
Reihen von Werkstätten der Steinmetzen Staub in
Menge verbreiteten. Von Zeit zu Zeit wird der von
einem ortskundigen Führer geleitete Reisende, auf
diesem Landwege nach Ejub, dem sonst der Weg zu
Wasser vorzuziehen wäre, bald zur Rechten nach dem
Hafen, bald zur Linken gegen die Stadt zum Be-
schauen abgerufen. Ein Punkt, der Beachtung werth,
ist da am Petrion innerhalb dem Fänalthore oder Fe-
ner-Kapussi das Kirchen- und Wohngebäude des
griechischen Patriarchats, zum heiligen Georg ge-
nannt. Die alte Kirche hat vielleicht weniger wirklichen
als historischen Kunstwerth. Unter den Vorhallen zeigen
sich bildliche Darstellungen der verschiedenen Bleibstätten
der Seligen, deren größere Menge in geistlichem Gewand
der Patriarchen, Bischöfe und Mönche erscheint; so wie
die buntfarbigen Schilderungen der verschiednen Stufen
der Höllenstrafen. Der Künstler, verzichtend auf die
Kenntlichkeit der Figuren, die der Pinsel gab, hat sich
hie und da durch Zusetzen der Namen geholfen, unter
denen, auf der feuerrothen Seite der Linken, oder der
Verdammten, Julians, des Abtrünnigen, so wie Mari-
minians Name zu lesen ist. Im Innren der Kirche wird

unter andrem der mit Perlenmutter ausgetäfelte Stuhl
des h. Joannes Chrysostomus gezeigt, worauf der Pa-
triarch, an hohen Festen seinen Sitz einnimmt. Diesem
gegenüber stehen die mit Scharlach ausgeschlagenen,
durch ein weißes Kreuz und seit neuerer Zeit mit dem
russischen Adler verzierten Sitze der Fürsten der Moldau
und Wallachey. Nicht fern von dem Patriarchat des hei-
ligen Georg, außerhalb dem Fanalthor ist die Residenz
und Kirche des Patriarchen von Jerusalem so wie des
Bischofs von Bethlehem. Immerhin macht das Hinein-
blicken in diese alten, christlichen Kirchen, hier in dem
mohammedanischen Constantinopel auf den innren Sinn
des christlichen Pilgrims einen ähnlichen Eindruck als der
ist, welchen der Anblick des frischen Schnees der Alpen
auf den äußren Sinn eines Wandrers macht, der sich
fern von jenen Höhen, mitten im dürren, heißen Sand
der Wüste befindet. Der Schnee ist wohl kalt und todt,
aber es quillt aus seinem Schooße doch lebendiges Was-
ser, hier aber in der brennend heißen Wüste erstirbt die
Seele den schmerzhaften Tod des Durstes.

Vor dem Hinaustreten aus dem Thore von Hai-
wan Hissari gegen die Vorstadt der Töpfer hin,
wenden wir uns zuerst noch zur Betrachtung jenes Weih-
brunnens (Ajasma), der wenigstens die Stätte bezeichnet,
bei welcher die während den Zeiten der byzantinischen
Herrschaft so hoch in Ehren gehaltene, zuerst von der
Kaiserin Pulcheria (457) erbaute, dann von vielen spä-
tern Kaisern erweiterte und verschönerte Kirche der Bla-
chernen stund. Diese ist den Freunden der altdeutschen
Dichtkunst wegen einer Anspielung im Titurel merkwür-
dig, denn in dieser Kirche war außer dem heiligen
Schranke mit dem Gewand der Mutter Gottes auch je-

13 *

nes Gnadenbild, dessen Schleier jeden Freitag Abend wie
durch unsichtbare Hände erhoben wurde und das Ange=
sicht des Bildes einen Tag lang unverhüllt sehen ließ, bis
er am Sonnabend bei der Vesper sich wieder hernieder=
ließ und die Gestalt 6 Tage lang verhüllte. Nach der
Kirche der Blachernen fanden jährlich mehrere Male sehr
feierliche Prozessionen statt, an denen der Kaiser mit sei=
nem ganzen Hofstaate theilnahm.

Weiterhin führt der Weg nach Ejub durch die Vor=
stadt der Töpfer. Hier verweilt man gern bei der schö=
nen, von Sinan dem Architekten erbauten Moschee Sal
Pascha, um welche, wie Zellen der Bienen, die Wohn=
stätten der Studirenden, die hier durch wohlthätige Stif=
tung erhalten werden, herumgelagert sind. Vormals war
da, wo diese Moschee steht, ein Tempel des Jupiter;
später die Kirche des heiligen Mamas; nahe von hier
zog sich die prachtvolle, von Leo dem Großen im Jahr
469 erbaute Brücke über den Meeresarm des Hafens hin=
über. Eine der beiden Fontänen, die sich in der Nähe
dieser Moschee zeigen, wird bedeutungsvoll durch ihren
Erbauer, denn sie erinnert an den Großwessir Sokolli
Mohammed Pascha, der die Würde eines Großwes=
sirs 40 Jahre lang unter der Regierung von drei Sul=
tanen: Suleiman dem Großen, Selim II. und Murad III.
mit Verstand und Glück bekleidete, bis er im Jahr 1599
durch Meuchelmord erlag und die so ungewöhnlich lang
getragene Ehrenstelle seinem Nachfolger einräumte.

Ejub, die lieblich zwischen den hochwüchsigen Zypres=
sen, Platanen und Ahornbäumen gelegne Vorstadt, hat
für den Christen wie für den Mohammedaner ein beson=
deres historisches Interesse. Hier, wo jetzt die Sultanin
Mutter (Walide) ihren Sommerpallast, nahe am Ufer

des Meeres bewohnt, stund das Kosmidion der By-
zantiner, jenes Schloß das nach den Namen der beiden
heiligen Nothhelfer und sich selber verläugnenden Kranken-
wärter Kosmas und Damianus benannt war. Es wur-
den den Schutzheiligen dieser Kirche heilsame Wunder-
kräfte zugeschrieben, welche selbst im Traum des Nachts,
wie dieß einst im Tempel des Aesculap geschehen, der
Seele sich kund thaten und durch sie über den kranken
Leib sich ergossen. Auf diese Weise ward Justinian der
Große von einer tödtlich scheinenden Krankheit, in wel-
cher die Aerzte ihn schon aufgaben, wieder geheilt und
zur dankbaren Erinnerung daran hatte dieser prachtlie-
bende Kaiser die Kirche der heiligen Nothhelfer nach grö-
ßerem Maßstabe neu erbauen lassen. Vielleicht daß noch
manches der alten Grundgemäuer des vormaligen Kosmi-
dion das sehenswerthe, anmuthig gelegene Gebäu des
Pallastes der Walide stützt; wäre aber auch dieses
nicht, so wird dieses Kosmidion in der Erinnerung des
abendländischen Reisenden, durch das Andenken eines
Glaubenshelden: des Gottfried von Bouillon gestützt,
welcher auf seinem Kreuzzuge nach Jerusalem mit seinen
70,000 Streitern zu Fuße und 10,000 Reutern hier eine
Zeit lang gelagert war. Damals erhielt das Kosmidion,
weil Graf Raimund in ihm wohnte, den Beinamen der
Raimundsburg.

Nach dem Besehen des Pallastes der Walide, erquick-
ten wir uns an der in dieser Vorstadt ganz besonders
guten, den Bewohnern der Hauptstadt rühmlich bekannten
geronnenen Milch (Kaimak). Ejub hat keine bedeckten
Hallen, sondern eine Reihe offner Kaufmannsläden. In
einem von diesen betrachtete ich die türkischen Spielsachen
für Kinder. Wie arm erschien mir da der Kreis der

kindlichen Vorstellungen und Bedürfnisse gegen jenen Kreis
den in unsrem Vaterland eine Spielwaaren-Niederlage über-
blicken läſſet und umfaſſet. Nichts als hölzerne Pferde,
Trommeln und andre Lärm machende Dinge, Säbelchen,
Flinten und Peitschen; für die Mädchen falſche Schmuck-
ſachen und Dinge, die an die Kaffeeviſiten und die halb
blödſinnigen Spiele des Harem erinnern. Wie verirrte
Zugvögel des Auslandes erſchienen übrigens auch unter
den neuen, türkiſchen Spielſachen einige ziemlich altmo-
diſch ausſehende Nürnberger Waaren, vor allem ſolche,
bei denen da und dort ein kleiner Spiegel angebracht
war, auch kleine Meſſingwaaren, an denen die wohlbe-
kannten Zeichen unſrer vaterländiſchen Fabriken zu erken-
nen waren. Selbſt die (wohlfeileren) Arten des Porzellans
ſind hier häufig von deutſchem Urſprung.

Wir wandelten nun weiter nach dem Orte hin, der
dem jetzigen Ejub ſeine Hauptbedeutung in den Augen
der osmaniſchen Bewohner der Hauptſtadt und des gan-
zen Landes giebt. Hier ſtehet, im Schatten der uralten,
hohen Platanen die Moſchee des Ejub, die ſchon der
Eroberer von Conſtantinopel, Mohammed II. begründete,
und in welcher jeder neue Herrſcher der Osmanen gleich
nach der Beſteigung des Thrones, durch die Umgürtung
mit Mohammeds Schwert die höhere Weihe für ſeine
Regentenwürde empfängt. Sie gilt den Moslimen für eine
der heiligſten Gedenkſtätten ihres Glaubens. Sie darf
nie von einem Chriſten oder Juden betreten werden; ſchon
das bloße Hineinblicken auf den ummauerten, mit Bäu-
men bepflanzten Platz, der den Vorhof umgiebt, wurde
uns von den Thorhütern verwieſen. Im Koran findet
ſich eine Stelle, welche die Moslimen von Anfang an
als eine untrügliche Weiſſagung ihres Propheten betrach-

teten, und welche auch wirklich Jahrhunderte lang, bis
sie endlich in Erfüllung gieng, sich von wunderbar auf=
regender Kraft an den Schaaren der eroberungssüchtigen,
kriegslustigen Völker des mohammedanischen Ostens erwies.
Die Stelle, welche von der Zukunft des Reiches des Is=
lams und seiner Ausbreitung durch die Gewalt des Schwer=
tes handelt, schließt mit den politisch=prophetischen Wor=
ten: „sie" (die Gläubigen des Islams) „werden Con=
stantinopel erobern; wohl dem Fürsten, dem jenesmali=
gen Fürsten, wohl dem Heere, dem jenesmaligen Heere."
Im Vertrauen auf die unverbrüchliche Wahrheit dieser
Weissagung machte sich schon Moawia, der Feldherr Ali's,
des Schwiegersohns des Propheten, im 34. Jahre der
Hedschira, dem 684ten nach Christi Geburt, zum Kam=
pfe gegen die Kaiserstadt des Ostens auf und wiederholte
zum zweiten Male, da er selber Khalif geworden war
im Jahr 667, dann zum dritten Male durch seinen Feld=
herrn Sofian Ben Auf im Jahre 672 die Belagerung.
Die Söhne der Wüste umlagerten damals, wie eine
Wolke, die von der Morgensonne geröthet, am künftigen
Abend mit Ungewitter drohet, die Stadt, deren Stunde
noch nicht gekommen war. Für Mahommeds Jünger war
dieses eine Zeit der ersten Begeisterung; mächtige, rit=
terliche Waffenthaten wurden von ihnen geübt; dennoch
wurde Constantinopel noch gegen den furchtbar andrängen=
den Sturm gehalten. Bei dem Heere der Moslimen fand
sich auch ein für heilig geachteter, greiser Held: Ejub
Chalad, ben Said Anssari, der den Propheten noch selber
gekannt und in den Kämpfen desselben seine Fahne getra=
gen hatte. Dieser älteste Streiter für den Islam fiel,
im kühnen Kampfe mit den Heeren der Stadt und wur=
de an der Stätte, wo nun seine Moschee stehet, begra=

ben. Das Grab war längst vergessen, da fand es, viel-
leicht geleitet durch die Namenszüge des alten längstbe-
moosten Denksteines, oder durch andre andeutende Zeichen
Ak-Schem-Sebbin, einer jener heiligen Scheikhs, wel-
che fast 800 Jahre nach Ejubs Tode das Heer des Ero-
berers der Stadt, Mahommeds II. begleiteten, wieder
auf und diese (wenigstens angebliche) Entdeckung entflamm-
te den schon gesunkenen Muth der Belagerer von neuem
zu so gewaltigen Waffenthaten, daß bald hernach die be-
drängte Stadt ihnen unterlag. Jene Weissagung: „sie
werden Constantinopel erobern; wohl dem Fürsten, dem
jenesmaligen Fürsten; wohl dem Heere, dem jenesmali-
gen Heere", ließ dann der Eroberer, durch den sie wirk-
lich in Erfüllung gegangen war, mit goldenen Buchstaben
in die von ihm erbaute, schon oben erwähnte Moschee
schreiben.

Die Moschee von Ejub enthält außer dem Grabmahl
des alten Fahnenträgers und Waffengefährten des Pro-
pheten auch noch ein Erinnerungszeichen an diesen selber;
nämlich einen Fußtapfen, welchen er, da er am Bau der
Kaaba mithalf, dem Felsenboden, auf welchem er stund,
einprägte. Von Mekka war dieser angebliche Fußtapfen
nach Aegypten, von da, bei Eroberung dieses Landes
nach Constantinopel in den osmanischen Herrscherschatz ge-
kommen, bis ihn im Jahr 1705 der damalige Schatzmei-
ster Redschel-Pascha unter den andren alterthümlichen
Kostbarkeiten auffand, und der Sultan die kostbare Fuß-
spur mit Silber umfaßt in die Wand der Ejubs-Mo-
schee einmauern ließ.

Diese Vorstadt ist seit den Zeiten der türkischen Ero-
berung zu einer kleinen, für den Kenner der osmanischen

Geschichte merkwürdigen Gräberstadt geworden. Es ge=
hörte zu den frommen Wünschen Aller durch ihren Stand
oder durch eine Art von geistliches und wissenschaftliches
Verdienst hierzu berechtigten Moslimen der Hauptstadt,
da, bei den Gebeinen des Freundes ihres Propheten be=
graben zu werden. Darum sieht man hier, als ein Pracht=
werk des großen Baukünstlers Sinan, das Grabmahl des
oben (S. 196) erwähnten glücklichen Großwessirs Sulei=
mans und seiner beiden Nachfolger: des Sokolli Mo=
hammed Pascha, des Eroberers von Szigeth, so wie
das von demselben Meister erbaute, kleinere, des Wes=
sirs Pertew Pascha, welcher in derselben Stunde, in
welcher Suleiman vor Szigeth starb, die ungarische Gränz=
festung Giula einnahm. Auch das Grabmahl des Wessirs
Ferhad Pascha, nahe am Landungsplatze des Mee=
resarmes ist Sinans Werk. Wenn diese Grabstätten
schon durch den werkereichsten und berühmtesten Architek=
ten, den Michel Angelo der Osmanen, beachtenswerth
erscheinen, so sind dieß Andre wenigstens durch das An=
denken an die ausgezeichneten Männer, deren Gebeine sie
beschatten. Denn unter den Hunderten der andern be=
rühmten Männer ruhen hier bei Ejub der große Gesetz=
gelehrte und Rathgeber Suleimans Ebn=Suud; der
gelehrte Koranforscher und Prinzenlehrer Achmed Ef=
fendi; dann Seadeddin oder Chodscha Effendi,
der vornehmste unter den Geschichtsschreibern der Osma=
nen, so wie die Dichter Ghanaji und Baba Mah=
mud. Zu den meisten dieser Grabstätten und in das
Innre der sie umringenden Gärten, gestattete man uns
ohne Schwierigkeit den Zutritt; von andern, namentlich
jenen der Stifter oder gewesener Vorstände mancher Der=
wischorden, wieß man uns zurück.

Die Umgegend von Ejub gehört zu den reizendſten,
welche die Nachbarſchaft von Conſtantinopel dem Reiſen=
den darbietet. Die Menge der Zypreſſenhaine, die Quel=
len in den kleinen ſchattigen Thälern, vor allem aber die
paradieſiſch=ſchönen Ufergegenden am Einfluß des Bar=
byſes in den Cydaris, bei dem durch Achmed III. durch
viele neue Anlagen gezierten Dorfe Alibeg=köi und
noch mehr der Luſtort der ſüßen Waſſer (von den
Türken Kiagdſchane genannt), welcher weiter hineinwärts
gegen das Ende des Hafens liegt, in welches der Bar=
byſes und Cydaris münden, wären eines Verweilens, nicht
nur von etlichen Stunden, ſondern von ganzen Tagen
werth. Die Pflanzenwelt dieſes reichen Landes wird hier
in einer Fülle und Farbenpracht geſehen, zu welcher ſie
in unſern Treibhäuſern und Luſtgärten ſich niemals er=
hebt. Doch wir hatten an dieſem Tage noch Vieles zu
ſehen; wir kehrten deshalb wieder zurück zu der Vorſtadt der
Töpfer, und zogen, an der Gegend der türkiſchen Grab=
ſtätten vorüber, den Hügel hinan, zu dem nicht weit vom
Kanonen=Thore (Egri Kapu) der Hauptſtadt gelege=
nem Pallaſt des Hebdomon, deſſen alte Gemäuer
noch jetzt mit ihren drei Stockwerken ziemlich wohlerhal=
ten daſtehen. Schon Conſtantin der Große hatte dieſen
Pallaſt erbaut; hier lebte ſpäter jene der himmliſchen Weis=
heit vertraute kaiſerliche Jungfrau Pulcheria, die unter
allen Perlen, welche in der reichen Schatzkammer des
Pallaſtes aufgehäuft lagen, ſelber die koſtbarſte Perle des
Landes war; hier hatte der Philoſoph Leo ſeine Schule;
hier wohnte ſelbſt der prachtliebende Juſtinian. Noch un=
ter der Regierung des Kaiſer Theophilus (im J. 830)
fanden ſich unter den vielen, werthvollen Schätzen dieſes
Pallaſtes die weltberühmten fünf goldnen Thürme, bei

Ihnen jener goldne Baum, auf deſſen Zweigen künſtliche, goldne Vögel tönten; die beiden goldnen, reich mit Edel= ſteinen verzierten Orgeln; dann unter andern Reliquien das Haupt Johannis des Täufers. — Durch die Hütten der armen Leute (es waren Juden), die ſich anjetzt wie Dohlen in und an das Gemäuer des vormaligen Kaiſer= pallaſtes angebaut haben, ſtiegen wir hinan zum zweiten Stockwerk, das ſieben Fenſter und eben ſo viele Bogen= gewölbe hat. An der Rückſeite dieſes Stockwerkes ſieht man noch den Erker, mit der weiten, herrlichen Ausſicht, zunächſt freilich über die armeniſchen und türkiſchen Grä= berſtätten, dann aber weit über das Land und zur Rech= ten über die Zypreſſenhaine und grünenden Ufer bei Ejub. Hier ſtund der Thron der vormals hier Hof haltenden by= zantiniſchen Kaiſer. — Hier unten, auf dem angränzen= den, jetzt mit dem Schutt der niedergeſtürzten Mauern bedeckten und mit Gras wie Geſträuch bewachsnen, äuße= ren Vorplatz des geweſenen Pallaſtes fand unter Mo= hammeds II. Regierung ein ſpielendes Kind den ſchönſten und größeſten Demant des osmaniſchen Schatzes. Ver= muthlich war dieß derſelbe Demant, der im 22ſten Jahre der Regierung des Kaiſers Juſtinian, bei einem öffent= lichen Aufzuge aus dem Throngeſchmeide dieſes reichen Fürſten verloren gegangen war. — Die byzantiniſchen Herrſcher hatten noch andre, koſtbarere Gaben, die ihnen anvertraut geweſen, verloren; möge eine künftige, glück= lichere Zeit dieſes Landes ſie wieder auffinden und ſie beſſer benutzen als Jene dieß gethan.

Von dem alten Pallaſt des Hebdomon oder Tekir= Serai ritten wir weiter am Innern der Stadtmauer hin, bis zum Adrianopelthore oder Edrene Kapuſſi. Dieſes Thor führte in der Zeit der Byzantiner den Na=

men des vielmännrigen (polyandros). Diesen Namen:
Thor des Männergedränges empfieng es unter der Re=
gierung des jüngeren Theodosius. Denn als ein furcht=
bares Erdbeben im 31ſten Regierungsjahre dieſes Kaiſers
die Mauern der Stadt, ſowohl die alten, welche 100
Jahre vorher Conſtantin der Große, als auch die neuen,
welche Anthemius während der Minderjährigkeit des jün=
geren Theodoſius errichtete, niedergeſtürzt hatte, und der
Kaiſer den damaligen Präfekten der Stadt, Cyrus=Con=
ſtantinus genannt, Befehl gab, die zertrümmerten Werke
neu zu erbauen, da wollte dieſer, wie vor ihm Anthe=
mius in zwei Monaten die rieſenhafte Aufgabe vollenden,
obgleich ihm nicht wie dieſem die Einrichtung nur einzel=
ner, großer Stücke, ſondern der geſammten Stadtmauern
oblag. Hierzu ſetzte er als den wirkſamſten Hebel den
Wetteifer, der beſtändig unter einander ehrſüchtig ſich auf=
reizenden Rennpartheien in Bewegung, denn während die
Grünen oder die Praſiner am Hafen bei dem hölzernen
Thore (Xyloporta), in der Gegend, durch welche heutigen
Tages der Weg von der Stadt nach Ejub führet, bis
hieher ans Adrianopelthor die Mauern baueten, hatten
die Blauen oder Veneter die Aufgabe, die Strecke vom
goldnen Thore, gegen den Propontis hin, bis zum Adria=
nopelthor zu erneuern. Bei dieſem, in der Mitte der
beiden Strecken gelegnen Thore, begegneten ſich dann
beim Hinein= und Herausgehen die Arbeiter der beiden
Partheien und machten hierdurch daſſelbe wirklich zu einem
Punkte des lebhafteſten Volksgedränges.

Wir wendeten uns vom Thore einwärts, um einige
in der Nachbarſchaft deſſelben gelegne Merkwürdigkeiten
zu betrachten. Die zunächſt liegende iſt jene große, ſchöne
Moſchee, ganz nahe beim Thore, welche die Sultanin

Mihrmah oder Sonnenmond, die Tochter Suleimans des
Großen und der Rorelane zugleich mit einer andren nach
ihrem Namen genannten in Skutari, wie man erzählt,
von dem Werthe eines einzigen ihrer Pantoffeln erbauen
ließ. Ein Bad und ein Markt, so wie die von hohen
Platanen beschatteten Wohnungen der Studirenden, im
Vorhof der Moschee, sind die wichtigsten Nebengebäude
von dieser. Von hier an, wie an mehreren Punkten des
nach der Landseite hingekehrten Theiles der Stadt,
den wir heute besuchten, kamen wir durch so vereinsamte,
menschenleere Gassen und vorüber an so armseligen Hüt=
ten, daß es schien als hätten die Bewohner ihren alten
Grund und Boden den verwilderten Hunden, die hier in
ganzen Schaaren hausten, das verfallene Dach aber der
vormals bedeckten Hallen den Fledermäusen und Spatzen
zur Wohnung überlassen. Ich habe in keiner andren auf
dieser Reise gesehenen Stadt des türkischen Reiches so
menschenleere Plätze gesehen, als stellenweise die Haupt=
stadt in sich fasset, welche hierin mit der lebendig beweg=
ten, überall reich bewohnten, wohlgebauten Hauptstadt
Aegyptens, mit Cairo, einen auffallenden Contrast bildet.
Unser Abweg führte uns unter andrem zu der Moschee
Kahrije Dschamissi, vormals eine von Justinian er=
baute Kirche, in welcher das, wie man glaubte, vom h.
Apostel Lucas gemalte Bildniß der Muttes Gottes Hode=
gedria (Wegweiserin) genannt, aufbewahrt wurde, welches
die Türken, bei der Eroberung der Stadt in 4 Stücken
zerhieben. Wir sahen dann einige jener osmanischen Ge=
bäude, welche die Ohnmacht der letzten byzantinischen
Herrscher noch vor der Eroberung der Stadt von ihren
Drängern sich aufzwingen ließen. An einer Stelle, welche
wieder besser gebaut und besser bevölkert erschien, begeg=

nete uns ein armenischer Hochzeitzug; anderwärts eine
Reihe beladener Lastthiere der Holzverkäufer.

Wir hatten uns auf die Höhe des fünften Hügels
der Stadt, zur Moschee des Sultan Selims I.,
des gestrengen Vaters des großen Suleiman hingelenkt,
welche in den Jahren 1520 bis 26 erbaut ist. In den
Hallen des mit Marmor gepflasterten Vorhofes prangen 20
Säulen aus kostbarem Granit und vielfarbigem Marmor,
zwischen hohen Zypressen spielt das Wasser einer Fontäne
und auch außerhalb dem Vorhofe geben zwei unterirdische
Springbrunnen, zu denen 52 Stufen hinabführen, eine
größere Menge von Wasser als die hier nachbarlich an=
gränzenden Bewohner des Stadttheiles bedürfen. Die
Kuppel dieser, nicht sonderlich hoch erscheinenden Moschee
soll im Durchmesser noch um eine Spanne größer seyn
als die Kuppel der Aja Sophia. — Nicht fern von der
Selimsmoschee sieht man auch eine jener alten Cisternen,
an denen das alte Byzanz so überreich war, bis Kaiser
Heraklius, nachdem sein Hofastrolog Stephanus ihm ge=
weissagt hatte, er werde im Wasser umkommen, die mei=
sten derselben anstrocknen und zu Gärten machen ließ.
Die bei der Selimsmoschee gelegne Cisterne des h.
Petrus hatte der Kaiser Manuel Comnenus begründet;
sie ist im Viereck gebaut und jede der Seiten misset 460
Fuß, die Dicke der Mauern beträgt sechszehn Fuß; sie
ragen heutiges Tages etwa nur noch sechs Fuß über den
Schutt und die Ausfüllungsmasse des Innren hervor,
welches einst, da es noch unverschüttet war, über 6 Mil=
lionen Cubikfuß Wasser fassen konnte.

Wir kehrten wieder nach der Gegend des Adria=
nopelthores zurück. Von diesem gen Süden, da wo=
der Lykus, der sich uns nur als armseliges Bächlein

zeigte, herein in die Stadt fließt, kommt man durch das
Quartier der Zigeuner, deren weit verbreitete Schaaren,
hier, in der Hauptstadt der Türkei, einen ihrer wichtig=
sten Halt= und Mittelpunkte haben. Wie ein Schwarm
von krächzenden Krähen und Todtenvögeln, hat sich die=
ses, in seinem ganzen Wesen räthselhafte Volk hier um
einen Punkt der Stadt versammlet, der vor allen andren
die tiefergreifendsten Erinnerungen an Tod und Vernich=
tung erweckt. Da, auf dem jetzigen Top Kapu oder
Kanonenthore, dem St. Romanusthor der Byzantiner,
fiel der letzte der Paläologen, der letzte Herrscher des
griechischen Kaiserthrones, Constantin der Blutzeuge, als
christlicher Held; im Kampfe für den Glauben der Väter
und für sein Volk. Das Abendroth pfleget, wenn es
recht hochfarbig ist und weit sich verbreitet, ein gutes
Vorzeichen für den künftigen Tag zu seyn. Als dieses
Blut des edelsten der Paläologen aus dem Herzen floß,
welches der Liebe zu Gott und den Brüdern geweiht war,
da war auch die Abendstunde des oströmischen Reiches
gekommen, und wie ein Abendroth färbte dasselbe hoch=
ansteigend und weithin die letzten Blätter der byzantini=
schen Geschichtsbücher. Die Nacht kam seitdem über das
Land und sie hat lang gewährt. Aber schon dämmert in
der Ferne vielleicht der Morgen und der neue Tag wird,
dieß verkündete das Abendroth, schön seyn.

Nach dem mehrstündigen Herumwandeln in den en=
gen, schmutzigen Gassen der Stadt und nach dem Verwei=
len bei manchen trüben Erinnerungen gewährte es eine
Erquickung für Auge und Herz als wir jenseits des ver=
schlossenen Thores aus dem Neuthor (Jeni=Kapussi)
hinaustraten vor die Mauern der Stadt ins Freie. Von
hier rechts (gegen N. O.) gelangt man in die weite Ebe=

ne von Daudpaſcha, die ſich bis nahe an die Mauern
der Stadt hinanzieht, und die zum Verſammlungs = wie
zum Muſterungsort der türkiſchen Armeen dient, welche
von Conſtantinopel aus gegen die Länder des Weſtens
ziehen. Unſer diesmaliger Weg führte aber zuerſt süd=
wärts eine zeitlang neben den Denkſteinen und Zypreſſen
der türkiſchen Grabſtätten vorbei, die ſich hier nahe an
der Stadt hinziehen; auf der andern Seite ragten die
alten, von Epheu umſponnenen Mauern. Bei dem Tho=
re von Silivri wendeten wir uns hinauswärts nach dem
lieblich, im Schatten der hohen Bäume gelegnen armeni=
ſchen Wallfahrtsorte von Balifli. Die dortige griechi=
ſche Kirche, am heiligen Quell, hatte zuerſt Juſtinian aus
dem vom Bau der Sophienkirche übrig gebliebenen Ma=
terial erbauen laſſen, und auch nach ihrer Verheerung
durch die Bulgaren, im Jahr 929, wurde ſie durch den
Kaiſer Romanus ſtattlich wieder aufgerichtet. Es wur=
den hier vormals in der tief gelegnen Ciſterne, welche
aus dem Quell ihr Waſſer empfängt, die für wunderbar
gehaltnen goldenen, heut zu Tage die „gebratenen" Fi=
ſche gezeigt, welche wenigſtens durch die bräunliche Far=
be den Anſchein tragen als wären ſie, dem Roſt entgan=
gen, hier im Quell wieder lebend geworden. Auch wir
giengen, durch die Menge der Almoſen begehrenden Krüp=
pel und Bettler hinein ins Gebäude und ſtiegen hinab ins
Gewölbe an der Ciſterne, in deren nur von einem däm=
mernden Lichte beleuchteten Waſſer die gebratenen Fiſche
herumſchwimmen ſollen. Wir bekamen aber wenig von
ihnen zu ſehen und der hier Aufſicht haltende griechiſche
Geiſtliche ſchien keine Luſt zu haben, uns europäiſch ge=
kleideten Fremdlingen ſeine wunderbaren Thiere näher zu
zeigen. Intereſſanter als das Waſſer des Quells fanden
                                                     wir

wir die herrliche Aussicht auf dem Hügel von Balifli,
weithin über Meer und Land. Die Armenier haben in
dieser Gegend eine Begräbnißstätte; der Hauptgegenstand
ihrer häufigen Besuche und Wallfahrten ist jedoch das
Grab eines ihrer Märtyrer, des Comidas, der im Jahr
1707 auf Befehl des damaligen Großweffirs hingerichtet
wurde. Es machte einen ganz eigenthümlichen, beruhigenden
Eindruck auf uns in der Unruhe und Sorge des Reisens
Begriffene, als wir uns da unter den schattigen Baum-
gruppen die ruhig bei ihrem einfachen Mittagsbrod sitzen-
den Familien der Wallfahrer oder Lustwandler betrachte-
ten. Ja freilich ists eine schöne Sache um das ruhige,
stille Daheimseyn mit und bei den Seinen, doch hat die
große Gotteswelt auch da außen in der Fremde und
Ferne ihre Altäre, bei denen der flüchtige Vogel des Seh-
nen's nach dem stillen Heim einen Ruheort finden kann.
Das arme Morgenland, dessen äußerer Friede so oft und
viel durch Kampf und Krieg der Natur wie der Men-
schenhand gestört wird, begrüßt wenigstens mit dem Mun-
de sich und jeden Wandrer, der ihm begegnet, mit dem
Gruß und Wunsch des Friedens und spricht dadurch sein
unauslöschliches Heimweh nach der Segensfülle jenes
Friedens aus, der einst in seiner Mitte seinen Quell und
Wohnsitz hatte. Ist doch noch jetzt, wenigstens äußerlich,
eine Stille und Ruhe hier zu Hause, wie ich sie in und
bei volkreichen Städten von Europa niemals gefunden.

Der Gesang der Muesin von den Minare's verkün-
digte eben, daß der Mittag vorüber sey, als wir uns
wieder in der Nähe der alten Stadtmauern befanden.
Wir ritten lange schweigend an dem Gemäuer hin; sein
Anblick weckt Gedanken, wie dieß nur selten und an we-
nig Punkten das todte Gestein es vermag. Dieser Thron

der Herrſcher, gegründet an den Gränzen zweier Welt-
theile und zweier Weltenzeiten, hat ſeine Füße zu ver-
trauensvoll auf dem ſchnell vorübereilenden Strom der
Luſt der Augen und der andern Sinne geſetzt; ein Bo-
den, welcher, eben weil er ein immer rinnender Strom
iſt, ſeinem Beſitzer niemals lange Treue hält. Wie He-
lena's leicht anlockender Reiz ward dieſes „goldne Horn"
des Bosporus und Propontis ein nach Ambra duftender
Köder, der die Räuber, wie ſcharfzähnige Hayen, aus al-
len Gegenden hieher lockte; die Stadt Conſtantins glich
einer Wohnung an vielbeſuchter Straße, durch welche
mit lautem Getös der Heerpauken und Waffen die käm-
pfenden Schaaren vieler Völker zogen, und deren Aus-
ſicht zwar dem Beſitzer Unterhaltung genug, zugleich aber
Unruhe und Unſicherheit des Beſitzes bringt. Vier und
zwanzig Mal ward dieſe Stadt von Feinden beſtürmt und
belagert *), nur wenige Male aber ward ſie von ihnen

---

*) Zweimal durch alte Griechen (Alcibiades und Philipp den
   Macedonier), dreimal durch römiſche Kaiſer (Severus, Ma-
   ximinus und Conſtantinus), einmal durch die Perſer (im
   J. 616) und zehn Jahre nachher (626) durch die Avaren;
   ſiebenmal (654, 667, 672, 713, 743, 780, 798) durch die
   Araber, zweimal durch die Bulgaren (764 und 914), zwei-
   mal durch Rebellen (819 und 1048), einmal durch die La-
   teiner (1204), dann durch einen byzantiniſchen Herrſcher ſel-
   ber (1261); dreimal durch die Osmanen (1393, 1424, 1453).
   Wenn man die kurzen Intervalle zwiſchen den Stürmen
   von 616 und 1453 vergleicht, ſo findet man, daß Conſtan-
   tinopel nur in den erſten 3 Jahrhunderten ſeines chriſtli-
   chen Herrſcherreiches ſo wie ſeit der Einnahme durch die
   Osmanen eine etwas längere Ruhezeit genoſſen habe.

eingenommen. Denn abgesehen von den 3 frühern noch
in die Zeiten der heidnischen Herrschaft fallenden Erobe-
rungen des alten Byzanz durch Alcibiades, Severus und
Constantin, schlug das christliche Constantinopel von 616
an vierzehn schwere Belagerungen zurück, ward erst in
der fünfzehnten (1204) durch die Lateiner genommen und
furchtbar verheert, dann 1261 durch Michaël den Paläo-
logen wieder eingenommen erhielt es noch, freilich bereits
im Zustand eines Sterbenden 192 Jahre Frist zur Bestel-
lung seines morschen Hauses, bis dieses vielfach verschul-
dete Haus den Osmanen anheim fiel. Wie fest und ge-
waltig erscheint der Bau dieser von Mahommed II., dem
Eroberer, von Grund auf neu errichteten, dann von dem
Wütherich Murad IV. im J. 1635 und zuletzt von Ach-
med III. im Jahr 1721 ausgebesserten und verstärkten
Mauern, und doch zeigt er sich schon wieder an vielen
Stellen von den Zinnen herab bis an den Boden zerris-
sen und zerspalten; das todte Gestein, eben weil es ein
Todtes war, hat den Angriffen des Erdbebens erliegen
müssen, nur das Lebende: der Ephen, der es umschlingt,
hat sich unverletzt erhalten. Die weitklaffenden Risse aber
jener Todtgebornen, gegenüber den Tausenden der Grab-
steine und der neu, für die Schaaren, welche der Pest
erlagen, erst heute geöffneten Gräber reden zu dem Au-
ge des Wanderers aus Westen eine beredte Sprache.
„Nicht deine Macht", so sagen sie, „du Volk des We-
stens und Nordens hat mich so gebengt und zerrissen, son-
dern die Hand des Allmächtigen hat mir diese Wunden
geschlagen; der Schrecken von Gott hat meine Mauern
gerührt und erschüttert."

Wir zogen jetzt hinein zu dem Nachbarthore der sie-
ben Thürme, zu dem Jedi Kulleler Kapussi

14 *

und naheten uns den eisernen Pforten dieser, seit den
Zeiten der Osmanen zu einer Behausung des Jammers
und der Todesnoth gewordnen Veste.   Das Schloß der
sieben Thürme, welches Mahommed II. nach seinem jetzi-
gen Umriß und in seiner jetzigen Gestalt neu erbauen ließ,
war das Cyklobion der alten Byzantiner; der festeste
Punkt an der Stadtmauer der Landseite. Hier, zwischen den
beiden massiv, aus mächtigen Quadern zusammengefügten,
viereckigen Thürmen, an denen noch jetzt die Spuren der
römischen Adler an ihren Byzantinischen Erbauer Kantaku-
zenus (im Jahr 1345) erinnern, öffnete sich gegen den
jetzigen Stadtgraben hin das vormals mit den herrlich-
sten Kunstwerken ausgezierte goldene Thor, durch wel-
ches die Byzantinischen Herrscher ihre Triumpheinzüge in
die Stadt hielten.   Das Ganze des Schloßes bildet ein
Fünfeck; außer den beiden alten, eben erwähnten Thür-
men, welche in der Mitte der einen der fünf Seiten ste-
hen, erhub sich an jeder der fünf Ecken ein Thurm, von
denen der eine der nachbarlichen Eckthürme des ehemali-
gen goldnen Thores durch Erdbeben, im vorigen Jahr-
hundert zerschmettert ward, so daß anjetzt eigentlich nur
6 Thürme vorhanden sind, unter denen jener, welcher
links vom Eingang stehet, mit seinem obern Stockwerk
am höchsten (bis über 180 Fuß) sich erhebt.   Auch die
viereckten Thürme, zu beiden Seiten des goldnen Thores,
mit der noch immer architektonisch imposanten, sie beide
verbindenden Mauer, ragen 100 Fuß hoch empor. In dem
einen dieser beiden alten Thürme ist das furchtbare Ge-
fängniß mit dem Blutbrunnen; so genannt, weil in ihn
die Köpfe der Hingerichteten geworfen wurden.   Waren
es doch nicht allein die nicht zum Throne geborenen Ein-
heimischen und Fremden, welche in dieser Todesburg als

Opfer der Osmanischen Tirannei fielen, sondern hier, in
dem Schloß der sieben Thürme erlag auch ein Herrscher
dieses Hauses selber, Osman II. der Hand seiner Mör-
der. Der Eingang in das Schloß war uns, durch Freund
Mührs Verwendung leicht gebahnt; auf dem Hofraum
zeigen sich riesenhaft große, eiserne Kugeln aufgehäuft;
an der einen Seite stehet das Haus des Aga, sonst die
gewöhnliche Wohnung der hier gefangen gehaltnen vor-
nehmeren Unterthanen der europäischen christlichen Mäch-
te, welche das Unglück des Krieges in diese Banden führ-
te. Zu unsrer Zeit ward eine lebendige Löwin in einem
Käfig des Schloßhofes gefangen gehalten. Die schöne Aus-
sicht auf einer der Plattformen läßt es dem Wandrer, bei
ihrem Genusse, hier in der Nähe des Blutbrunnens nicht
recht wohl und heimathlich werden.

Durch manche verödet aussehende, öfters von hohen
Bäumen beschattete oder mit Gras bewachsne Gassen und
Plätze, zogen wir, von dem Schloß der sieben Thürme
aus, immer in der Nähe des Meeres hin, nach der Ge-
gend des Sandthores oder Pfammatia Kapussi.
Ziemlich nahe bei einander finden sich hier die alte, grie-
chische Kirche des heiligen Polykarpos, mit Spu-
ren von unterirdischen Anlagen und die neue, erst seit
wenig Jahrzehnden erbaute Patriachatkirche der
Armenier. Für Reisende, welche vielleicht weniger an-
derweitige Gelegenheit finden große armenische Kirchen
zu sehen, wird das Hineintreten in diese nicht ohne be-
sondres Interesse seyn. Man siehet in ihrem Innern keine
Bänke, wie in andren Kirchen; der Fußboden ist, wie in
den Moscheen, mit Binsenmatten und Teppichen bedeckt;
eben so wie in den Moscheen zeigen sich zwischen den
Hängeleuchtern, die an langen Schnüren schwebenden,

mit Goldflittern verzierten Straußeneier. Das Allerhei-
ligſte ſtehet auf einer Art von niedriger Emporkirche, wel-
che den hintren Theil des Kirchenſchiffes ſeiner Breite
nach einnimmt und auf welcher drei Altäre ſtehen, deren
mittelſter der Hochaltar iſt. Der Weg von dieſem zu den
Seitenaltären iſt durch eine vorſtehende Wand verdeckt;
beim Gottesdienſt, welcher in den früheſten Stunden des
Tages, ſelbſt im Sommer vor Sonnenaufgang gehalten
wird, wandelt der Prieſter, in Begleitung der Diakonen,
mit feierlichem Chorgeſang bald vor den Altären, bald
hinter den Mauern jener Gänge und hinter dem Hochal-
tar *). Die Kirche ſelber hat drei Abtheilungen, eine
für die Frauen, zwei andre für die Männer; die bunt-
farbigen Gläſer der Kronleuchter wie die blaue Fayence,
welche, mit mannichfachen Zeichnungen verziert, die Wän-
de des Allerheiligſten bedeckt, macht einen angenehmen
Eindruck aufs Auge, Werke jedoch einer höheren Kunſt
darf man weder hier noch wohl auch in andren armeni-
ſchen Kirchen des Morgenlandes ſuchen, wenigſtens fan-
den wir auf den Wegen unſrer weiteren Reiſe nichts der-
gleichen; die Kunſt der Armenier weiß nur in der Art und
Sprache der Kinder zum Auge zu reden; bloß der Feſtig-
keit des Baues gedenkend gilt ihr ſelbſt das marmorne
Kunſtwerk einer früheren Zeit nur als Bauſtein, wie denn
bei der Errichtung dieſer armeniſchen Kirche wirklich in
dem alten, zum Bau benutzten Gemäuer eine vielleicht
beachtenswerthe Statue gefunden, alsbald aber wieder in

---

*) M. ſ. die ſchöne Beſchreibung des armeniſchen Gottes-
   dienſts, dem ich in Conſtantinopel nicht ſelber beiwohnte,
   in J. v. Hammers Conſtant. u. d. Bosp. I. S. 470.

den Bau der neuen Mauern hineingefügt wurde *). Ein
Reisegefährte, der uns später durch Kleinasien begleitete,
Jusuf Effendi, selber ein Armenier von Geburt, pflegte
seine Landsleute, wenn ihm welche begegneten, scherzhaft
zu fragen, was der Koch Mohammeds mache, denn die-
ser war nach der Sage der Moslimen ein Armenier von
Geburt. Das Amt und Geschäft der Bereitung der
Speise ist ein ehrenwerthes, möge es nur immer auch in
geistiger Hinsicht in der Kirche der Armenier auf recht
kräftige, gute Weise geübt werden, dann vergißt man an
dem reinlichen Gewand des Koches gern den Mangel der
Zierrathen.

Nordwärts von hier erhebt sich der Saum des sie-
benten Hügels der Stadt, auf welchem, in der Gegend
des jetzigen Weibermarktes, oder Avret Bazar, einst
das Forum Arcadii mit seinen vielfachen Bildwerken und
mit der Säule des Arkadius sich befand, von deren Fuß-
gestell nur wenige Spuren geblieben sind. Die Richtung
unsres diesmaligen Weges blieb jedoch näher dem Meere;
sie zog sich neben dem Vlanga-bostan, wo zur Zeit
des großen Constantin ein künstlicher Hafen bestund
(der eleutherische genannt), durch einen Theil des Stadt-
viertels der Armenier nach dem Bezirk Condoscale,
der meist von den Griechen und Juden bewohnt ist. Wäh-
rend der Sumpf und Moorboden des alten, eleutheri-
schen Hafens, an welchem wir kurz vorher vorüber kamen,
mit grünenden Gemüsefeldern bedeckt und bekleidet ist,
findet sich in diesem Stadtviertel ein Sumpf von andrer,
sittlicher Art, dessen losen, bösen Grund keine menschliche

---

*) J. v. Hammer a. a. O. S. 469.

Kraft noch Kunst mit erfrischendem Grün zu bekleiden
vermag; es sind hier die verrufensten Stätten der niedrig=
sten Laster und Bübereien. Weniger Furcht und Ekel
erregte der Anblick der Pestleichen, welche weiterhin in
den von Türken bewohnten Gassen neben uns vorüberge=
tragen wurden, so wie der Anblick eines Sterbenden, den
die Verwandten herausgetragen hatten vor die Thüre, an
die Wärme der Sonne. Lieber möchte man mit diesem
Sterbenden sterben, als mit dem bübischen Gesindel leben,
das in dem armen Condoscale seine Schlupfwinkel hat.

Am Nachmittag ruheten wir, auf die Mühe der lan=
gen Wanderungen, unter den luftigen Hallen am großen
Hafen, bei einem berühmten Kaffeehaus, in welchem der
geübteste und beliebteste unter allen jetzigen Mährchener=
zählern der Hauptstadt die Schaaren der um ihn Ver=
sammleten mit seinen morgenländischen Sprüchen und
Dichtungen zu unterhalten pflegt. Den Erzähler selber
fanden wir heute nicht, aber das Andenken an alles Das,
was wir an diesem Tage gesehen, gestaltete sich in unsrer
Seele auch ohne ihn wie eine seiner Sagen aus dem Zy=
pressenhaine von Ejub, wie die Sage von jenem alten
Fahnenträger, dessen Geist, nachdem der Leib schon vor
achthundert Jahren sich zur Ruhe gelegt, Thaten des
Helden wirkte. Denn so liegt auch das sichtbare Wesen
des alten Byzanz unter dem prachtvollen Grabgewölbe,
welches das Osmanische Stambul über seiner Asche bildet;
das unsichtbare Wesen aber des Geistes, der einst hier
lebte, wirket doch im Verborgnen noch fort und wird das
Werk, welches er begonnen, in der künftigen Zeiten Lauf
vollenden. — Statt des Mährchenerzählers ergözte ein
Zitterspieler das Ohr der Gäste; die Melodie klang fröhlich,
der Inhalt des Liedes war eine Art von Todtenklage. So

wirket auch der Anblick von Constantinopel auf den Be=
trachtenden wie ein Lied, dessen Melodie eine fröhlich
scheinende, dessen Text aber ein sehr ernster ist.

Auf unsrer Heimfahrt, über den Hafen hinüber nach
Galata hatten wir das Glück den Großsultan zu sehen,
der in seiner prächtigen, offnen Barke ganz nahe an uns
vorüberfuhr. Nicht ohne besondres Interesse betrachteten
wir diesen Mann, dessen Bestimmung es scheint seinem
Volk das allmälige Hinüberwachsen in eine neue, höhere
Stufe der geistigen Gestaltung und Ausbildung zu er=
leichtern.

Die Vorstädte und Umgegend von Constantinopel.

Einer jener armen Fischer aus Bethsaida am See
Tiberias, welche der Herr zu Menschenfischern geweiht
hatte, Andreas der Apostel, der Bruder des heiligen Pe=
trus, war auf seiner Reise, die er im Dienst seines Herrn
hinaus durch den Bosporus nach dem schwarzen Meere
machte, hieher in die Gegend des jetzigen Galata ge=
kommen, wo er, so erzählt die fromme Sage, mit eig=
ner Hand dem todten Felsenstein das Erinnerungszeichen
an Den, welchen seine Seele liebte: die Form eines
Kreuzes aufprägte. Und bald nachher gelang es ihm den
Namen Dessen, an den das Kreuz erinnert, nicht bloß dem
starren Felsen, sondern den lebenden Herzen der Bewohner
dieser Gegend einzuschreiben; das arme Volk am Gestade
bei Hieron, dem jetzigen Skutari, wie in Byzanz selber,
vor allem die Einwohner jenes Stadttheiles, der am jetzi=
gen Fanal lag, nahmen willig die große Botschaft der
Freude und des Friedens auf, welche der Apostel ihnen
verkündete. Zwei Jahre lang bewohnte dieser, als die

Tyrannei des damaligen Herrschers von Byzanz, des Zeurippos, aus der Stadt selber ihn vertrieben, die Land= schaft, welche nordwestwärts von Galata, dießeits Piri Pascha, auf der Thrazischen Seite des Hafens liegt, und säete von hier aus die ersten Samen einer byzanti= nischen Christengemeinde, die nachmals unter Sonnenhitze und Sturm so manche gute Garbe trug. So war dieses so oft verheerte und zur Wüste gewordene, und dennoch stets, aus tief inwohnender, unzerstörbarer Kraft immer wieder neu aufgrünende Paradies, hier um Galata und bei dem gegenüber gelegnen Skutari einst mit den geseg= neten Fußtapfen eines Apostels des Herrn bezeichnet; die Christenkirche der östlichen Roma nennt als den ersten ihrer Engel Andreas, den Bruder jenes Apostels den die westliche Roma als ihren Engel verehrt.

Freilich sind jene Spuren eines Wandelns der geisti= gen Kräfte über den leicht verwehenden, veränderlichen Staub in dem jetzigen Galata und Byzanz kaum noch erkennbar; Disteln und Dornen bedecken das Ackerfeld; Trümmer und Schutthaufen verhüllen den Weg, auf wel= chem vormals die Boten des Friedens einhergiengen, aber noch immer ist ein Nachhall jener lebenskräftigen Erinne= rungen, welche diese Gegend da im Herzen der Christen wecken sollte, bei einem Volke zurückgeblieben, das dem der Christen, wie der Fels, der das Echo giebt, der tön= nenden Stimme gerade gegenübersteht: bei den Türken. Merkwürdiges Volk, das gleich der Grasmücke im Dor= nengebüsch durch einen unwiderstehlichen Naturtrieb sich gedrungen fühlt das verlassene Ei des Kukuks auszubrü= ten und des verwaisten Keimes eines künftigen Lebens zu pflegen, bist du etwa selber der todte, starre Felsen= stein, dem die Kraft des Geistes die Form eines Erinne=

rungszeichens an den Geliebten einprägte; der Felsenstein,
welcher ohne dies zu wollen und zu wissen von einem
Leben zeugen muß, das ihm noch fremd ist? Man er-
zählt, daß in jener Zeit als durch Napoleons Macht ein
großer Theil der vollendetsten Kunstwerke des Alterthumes
in Paris zusammengedrängt war, ein Gärtnermädchen fast
täglich zu diesen Bildwerken kam und vor allem die Sta-
tue des Belvederischen Apolls mit Bewunderung und mit
einer Art von Ehrfurcht betrachtete. Sie, welche niemals
von Opfern und Gaben, die man einst in der Zeit der
Heiden jenem Bilde darbrachte, etwas vernommen, fühlt
sich zuletzt innerlich gedrungen, jeden Morgen, an wel-
chem sie den Besuch wiederholt, der Götterstatue eine
Spende der Blumen und Gartenerzeugnisse zu bringen.
So hatte der Geist des Künstlers dem Marmorgestein
eine Ehrfurcht gebietende Gewalt aufgeprägt, die nach
Jahrhunderten noch fortwirkte, und es war als haftete
an dem Bilde eine besondre, magische Kraft, welche
die irregeleitete Vergötterung der anbetenden Menschen-
seelen in dasselbe gelegt hatte. Wenn aber der Menschen-
geist schon in diesem minderkräftigen Kreise ein Werk der
Uebertragung seines innren Bewegens an ein fremdes,
späteres Geschlecht, durch das an sich todte Erinnerungs-
zeichen vermochte, wie sollte er dieses Werkes nicht fähig
gewesen seyn, wo jener Glaube ihn erfüllte, welcher Le-
ben schaffet und Leben wirket allerwärts, wohin sein
Odem wehet. Gewiß ist, daß die Moslimen allenthalben,
wo sie den dunklen Schatten ihrer Herrschaft über Stät-
ten der christlichen Verehrung warfen, alsbald diese Stät-
ten selber zum Gegenstand der lebhaftesten und eifersüchtig-
sten Verehrung machten, wie dies die Aja Sophia in
Constantinopel, der Tempel Morija's zu Jerusalem, die

Kirche über der zwiefachen Höhle zu Hebron, und eine
Menge der andren vormals christlichen Heiligthümer be=
zeugen.

Der Grund, weßhalb hier an der Thrazischen Küste
bei Galata und Piri=Pascha und hinanwärts am Meeres=
arm des Hafens bis zu den süßen Wassern die Andacht
der Türken ihre Tritte so ganz in die Fußtapfen einer
früheren christlichen Verehrung dieser Oertlichkeit setzte,
ist übrigens noch ein andrer, unmittelbar geschichtlicher.
Während der sieben Belagerungen von Constantinopel durch
die Araber, vorzüglich aber während der dritten, welche
sieben Jahre dauerte und bei der sich mehrere alte Waf=
fengefährten des Propheten befanden, wurde das gegen=
übergelegne Ejub, so wie hier diese Ufergegenden, norst=
westwärts von Galata eine Stätte der Kämpfe und der
Gräber vieler, von den Moslimen für heilig gehaltner
Verehrer des Islams. Wie deßhalb der griechische Pa=
triarch Nicolaus der Ereget bei Südlidsche dem
Milchdorf, das schon zu den Zeiten der Byzantiner Ga=
lakrene (Milchquell) hieß, ein Kloster erbaute, in wel=
chem er in stiller Zurückgezogenheit den Betrachtungen
und Forschungen der h. Schrift lebte, so wohnten auch
hier die Zeitgenossen und Freunde Suleimans des Großen,
der weise Ausleger des Korans Ebus=sund und der
mächtige Feldherr Sokolli Mohammed Pascha. Weiter
am Hafen her gegen Galata, vorüber an der großen
Ankergießerei, in der Vorstadt Piri=Pascha, welche
meist von Griechen, Armeniern und Juden bewohnt ist,
finden sich nachbarlich beisammen die Moscheen der Tür=
ken und die Kirchen der Christen; Weihbrunnen, davon
der eine jenen, der andre diesen werthvoll erscheint. Hier
beginnt dann die Reihe der den Christen wie den Israë=

liten und Mohammedanern heiligen Grabstätten, welche
in der älteren Zeit Piri-Pascha zu einem Wallfahrtsort
der Byzantiner machten, während bei der nachbarlich an-
gränzenden Vorstadt Chaßkoi, welche ganz von Juden
bewohnt ist, die Menge der Israelitischen Leichensteine
schon von ferne ins Auge fällt, und die Grabstätten der
großen, mit den ansehnlichsten Gebäuden verzierten Vor-
stadt Kaffim Pascha, noch fortwährend, eben so wie
Ejub, ein Wallfahrtsort der Moslimen sind. Denn hier,
hinter dem mächtigen Gebäude des Arsenals waren vor-
mals und sind zum Theil noch die Denkmähler der in den
sieben Belagerungen Constantinopels durch die Araber ge-
fallenen Kämpfer, so wie die Gräber mehrerer Stifter
jener geistlichen Orden zu sehen, deren Klöster in Kaffim
Pascha zusammengedrängt stehen. Unter den alten Grab-
mählern wird auch das des Meitsade, des Grabgebor-
nen genannt, der wie die alte Sage gehet von seiner
Mutter, die am Ende der Schwangerschaft starb, erst
nach dem Tode geboren und lebend dem Grabe entnom-
men ward *).

Die Vorstadt Kaffim Pascha **) mit ihrem gro-
ßen Arsenal, ihren Brücken, von denen die eine, an-
sehnlichste, zu unsrer Zeit eben im Bau war, fällt von
Pera, wo wir wohnten, so nahe und so deutlich ins Au-
ge, daß ich noch einige Worte über dieselbe hinzufüge.
Sie ist einer der wichtigsten Punkte des Osmanischen Rei-
ches, ein Grundstein seiner Herrschermacht, denn hier

---

*) J. v. Hammer a. a. O. II. S. 73.

**) Ihren Namen empfieng sie von dem Pascha Kaffim, der
unter Suleiman dem Großen Napoli di Romania eroberte.

werden die meisten Türkischen Kriegsschiffe erbaut und
ausgerüstet. Alle die Gebäude, welche der Zimmerung
und der Zurüstung jener Schiffe dienen, nehmen einen
weiter Raum am Ufer ein; bei dem eigentlichen Arsenal
findet sich das Admiralitätsgebäude und etwas höher ge-
legen der Pallast des Kapudan-Pascha. Nicht gar fern
von diesem Wohnsitz der Sinnenlust türkischer Pascha's
findet sich eine Behausung vielfältigen Jammers der Chri-
sten, das Bagno oder Sklavengefängniß, in welchem
sonst Tausende der christlichen Kriegsgefangenen als Ga-
leerensclaven eingesperrt waren und die unmenschlichste
Behandlung der Türken erduldeten. Die Geschichte der
Brüder des Trinitarierordens, welche eine Menge dieser
Unglücklichen loskauften, so wie die des edlen Britten,
des Admirals Sir Sidney Smith, dessen vielvermö-
gende Fürsprache den Franzosen, die bei dem ägyptischen
Feldzug in türkische Gefangenschaft gerathen waren, die
Befreiung aus dem Bagno bewirkte, lässet auf diesen Sitz
des Jammers einen erheiternden Strahl fallen. Das Ar-
senal verdankt seine spätere Erweiterung und zweckmäßi-
gere Einrichtung vornämlich zwei unglücklichen Seeschlach-
ten der Türken: jener von Lepanto, im Jahr 1571 (am
8ten October) und der von Tscheskme im Jahr 1770.
Denn als bei Lepanto der ritterlich kühne Don Juan von
Oesterreich mit einer Flotte der verbündeten christlichen
Mächte Spaniens und Italiens die um ein Drittel der
Streitkräfte mächtigere Flotte der Türken fast ganz ver-
nichtet und genommen hatte, da war Uladsch, oder wie
er nachmals hieß, Kilidsch Pascha, ein Renegat, durch
kluge Tapferkeit mit dem Rest der Flotte dem allgemei-
nen Untergang entronnen und in den Hafen von Constan-
tinopel zurückgekehrt. Während die christlichen Mächte,

durch ihre innre Uneinigkeit diesen günstigen Augenblick,
die Macht des gemeinsamen Feindes auf immer zu bre=
chen, oder zu demüthigen vorübergehen ließen und nur die
damalige Kunst dem Andenken an diesen herrlichen Sieg
die Dauer der Jahrhunderte verlieh *), wendete der sach=
kundige und unermüdet thätige Renegat alle Zeit und
Kräfte auf den Bau einer neuen Flotte, welche besser
und mächtiger ausgerüstet als die verlorne, schon nach
8 Monaten zum Auslaufen bereit war.   So hatte sich
für jenesmal die Großsprecherei des Sultan Selims II.,
des Trunkenboldes, bewährt, als dieser zu dem Venetiani=
schen Botschafter, der nach der Schlacht von Lepanto
ihm aufwartete, sagte: „wir haben euch, da wir euch
ein Reich (Cypern im Jahr 1570) entrissen, einen Arm
abgehauen, ihr, indem ihr unsre Flotte schlugt, uns den
Bart geschoren; der abgehauene Arm wächst nicht wieder
nach, der abgeschorne Bart nur um so dichter."   Die
Macht der Osmanen jener der Christen gegenüber erhielt
nur dadurch ihr furchtbares Uebergewicht, daß jene einmü=
thig und unzertheilt, nur die Waffen mit sich in den Krieg
brachten, während die Macht der Christen, vielköpfig und
vielgetheilt, mit dem belastenden Gepäck ihrer kleinlichen
politischen Interessen ins Feld zog.   Wie einig und ernst
der Sinn der beiden damaligen, noch von Suleiman dem
Großen an seinen ihm so ungleichen Sohn vererbten Mi=
nister Ebusuud und Mohammed Sokolli nur auf Abwehr
der Gefahr, mit Aufopferung aller kleinlichen Bedenklich=

---

*) Zu Padua in der Justinakirche, zu Venedig im Dogenpal=
laste, in der Kapelle des Rosenkranzes, im Arsenal und in
der Akademie; zu Rom in der Kirche Ara coelis u. f.

keiten gerichtet war, das bewies die Aeußerung des letz-
teren gegen den Kilidsch Pascha, als dieser um Herbei-
schaffung der Anker für die 250 neuen Kriegsschiffe ver-
legen war: „und wenn es befohlen würde die Anker von
Silber, das Tauwerk von Seide, die Segel aus Atlas
herbeizuschaffen, so sollte dies möglich werden." Damals,
wo dem Admiral der Flotte jedes Ansuchen gewährt und
alles erlaubt wurde, geschahe die erste große Erweite-
rung des Arsenals, sogar auf Kosten der großherrlichen
Gärten und der angränzenden türkischen Grabstätten; das
zweite Mal geschahe dieselbe, nach der Vernichtung der
türkischen Flotte durch die Russen und Engländer im Ha-
fen von Tschesme, denn auch dieses Mal wurden dem
Baron von Tott, einem geborenen Ungarn, welchen
Frankreich dem Großsultan empfohlen hatte, alle seine
Vorschläge zur Verbesserung des Arsenals bewilligt, so
wie in unsern Tagen unter der Leitung einsichtsvoller
Seeleute des westlichen Europa's diese mächtigen Anla-
gen noch immer weitere Vollendung erhielten.

Unter den vielen Moscheen der Arsenal-Vorstadt, von
denen einige ein Werk des berühmten Sinan sind, zeich-
net sich die in der Schlucht gegen den Pfeilplatz (Okmei-
dan) gelegene Moschee des Piale Pascha (des Eroberers
von Chios unter Suleiman) durch ihre prachtvolle Bauart
aus. Sie enthält 12 von rothen Granitsäulen getragene
Kuppeln; das Metall der Fenstergitter kam, wie man
sagt, von dem Metall der eingeschmolzenen christlichen
Glocken. Eine herrliche Aussicht genießt man auf der
Höhe hinter dem Arsenal. Bei der Moschee Sinans,
nicht des Architekten dieses Namens, auch nicht jenes
Pascha's Sinan, der 5 mal die Würde des Großwessirs
erlangt, 4 mal dieselbe durch Ungnade der Sultane, zum

fünften

fünften Mal durch den Tod verloren hatte; jenes ro=
hen Feindes aller Christen, aller Dichter, aller tieferen
Gelehrsamkeit und höheren Bildung, Freundes dagegen
nur des irdischen Mammons *), sondern des Sinaupa=
schas, des Bruders Rustems, der bis 1554 die Würde ei=
nes Admirals der Flotte, oder Kapudan=Pascha's beklei=
dete. Wer sich einmal recht in die Menge und ins Ge=
dränge der Türken und ihrer Derwische, untermischt von
einzelnen französischen und englischen Seeleuten, begeben
will, der braucht nur den Marktplatz bei dem K l o s t e r
d e r M e w l e w i s in Kassim=Pascha zu besuchen, jenes
Klosters, das unter Murad IV. der fromme Derwisch Ab=
bibebe von dem Ertrage seiner Handarbeit erbauen ließ.

Dort jenseits Kassim=Pascha, gegen Chasskoi hin ist
auch der Punkt, von welchem auf einmal an einem für
das christliche Constantinopel verhängnißvollen Morgen,
im April 1453 zum Schrecken der Belagerten eine türki=
sche Flotille von mehr denn siebenzig Segeln unter dem

---

*) Nach seinem Tode im Jahr 1596 fand man in dem Scha=
   tze dieses „osmanischen Marius", über dessen rohe Be=
   handlung alle Botschafter der christlichen Mächte, wie alle
   Dichter seines eignen Volkes sich bitter beklagen, unter an=
   derem 600,000 Ducaten, 61 Maaße Perlen, in Silber fast
   drei Millionen Aspern, 20 Kistchen mit Chrysolithen, 20
   Mäßchen Goldstaub, 30 diamantne Rosen, 15 Rosenkränze
   von großen, 30 Pferdedecken mit kleinern Perlen, zwei
   Halsbänder von Diamanten, zwanzig mit Edelsteinen be=
   setzte Waschbecken, sieben dergleichen Tischdecken, 900 Pelze
   von Grauwerk, 600 dergleichen von Zobel, 30 von schwar=
   zem Fuchse. M. v. Jos. v. H a m m e r s Gesch. d. osm.
   Reiches IV. S. 258.

Schall der Trompeten und Pauken mitten in dem von eiser-
nen Ketten versperrten und bisher so wohl vertheidigten
Hafen einlief. Mohammed II., den Gott zum Vollstrecker
seiner schweren Gerichte über die vielverschuldete Haupt-
stadt der morgenländischen Christen bestimmt hatte, zeigte
auch damals, welche ungeheure und ungewöhnliche Kräf-
te der Natur dem Wahnsinne, zu dessen Geschlechte die
unbändige Zornwuth gehört, zu Gebote stehen, denn er
hatte in einer Nacht dieses Geschwader der Kriegsfahr-
zeuge, von Beschiktasch im Bosporus, über den hüglichen
und unebenen Grund hinter Galata und Pera, auf einer
Dielenbahn, die mit Ochsenschmalz geglättet war, nahe ge-
gen zwei Stunden Weges heranschleifen, und mit den
vom günstigen Winde geschwellten Segeln ins Gewässer des
Hafens laufen lassen. So kommt, wenn die Frucht ohnehin
zum Abfallen reif und mürbe ist, auch noch der Wind
dazu, der die locker sitzende mit einer Gewalt, vom Him-
mel gesandt, zu Boden wirft.

Wir kommen nun allmählig von Piri-Pascha und den
jenseits demselben, bis hinan zu den süßen Wassern ge-
legnen, für Christen wie für Moslimen bedeutungsvollen
Gegenden der Küste, unsrer Pilgerherberge während des
Aufenthaltes in Constantinopel, in Pera, wieder näher,
und verweilen vorerst in der größesten der Vorstädte des
europäischen Ufers: in Galata. Wenn nach Walsh*)
die Gesammtzahl der Einwohner von Constantinopel auf
700,000 geschätzt wird und hiervon 200,000 der Halbinsel
von Pera zugerechnet werden, so dürfte wohl die Bevöl-

---

*) A Residence at Constantinople. Lond. 1836. I.
p. 265.

kerung von Galata allein, nach dem was man uns hier-
über berichtete, ein Fünftel dieser Bewohnerzahl und dar-
über umfassen. Der Umfang dieser alten, nach einem ge-
wissen Galatius genannten Vorstadt, zu welcher ursprüng-
lich auch Pera, die „jenseitige" gehörte *), kommt für
sich allein, ohne Pera und das nachbarlich an der Hafen-
seite angränzende Topchana, nach v. Hammers Schäz-
zung dem Umfange der Altstadt von Wien, ohne ihre
Vorstädte, nahe gleich. Die Häuser liegen theils am Ab-
hange des steilen Felsenhügels gegen Pera hinan, theils
in der Ebene am Ufer zwischen den äußersten Schiffsbau-
werften von Kassim-Pascha und dem durch seine Stück-
gießerei berühmten Topchana ausgebreitet. So wie Ga-
lata noch jetzt, abgesehen von seinen Moscheen und ande-
ren osmanischen Bauwerken, dem zur See oder zu Lande
sich ihm nähernden Fremdling mit seinen alten Mauern
und Festungsthürmen ins Auge fällt, ist es großentheils
ein Werk der Genueser, welche als mächtige Nachbaren
und öfters als Feinde der byzantinischen Hauptstadt vor-
nämlich seit dem Ende des 13ten Jahrhunderts hier festen
Fuß faßten. Denn jenes große Vertrauen das die Vene-
tianer, von den Zeiten Justinians in der Mitte des 6ten
Jahrhunderts an, bei den Byzantinern gefunden hatten,
war durch öftere Handlungen des Uebermuthes jener Re-
publikaner und durch ihre stolze Verachtung der Griechen
vielfältig geschwächt, zuletzt aber mit der Eroberung und
Verheerung der Stadt durch die Lateiner (1204), woran
die Venetianer unter ihrem 90jährigen blinden Dogen

---

*) Beide zusammen hießen in ältester Zeit Syka, Feigenge-
gend, seit Justinian Justiniana.

15 *

Dandolo einen vorzüglichen Antheil genommen, ganz zer-
stört worden, so daß seit der Wiedereroberung der Haupt-
stadt durch die byzantinischen Herrscher die Nebenbuhler
und Gegner des Freistaats von Venedig, die Genueser,
in Constantinopel vorherrschend begünstigt wurden. Von
da an war Galata und der Vortheil des Verkehrs der
oströmischen Hauptstadt mit den Ländern des Westens in
den Händen dieser Kaufleute, welche nur zu oft das
äußre Wohl der ganzen Europäischen Christenheit und das
Blut von Tausenden der christlichen Kämpfer (wie vor
der Schlacht bei Varna und wie bei dem Untergang des
christlichen Herrscherthrones von Constantinopel selber)
um Geld und Geldeswerth an die Feinde verkauften.

Auch Galata bietet dem besuchenden Fremdling einen
unvergleichlichen Punkt der weiten Aussicht über sein
Innres und über die ganze Umgegend dar, dies ist der
große Thurm der oben auf dem Hügel, vor Pera liegt.
Da von hier aus die Vorstadt von feindlichen Wurfge-
schützen beherrscht und verheert werden konnte, benützten
die Genueser eine Zeit der innren Zerrüttung des Byzan-
tinischen Reiches, während der Bürgerkriege zwischen der
Mutter Johannes des Paläologen und seinem Vormunde dem
Kaiser Kantakuzenus, um ihren Wohnsitz auch nach dieser
Richtung hin zu sichern; sie erbauten während der Abwe-
senheit des Kaisers den großen Thurm und dehnten den
Umfang der Mauern von Galata über einen Theil des
Hügels aus (im J. 1348). Bei diesem Baue legten selbst
die Weiber mit Hand an und der Kaiser konnte, nach
seiner Rückkehr, obgleich mannichfach erbittert durch Feind-
seligkeiten, die sich seine übermüthigen Nachbarn zu glei-
cher Zeit gegen die Hauptstadt selber erlaubt hatten, jenes
Austreten der fremden Macht aus den ihnen angewiese-

neu Dämmen nicht mehr verhindern, um so weniger da
bald nachher die Genueser mit dem Herrscher der Osma-
nen, mit Orchan, gegen ihre Erbfeinde, die Venetianer
und gegen die Byzantiner sich verbündeten. So ward
dieser Thurm, der seine Stirn mit so herausfodernder
Kühnheit der Veste der Hauptstadt entgegensetzet, ein
Wahrzeichen das schon hundert Jahre vor der türkischen
Besitznahme die herannahende Gefahr des Unterganges
verkündete, wie noch jetzt der Thurm von Galata ein
Erwecker der Angst und Schrecknisse ist, wenn die Trom-
mel der Feuerwächter den Ausbruch der Flammen ver-
kündet, durch welche so oft ganze große Strecken dieser
Vorstädte in Schutt und Asche aufgelöst wurden.

Man steigt zu der Höhe dieses festen Thurmes auf
146 Stufen hinan. Der Herunterblick auf die engen,
vielfach durch einanderlaufenden Gassen, auf die zum
Theil nach alten, in genuesischem Geschmack gebauten,
oben mit Zinnen bekränzten Häuser, auf die hohen mit
12 Thoren versehenen Mauern von Galata ist weniger
anziehend, als der über den Meeresarm des Hafens bis
hinan zu den süßen Wassern, über einen Theil des Bos-
porus und Propontis und über die reiche, das Wasser
umsäumende Landschaft; jetzt darf man auch ungescheut,
selbst in Gegenwart der durch ein kleines Trinkgeld be-
freundeten Feuerwache durchs Fernrohr hinüberblicken nach
der Hauptstadt und wohin man sonst will, während in
frühern Zeiten der türkischen Tyrannei das arglose und
vielleicht zufällige Hinüberblicken eines europäischen Fremd-
linges durch ein Fernrohr, nach der Gegend des Serai's
mit dem Tode bestraft wurde.

Die Genueser behielten auch nach der Eroberung von
Constantinopel ihren Wohnsitz in Galata bei, der ihnen,

nebst vielen Freiheiten, gegen eine Kopfsteuer von Mo-
hammed II. zugesichert wurde. Denn obgleich während
der Belagerung ihr tapfrer Landsmann Giustiniani und
mehrere Edle ihres Freistaates die Mauern ritterlich ver-
theidigen halfen, verharrten dennoch die Bewohner von
Galata in solcher zweideutigen Stellung zu den Türken,
daß sie mehr als Verbündete der Feinde, denn ihrer hart-
bedrängten, christlichen Brüder erschienen waren. Später-
hin haben sich dann inmitten dieses, gerade nicht auf die
ehrlichste Weise erworbenen Asyls der fränkischen Freihei-
ten die Handelsleute, Handwerker und Künstler aus den
verschiedensten Ländern des westlichen Europa's niederge-
lassen; in Galata wie in Pera wohnen Franzosen, Hol-
länder, Engländer, Italiäner, Russen und Deutsche, mit
Griechen, Armeniern und Türken beisammen. Auch Ame-
rika hat daselbst seine Handelshäuser, wie seinen friedlichen
Verkehr; Aegypten wird durch mehrere fränkische Spedi-
tionshandlungen repäsentirt, so daß sich hier das materielle
Interesse der Völker von vier Welttheilen zu einem bun-
ten Gewebe verflicht, dessen groteske Grundlage die an-
jetzt sehr dultsam gewordene Türkische Macht bildet. In
Galata wie in Pera haben auch die Katholiken mehrere
Kirchen; die Protestanten ihre eignen Kapellen, in deren
einer wir einem deutschen Gottesdienst beiwohnten.

Am meisten und nächsten wurden wir, unter allen
andern Vorstädten mit Pera bekannt. Wir hatten hier
bei Madame Balbiani, eine Wohnung gefunden, die
sich durch ihre herrliche, die schönste Aussicht gewährende
Lage eben so vortheilhaft auszeichnete, wie durch Rein-
lichkeit, Trefflichkeit und Billigkeit der Bewirthung. Ma-
dame Balbiani stammt aus dem südlichen Deutschland;
sie war mit ihrem ersten Gemahl (einem Deutschen) nach

Odessa gezogen, dann mit dem zweiten, der bald nachher starb, hiehergekommen, wo sie durch ihr gastliches Haus vornämlich dem deutschen Reisenden eine heimathliche Oase mitten in der Wüste des Fremdlingslandes darbietet. Denn die treffliche Familie des französischen Consuls Fabriquet aus Candia und ein junger Reisender aus der französischen Schweiz, die wir als Hausgenossen schon vorfanden, trugen nur noch mehr dazu bei, es in der stillen, freundlichen Wohnung uns recht wohl werden zu lassen.

Die Vorstadt Pera zieht sich in ziemlich bedeutender Ausdehnung über den sattelförmigen Rücken des Hügels von Galata hin. Noch lag, seit den Verheerungen, welche die große Feuersbrunst einer der letzten Jahre hier anrichtete, ein großer Theil der veröbeten Baustätten mit Schutt und Asche bestreut; an vielen Stellen erhuben sich jedoch auch wieder neue Gebände und der langen Hauptstraße so wie einigen Nebenstraßen merkte man von dem Einbruch, den das Feuer auch in ihre Häuserreihen gemacht hatte, nur noch wenig an. Am meisten ließ auch noch die jetzige Gestalt der Ruinen des englischen Gesandtschaftspallastes, der auf der Krone des Hügels lag, den Untergang dieses schönen Gebäudes beklagen, welches Lord Elgin, unterstützt von der orientalischen Compagnie und von dem brittischen Gouvernement mit so vielem Geschmack erbaut hatte. Der große Platz, auf welchem dieser prächtige Pallast sich erhub, war ehedem mit Hütten und kleinen hölzernen Häuschen bedeckt, in denen meist Türken wohnten. Als die Engländer durch Vertreibung der Franzosen aus Aegypten sich ein so großes Verdienst um den osmanischen Thron erworben hatten, ließ die hohe Pforte den Platz räumen, mit hohen Mauern um-

fassen und machte ihn, als Zeichen ihrer Erkenntlichkeit der
englischen Gesandtschaft zum Geschenk. Auch am Tage,
wo der Bau und die innre Einrichtung des Pallastes vol-
lendet war und wo derselbe nun zum ersten Male dem
Besuch der andern Gesandten eröffnet wurde, überraschte
der Großsultan die brittische Gesandtschaft mit einem ganz
besondern Beweis seiner dankbaren Anerkennung, denn
mitten unter dem Gedränge der hohen Gäste und ihrer
Begleitung stellte sich ein Haufe von Christensklaven ein,
denen das türkische Gouvernement an diesem Tage ihre
Freiheit geschenkt hatte, unter ihnen einige, welche seit
dreißig Jahren in der harten Gefangenschaft geschmachtet
hatten. Diese Alle, neu gekleidet, dankten in den ver-
schiedensten Sprachen der christlichen Nationen dem edlen
Lord, der ihnen als der Urheber ihres Glückes war ge-
nannt worden, und kehrten meist bald nachher, von den
Engländern reichlich beschenkt, in ihre Heimath zurück.
Obgleich jetzt nur ein zerborstenes Gemäuer an das
Prachtgebäude erinnerte, das noch vor wenig Jahren die
schönste Zierde von Pera war, vergnügten wir uns den-
noch sehr an dem Anblick des Gartens, der fortwäh-
rend in gutem Stand erhalten wird. Der Judäabaum
(Cercis Siliquastrum) zeigte sich an manchen Stellen
noch mit den Spätlingen seiner purpurrothen Blüthen be-
deckt, neben dem Gebüsch der schönfarbigen Passionsblu-
men erhub sich, mit kräftigem Stamme die Lebbek Mi-
mose (Mimosa Lebbek Forsk.), welche wegen ihrer lan-
gen, feinen Staubfäden von den Türken Seidenrose (Gul-
Ibrasim) genannt wird; Bäume, vom Geschlecht der
Pistazien und des Lorbeers, Orangen und Zitronen gaben
ihren Schatten. Nur schade, daß die lang anhaltende
Dürre und die weit vorgerückte Jahreszeit so wenig von

den Reizen übrig gelaſſen hatten, welche im Frühling die=
ſen Garten ſchmücken, der ſich mit dem ganzen zu ihm
gehörigen angebauten und freien Platze über einen Raum
von vier Morgen Landes ausdehnt.

Am Abhange des Hügels, auf welchem der Pallaſt
der brittiſchen Geſandtſchaft ſtund, ziehen ſich die Reihen
der türkiſchen Grabſtätten, bepflanzt mit hohen Zypreſſen
hin, deren ernſtere Form nach unten, im Thale der Kür=
bisgärten (Dolma=Backtſche) in die freundlichere der hier
immer reichlich grünenden Gartengewächſe übergehet. Na=
mentlich gewährt ein Kaffeehaus, das am weſtlichen Sau=
me der Vorſtadt liegt und welches, wie ſo viele andre in
Pera befindliche, ganz in franzöſiſcher oder italieniſcher
Art eingerichtet und bedient iſt, eine liebliche Ausſicht über
die angränzende Landſchaft. An der andren, öſtlichen
Seite des Hügelſattels, auf deſſen Länge die Vorſtadt
ſich hinzieht, in der Nähe der dortigen Geſandtenwohnun=
gen iſt die Ausſicht hinüber nach der Hauptſtadt und zu=
nächſt nach den Gebäuden des neuen Serai's am beſten
zu gewinnen. In jedem Falle müßte man, wenn man
anders der ſchönen Ausſicht begehrt, dahin trachten, wäh=
rend des Verweilens in Pera nicht in der Mitte der en=
gen Gaſſen, wo dennoch einige der beſuchteſten Gaſt=
häuſer ſtehen, ſondern an einer der freieren Seiten zu
wohnen.

Der Zypreſſenhain der Grabſtätten, der an unſre
Wohnung angränzte, zog uns oft hinab zu Spaziergän=
gen in ſeinem Schatten. Mehr jedoch als dieſe Nachbar=
barſchaft zog eine andre unſre Neugierde an, das war die
der Tanzhalle der Mewlewis, in welcher die Der=
wiſche dieſes Ordens wöchentlich zweimal, am Dienstag
und am Freitag jene myſtiſchen Sphärentänze beginnen,

die als ein uraltes Erbgut der Geheimlehren der Väter
zu den jetzigen Verehrern des Islam gekommen sind. In
der Mitte der Halle sitzt der Scheich, der den Tanz mit
dem Spiele der Flöte begleitet, um ihn tanzen einzeln,
um sich selber sich drehend und so den Umkreis beschrei-
bend die Derwische, langsam, mit feierlicher Geberde.
Oder auch es beginnt der in der Mitte stehende Führer
des Reigens, den ein Andrer seitwärts, außer dem Kreise
Sitzender mit dem Spiele der Töne belebt, die langsamen
Umdrehungen, und die Uebrigen, Einer und wieder Einer,
dann Alle erheben sich zum Wirbel des Tanzes, der so
gleichmäßig und kräftig ist, daß der Saum des Gewan-
des, wie der einer Glocke oder fast radförmig ausgespannt,
die Füße umkreiset. Wenn bei solchen oder andren Aeus-
serungen einer Trunkenheit des innren Sinnes der Aus-
ruf „Huh" oder „Ja Huh" das heißt Jehovah, aus der
Brust der Tänzer sich hervorringet, dann erinnert dieser
Zustand an jene unwillführlichen Ausbrüche einer Ent-
zückung des sinnlichen Menschen, bei welcher jene Kräfte
von oben, die den Kreislauf des sichtbaren Seyns und
Wesens der Natur bewirken, in ihre Wogen ihn hinreißen,
ohne daß der freie Wille, der aus dem erkennenden Geist
kommt, den Zügel des Bewegens zu erfassen und dieses
zu leiten vermag. Denn es giebt in der Geschichte der
menschlichen Natur eine zweifache Art der Begeisterung,
die eine ist die sinnliche, die man auch silenische, oder
magnetische und mystische nennen kann, die andre ist die
prophetische. Jene, sie möge durch silenische Berauschung
oder magnetische Gewaltthätigkeit oder mystische Ueber-
spannung hervorgerufen seyn, zeigt sich des klaren Selbst-
bewußtseyns, der Selbstherrschaft des freien Willens, öf-
ters selbst der Rückerinnerung beraubt; sie siehet häufig

in der traurigen Abhängigkeit von dem Willen und Be-
fehl andrer Menschen oder von dem Einfluß leiblicher
Elemente; auf die Bekräftigung des wachen, selbstbewußt-
ten Willens, auf das Gedeihen und Wachsthum des in-
neren Menschen hat sie nur selten entschiedene Einwir-
kung. Die prophetische Begeisterung dagegen läßet dem
Menschen das klare, wache Selbstbewußtseyn und den
freien Willen. Sie gebeut ihm zu reden und zu thun,
und er gehorcht, weiß es aber auch daß und warum er
gehorcht und genießet das Wohlbefinden, nicht nur der
lieblich blühenden Rose oder Lilie, die wie das Schlafende
unter dem Herzen der Mutter von dem Geist des Lebens
durchwirkt wird, sondern jenes des Kindes, das die Mut-
ter beim Namen nennt und das ihre Worte versteht. Der
Tanz der Sphären, welcher die sich selber umkreisende
und zugleich die Bahn um die Sonne beschreibende Be-
wegung der Planeten unwillführlich nachbildete; derselbe,
den wir bei den jetzigen Mewlewis-Derwischen finden, war
ein geheiligter Gebrauch bei den Indern (wo Chrischna als
Scheich den Reigen begann) und bei den alten Persern;
er war ein Hinstarren mit unverwandtem Blicke und ein
unwillführliches Nachahmen der Bewegungen Dessen, das
den Heiden der anziehende Mittelpunkt der Verehrung
und das Hochheilige war: der Sonne, der Königin des
Tages, der Führerin und strahlenumgränzten Lyra des
Reigens und des harmonischen Bewegens der Gestirne *).
Den zuschauenden Moslimen erscheinen deshalb diese Be-

---

*) M. v. über den Sphärentanz der Mewlewis-Derwische
und seine Bedeutung: J. v. Hammers Constant. u. d.
Bosp. II. S. 112.

wegungen, welche, nur schneller sich wiederholend, jener
der Sonnenblume gleichen, so ehrwürdig, daß ein (christ=
licher) Reisender des vorigen Jahrhunderts, nach Ste=
phan Schulze, aus der Gefahr vom fanatischen moham=
medanischen Pöbel gesteinigt zu werden, sich dadurch ret=
tete, daß er sich (ich mag nicht sagen, ob das recht und
wohlgethan war) gleich den Mewlewis=Derwischen um
sich selber tanzend drehete. Denn alsbald riefen die Al=
ten, die dem Unfug der jungen Fanatiker bisher ruhig
zugesehen hatten: lasset diesen unverletzt, er ist ein heili=
ger Mann. —

In der Nähe der Mewlewi's=Tanzhalle war auch das
Grabmahl Bonnevals jenes vormals berühmten Fran=
zosen, der noch nicht zufrieden mit dem äußern Glücke,
das ihn bis zum Range eines österreichischen Generals
unter Eugen hatte steigen lassen, durch Verläugnung des
Glaubens seiner Väter da im Reiche der Osmanen ein
noch größeres Glück zu erkaufen suchte. Er starb hier
als Chef des Bombardier=Corps.

Pera war in der Zeit, da wir unter seinen Dä=
chern verweilten, von jenen Bewohnern verlassen, welche
sonst der Mittelpunkt seines Verkehres und innern Lebens
sind: von den Gesandten der christlich europäischen Höfe.
Diese hielt, theils die noch immer fortwährende Hitze des
Spätsommers, welche in diesem Jahre noch kein Regen=
guß der Herbstnachtgleiche abgekühlt hatte, theils auch je=
ne Zerrüttung, welche der heftige Ausbruch der Pest in
den Verkehr mit der Hauptstadt gebracht hatte, noch auf
ihren Landsitzen, namentlich in Bujukdereh zurück. Den=
noch boten sich uns, auch schon aus dieser Entfernung von
jenen Inhabern, nicht nur der Macht, sondern auch der
Güte der Herrscher der christlichen Heimath wohlwol=

lende Hände, von denen ich nachher noch reden will. Un-
ter den anwesenden Bewohnern der pilgerlich-heimathli-
chen Vorstadt erfreuten uns die Herren Brown und Goo-
del, Schneider und Mühr durch ihre Bekanntschaft, und
ein Mitpilgrim durch viele Gegenden der Erde, dem wir
später noch mehrmalen begegneten, Herr Leewes, näher-
te sich uns hier zum ersten Male.

Ehe ich jedoch mehr von dem reden darf, was uns
hier während der schnell vorübergehenden Pilgerschaft in
der Nähe von Constantinopel begegnete, muß ich zuerst
weiter fortgehen in meiner Beschreibung der Vorstädte und
des benachbarten Landes.

Topchana ist der dritte Theil jenes Dreiblattes,
das die Vorstädte der Halbinsel von Galata bilden, denn
es liegt am Ufer des Meeres, nachbarlich neben Galata,
welches durch das Topchana-Thor (Topchana-Kapussi)
mit ihm verbunden ist, und zieht sich hinter den Mauern
von Galata am Bergabhange hinan gegen Pera, mit wel-
chem es auf der Anhöhe zusammengränzt. Schon der Na-
me Top-Chane, d. h. Kanonenbehausung, deutet die Be-
stimmung dieser Vorstadt an: eine Mutter- und Werk-
stätte der groben Geschütze zu seyn, auf deren Macht
und Menge die Herrscher des Osmanischen Reiches seit
Mohammed II. sich fortwährend so viel zu gute thaten.
Denn seitdem zuerst Orban, der ungarische Stückgießer,
den Hang dieses Städtebestürmers und Eroberers zu un-
geheuern Kriegsgewehren geweckt und genährt hatte, war
es eine der ersten Bauunternehmungen des Sultans, daß
er gleich nach der Eroberung von Constantinopel eine
außerhalb den Mauern von Galata gelegne christliche Kir-
che sammt dem zu ihr gehörigen Kloster in eine Stück-
gießerei verwandeln ließ. Zwar von dieser ältesten An-

lage des Gebäudes, welches das Entstehen der Vorstadt
Topchana bewirkte, haben die Feuersbrünste, namentlich
des vorigen Jahrhunderts und die hierdurch veranlaßten
neuen Aufbaue, so wie die vielen späteren Erweiterungen
nur wenig übrig gelassen; dagegen hat sich fortwährend
die rege Theilnahme der osmanischen Herrscher für diese
wichtige Anstalt erhalten, deren innre Einrichtung und
Leistungen als großartig ins Auge fallen. Der jetzige
Großsultan hat zur Verschönerung dieser Vorstadt der
Stückgießer Vieles beigetragen, namentlich durch den Auf-
bau seiner neuen, prachtvollen Moschee und des überaus
zierlichen Brunnenhauses. An die Stelle der vormaligen,
aus Persien nach Constantinopel und seiner Umgegend ge-
kommenen Fayance-Werkstätten scheinen jetzt andre von
sehr untergeordnetem Range, namentlich die Pfeifenkopf-
fabriken getreten zu seyn. Eine solche Menge dieser ver-
goldeten und unvergoldeten rothen, thönernen Pfeifenköpfe
wie in Topchana sahen wir nirgend sonst beisammen. —
Schon bei unserm erstmaligen Besuch dieser Vorstadt und
bei unserem Hinaufgehen durch ihre Gassen gegen Pera
hin setzte uns der Anblick der großen Menge der ver-
wilderten Hunde in Verwunderung, als wir aber später
einmal am Abend, bei der Zurückkehr aus Bujuckderch
den Weg durch Topchana nahmen, hätte sich jenes Stau-
nen fast in Furcht und Schrecken verwandelt, denn nur
mit Mühe und großer Vorsicht entgiengen wir den Zäh-
nen dieser bissigen, namentlich den Fremden sehr aufsäßi-
gen Thiere, die schon manchem Europäer seine Kleider zer-
rissen und ihn verwundeten, zuweilen auch, in abgelegenen
Gegenden der Stadt wehrlose Wanderer umbrachten. Auf
der Höhe des Hügels, ober Topchana, war auch vormals
jene merkwürdige unterirdische Sternwarte des türkischen

Astronomen Ali Kuschdschi, ein 105 Ellen tiefer Brun-
nen, der unter Murad IV. verschüttet ward.

Größer an Umfang als Galata, obwohl nicht so wie
dieses von Mauern umgeben ist Skutari, das alte
Chrysopolis, das auf der auch hier noch durch höhere
Naturschönheit ausgezeichneten asiatischen Küste des
Bosporus liegt. Sein eigentlicher Name, Uskudar be-
deutet auf Persisch Postbothe und mag wohl aus derselben
Zeit stammen als der Name Chrysopolis oder Goldstadt,
den der Ort erhielt, weil hier die Perser während ihrer
Herrscherzüge in Europa die erbeuteten Schätze und Ab-
gaben der unterworfenen Völker aufhäuften. Noch jetzt
ist Skutari die erste Poststation von der Hauptstadt des
Reiches aus in Asien, der Sitz eines Molla's oder Ge-
richtspräsidenten, dessen Obergerichtsbarkeit alle Ortschaften
an der asiatischen Seite des Bosporus untergeordnet sind.
Von ferne her gesehen macht Skutari einen imposanten
Eindruck aufs Auge durch die Krone des mächtigen Zy-
pressenhaines der den Hügelabhang oberhalb der mit ih-
ren Moscheen und Minare's prangenden Vorstadt bedeckt
(m. v. S. 156). Dieser Zypressenhain, welcher die größ-
te Gräberstätte der Hauptstadt und ihrer asiatischen Nach-
barküste beschattet, erstreckt sich über einen fast 1½ Stun-
den langen Raum; ober demselben erhebt sich der Berg
Bulgurlu, dessen entzückend schöne Aussicht Einheimi-
sche wie Fremde zu seinem Besuche anlockt. Der alte
Name des Berges Damatrys, scheint nach J. v. Ham-
mers Vermuthung (a. a. O. II. 338) freilich in sehr ver-
wandelter Gestalt die Benennung der beiden auf dem Gi-
pfel liegenden Dörflein: Groß- und Klein-„Dschamlid-
sche" erzeugt zu haben, an deren vortrefflichem Wasser,
Kaffee und allerhand Süßigkeiten die Besuchenden aus

der Hauptstadt sich erquicken. Denn in der günstigen
Jahreszeit vergeht selten ein Tag, wo nicht mehrere der
mit Ochsen bespannten Wägen, befrachtet vornämlich mit
verschleierten Frauen und ihren Kindern, den Berg hinan-
fahren und oben im Schatten der Bäume den bewegten
Lebensstrom der Luft in und mit sich walten lassen. Das
Gefühl, das den Wandrer an solchem hehren Orte, be-
wegt von den Kräften des waltenden und erhaltenden Le-
bensgeistes, dessen Odem auch durch die Sichtbarkeit hin-
durchwirket, erfasset, ist ein ähnliches als jenes, das die
häufig an den Denksteinen zwischen den Zypressen vorkom-
mende Grabschrift weckt: Ena Lillahi we ileihi rad-
schinne, d. h. „wir sind Gottes und zu Gott kehren wir
zurück" *). Die Vorstadt Skutari zeichnet sich durch ih-
re breite, schöne Hauptstraße und mehrere prachtvolle, öf-
fentliche Gebäude aus. Die hiesige, von Sultan Selim
angelegte türkische Druckerei hat Manches zur Begrün-
dung und Verbreitung gemeinnütziger Kenntnisse unter den
Osmanen beigetragen; eine ebenfalls berühmte Druckerei
von ganz andrer Art: die Kattundruckerei der Armenier
wetteiferte zu gleicher Zeit mit den ähnlichen Unterneh-
mungen

---

*) J. v. Hammer Const. u. d. Bosp. II. S. 332 und S. 335
wo derselbe zugleich den schönen Commentar eines arabi-
schen Philologen über diesen Koranspruch anführt, der hier-
mit den Gebrauch der Vorwörter erläutern will:

Wir beginnen mit Gott, und vollenden in Gott;
Wir leben durch Gott, und streben nach Gott;
Wir wandeln vor Gott, und handeln für Gott;
Wir sprechen aus Gott, und schwören bei Gott;
Wir trauen auf Gott, und bauen nächst Gott;
Wir kommen von Gott, und gehen zu Gott.

mungen der westeuropäischen Länder. Ein Gegenstand der
Beachtung für viele Reisende, ist besonders seit Clar-
kes und noch mehr durch J. v. Hammers genauer Be-
schreibung das Kloster der Rufaji Derwische gewor-
den (genannt nach dem von den Moslimen für heilig gehalt-
nen Said Achmed Rufai). Die Gebete dieser Derwische
sind nicht bloß Andachts-, sondern zugleich Leibesübungen
zu nennen, denn nach einem ruhigeren Anfange derselben
steigert sich die Sinnentrunkenheit allmählig zu so raschen,
wilden Bewegungen des abwechselnd vorwärts geneigten,
dann gerade stehenden, dann rückwärts gebognen oder
auch rechts und links sich neigenden Körpers, daß das
Auge der Zuschauer kaum ihnen zu folgen, das Ohr die
einzelnen Silben des Gebetes „La-i-lah-il-la-lah" nicht
mehr zu unterscheiden vermag, sondern nur noch ein to-
bendes Il-lah hört, abwechselnd mit dem Ausruf des
Entzückens: „Ja-Huh." Das stöhnende Geschrei dieser
im Eifer ihrer „Andacht" Rasenden begleitet indeß ein
lieblich tönender Choral, welchen zwei gute Sänger in
feierlichem Takte absingen; es ist meist die „Borda" das
Lobgedicht auf den Propheten oder irgend ein andres
Lied zum Preis der Gläubigen des Islams. Nebenbei
unterhalten dann auch noch die Derwische die Zuschauer
mit allerhand gaukelspielerischen Versuchen, wodurch sie
ihre Unverletzlichkeit durchs Feuer zu bezeugen suchen, in-
dem sie glühende Kugeln und glühende Eisen anfassen
und in den Händen bewegen.

Auch noch eine Erwähnung der so viel gepriesenen
und besungenen Prinzeninseln, welche weiterhin im
Propontis, an der asiatischen Küste liegen, glauben wir
dem Leser schuldig zu seyn. Ihr alter Name „Daimon-
nisoi" wurde, wie v. Hammer bemerkt, in den jetzigen

verwandelt, weil diese so schönen Eilande während der
Zeiten der byzantinischen Herrschaft ein Verbannungs= und
Verwahrungsort so vieler für den Purpur des Fürsten=
standes Geborenen und Erzogenen, so Vieler Herren und
Großen des Reiches waren. Man zählt neun dieser In=
seln, die man beim Hinaus= oder Hereinfahren in und
aus dem Propontis, so wie schon von den erhöhten
Punkten der Hauptstadt, noch besser aber vom Bulgurlu=
berge überblicken kann. So schön sie auch sind, so weckt
doch zugleich fast jede von ihnen Erinnerungen des Abscheus
oder der Trauer. Denn im gewesenen Klostergebäude auf
Prote (jetzt Kinaliadassi), der am nächsten herüber nach
der Stadt gelegnen Insel, starben die Kaiser Romanus
der Erste und vier Menschenalter später Romanus Dioge=
nes im Elend, der letztere mit ausgestochnen Augen, an
deren wunden Höhlen die Würmer nagten. Auf Anti=
gone (jetzt Baghatéli ada) schmachtete der h. Me=
thodius, der Maler und kräftige Beschreiber der Gerichte
Gottes, sieben Jahre im Kerker, und in einem spätern
Jahrhundert verzehrte hier den entthronten Kaiser Roma=
nus Lacapenus und seinen Prinzen Stephan das Heim=
weh nach den gewohnten Freuden des Thrones, deren
sie der eigne Sohn und Bruder, Constantin, der im Pur=
pur Geborene beraubt und sie hieher verbannt hatte. Die
lieblichste unter allen Prinzeninseln ist, durch ihre Natur=
schönheit Heibeli adassy, deren alter Name Chalkitis
oder auch der nachher auf die ganze Gruppe übertragene
Demonesos war. Alleen von Zypressen, Gruppen von
Terebinthen und Pinien, Gärten voll von Feigen und andern
Fruchtbäumen, hin und wieder dickstämmige Platanen zie=
ren dieses Eiland, das von dreieckigem Umrisse ist und
drei Hügel hat, auf deren jedem ein griechisches Kloster

stehet. In älterer Zeit wurde auf Chalkitis, das hier-
von diesen Namen erhielt, ein Kupferbergbau betrieben.
Hier wie auf den andern Prinzeninseln verübten die rach-
süchtigen Schaaren der Venetianer im Jahr 1302 an den
Bewohnern wie an den armen dem Schwert der Perser
hieher entflohenen christlichen Peloxythiern große Gräuel,
so daß damals auch diese schöne Insel ein Ort der Seufzer
und des Jammers war. Die flache, öde Insel Plate
erinnert an Michaël Rhangabes, der mit seinen Söhnen
hieher (im J. 813) verbannt ward, wo er unter dem
Namen Athanasius 32 Jahre lang im Kloster lebte; die
noch trauriger aussehende kleine Felseninsel Oreia, an
den hier gebornen und hieher verbannten frommen Pa-
triarchen Michaël Oryta; Pyti, an den unter Zeno im
J. 477 hieher verbannten Unruhestifter Petrus Knaxhäus.
Antirobidos und Niandro sind bloß nackte, von
Kaninchen bewohnte Meeresklippen, welche nur etwa für
Liebhaber dieser Jagd einen anziehenden Reiz haben, da-
gegen ist die Chalkitis gegenübergelegne große Prinzen-
insel, die bei den Türken Kisil ada, rothe Insel, bei
den Griechen und Franken Prinkipo heißt, die vielbe-
suchteste von allen. In dem Thale, welches zwischen zwei
Reihen von Hügeln das gegen drei Meilen lange Eiland
durchsetzt, vermählt sich die vollwüchsige Rebe mit der
Zypresse; Feigen und Granaten und am Hügelabhang
hinan Waldungen von Oelbäumen wechseln mit Gärten
der andern Obstbäume und der Gemüse. Der Reiz die-
ses fruchtbaren Thales und der quellenreichen, grünenden
Schluchten wird durch den Anblick der Felsenwildniß im
Süden der Insel nur noch mehr erhöht. In einem Klo-
ster dieser Insel, das sie selber erbaute, lebte Irene, die
große Kaiserin, die Zeitgenossin Carls des Großen wie

16 *

Harun al Raschid's in der Verbannung; späterhin traf
hier dasselbe Loos Zoë, die Gemahlin Michaëls V., und
noch später Anna, die Mutter der Comnenen, welche mit
ihren Töchtern in dieses Kloster verschlossen ward. Ans
jetzt mag diese schöne Insel manchem Wandrer, welcher
die edleren, reineren Freuden aufzusuchen weiß, deren
Quellen hier neben dem klaren Wasser aus den Felsen
strömen, ein Verbannungsort seiner Sorgen und mancher
trübender Erinnerungen werden.

Während sich das Auge der meisten andern Reisen-
den dem ruhigen Genusse jenes Totaleindruckes hingeben
darf, welchen es beim Anblick der herrlichen Umgegend von
Constantinopel empfängt, muß der Freund der Natur an
das seinige noch andre Ansprüche machen: sein Auge soll
die einzelnen Fäden beachten und bezeichnen, woraus das
Gewebe des Totaleindruckes einer Gegend zusammenge-
fügt ist. Wie gern hätte ich dieses Berufsgeschäft auch
bei Constantinopel treulich geübt, wenn mich nicht nur zu
bald das Loos der Gefangenen auf den Prinzeninseln ge-
troffen hätte: eine Verbannung aus der schönen, freien
Natur in den engen Raum des Zimmers, nicht zwar durch
Tirannengewalt, wohl aber durch Krankheit. Wer sollte
es meinen, daß man in solchem heißen Lande und bei
solch heißen Tagen der beständigen Gefahr der Erkältung
ausgesetzt sey, und daß gerade dieses die größeste sey,
welcher die Gesundheit des Fremdlinges in diesem Lande
unterliegt. Während sich in der lieben, jetzt so weit ent-
fernten Heimath die Cholera zuerst regte, mußte auch ich,
wenn auch nur einige Tropfen aus dem Becher ihrer
Schmerzen und ihres Wehes kosten, den sie um diese
Zeit den Bewohnern Münchens reichte. Als Folge einer
mehrmaligen Erkältung, besonders bei Gelegenheit einer

abendlichen Fahrt auf dem Bosporus, nach einer Fuß-
wanderung in der Hitze des Tages über Berg und Thal,
hatte ich mir Uebel zugezogen, welche leichten Anfällen
der Cholera glichen.   Dennoch behielt ich der Stunden
und Tage noch mehrere, an denen ich kräftig genug war
herum zu wandern und zu sehen, um so mehr, da die
Stimme des Wehes sich gewöhnlich bloß in der Nacht
vernehmen ließ und während der heißen Stunden des
Tages verstummte.

Den einen der gesünderen Tage benützte ich, in Ge-
sellschaft meiner jungen Freunde und des Herrn Mühr zu
einer naturhistorischen Wanderung in die nördlich von Pera
gelegne Landschaft, aus der wir uns dann herabgegeben
nach den Ufern des Bosporus und nach dem lieblich ge-
legnen Bujukderey. Um zuerst über das Felsengerippe der
Landschaft Einiges im Vorübergehen zu bemerken, so zeigt
sich im Norden der Halbinsel von Pera an mehrern Punk-
ten der Thonschiefer; weiterhin gegen den Bosporus und
am Saume von diesem treten häufig die Felsarten des
von Werner sogenannten Flötztrappes: Wacke, basaltischer
Mandelstein, Porphyrschiefer und Basalt auf; bei Sari-
jari, jenseits Bujukderey ein eisenschüßiger Quarz mit
eingesprengten Schwefelkies-Krystallen.   Aus den Bergen,
die sich am Propontis auf der asiatischen Seite erheben,
sahen wir Bausteine von bläulichgrauem Kalk; auch die
Felsart des Riesenberges ist Kalk.   Am nördlichen Ver-
laufe des Bosporus zeigt sich an beiden Ufern eine Brec-
cie mit eisenthonigem und quarzigem Bindemittel, häufig
von Chalcedongängen durchschwärmt; zu der schönen Grup-
pe von Basaltsäulen bei Yum Burnu nahe bei der äußern
Mündung des Bosporus ins schwarze Meer, so wie zu
den Hölen der Bucht von Cabaces kennten wir nicht kom-

men; wir verweisen hierüber auf Andreossy's und Walsh Beschreibung *). Noch immer liefert die Umgegend von Constantinopel und dem Bosporns in Menge jene Steinart, welche von Chalzedon (gegenüber dem alten Byzanz), ihren Namen hatte: den Chalzedon, der sich am Bosporns öfters in Kugeln findet, außer demselben Carneol, Achat und Jaspis von verschiedenen Farben.

Die langanhaltende Dürre hatte uns nur wenig blühende oder grünende Pflanzen übrig gelassen; über die Hochebene hingehend hatten wir zur Rechten wie zur Linken nur ein verödetes Erdreich, da nur wenig Pflügen und Ernten ist, denn der Kornbau ist, besonders auf der europäischen Seite, so unbedeutend, daß der Landbauer den ganzen armseeligen Ertrag seiner Ernte auf dem Rücken der Lastthiere oder in wenig kleinen Wagenladungen zur Tenne führt. Am Abhange der zur Schaafweide benützten Hügel wie auf der unbebauten Ebene zeigte sich in Menge die stachliche Bibernelle (Poterium spinosum), an einigen Stellen prangte die baumartige Heide (Erica arborea) mit ihren Blüthen; die Beeren des Machmudistrauches (Osyris alba) fiengen an sich zu röthen; das Blumenrohr (Spartium junceum) trug, statt der lieblich duftenden Blüthen schon dürre Hülsenfrüchte, auch die schöne strauchartige Phlomis (Phlomis fruticosa) war schon verblüht. Auffallend ist auf solchem dürren, heißen Boden die Menge der stachlichen oder harig-borstigen Gewächse, denn da zeigten sich die gemei-

---

*) Andreossy voyage p. 35; Walsh residence at Constantinople I. p. 284.

ne Stechwinde (Smilax aspera) *), der Mäusedorn (Ruscus aculeatus), der Judendorn (Zizyphus Paliurus), häufiger aber als alle diese der gemeine Bürzeldorn (Tribulus terrestris) und die hafrig-borstigen Echien (Echium italicum, violaceum u. s.). An einer felsigen Stelle nach dem Meeresufer hin fand sich der hakige Tragant (Astragalus hamosus), in den buschreichen Schluchten der Erdbeerbaum (Arbutus Unedo), die türkische Haselnuß (Corylus colurna auf türkisch Jaban Fonduk), die gemeine Mispel (Mespilus germanica) und Quitte (Cydonia vulgaris auf türkisch Jaban Aiva, d. h. wilde Quitte), die Kermes- und Färbereiche (Quercus coccifera und infectoria), so wie der Granatapfel und (meist nur strauchartig) der Mastirbaum (Pistacia Lentiscus).

Da wir hier einmal bei der Pflanzenwelt von Constantinopel verweilen, richten wir auch einen Blick auf die Gewächse der Gärten und Felder. Es war eben die Zeit der Reise der Trauben (auf Türkisch Uzum, unter denen die gewöhnlichste, weiße Sorte die Traube des Landes (Jeri Uzum), süß und lieblich; die röthliche Altin Uzum unsrer Muskatellertraube verwandt, die goldfarbige Gradina am meisten geachtet ist. Die Gärten sind reichlich mit Arten der Kirschen (Chiréss), Weichseln (Vischene, daraus der gleichnamige kühlende Trank), Aprikosen (Kaissi), Pfirschen (Schiefteli), Birnen (Armud), Aepfeln (Alma), Mandeln (Badem), schwarzen Maulbeeren

٭)

---

*) In den Gärten baut man auch Smilax excelsa, um die jungen Schossen als Salat zu benützen.

(Kara Dul) und andern, auch bei uns vorkommenden
Obstsorten versehen; beliebt ist bei den Osmanen auch die
von ihnen sogenannte Traube der Franken (Frenk-Uzum)
d. h. unsre saure Johannisbeere. Aber neben all diesen Ge=
wächsen der Heimath findet der deutsche Reisende hier
auch Bäume, mit reifen Früchten, die er in den gewöhn=
lichen Gärten des Vaterlandes kaum jemals kostete: wie
die Dattelpflaume (Diospyros Lotus, auf Türkisch Kur-
masi), die Frucht des schmalblättrigen Oleaster (Elaeag-
nus angustifolius, auf Türkisch Igidè), die wohlschmek=
kende Jujubenbeere (Ziziphus Lotus und Jujuba), so
wie als Gartengesträuch den eßbaren Hibisch (Hibiscus
esculentus), dessen schleimige Frucht Bamia genannt hier
zu Lande gekocht und als Gemüse verspeiset wird. Ueber=
haupt findet man in Constantinopel gar manches undeut=
sche Gemüse, wie die Früchte mehrerer Arten von Sola=
neen oder Nachtschatten (Solanum pomiferum, Melon-
gena) mit ihnen auch die eckelhaften Brunstapfel oder
Pommes d'amour: die Früchte des auf meine Natur
immer wie ein Gift wirkenden Solanum Lycopersicum.
Dagegen gewähren einen angenehmern Zusatz zu den Spei=
sen, vornämlich zu den Zucker= und Honigkuchen (Helva
genannt) die Saamen des Sesams. Von Blumen liebt
der Osmane vor allen die von greller Farbe wie Tage-
tes patula (auf Türkisch Kadisè Tschitscheghi d. h. Sammt=
blume), die bunte großblumige Rosenpappel (Alcea ro-
sea), welche er die Rose Fatime's (Gul=Fatime) nennt,
aber auch die sanfte, blaue Passionsblume (auf Türkisch
Rad des Himmels: „Schiark=Feleki"). Seine Geruchs=
nerven können nicht so empfindlich seyn wie jene des Ita=
lieners, denn in großer Menge wurde in dieser Jahres=
zeit die starkduftende Tuberose (Polyanthes tuberosa hier

„Teber" genannt) in den Gärten gebaut und in die Ha-
rems verkauft.

Auch von der einheimischen Thierwelt bekamen wir
während unsers Aufenthaltes in Constantinopel nur wenig
zu sehen. Der Wolf wie der „Tschakal" (Canis aureus)
sollen sich, der letztere zu allen Jahreszeiten, der erstere
vorzüglich im Winter in der Umgegend der Hauptstadt
aufhalten; der Zlepez (Spalax typhlus), die Zieselmaus
(Spermophilus Citillus) und der Jerboa (Dipus sagit-
ta) bewohnen mit dem gemeinen Maulwurf die Untertie-
fungen jener Auen und Felder, auf denen der Hase, der
jetzt fast allgemein von den Türken genossen wird, in Menge
gesehen wird. Der Gesang der Vögel an den Felsen und
in den Gärten war verstummt; doch sahen wir den be-
liebtesten Sänger dieses Landes: die Blaudrossel (Turdus
Cyanus auf Türkisch Felsennachtigall oder Kaja-Bulbul)
und auf den Feldern die Spinoletta und Calandra-Ler-
che; von Schildkröten giebt es die allbekannte griechische
(Testudo graeca); unter den Fischen des Bosporus er-
schien uns am interessantesten der Schwertfisch (Xiphias
gladius, auf Türkisch „Chilik"), dessen Fang im July
und August, wo er in ganzen Zügen den Canal passirt,
von Wichtigkeit ist; unter den Insekten interessirten uns
namentlich der auch in den ungarischen Weinbergen leben-
de Großkopfkäfer (Lethrus Cephalotes) so wie der Fin-
gerkäfer (Scarites) und die Arten der Fanghenschrecken
(Mantis), deren Wachsthum jetzt eben vollendet war;
unter den Süßwasserconchylien, die meine jungen Freun-
de fanden, war die schönste die Hainschnirkelschnecke (He-
lix lucorum) aus Skutari *).

---

*) Außerdem fanden sich um Pera, meist im Garten der eng-

Doch es ist Zeit, daß wir aus diesem bacchantischen Herumschwärmen neben den zerrissenen Gliedern der thrazischen Natur, die im Frühling so hehr und reich, in der dürren Zeit des Spätsommers und Herbstes so arm ist, zurückkehren und wieder zu uns selber kommen. Die Fußreise über die Landschaft der Halbinsel von Pera, endete, wie ich schon vorhin erwähnte, in dem lieblichen Bujukdereh. Hier war mir noch der größte Genuß und die reichste Ausbeute dieses Tages aufbehalten: die persönliche Bekanntschaft so wie das Wiedersehen mehrerer hier wohnenden durch Stand wie durch geistigen Werth hochgestellten Franken. Zwar den hochverehrten Herrn Grafen von Königsmark, Königlich Preußischen Gesandten, der mir während meines Aufenthaltes in Constantinopel so viele Beweise seines Wohlwollens gab, fand ich heute nicht, sondern lernte ihn erst am folgenden Tage in Pera kennen, dagegen fand ich im Pallast der russischen Gesandtschaft einen theuren Freund wieder, den ich schon in München kennen lernte, den Legationsrath Baron von Titoff und an Sr. Excellenz dem Kaiserlich=Russischen Gesandten, Grafen Boutenineff einen neuen Gönner, dessen wirksame Empfehlungen mir von hier an auf meiner ganzen, weitern Reise durch das Morgenland von größtem Nutzen waren. Doch vor allem, mit der innigsten Rührung der Dankbarkeit, gedenke der genußreichen Stunde, die mir im Pallast des k. k. österreichischen Herrn Internuntius, Baron von

---

lischen Gesandtschaft Helix vermiculata, adspersa, carthusianella, conica, turrita, subrostrata; Bulimus Pupa u. ventricosa; Clausilia sulcosa u. similis; Pupa tridens.

Stürmer vergönnt war. Das Gefühl des innren Wohl-
seyns und der Heimathlichkeit, das mich in der Nähe
dieses ausgezeichneten Staatsmannes und seiner huldvol-
len Gemahlin erfüllte, ist ein Gastgeschenk das wohl Je-
dem zu Theil wird, der für den Geist, welcher in dieser
reichbegabten Familie herrschet, offnen Sinn hat: denn
hier wohnen die Kräfte einer hohen Bildung mit den
Gaben eines gütigen, menschenfreundlichen Herzens in
Frieden beisammen. Außer der wohlthuenden Erinne-
rung, die ich an jenes theure Haus mit mir auf meinen
weitern Weg nahm und welche mich nie verlassen wird,
begleiteten mich noch gar viele andre, kräftige Zeichen des
Wohlwollens des hochverehrten Herrn Internuntius. Na-
mentlich fand ich in Folge seiner freundlichen Empfehlun-
gen an die k. k. Oesterreichischen General-Consulate zu
Smyrna und Alexandria, überall freundliche Zuvorkom-
menheit und gebahnten Weg für meine Reisepläne. Einen
großen Genuß gewährte mir auch die persönliche Bekannt-
schaft der k. k. Herrn Interpreten Freiherrn v. Testa, v.
Kletzl und R. Steiner, die ich noch öfter in Pera sahe
und die mir unvergeßliche Beweise ihrer freundschaftlichen
Gesinnung gaben.

Der Tag hatte sich schon ziemlich geneigt, da wir
uns Boot stiegen und die Heimkehr, hinab auf dem Bos-
porus antraten. Ein frischer Nordostwind bewegte das
Wasser mächtig; unsre Ruderer ersuchten uns, daß wir
von den Bänken herab auf den Boden uns setzen möchten,
dennoch schwankte das Fahrzeug gewaltig und die hoch-
gehenden Wogen ergossen sich so reichlich über seinen
Bord, daß unsre Kleider ganz durchnäßt wurden. Doch
diese Beschwerden minderten sich sehr, da wir aus der
breiteren Bahn des Meeresstromes jenseits Kenikoi in den

Schutz der hohen Ufer kamen. Zu dem erhabenen Schau-
spiel, welches unsrem Auge das hochbewegte Meer gab,
gesellte sich jetzt jenes der Liebreize und Segnungen, die
sich hier über Berg und Thal ergießen. Ehe wir indeß
den Hafen von Topchana erreichten, war das Dunkel der
Nacht schon eingebrochen und mit Mühe den Bissen der
Gassenhunde entronnen, gaben wir uns in dem gastlichen
Pera ganz dem angenehmen Gefühl des Ausruhens nach
einem für uns so reichen Tage hin.

Das gute Pera war mit jedem Tage uns lieber ge-
worden, durch die Liebe und Güte der Freunde, die wir
hier gefunden hatten. Denn außer den schon genannten
Wohlthätern und Freunden hatten wir hier den theuren
Fielstedt getroffen, dem wir auf dieser Reise bald wie-
der begegnen werden; durch ihn so wie durch Briefe aus der
Heimath ward uns die Bekanntschaft und Annäherung an
die Herren Leeves und Renger, Goodel, Brown
und Schneider gewährt, und die Herren Lafontaine
und Deshayes bezeugten uns Fremdlingen eine theil-
nehmende Freundlichkeit, welche unsrem Gemüth, das so
gerne der fremden Liebe sich freut, für immer werth blei-
ben wird.

III. Reise von Constantinopel nach Smyrna.

Die Gegend, durch welche uns die heutige Erzählung einer Schifffahrt über das Marmora=Meer führet, giebt in ihrer Geschichte einen ganz besonders kräftigen, herrlichen Beweis für die Wahrheit jenes guten, alten Sprichwortes: „wo die Noth am größesten ist Gottes Hülfe am nächsten." Ja, wer als ein guter Haushalter der Güter seines geistigen Erkennens die Belege für eine solche hohe, tröstliche Wahrheit gern zusammenhält und vermehrt, der steige mit uns, Montags den 10ten October am Nachmittag auf das für Smyrna bestimmte Dampfschiff, und theile mit mir alten Wandersmann das Gefühl der Errettung aus großem Uebel, mit uns Allen aber jene Gefühle, die beim Anblick von Chalcedon und der lieblichen Bucht von Ismid oder Nicomedia das Andenken an die großen Thaten Gottes erweckte, welche einst, als die Noth am größesten gewesen,: vor 1500 Jahren, an dieser Stätte geschahen.

Die letzten Tage des Aufenthaltes in Pera waren für Mehrere von uns Tage des Schreckens und der Noth gewesen. Noch hallte in unsrem Ohre der dumpfe Ton der Trommel und der Ruf der Wächter auf dem Galata=Thurme „Janghin=war," Feuer ists, so wie das

angstvolle Getümmel nach, das sich bei der ganz in unsrer
Nähe entstandenen Feuersbrunst, Sonnabends den 8ten
October, am Saume der türkischen Begräbnißstätten er-
hub, da wurden wir in der darauf folgenden Nacht durch
ein noch viel entsetzlicher lautendes Geheul und Geschrei
erweckt. In dem Hause, welches nur durch eine enge
Gasse von demselben geschieden, unsrem Schlafzimmer
gegenüber lag, war die Frau des Hauses, eine junge
Griechin, plötzlich an der Pest gestorben; das Geheul und
Geschrei, das wir in der Nacht hörten, kam aus der
Brust ihrer Kinder und ihrer Dienstboten. Am darauf fol-
genden Tage wurden in dem Hofe jenes Nachbarhauses die
Betten und Gewänder der Verstorbenen mit Feuer ver-
brannt; der übelriechende Dampf drang in die leicht ver-
wahrten Fenster unsrer Wohnung herein und verpestete
die Luft derselben auf unerträgliche Weise. Hierbei litt
ich, dessen Uebelbefinden durch Alles, was die unwillkühr-
lichen Aeußerungen des innren, heftigen Ekels erweckte,
sehr vermehrt wurde, am meisten, meine Krankheit hatte
sich am Montage, am Tage der Abreise in solchem Grade
gesteigert, daß ich mich kaum aufrecht zu erhalten ver-
mochte und daß nur das sehnliche Verlangen hinauszukom-
men vom Krankenlager an die frische Luft des Meeres,
mir die Kraft gab hinab zum Hafen zu schleichen. Kaum
aber wehete mich auf dem Verdeck des Dampfschiffes der
erfrischende Ostwind an, da fühlte ich mich unbeschreiblich
gestärkt und da ich auf dem spiegelglatten, sanften Mar-
mormeere noch einmal das prächtige Constantinopel, dann
aber vor allem Chalcedon und weiterhin, vorüber an den
Prinzeninseln, den Eingang zu der herrlichen Bucht von
Jsmid vor mir sahe, da wirkte auch noch die Erinnerung
an Das, was einst sich hier zugetragen mit so wunderbar

stärkender Kraft auf die Seele, daß ihre Empfindungen sich zu einem Liede des Lobes und Dankens gestalteten.

Meine Leser werden es mir zu gute halten, wenn ich auch sie an eine zwar altbekannte, in ihrer Wirkung aber auf das Gemüth noch immer jugendlich neue und kraftvolle Geschichte erinnere.

Seit Kaiser Gallienus für längere Zeit den blutigen Verfolgungen des Christenthumes Ruhe und Stillstand geboten, war der gotteskräftige Glaube an den Gekreuzigten, gleich dem lebendigen Keime, welcher aus dem Senfkörnlein kam, zu einem Gewächs erstarket, das über alle Provinzen des großen, römischen Reiches, bis heran an die Ens und den Lech, bis an den Rhein und an die Seine seinen erquickenden, friedengebenden Schatten verbreitete. Da geschahe es, im Winter des Jahres 303 nach Christi Geburt, daß der Kaiser Diocletian, der eben damals hier ostwärts in Nicomedia oder Ismid sich aufhielt, durch den Ausspruch eines zusammenberufenen Rathes, an dessen Spitze der Mitregent, der grimmige Feind der Christen: Galerius stund, zu dem Entschluß bewogen wurde, den überall aufkeimenden Christenglauben durch Feuer und Schwert von der Erde zu vertilgen. Furchtbarer und grimmiger hat keine Verfolgung gegen das arme Häuflein der „Nazarener" gewüthet, als die damalige; sie war zu einem wirklichen Vertilgungskriege geworden. In der Provinz allein, deren Hauptstadt Nicomedia war: in Bithynien wurden 150,000 Christen um ihres Bekenntnisses willen gemordet; die Hunderttausende der Andren, welche in den meisten übrigen Provinzen des Römerreiches als Schlachtopfer fielen, vermochte die spätere Kirche kaum mehr zu zählen. Wenn

man, so berichten die Reisenden *) in die Bucht hinein=
fährt, da sieht man, jenseits Libyssa an der fast unersteig=
lich gähen Felsenwand des Ufers noch Spuren von arm=
seeligen Menschenwohnungen; hieher hatte sich eine kleine
Schaar der noch übriggelassenen Christen in die Klüfte
und Felsenlöcher gerettet, und vielleicht später, da sie
dem Auge der andern Menschen sich wieder zeigen durfte,
die Hütten, mit der kleinen Kirche, deren Trümmer noch
bestehen, an den Bergabhang geklebt. Die andren Kirch=
lein des Landes waren zerstört; der große Name, in des=
sen Kräften das Heil der Menschen ruhet, wurde nirgends
mehr laut genannt, denn die Lippen, denen er ein Vor=
schmack des Himmels gewesen, waren im Grabe ver=
stummt; die wenigen Herzen, in denen er noch lebte,
von Furcht und von dem Schrecken des Todes wie
erstarrt. In der That es war so stumm auf dem großen
Blutacker geworden, daß der Wahn der Herrscher, als
sey der Aberglaube der „Christen" jetzt vom Erdreiche
vertilgt, einen Anschein der Wahrheit gewann, und daß
Säulen errichtet, Münzen geschlagen wurden, deren prah=
lende Inschriften das Gelingen der Ausrottung des Chri=
stenthumes und der Wiederherstellung des alten Götzen=
dienstes verkündeten. Mußte es doch selbst Vielen unter
dem noch überlebenden Häuflein der Gläubigen so erschei=
nen als sey es jetzt aus — Alles aus. Aber, wir wie=
derholen unser Sprichwort: wann und wo die Noth am
größesten, da ist Gottes erbarmende, allmächtige Hülfe
am nächsten. — Blicken wir noch einmal hinüber auf
diese

---

*) M. v. unter andrem Walsh, a residence at Constanti-
nople. II. p. 164.

diese vor uns liegende, östliche Küste des Propontis.
Hier, gerade bei Chalcedon, schlug Constantin der Große
am 18ten September des Jahres 323 seinen Gegner und
Nebenkaiser Licinius, den Vertheidiger und Schützer des
Heidenthumes, und setzte hierdurch, wie durch ein von
den Feinden selber herbeigerufenes Gottesurtheil, den
Herrscherthron des Christenglaubens auch äußerlich fest.
Aber, was noch vielmehr und bedeutungsvoller ist: in
Nicomedien, in der nämlichen Stadt, welche der Aus-
gangs- und Mittelpunkt des Vertilgungs- und Ausrot-
tungskrieges gegen die Christen gewesen war, empfieng —
da eben seit jener Zeit nur ein einziges Mannesleben von
33 Jahren vergangen war, im Jahre 337, Constantin
die Taufe der Christen. — Du hoher Olymp im Süden
schauest noch in unverwandelter Gestalt auf das vorma-
lige Blutfeld herunter; der Kaiser aber, der sich auf den
Münzen, die seinen Sieg über die Christen feiern sollten,
als Herrscher des Olymp, als Jupiter, mit dem Donner-
keil in seiner Rechten, und zu seinen Füßen die niederge-
schmetterte Macht der Christen darstellen ließ, wie hätte
er schon nach einem einzigen Mannesleben Alles so ganz
anders gestaltet gefunden, als er es erwartet. Hanni-
bals Grab, dort bei Libyssa, zwischen Chalcedon und
Nicomedia, du erinnerst an das Vorspiel oder die Ouver-
türe, welche die Geschichte hier dem großen Schauspiele,
das sie bald zu geben bereit war, voraussendete. Hier
versank der Strom, der einst so mächtig gewesen, daß
er die Grundsteine der stolzen Roma zu erschüttern dro-
hete, gleich einem Siechbache der Wüste, welcher mit
starker Fluth aus dem Gebirge hervorbrach, im Sande.

Fürwahr, die Geschichte beobachtet, wenigstens was
die Einheit des Ortes betrifft, bei ihren Vorstellungen

öfters die Regeln der alten Tragödie. Wie hat sich doch
hier, in einem engbegränzten Raume, auf einer kleinen
Bühne der Erdoberfläche, deren Scenerie unverändert die-
selbe blieb, ein Cyklus von Tragödien entwickelt, welche,
wie jene, in denen Sophokles die Geschichte des Oedipus
und seines Hauses besang, ein großes Ganzes bildet, das,
durch Gleichheit des Inhaltes der einzelnen Stücke sich
als ein zusammengehöriges zeigt. An der südlichen Grän-
ze des Propontis erhub sich die Flamme, von welcher
Troja verzehrt wurde, dessen Lebenskeim, wie der Phö-
nir der alten Sage, in der neuen Form des römischen
Weltenreiches wieder aufwachte. Hier bei Libyssa feierte
die Macht des weströmischen Reiches an Hannibals Gra-
beshügel einen Triumph, dessen Gegenspiel der Sieg des
Constantin über den Licinius war; denn damit erhub sich
ein Gegengewicht, das für lange Zeiten den Scepter aus
der Hand des Westens zu sich herüberriß. Hier auch, in
Nicomedia, rühmte sich das Heidenthum über das, wie
es schien, vertilgte Christenthum eines Sieges, dessen das
Christenthum bald nachher sich nicht rühmte, sondern sei-
ner in der That und Wahrheit genoß.

Es war ein unbeschreiblich schöner Abend, als wir mit
unserem Dampfschiff über den Propontis hinschwebten.
Die Schaaren der Delphine spielten in unsrer Nähe; die-
ses Thier, das einer wirklichen Regung der Neugier fä-
hig ist, schien durch das Rauschen und Rauchen des
Dampfschiffes mehr angelockt denn abgeschreckt zu werden.
Wir hatten uns wieder der westlichen, der europäischen
Küste genähert, die sich hier zur weiten Ebene ausdehnt;
fern hinter uns lag schon das alte Athyras (jetzt Bu-
juk Tschekmedsche), wo der Feldherr Belisarius, nachdem
er noch einmal das greise Haupt mit dem Kriegshelme

bedeckt, die Hynnnen schlug; weiterhin erheben sich über
die vormals so reiche Fläche nur hohe Grabeshügel, wel-
che die Gebeine wie den Namen der Helden, deren Eh-
rendenkmal sie einst waren, verdecken und verschweigen.
So lange die Dämmerung es erlaubte genossen wir des
Anblickes des Meeres und Landes; den von Rodosto,
dem Wohnorte vieler deutschredenden Ungarn und Sie-
benbürgen, die aus Buda hieher kamen, entzog uns die
Nacht.

Die Empfindung, mit welcher ich am 11ten Octo-
ber beim ersten Grauen des Tages erwachte, glich fast
jener, die mich in meinen Jünglingsjahren ergriff, als nun
endlich der Morgen des längst ersehnten Tages gekom-
men war, an dem ich den theuren Mann und Lehrer,
der mir der erste, freundliche Führer auf das Meer des
eigenen, selbständigen Denkens und Forschens gewesen
war *), nach zweijähriger Trennung wiedersehen sollte.
Ich sollte heute ein Land sehen und begrüßen, das mir
in der Blüthenzeit des Lebens ein Lustgarten gewesen war,
darinnen meine Seele sich Hütten, wie zum beständigen
Wohnen aufgeschlagen, meine Phantasie täglich sich er-
gangen hatte; ich sollte die Küste von Ilion sehen:
Achilles wie des Patroklos Grabmahl und des Skamandros
blühende Gefilde. Schon vor Sonnenaufgang stunden wir
auf dem Verdeck; ein Geruch, wie nach Narden, den der
Wind vom Lande her brachte, kam uns entgegen; die
breitere Bahn des Propontis lag hinter uns, wir näher-
ten uns schon dem Eingang zum Hellespont. Dort auf
den Alpenhöhen des Rhodopegebirges, die sich uns durch

***

*) M. v. oben S. 7.

17 *

eine der Thalschluchten zeigten, erwachte jetzt, im Strah-
le der aufgehenden Sonne der Morgen; es war als ob
einzelne Töne der Orpheischen Lyra, wie ein Säuseln aus
dem Wipfel der Eiche, an unser Ohr kämen; dort an
dem beschneiten Gipfel von Rhodopes Gebirge, klagte Or-
pheus seine Euridice. Das Herz des alten Barden, der,
ein Seher des Künftigen, in vielen seiner Lieder die Herr-
lichkeit eines fernkommenden Reiches des Geistigen besang,
schlug noch jugendlich treu und warm, als das Haupt
schon vom Schnee des Alters bedeckt war; die Liebe sei-
ner Jugend war ihm Vorbild und Führerin zu einer Liebe
gewesen, die nicht vom Geschlecht des Vergänglichen, son-
dern von einer niemals alternden, unvergänglichen Art ist.

Gallipoli, auf welches nun auch die Strahlen der
Morgensonne fielen, erscheint noch immer, wie sein alter
Name Kallipolis es nennet, als eine schöne Stadt; ma-
lerisch schön durch den Gürtel der streifenweise geschichte-
ten, von Gärten und Zypressenwäldern durchzogenen Fel-
sen, an die es sich anlehnt; schön durch das farbige Ge-
misch seiner Moscheen und Häuser. Denn wenn auch der
(deutlich geschichtete) Felsen seit Jahrtausenden derselbe
blieb, so hat doch dieses Heer der Gebäude, gleich der
Haut einer Schlange, im Verlauf der Jahrhunderte sich
oft erneut; es erhub sich aus den Haufen des Schuttes
und der Asche, in welche es durch die Barbarei der La-
teiner versunken war, und als in der Mitte des 14ten
Jahrhunderts ein furchtbares Erdbeben Mauern und Häu-
ser der Stadt zu Boden gestreckt, da hob dieselben die
Hand der Türken, welche hiermit zuerst festen Fuß an
der europäischen Küste faßten, zu neuer Herrlichkeit em-
por. Das vormalige Lampsacus (jetzt Lepsek oder Lam-
saki), das an der entgegengesetzten asiatischen Küste et-

was südlicher denn Gallipoli liegt, hat sich nicht so wie
dieses erneuert und gehäutet; es hat dieses Geschäft der
peloponnessischen Riesenschlange (Boa turcica) überlassen,
welche unter der üppigen Fülle der Landschaft (der alten
Abarnis) herumschleicht, da wo nach der Sage der häßlich
entstellte Halbbruder des Amor geboren ward, den, von
Schaam ergriffen die eigne Mutter verläugnete.   Noch
jetzt vermöchte diese Gegend, deren köstlicher, feuriger Wein
vom Alterthume so hoch gepriesen ward, eine Pflegerin
jener silenischen Begeistrung zu werden, welche den von
ihr Bewältigten sich selber und seine geistige Bestimmung
vergessen und verläugnen machet, denn noch immer glü-
het hier, unter dem Grün der Rebe das Feuer der edel-
sten, gehaltreichsten Trauben; Feigenbäume von bräunli-
chen Früchten behangen, bedecken die Hügel.   Das Oert-
lein selber aber, das an der Stätte von Lampsacus, dem
Geburtsorte des mitten in solcher Naturfülle nüchtern ge-
bliebenen Redners und Geschichtsforschers Anarimenes
stehet, ist ein unregelmäßiges Gehäuse armseliger Hütten.

Immer genußreicher und reizender wird jetzt die
Fahrt. — Da in der Meerenge des Hellespontes stehen
sich die Kräfte zweier nachbarlicher Welttheile, wie die
Vorposten zweier Heere nahe gegenüber; sie rufen sich
wechselseitig Worte der Herausforderung zu.   Das asia-
tische Ufer, in der unvergleichlich schönen Fülle seiner
Lorbeer- und Terebinthenhaine, in dem Schmucke der
Wein- und Kirschengärten, über deren niedre Hügel
von Süden her der hohe Ida hervorblickt, ruft mit lau-
ter Stimme zu der Nachbarin hinüber: „Siehst du mein
Haupt mit Kränzen des Ruhmes umwunden?" — „Wun-
den" antwortet drüben das Echo aus den gähen Felsen
des Chersonesus.   Darauf fraget der noch jetzt von den

Trümmern der Mauer des Miltiades umzäunte
Chersonesus: „Siehst du die hehren Werke meiner Hän-
de?" und das Echo der asiatischen Küste antwortet
„Ende." Von neuem rufet das Blumengefilde Mysiens
zu der Nachbarin hinüber: „Was hast du, mit Asiens
Blüthen zu vergleichen?" — „Eichen" antwortet darauf
der Wiederhall von Thraziens Halbinsel. — Wiederum
erhebt Europas Küste die mächtige Stimme und rufet:
„Welcher Ausgang bleibt dir, du Sklavin der Sklaven
offen?" — Die Gegnerin antwortet: "Hoffen."

Indem wir so, das Auge bald auf die grünenden
Anhöhen und die von immerblühenden Rosengehängen
gerötheten Schluchten der asiatischen Küste, bald auf die
von Seelilien*) umsäumten Felsengestade des Chersonesos
gerichtet, dem Zwiegespräch der beiden Nachbarinnen
lauschten, sind wir schon, Sestos gegenüber, bis an das
Vorgebirge von Abydos gekommen. Da, an den
Klippen, deren Reihen weit hinein ins Meer sich fort-
setzen, sahe man noch vor wenig Jahren einzelne Trüm-
mer jener fünf türkischen Kriegsschiffe herumgestreut lie-
gen, welche der kühne, englische Admiral Duckworth
(im J. 1807) hier, hinter der für unannahbar gehaltenen
Schutzwehr der Dardanellen aufgesucht und zerstört hatte,
ein Wagstück, welches übrigens schon unter Andren der
Capitän des Meerbusens von Venedig: Jacob Venie-
ro im Jahr 1464, und Admiral Elphinston, nach der
für die Türken so unglücklichen Seeschlacht bei Tscheßme
im Jahr 1770 bestanden hatten, der Letztere so glücklich,
daß er, nachdem er jenseits der Dardanellen ruhig Anker

---

*) Pancratium maritimum.

gewerfen, und während seine Trompeter bliesen, eine
Taffe Thee getrunken hatte, ohne Verlust mit der Fluth
zurückkehrte. Hier, wo die Sage der Dichter Hero's und
Leanders Ort der Begegnung und letzten Trennung
hinsetzet, treten sich beide Ufer am nächsten, darum hatte
da bei der Landspitze Nagara Burnu, auf welcher
der alte Leuchtthurm stund, etwas nördlich von Abydos
Xerxes seine Schiffsbrücke gebaut; hier bei Abydos war
es auch, wo Alexander der Große mit seinem Heere nach
Asien übersetzte, und wo auch die kriegerische Macht der
Galater hinüberdrang, während umgekehrt da in dersel-
ben Gegend Soliman, Orchans Sohn, am Saume
des Strandes hinreitend, hundert Jahre vor der Einnah-
me von Constantinopel den Entschluß faßte und auszu-
führen begann, als Eroberer nach Europa überzusetzen.
Uns, wie einst die alten Gallier, wandelte, bei dem Au-
blicke der ganz nahe an unsrer Seite liegenden, asiatischen
Küste der entgegengesetzte Trieb an, hinüber zu ziehen
nach Asien, welches hier, am Ufer der Bäche, die aus
den waldigen Höhen herabstürzen, eine unbeschreibliche
Lieblichkeit entfaltet. Wir hatten indeß nicht lange Zeit
das Auge mit den Heerden der Lämmer zugleich, die am
Abhange der Hügel giengen, auf die Weide dieser grü-
nenden Auen zu senden; schon lagen vor uns, drohend
in roher Kraft, die beiden Bergschlösser der Dardanellen:
das Kellidil Bahar oder Auge des Meeres und die
Sultanie Kalessi oder große Sultansstadt. Unser
Dampfschiff hatte hier auf kurze Zeit anzuhalten; wir
kamen der Kellidil Bahar so nahe, daß wir in den unge-
heuren Schlund ihrer Geschütze so deutlich hineinschauen
konnten als Odysseus in das grimmig blickende Auge des
Kyklopen. Seitdem, wie schon erwähnt, jener gefangene

Ungar für Mohammed II. die Riesenkanone gegossen,
welche steinerne Kugeln von 6 Zentnern Gewicht, wie
man sagt, auf eine Meile weit schoß, und welche wirk-
lich bei dem Bestürmen der Mauern von Constantinopel
furchtbare Wirkung that, haben die Türken mehrere ihrer
befestigten Orte, vor allen aber die Dardanellen mit sol-
chen, Feuer und Gestein speienden Ungeheuern besetzt,
die sich an Größe zu andern Kanonen fast so verhalten,
wie die Riesenschlange zur Ringelnatter. Träge jedoch
zugleich und unbeweglich wie die Riesenschlange, wenn sie
ihren Leib mit Nahrung gefüllt hat, liegen diese Feuer-
schlünde an ihrem Orte; sie gleichen Gewalten der Na-
tur, welchen der Mensch nichts zu gebieten vermag, das
sie nicht selber zu thun geneigt sind; sie schleudern ihre
verderblichen Steinmassen immer nur nach einem Punkte
hin, eine Richtung von andrer Art kann ihnen, so wie
sie da fest liegen, der Türke nicht geben. Dennoch ver-
mögen sie auch so noch Ungeheures zu leisten; dieses er-
fuhr der kühne Duckworth als er nach der Zerstörung der
türkischen Flotille mehrere Tage in vergeblichen Unter-
handlungen vor Constantinopel verloren und als nun die
türkische Artillerie, geleitet durch französische Offiziere,
an den Dardanellen und manchen andern Punkten der
Küste seiner mit feindselig gespannter Aufmerksamkeit war-
tete. Denn obgleich er, begünstigt von Wind und Strömung
ziemlich schnell zwischen den künstlichen Vulkanen der Darda-
nellen hindurchfuhr, ward dennoch ein Theil seiner Schiffe
so nachdrücklich von dem Geschütze getroffen, daß der
Royal George fast zu Grunde gegangen wäre; dem
Windsor Castle wurde der Mastbaum, einer andern Fre-
gatte das Steuerruder sammt einem Theil der Pupa zer-
schmettert; an der Aktive, auf welche eine mehr als zwei

Fuß im Durchmesser haltende, gegen 8 Zentner schwere Granitkugel auftraf, wurde das mächtig starke Zimmerwerk in der Gegend des Backbordbuges so durchbohrt, als sey es von Papier; die Kugel rollte jedoch dann auf dem Mittelverdeck nach hinten, ohne weiteren Schaden zu thun. Auch Jacob Veniero, als er des groben Geschützes dieser furchtbar drohenden Felsenschlösser spottend zwischen den Dardanellen hin und herfuhr, verlohr auf der Einfahrt 7, auf der Hinausfahrt 5 Ruderer, nicht sowohl durch die großen Kanonen als durch die kleinen Schießgewehre der Besatzung.

Doch wir haben in diesen Gegenden andre, bedeutungsvollere Dinge zu bedenken und zu betrachten als die Thaten einiger neueren Seehelden; wir stehen hier am Ufer eines Meeres der bewegten Lebenskräfte, welches, dem Auge unübersehbar von einem Jahrtausend zum anderen woget. Der Geist, welcher durch seine Kraft das sichtbare und vergängliche Wesen zum Leben der Ewigkeit weihet, hat verschiedne Weisen dieser Weihungen; denn Er ist es, welcher der Seele die Weihe eines Lebens in Gott und aus Gott ertheilet, Er auch ist es, der ihr, mitten in dem dumpfen Gedränge des Sinnenlebens ein Sehnen nach Gott und dem Göttlichen einhauchet. Noch ehe das zarte Kind den süßen Namen, der noch nicht gekannten Mutter zu nennen vermag, ist sein Rufen nach ihr ein Weinen; dieses Weinen ist es, durch welches im leiblichen Menschen zuerst die Kraft der Stimme und der Sprache aufkeimet; der Schmerz ist das erste nährende Element der Seele, deren Wesen und Leben ein Sehnen ist, hinaus und hinauf aus dem armen, beengten Kreise des selbstsüchtig sinnlichen Seyns in den Zustand eines Mitgenießens der Freude, welche niemals aufhört; des

Lebens das niemals endet. Wie das Kind zuerst an der
Hand der Wärterin sich festhält und so zum eignen Gehen
sich bekräftiget: so erstarket das geistige Leben der Völker,
das Leben der frühe verwaisten, in die Fremde gerathe-
nen Kinder zuerst durch das Erfassen des Mitgefühles
mit vielen Andren, welche das Gleiche fühlen; eines Mit-
genießens der Freude, welche viele Andre erfreut. Dieses
Mitgefühl, das in Tausenden zugleich die Thräne des
Schmerzens wie das Aufwallen der Freude und der Be-
geisterung zur That der Helden weckte; dieses Mitgefühl
das um viele der äußerlich unter sich getrennten und un-
einigen Städte, Inseln und Völkerschaften ein Band der
geistigen Einheit schlang, reichte die Muse dar, welche
Iliens Fall und ein Sehnen nach der Heimath besang,
das erst nach langem Kampfe und mühseligen Irrfahrten
das theure Heim gefunden. Denn wie einst der Atreiden
Schlachtruf Hella's Stämme vor Ilion versammlet, so
rufte Homers Lied der Helden sie alle von neuem zum
gemeinsamen, geistigen Werk des Lebens; Athens wie
Sparta's Gesetzgeber und Begründer des Bauwerkes der
Staatenverfassung, sie erfuhren von neuem die Kräfte
jener Orpheischen Lyra, die das ungeordnete Gestein zur
Anordnung der Tempelgemäuer herbeizog, als sie durch
Homers Gesang die Seelen der Menschen zum Aufmer-
ken auf die große That der Geschichte geweckt hatten,
welche überall, sie erscheine in welcher Form sie wolle,
ein Hineilen nach einem Ausgang und nach einer Lösung
des Räthsels ist, die nicht in des vergänglichen Lebens
Zeit, sondern in des Lebens Ewigkeit fällt, und deren
sichtbares Gewebe aus Fäden sich entspinnt, die in einer
unsichtbaren Welt des Göttlichen ihren Anfang nehmen.
Was hierbei so Großes wirkte, das war vor allem das

Erfassen dieser unsichtbaren Anfänge und Ausgänge alles
in das sichtbare Wesen kräftig wirkenden Thuns; ein Er-
fassen das durch Kraft, hier des Geistes als Muse, ge-
wirkt ward, als in Argos Auen wie an Asiens Küsten
und auf Creta's Gebirgen der Gesang widertönte, vom
Zorne der Atreiden und des Peleiaden Achilles, oder die
Thräne des Mitleides bei Hektors und Andromache's Ab-
schied, wie, zu Achills Füßen, um Hektors Leichnam,
mit dem ergrauten Priamus, das Auge des dorischen
wie des jonischen Jünglinges und des Bewohners der In-
seln benetzte. Ja, „aus Troja's leiblichem Untergang ist
ein geistiges Ilion erstanden und wenn auch nicht mit
dem beglückteren Achill auf Leuke, lebet doch der frühe
verblühete Hektor, lebet mit ihm Andromache ein nie ver-
welkendes Leben im Liede; Ilions Fall und geistige Ver-
klärung wird hierdurch ein Bild voll Bedeutung wie das
Samenkorn das im Boden verwest, während der Keim
des Neuen fröhlich aus ihm hervorwächset" *).

Doch nicht mit dem geistigen Auge allein, auch mit
dem leiblichen treten wir jetzt dem Schauplatz der Home-
rischen Heldenkämpfe etwas näher. Unser Dampfschiff
hielt hier, weil mehrere Reisende ausstiegen, gerade so
lange als nöthig war, um wenigstens die Hauptpunkte der
Scenerie, die sich aus Le Chevalier's und Clarke's
Beschreibungen dem Gedächtniß tief eingeprägt hatten, frei-
lich nur wie ein Gemälde, zu überblicken. Da, wo der
Saum der Küste ein wenig anwärts steigt, erhebt sich
noch jetzt, neben dem des Patroklus jener Grabes-
hügel des Achill, den schon vor 22 Jahrhunderten

---

*) M. v. m. Gesch. der Seele §. 59.

Alexander der Macedonier durch gymnischen Kreistanz
ehrte; hier war das Lager der Griechen; dort auf der
Anhöhe, die nun das Dorf Burnabaschi einnimmt,
stund Ilions Veste und noch jetzt quillt am Fuße des Hü=
gels der warme Quell, noch jetzt zeigt sich da, von al=
tem Gemäuer umfaßt, ein Wasserbehältniß, vielleicht das=
selbe, an welchem Troja's Frauen, ehe das Annahen der
feindlichen Heeresmacht die Sitte des Friedens störte, die
Gewänder wuschen.   Noch jetzt wächst auf dem Fei=
genhügel das Gebüsch der wilden Feigen; die Höhe
von Kali Kolone dort jenseits, auf welcher die mit
Troja befreundeten Götter, jene ihr gegenüber gelegne,
auf welcher die mit den Griechen verbündeten stunden,
selbst der kleine Hügel (das Grabmahl des Aesites),
von wo Polites die Bewegungen des Griechenheeres er=
spähte, lassen, aus Homers Beschreibungen, sich noch
errathen.   Der Simois wälzet noch jetzt sein trübes,
schlammiges Wasser zuletzt in eine sumpfige, mit Schilf
bewachsne Brake, aus deren stehendem Wasser die Strah=
len der Sonne Seuchen ausbrüten wie damals, da Grie=
chenlands Heere vom tödtlichen Geschoß derselben erlagen.
Zwar der klare, fischreiche Skamandros strömet jetzt
durch ein andres, später gegrabenes Bett ins Meer, doch
zeigen sich noch in den Vertiefungen des Bodens die Spu=
ren seiner alten Zusammenmündung mit dem Simois. So
tritt die Natur, wie die Aussage eines unschuldigen, un=
befangenen Kindes auf die Seite des Dichters und bezeu=
get, daß Homers Muse Wahres gesehen und gesprochen.

Jenseits Tenedos, das noch immer, wie zu The=
mistokles Zeiten durch seinen köstlichen Wein *) berühmt

---

*) Tournefort nannte ihn als den besten des Orients.

ist, begegnete uns, gerade in den heißen Stunden des
Tages, ein erfrischender Wind; das Meer, auf welches
ein vorüberziehendes Gewölk das dunkle Lasur seines Schat-
tens warf, gieng in etwas kräftigeren Wogen; fern im
Norden, hinter und neben Imbros zeigte sich der Sao-
ke, der Berg von Samothrace. Es erscheinet nicht
ohne tieferen Sinn, daß dieser Sitz der alten Orpheischen
Geheimlehren so nahe an Ilions Küste gestellt war; wie
in Dante's und Shakespear's Geiste gesellet die ewige
Weisheit auch in der Geschichte der Länder und Völker
zu dem mildernden Vordergrunde des Diesseits den ern-
sten Hintergrund der Kunde des Jenseits. Eben ertönte
noch in unserem Ohre der liebliche Gesang zur Zither und
der Laut der Flöte, welche von der Lust und dem Leid
des vergänglichen Lebens sprachen; da erhebt das ernste
Geläute der Glocke, vom benachbarten Thurme seine
Stimme und erinnert an Das, was jenseits der Gräber
ist. Die Gesänge der Homerischen Muse auf Troja's Ebe-
ne stärkten und begeisterten Die, welche sie vernahmen,
zu den Heldenthaten des Schlachtfeldes und des Kampfes
der Männer; die Töne der Orpheischen Lyra, in den Ge-
heimlehren Samothrakes gaben Denen, die sie vernah-
men und erfaßten, Kraft und Muth zu dem Bestehen der
siebenten Trübsal, zu dem Kampf mit den Schrecken des
Todes.

Lemnos hatten wir wenig beachtet; desto mehr zog
uns der Anblick des bergigen, schön bewachsnen Lesbos
(Metelyn) an, an dessen östlichen Ufern wir in den
späteren Nachmittagsstunden ganz nahe hinfuhren, und
in dessen einer Bucht unser Dampfschiff für kurze Zeit
anhielt, weil hier mehrere Reisende ausstiegen. Noch jetzt,
wie zu Tourneforts Zeiten, gewährt diese Insel mehr als

100 größeren und kleineren Ortschaften Nahrung und fröh-
lichen Verkehr, und dieser reiche Boden war nicht bloß
fruchtbar an leiblichen Gewächsen, er war dies auch an
geistigen Kräften, denn Lesbos ist die Geburtsstätte von
Alcäns und Sappho, wie von dem Zeichner der Cha-
raktere, dem Dolmetscher der stummen Zeichensprache der
Pflanzen, der Steine und Meteore: Theophrast dem
Erester. Wie durchsichtig und klar der Himmel dieser
Länder sey, das lehrte uns am Abend der Anblick der
Mondsichel, die wie ein zarter Silberfaden schon heute,
gegen Ende des 2ten Tages nach dem Neumond, tief am
Horizont sich zeigte. Die Feuer der brennenden Gebüsche,
welche die Hirten entzündet hatten, ergoßen sich wie
Gluthströme über die Schluchten des Gebirges; erst spät
verließen wir das Verdeck, um die Ruhestätte zu suchen.

Beim Erwachen, in der Dämmrung des nächsten
Morgens, war das Erste das wir vernahmen ein Laut,
den wir lange nicht mehr gehört hatten: der Ton der
christlichen Gebetglocken. Unser Schiff lag schon seit mehreren
Stunden in der Bucht von Smyrna. Sey uns gegrüßt
du altes, schwärzlich graues Felsenschloß auf der Höhe des
Mastusiaberges, aus dessen Pallästen und Tempeln einst die
Fülle und Herrlichkeit Joniens in solcher siegreichen An-
muth hervorblickten, daß der länderkundige Strabo bei dem
Anblick das Lob der „schönen Stadt‟ ausrief. Noch mehr
aber sey du uns gegrüßt du immergrünendes Gefilde des
Meles, aus dem einer jener Engel hervorgieng, der wie
jene, durch deren Geschäft das Gesetz gegeben ward, die
Bestimmung hatte, den Völkern und Menschen ein geisti-
ges Bewegen, hinweg von dem thierischen Sinnengenuß
in ein Gebiet des innern Schauens und Genießens zu
bringen, welches wenigstens die Vorhalle oder der Gar-

ten jenes Tempels der Innenwelt ist, deren Pforten der
Glaube eröffnet. Hier oder nahe von hier war die Ge-
burtsstätte des Homeros, des einen, ganzen Sängers der
Ilias und der Odyssee, nicht jenes vielköpfigen, vielarmi-
gen, den sich die Gelehrsamkeit unsrer Tage ersonnen hat.

Es lag, in der dämmernden Frühe, über den Hai-
nen der Zypressen und den Gärten der Orangen eine
Stille, wie jene die eine liebende Mutter sich und den
Ihrigen auferlegt, damit der schlafende Säugling nicht
geweckt werde; endlich nahete, von den Höhen des Sipy-
los der Morgen und goß seine Strahlen herab in das
Thal; der dunkelgrüne Vorhang der Zypressenhaine that
sich auf und verstattete dem Auge den Zutritt hinein in
die Lustgänge der Lebenden wie auf die Ruhestätte der
in den langen, letzten Schlummer versenkten Schläfer.
Wenn auch die jetzige Geschichte des Landes gleich dem
Tithon die Züge des kraftlosen Alters an sich trägt, so
fällt dennoch auf sie noch immer, lieblich verklärend, der
Strahl der niemals alternden, ewig kräftigen Morgen-
röthe, und es ist nicht die irdische Aurora allein, die im
Liede des Sängers hier mit Homers Geburtsstätte sich
vermählte; es ist ein Morgenglanz der Ewigkeit der seine
Strahlen auf diese alte Stadt wirft, die nicht nur im
Liede der Dichter, sondern in dem hehren Worte der Of-
fenbarung eine hochgepriesene ist. Vergessen wir nicht,
daß wir hier bei der besten, untadelichsten unter jenen
sieben alten Christengemeinden sind, an welche die Send-
schreiben des versiegelten Buches gerichtet waren, das
den Schlußstein der Schriften des neuen Bundes bildet*).

---

*) M. v. Offenb. II. V. 8—11.

Smyrna.

Wir verweilten fast vier Wochen in Smyrna und seiner Umgegend; hier, oder in dem Zypressenhaine von Budscha war der Mittelpunkt, von welchem unsre Reisen nach dem Thale des Kaystros wie des Hermos und des Paktolus ausgiengen, und wenn uns der Anblick der Marmorruinen von Metropolis, die wie ein zerrissenes Leichentuch über die Stätte der Gräber gestreut liegen, wenn uns die grauenvolle Veröbung auf den Gassen und in den Säulenhallen von Ephesus, wenn uns der erschütternde Anblick von Sardis, aus dessen von Erdbeben und Barbarenhänden zerrissenen Gemäuern Furcht und Entsetzen, wie aus dem Haupt der Gorgone hervorblicken, niedergebeugt und traurig gestimmt hatten, da erholten wir uns von neuem in dem lebensfrohen Smyrna; darum beschreiben wir auch dieses zuerst.

Wir steigen jetzt aus, an dem reinlich gepflasterten Hafenplatz bei dem Frankenquartier, der von ansehnlichen, europäisch eingerichteten Häusern umgeben ist. Man glaubt sich hier in einer einheimischen Stadt zu finden, denn neben den Waaren und Kaufleuten aus England und Frankreich findet man auch mannichfache Handelsartikel aus Nürnberg und einzelne deutsch-redende Kaufleute und Handwerker. Man hatte uns schon vor unsrer Ankunft Wohnung in dem Gasthaus einer Griechin (der Madame Maraccini) bestellt und bereitet, das in einer der ansehnlichsten, lustigsten Nebenstraßen des Frankenquartieres liegt; hier fanden wir in fast zu großem Ueberfluß die Bequemlichkeiten eines gut eingerichteten europäischen Gasthauses und eine Gesellschaft von Gästen, welche in vier Welttheilen zu Hause war; denn außer den einheimischen Asiaten und den Europäern waren besuchende

suchende Fremde aus Aegypten und Amerika da. Doch
wir halten uns hier nicht auf, schon nach dem Genuß
des Frühstückes in dem zur Rosenlaube eingerichteten
Hofraume begeben wir uns hinaus vor die Stadt, ans
Meer und in die Gärten. Ich beschreibe mit dem Ein=
druck der ersten Stunde zugleich das, was wir im Ver=
laufe auch der übrigen Tage unsres hiesigen Aufenthaltes
gesehen.

Man hat die weite, von Bergen umgürtete Bucht
von Smyrna mit der von Neapel verglichen. Die Natur
ist allerdings eben so großartig und gewaltig in ihren
Umrissen, ja vielleicht selbst noch großartiger als die von
Neapel; der Gedanke, daß man hier in Homers, in He=
siods, in Anakreons, in Anaragoras Vaterlande, und
was noch mehr ist, daß man sich an der Stätte jener
alten Christengemeinde befinde, welche vor allen andern
Gemeinden der Erde den Namen „der treuen" sich
erworben, erhebt vielleicht die Seele noch mächtiger, als
der Anblick von Virgils Grabe am Posilippo; eines aber
geht dennoch der Gegend von Smyrna im Vergleich mit
der von Neapel ab: das ist die grüne Bekleidung der Berge
und Hügel mit Gebüsch und Bäumen, welche Italiens
Landschaften ihren ganz besondren Reiz giebt. Der Mu=
selmann, wie er sein eignes Haupt, das er unter dem
Turban verbirgt, ganz kahl zu scheeren, ja glatt zu rasi=
ren pflegt, rasirt auch, so weit er es nur vermag, die
Höhen seiner Berge und Hügel und entzieht hierdurch den
Quellen und Flüssen seines Landes die natürliche Nahrung.
Die Ebenen und Schluchten um Smyrna sind allerdings
lachend schön, die Höhen aber daneben lachen nicht; son=
dern in ihrer jetzigen Entstellung grinsen sie das Auge
des Europäers an, wie ein kahl geschorner Türkenkopf,

v. Schubert, Reise i. Morgld. I. Bd.   18

dem der Turban entfiel; während das Haupt der neapo-
litanischen Höhen mit der Jugendfülle der Locken umge-
ben ist. Dennoch, wenn wir in der grünenden Ebene,
gegen Burnabat hin uns ergiengen oder zwischen den duf-
tenden Orangengärten uns so verirrt hatten, daß wir
keinen Ausweg mehr fanden, oder, jenseits der Gärten
der Feigen und der Oelbäume auf einem der Hügel, bei
den Heerden der hier weidenden großen, schönen Kameele
stunden, neben uns das Engthal des Meles, das noch
jetzt den Namen Paradeisos führt und in welchem, wie
man sagt, der Dichter der Iliade seine Grotte oder sein
Hüttlein hatte, vergaßen wir gerne das was etwa fehlte,
und erquickten uns inniglich an dem das in reicher Fülle
gegenwärtig und vorhanden war.

In Smyrna haben Christen und Mohammedaner
Jahrhunderte lang feindlich sich gegenübergestanden und
manche blutige Kämpfe mit einander gekämpft. Oben die
alte Burg auf dem Mastusiaberge *), die seit Antigonus,
des Feldherrn Alexanders des Macedoniers und seit der
römischen Kaiser Zeiten **) von so vielerlei Händen gebaut
und wieder zerrissen und wieder gebaut ward, hatten meist
die Türken, den untern Theil der eigentlichen Stadt vor-
herrschend die Christen im Besitz, bis zuletzt unter der
fester begründeten türkischen Herrschaft die Osmanen auch
in der Stadt selber die Oberhand gewannen. Dennoch,
seitdem die blutigen Kämpfe der griechischen Revolution
beendigt wurden, wohnen jetzt in dieser hierin merkwür-

---

*) Plin. V, 29.
**) Nach dem großen Erdbeben vom Jahr 178 ließ sie Marcus
Aurelius prächtig wieder aufbauen.

digen Stadt Mohammedaner und Juden mit den Christen
der verschiedensten Glaubensbekenntnisse so einträchtig bei=
sammen, daß man sich, nur freilich nach ungleich größe=
rem Maßstabe, in ein Gasthaus von Marseille, oder
selbst von Leipzig, zur Zeit der Messe, versetzt glaubt,
wo sich auch die Abkömmlinge und Bewohner der ver=
schiedensten Länder und Städte zu friedlichem Verkehr
vereint, durcheinander bewegen. Der Stadttheil, wel=
chen die Armenier und Türken bewohnen, ziehet das Auge
des Europäers durch seine reich, mit den Erzeugnissen
des Orients besetzten Bazars an. Die Gassen sind hier
zum Theil sehr schlecht gepflastert und schmutzig, dabei so
eng, daß wenn der lange Zug der Kameele mit Holz, Baum=
wolle oder getrockneten Feigen beladen da hereinkommt,
man in eine der angränzenden Werkstätten sich retten muß;
wenn sich, wie dieß nicht selten geschieht, in einer solchen
langen, engen Gasse zwei Züge von Kameelen begegnen,
zwingt man die des einen Zuges, welche entweder gar
nicht, oder mit minder der Gefahr ausgesetzten Dingen
beladen sind, sich niederzulegen und die Thiere des andern
Zuges steigen dann ganz vorsichtig auftretend über ihre
am Boden liegenden Gefährten hinweg.

Um eine Uebersicht über das alte und neue Smyrna
zu gewinnen, besteigt man den Berg der alten, weitläu=
figen Burg, in deren innren Räumen noch eine verlassene
Moschee gesehen wird. Ein riesenhaft großer, weiblicher
Kopf, in halberhabener Arbeit, den die Türken öfters
zur Zielscheibe ihrer Pistolen gemacht und hierdurch sehr
beschädigt haben, soll an jene Amazone, oder nach Andern
an jene Gemahlin des aeolischen Begründers des alten
Smyrna erinnern, von welcher diese Stadt, die alte wie
die spätere neue, ihren Namen empfieng. Wie diesem

18 *

Bildniß ist es dann freilich auch den vormals so viel und hochgepriesenen Bauwerken des klassischen Smyrna selber ergangen. Das prachtvolle Theater, es war das größeste in Asien, ist von den Osmanen bis auf wenige Reste, die etwa schon bei der türkischen Besitznahme einen Theil der benachbarten Wohnhäuser ausmachten, aus einander gerissen und seine marmornen Mauerstücke zum Erbauen der Kaufmannshallen und andrer öffentlicher Gebäude verwendet worden. Dennoch läßt sich noch die Stätte, nicht nur des alten Theaters und des Stadiums, sondern auch die des Tempels des Jupiter Acräus, in der vormaligen Akropolis bestimmen und auch die Wasserleitung, deren Bögen sich durch das sogenannte Thal des Paradieses hinüberziehen, stammt, ihrer Grundlage nach, aus den Zeiten wenigstens der römischen Baukunst her. Von der Höhe des alten Burgberges überblickt man auch am besten den bedeutenden Umfang der jetzigen Stadt, welche, wie man sagt, 12,500 Häuser, darunter freilich sehr viele Hütten, umfasset und über 120,000 Einwohner hat.

Herabwärts gehend von den verödeten Baustätten des zweiten, für uns aber immerhin alt klassischen Smyrna *) kommen wir da an einem Felsenvorsprung vorüber,

---

*) Das alte Smyrna lag etwa eine Stunde Weges (2500 Schritte) von dem späteren, dessen Stelle zum Theil das jetzige noch einnimmt, entfernt und war von Aeoliern aus Thessalia erbaut, vom lydischen Könige Sadyattes zerstört worden. Vierhundert Jahre nach dem politischen Untergange des alten Smyrna erbaute Antigonus der Nachfolger Alexanders des Großen das neue Smyrna, mit der prächtigen viereckten Saulenhalle des Homer (dem Homerion).

auf welchem, im Schatten der alten Zypresse, ein ein-
faches Grabmahl in türkischer Bauart stehet. Hier, in
der Nähe des Gemäuers eines längst zerstörten christlichen
Kirchleins, das nach seinem Namen genannt war, fand
sich der noch jetzt lebenden Sage nach, das Grab des
heiligen Polykarpos, eines Schülers des Lieblingsjün-
gers des Herrn, des Apostels Johannes. Auf eine beach-
tenswerthe Weise halten selbst die Türken diese Grab-
stätte, und das Andenken des Mannes, an den sie erin-
nert in Ehren. Sie sagen von ihm, daß er ein wahrer
Freund Gottes gewesen sey; öfters schlachten sie da Läm-
mer, deren Fleisch sie an die Armen vertheilen. Polykar-
pus litt hier, in der Nähe seiner Grabstätte im Jahr
177 nach Christi Geburt, mithin ein Jahr vorher, ehe das
furchtbare Erdbeben (von 178) die Stadt verheerte, den
Zeugentod, der mit den Martern der Flamme begann
und durch das Schwert vollendet wurde. Da der heidni-
sche Richter den fast hundertjährigen, im Glauben seligen
Greis fragte, ob er nicht seines hohen Alters schonen
und durch das Darbringen des Rauchwerkes vor dem
vergötterten Bilde des Kaisers Christo entsagen wolle,
antwortete der Alte: und wie könnte gerade ich, der so
viele, lange Jahre hindurch die Liebe und Wohlthaten
dieses guten Herrn erfahren, mich von ihm lossagen? —
Ja, der Alte hatte jene Worte des göttlichen Sendschrei-
bens, das durch St. Johannis Hand an ihn ergangen
war *), wohl beherzigt und behalten: er war getreu ge-
blieben bis an den Tod, und als ein fortwährender Se-
gen des alten Hirten und seiner Heerde mag es erscheinen,

---

*) Apok. 2. V. 11.

daß Smyrna seine Christengemeinden von den Zeiten der
Apostel bis auf unsre Tage sich noch immer bestehend er-
hielt, während der Leuchter von Ephesus längst hinweg-
gestoßen ward, Laodicea in die Vergessenheit einer zerstör-
ten Gerichtsstätte gerieth und über Sardis die Vernichtung
kam wie ein Dieb in der Nacht.

So gehet hier in Smyrna, wie in seiner ganzen Um-
gegend, die Erinnerung an die Heroën der Dichtkunst und
der tiefer gründenden Weltweisheit mit der an die Hel-
den des Christenglaubens Hand in Hand. Die Geschichte
Joniens wie die eines jeden einzelnen, wahrhaft geistig
durchgebildeten Menschen bezeugt es, daß die höchste Stu-
fe dessen, was wir mit Achtung und Recht „klassische
Bildung" nennen, dem einfältigen Kinderglauben des
Christen keineswegs entgegenstehe und mit ihm unverein-
bar sey; sondern daß gerade die hohe Kunst und die Weis-
heit der sichtbaren Welt, wenn sie nur redlich nach Wahr-
heit suchet, eine Führerin zu jener verborgenen Weisheit
werden kann, deren Reich zwar über und auf, aber nicht
von der Welt ist. Damit uns dieses deutlicher werde,
erbauen wir uns, ehe wir etwas Weitres von dem Auf-
enthalte in Smyrna erzählen, da auf einem der Berge
ein geistiges Homerion, zwar nicht aus Säulen des Mar-
mors oder des Granit, wohl aber aus einem Material
das bleibender ist denn diese: aus Erinnerungen an die
große Geschichte dieses Landes.

Man braucht nur einen Blick auf die Charte von
Kleinasien und auf die ganz nahe an seinen Küsten lie-
genden Inseln zu richten, um mit einem Male an die
ganze Urgeschichte der Wissenschaft wie der hellenischen
Kunst erinnert zu werden. Dieses Land gleichet dem Gra-
natbaum am Bache des Elisa bei Jericho, an welchem

keine Blüthe fehl schlägt, an welchem jedes einzelne Zweig-
lein mit der Fülle der Früchte pranget: denn es ist hier
keine Stadt, keine Insel, die nicht Mutter und Pflege-
rin irgend eines Heroën gewesen wäre, dessen Name in
der Bildungsgeschichte unsers Geschlechts glänzt. Fassen
wir da einen Erdstrich an der Küste von Kleinasien ins
Auge, dessen längste Ausdehnung nur gegen 30 geogra-
phische Meilen beträgt und wir finden auf ihm die Hei-
math aller der gepriesensten Väter und Anfänger der Kunst
wie der Wissenschaft beisammen. Dort, in der nachbar-
lichen, nördlich von Smyrna gelegnen Meeresbucht von
Sandarli sieht man noch die Ruinen von Cyme, dem
Geburtsort des Dichters der Werke, des Hesiod; hier
in der Gegend von Smyrna selber, oder wenn man dieß
lieber will, auf dem nahe gelegnen Chios war Homer,
der Vater der epischen, nur wenige Meilen südwärts von
Smyrna, an der andern Seite der kleinen Landzunge,
in Teos, jener der lyrisch = erotischen Dichtkunst: Ana-
kreon geboren. Miletos war die Vaterstadt des
ersten der sieben Weisen, des Begründers der ältesten
Schule der Philosophie: des Thales und mit ihm des
Anarimander und des Anarimenes; in Priene,
zwischen Miletos und Ephesus, lebte der weise Bias;
Ephesus selber war der Geburtsort des tiefsinnigen He-
raklit; dort in dem nachbarlich gegenüber (von Ephe-
sus) gelegnen Samos war der Erforscher einer mächti-
ger und tiefer ins Leben eingreifenden Weisheit: Py-
thagoras geboren; hier südwärts von Miletos, in Ha-
likarnassos, der Vater der Geschichte, Herodot;
auf der Nachbarinsel Cos (Stanchio) der Vater der Arz-
neikunde, Hippokrates; Klazomenä (jetzt Vourla)
ganz nahe bei Smyrna war die Vaterstadt von Anara=

goras, des Perikles Lehrer. Blicken wir auf die Ge-
schichte der Kunst, dann darf sich Samos die Mutter der
gepriesensten Altmeister der griechischen Baukunst nennen;
denn hier wurden Rhökos und sein Sohn Theodo-
ros, so wie der gleichnamige Enkel geboren, welche mit
Ktesiphon dem Cretenser den älteren Dianentempel zu
Ephesus aus Crösus reichen, freiwilligen Gaben erbauten.
Ephesus selber war die Mutterstadt eines der ältesten Meister
der Malerkunst: des Parrhasius, die Pflegerin des gro-
ßen Bildhauers Praxiteles; Zeuxis war bei Milet in
Heraklea am Latmusgebirge, Apelles in Cos geboren.
Und da späterhin auf dieses an geistigen Erscheinungen so
reiche Land noch ein anderer Thau von oben fiel und auf
seinem Boden neben den Myrten und Granaten auch Heil-
gewächse zur Gesundheit der Heiden und Völker aufgehen
und gedeihen ließ; da hierdurch Kleinasien nicht nur ein
Lustgarten der Wissenschaft und Kunst, sondern ein Gar-
ten Gottes wurde, in welchem die Neues schaffenden
Kräfte der Ewigkeit sich ergiengen, in welchem Glanze stun-
den damals Patmos und Ephesus, Colossä und Laodicea,
Smyrna und Sardis, Pergamum, Thyatira und Phila-
delphia da!

Ein Besuch bei einigen der sieben Gemeinden in
Kleinasien, an welche die Sendschreiben der Apokalypse
gerichtet sind, gehörte von Anfang an zu den Lieblings-
plänen unsrer Pilgerreise, es war deshalb unsre Absicht
gewesen, schon von Constantinopel aus das unvergleichlich
schöne Brussa zu besuchen und von dort den Weg viel-
leicht zu Lande über Pergamos und Thyatira nach Smyr-
na zu machen. Leider hatte die Pest, welche gerade da-
mals sehr heftig in Brussa und seiner Umgegend wüthete,
die Ausführung unsres Vorhabens verhindert und uns den

Besuch der hehren Gegend am Olymp und des prächti-
gen Brussa's verwehrt, wir hatten jedoch auch von Smyr-
na aus günstige Gelegenheit, wenigstens die alten Wohn-
stätten der kleinasiatischen Christengemeinden im Thale des
Kaystros und des Hermos zu besuchen. Ehe wir von diesen
Besuchen etwas Näheres erzählen, sey es erlaubt, jene
in der Geschichte der ersten christlichen Jahrhunderte so
bedeutungsvolle Landschaft im Allgemeinen zu überblicken.

Es waren vorzüglich die fruchtbaren Flußthäler der
Nachbarschaft von Smyrna, namentlich jenes des Her-
mos (jetzt Sarabat) und das des Mäander (jetzt Mein-
der), das erstere nördlich, das andere südlich der Halbinsel
von Smyrna, in denen die Wohnstätten jener Gemeinden
sich fanden, deren Namen uns aus den Schriften der Apo-
stel ein so lieber, wohlbekannter Klang sind. Freilich ha-
ben in diesem Lande nicht nur die Hände der Menschen
sondern auch die Kräfte der Natur die alte Gestalt der
Dinge sehr verändert; der vermals flötende Quell des
Marsyas, inmitten des alten Celänä, bei der Burg
und dem Park des Cyrus, hat, vielleicht schon seit dem
Erdbeben in den Zeiten des Mithridates, einen andern
Ausgang durch den Felsen genommen, auch das spätere
Apamea (jetzt Dinare), das Antiochus Soter neben
Celänä begründete, ist durch Erdbeben und die Einbrüche
der Türken ganz zerstört, dennoch finden sich auf dem
Berge, den eine spätere Sage, die sich auf Sybillinische
Verse berief, zu dem Ararat der Noachischen Fluth ma-
chen wollte *), noch die Trümmer einer Kirche und vie-
le Grabstätten der Christen. Folgen wir weiter hinab dem

---

*) M. v. Arundel discoveries in Asia minor I. p. 208. u. f.
so wie Bochart. Sacr. geograph. I. c. 3.

Laufe des Mäander, dann wecken die Schutthaufen der
Städte, an einem seiner Nebenflüße: dem Lykus (jetzt
Görduk) noch näher liegende, ernste Erinnerungen. Na-
he dem Quell des Lykus, bei dem heutigen Khonas,
lag das einst so blühende Colossä, dessen Andenken der
Brief des Apostels an die Colosser eine Dauer der Ewig-
keit verlieh, während die Gemäuer der Kirchen, Palläste
und Häuser, welche einstmals den Namen dieser Stadt
trugen, niedergestürzt sind in den Staub. Noch im 12ten
Jahrhundert war Colossä oder wie es damals hieß Colassä
eine Wohnstätte vieler Christen; es stund hier eine dem
Erzengel Michaël geweihete, prächtige Kirche; allen die-
sen Herrlichkeiten aber machte die Zerstörung durch die
Türken ein Ende und selbst der unterirdische Felsenweg
des Lykus, den das Alterthum beschreibt, ist vom Erdbe-
ben zerstört oder verändert. Ungleich reicher noch und
mächtiger denn Colossä war Laodicea am Lykus, das
seinen Namen so oft wie ein reicher Mann die Gewänder
gewechselt hat. Denn während diese Stadt in den Zeiten
des Cröfus Cydrara *) und nach Plinius Angabe **)
Diospolis, dann Phoas geheißen, erhielt sie den spä-
teren Namen von Laodike, der Gemahlin Antiochus II.,
Theos. Die noch immerhin prächtigen Trümmer der nie-
bergestürzten Marmorgebäude von Laodicea finden sich nun
unter dem Namen Eski Hissar unweit dem türkischen
Denizli. Nur noch der arme Ziegenhirte weidet bei
den Mauern der alten Theater und Palläste, in denen
der Scorpion und die Schlange wohnen, seine Heerde,
seine einzige Hütte beut dem bedürftigen Wandrer hier

---

*) Herodot. VII, 20.   **) Plin. V, 29.

Obdach und Bewirthung dar. Dieß ist das Ende der einst auch von Christen bewohnten *) Stadt gewesen, welche mitten in der Fülle des äußern Wohlstandes sprach: „ich bin reich und habe gar satt, und bedarf nichts" **); der Stadt, deren Namen in dem Munde der ernsteren Geschichte kein Fortleben fand ***), weil sie, gleich dem verdorrten Grase und Gesträuche, das ihre Trümmer bedeckt, weder nährende Frucht noch Schatten gab und deshalb nur noch zum Empfang der verzehrenden Flamme geschickt war. Wie Colossä und Laodicea liegt auch Hierapolis (jetzt Pambuck Kalessi), im Schutt und Staube, die heißen Quellen, noch jetzt reich an heilenden Kräften wie vormals, beurkunden seine ehemalige Stätte, westwärts und nahe bei Laodicea. Auch hier blühte, bis zum Beginn der alles verheerenden türkischen Herrschaft eine ansehnliche Christengemeinde, über deren Hütte freilich ein andres, geistig kräftigeres Geheimniß waltete als über jener des Cybeledienstes, dessen Mysterien ein früheres Jahrtausend hier feierte. Doch wir gehen an diesen Städtetrümmern, wie an denen von Carura und seinen heißen Quellen, gehen selbst an jenen der einst so großen, in den Zeiten des Heidenthumes geistig mächtigen Cabyra oder Kibyre (am Carischen Flüßlein Indus) vorüber und beschreiben aus eigner Anschauung die Reise nach der Wohnstätte einer der wichtigsten Christengemeinden in Asien: nach Ephesus, im Thal des Caystros.

*) Ep. an die Coloss. II. 4. IV. 13. 15.
**) Apok. III. V. 17.
***) Ebendas. V. 16.

Reise nach Ephesus.

Die Tage, auch die späteren des Octobers, sind in Kleinasien keinesweges, so wie bei uns, Herbsttage; sie sind noch angethan mit allen Kräften des heißen Sommers; dieß erfuhren wir, als wir am 19. October uns aufmachten von dem paradiesisch schönen Budscha, wo wir seit mehreren Tagen bei den theuren Freunden Jetter und Fielstädt wohnten, um in ihrer, so wie in des landeskundigen Herrn Browns Gesellschaft das Thal des Caystros zu besuchen. Wie bei uns im Sommer, gieng die Schaar der Honig sammelnden Bienen aus und ein in den großen, schönfarbigen Blumen der wilden Artischoke, die Myrte entfaltete noch, neben der schon reifenden Beere einzelne ihrer spätgebornen Blüthen; auch das Gesträuch des Lygen oder des Keuschlammstrauches war zugleich mit den traubenförmig beisammenstehenden Früchten und mit dem lieblich farbigen Schmuck der Blüthen geziert; in den Zweigen der Zypresse, wie der immergrünen Eiche besangen noch Vögel den hier nie ganz verwelkenden Jugendreiz des Landes. Neben diesem Grün der Schluchten und der Wälder zeigte sich jedoch auch über weite Strecken hin der von der langen Dürre des Sommers verbrannte Boden, die Ebene weißfarbig wie ein zur Ernte reifes Getraidefeld, der nackte Boden der Hügel zerborsten und zerstäubt.

Ein Theil unsrer Reisegesellschaft (denn nur ich und die Hausfrau wohnten in Budscha) hatte fast gleichzeitig mit uns die Reise von Smyrna aus angetreten; wir begegneten uns noch vor Sediköi, dem Landaufenthalt mehrerer wohlhabenden Franken, welchem man die Verheerungen durch die Revolution nicht mehr anmerkt. In unsrer Gesellschaft befand sich auch der merkwürdige, viel-

gereiste Armenier, Jusuff Effendi, von welchem wir
später noch reden werden; ein Mann, welcher der Spra-
che und Sitte der Türken mächtig, unter diesen als einer
ihres Gleichen gilt; mit ihm zwei türkische Postknechte oder
Surutschis.

Als wir jetzt aus einem der immergrünenden Eichen-
wälder und dem dichten Gebüsch der Myrte hinaustraten
auf die freiere Höhe, da stiegen jenseits der Ebene, in
einer Klarheit, wie sie nur der Himmel von Smyrna ge-
währt, gleich dunkellasurblauen Gewölken, die Felsenhö-
hen von Teos und in Südost die Gebirge des Kaystros
und des Mäandros am Horizont herauf. Wie eine em-
porgehobene Hand, die dem besuchenden Fremdlinge Will-
kommen zuwinkt, stunden vor uns die malerisch schönen
Höhengruppen des Mesogischen Bergzuges und gleich den
Melodieen eines Liedes, das uns die liebende Mutter bei
der Wiege sang, lebten die Erinnerungen an die Träume
und Wünsche der Jünglingsjahre auf; die Träume, die
nun, einer nach dem andern, zum wirklichen Genuß, die
Wünsche, die zur Erfüllung wurden. War ja hier in der
Nachbarschaft des Meles, wie bei Teos, Ephesus und
Milet, ja allerwärts wohin nun das Auge sahe, die Seele
schon oftmals wandeln gegangen, ehe dieß endlich auch
der Leib konnte.

Bei einem türkischen Kaffeehause, das neben etlichen
Häusern am Fuße des Hügels stehet, ruheten wir einige Augen-
blicke. Weiter hin deutet ein meist ausgetrocknetes Fluß-
bett, an dessen letzten Säften das gemeinste Strauchwerk
dieser südlichen Länder, die Keuschlammstaude (Vitex
agnus castus) sich groß saugt, den Lauf des alten
Mastusiaflußes an. Eine ansehnliche, steinerne Brücke aus
älterer Zeit, welche wie ein Spott auf den jetzigen, was-

serleeren Zustand des Bächleins aussiehet, führt über das
Gestrüpp hinüber und bald hernach zieht sich der Weg
über eine kleine, mit dürftigem Myrtengebüsch und ver-
einzelten immergrünen Eichen bewachsene Anhöhe. Die
Strahlen der Sonne fiengen jetzt an heftig zu brennen,
denn ein Wind aus Südwest, so heiß als käme er aus
einem Gluthofen, verstärkte ihre Strahlen. Ein Schwarm
von größeren wie kleineren blutsaugenden Insekten warf
sich auf unsre armen Thiere, mein altes, aus Budscha
gebürtiges Pferd, eben so ungeschickt zum Lauf als der,
welcher auf ihm saß zum Reiten, stürzte im Kampfe mit
jenen feindlichen Thierlein; zum Schrecken der guten
Hausfrau kam ich an Gesicht und Hand ein wenig ver-
wundet, in Trianda an.

Hier bei Trianda, im Schatten einer mächtig gro-
ßen, uralten Platane, am Ufer des noch immer reich-
lich und munter fließenden Tartalu oder Halesus, hielten
wir Mittag. Wir hatten kaum auf den kühlen Steinen
am Flusse unsern Sitz genommen, da gesellte sich zu uns
eine Schaar von andren Wanderern, die es uns deutlich
inne werden ließ, daß wir in Asien seyen. Ein Zug
von Kameelen und bei ihnen eine Heerde von Kindern
und Frauen, deren fast olivenbraunes Gesicht von keinem
Schleier bedeckt war, kam neben uns vorbei und während
die Kameele tranken oder mit hoch emporgehobenen Hälsen
ausruheten, erquickten sich diese, wie wilde Gänse lärmenden
Schaaren im frischen Wasser und lagerten sich im Gebü-
sche. Es waren Jurucken, ein Völklein, das in diesen
Gegenden allenthalben unter die kräftigen Turkomannen
zerstreut lebt und welches manches Verwandte mit unsern
Zigeunern hat. Sie bilden hier, in Kleinasien, unter
dem unmittelbaren Schutze des Großsultans einen ziem-

lich ansehnlichen, unabhängigen Stamm, der, nach sei=
nem eigenen Gesetz, von einem eingebornen Fürsten
regiert wird. Dieser Landesfürst, der bei Trianda ein
großes Haus besitzt und meist bewohnt, ist sehr reich an
Grundeigenthum wie an Heerden der Kameele und des an=
dern Viehes; seine Unterthanen, Turkomanen und Jurucken,
großentheils ohne festen Sitz, durchziehen mit ihren Ka=
meelen und Ziegenheerden das Land nach allen Richtun=
gen, suchen im Frühling und Sommer schaarenweise die
Weideplätze des Hochgebirges, im Winter die der milder
gelegnen Ebenen und Küstengegenden auf. Sobald jedoch,
im Kriege, der Großherr ihres Beistandes bedarf, dann
eilen die flüchtigen Haufen derselben, dem Ruf ihres Für=
sten gehorsam, von allen Seiten herbei, furchtbar dem
Feinde nicht bloß durch rasche Beweglichkeit und persön=
liche Tapferkeit, sondern mehr noch durch ihre Raubsucht
und durch ihre Lust an allen Gräueln des Krieges. In
ganz andrer Weise jedoch als im Kriege erscheint der
Jurucke in der Zeit des Friedens. Die Gastfreundschaft,
die Pflege der Armen und Hülfsbedürftigen, ist ihm eben
so heilig wie seinem Nachbarn, dem Turkomanen; der
Wandersmann, wenn er so glücklich war den zerfleischen=
den Bissen ihrer grausamen halbverwilderten Hunde zu
entgehn, was bei Nacht für den Unbewaffneten schwer
seyn möchte, darf sich getrost dem Zelte der Jurucken
nahen; diese reichen ihm willig von der gesäuerten Milch
ihrer Ziegen und dem schwärzlich grauen, kuchenartigen
Brode ihres Heerdes so viel dar, als ihre Hand findet
und als er zu seiner Sättigung bedarf. Auch der wohl=
habendere Reisende, der sich im Hochgebirge des Tmolus
mit Zutrauen den Horden der Jurucken nahet, hat weder
für sein Leben noch für sein Eigenthum etwas zu fürch=

ten; er empfängt, auch bei einem längeren Aufenthalte
von seinen Nachbarn Alles, dessen er zum täglichen Leben
nöthig hat, und selbst an dem freiwilligen Geschenke, das
er etwa bei seinem Abschiede giebt, scheint die Freund-
lichkeit des Gebers höher angeschlagen zu werden als der
innre Werth. Doch nehmen Manche, welche in öfterem
Verkehr mit der Stadt stehen, auch gern eine Bezahlung
in Gelde an.

Die Jurucken, welche wir sahen, schienen sich durch
ihre schlankere Gestalt, durch ihr glänzend schwarzes, ge-
rade herabhängendes Haar und die dunklere Hautfarbe
von den gedrungener gebauten, minder brunetten Turke-
mannen auszuzeichnen; auch ihre einfache Körperverhül-
lung nähert sich mehr jener der Beduinen; doch gehen die
Frauen gewöhnlich unverschleiert. Die- Wohnung ist ein
Zelt, ähnlich jenem der Beduinen, bestehend aus schwar-
zen, wasserdicht gewebten, härenen Decken, die auf Pfähle
gespannt sind. Im Verkehr mit Andren reden die Juruk-
ken die gewöhnliche Sprache des Landes, unter sich selber
bedienen sie sich öfters einer Sprache, oder wenigstens
gewisser Worte und Ausdrücke, welche auf eine größere
Verschiedenheit als die des bloßen Dialektes hinzudeuten
scheinen. Was ihre seyn sollende Religion betrifft, so
haben sie zwar in manchen äußerlichen Ceremonien und
Geberden die Farbe der hier herrschenden Lehre des Is-
lam angenommen, doch ist dieses mehr nur äußerer Schein;
dem Wesen nach halten sie in großer Unwissenheit über
alle die wichtigsten Angelegenheiten der Menschenseele,
wie unsre Zigeuner, an einzelnen von ihren Vätern er-
erbten, heidnischen Gewohnheiten und abergläubigen Ver-
richtungen fest, durch welche sie das Unglück von ihren
Heerden und Zelten abzuwenden meinen. Bei diesem
allem

allem ist jenes Volk sehr lernbegierig und bildsam; na=
mentlich scheint den halbnackten, muntren Kindern der
Jurucken aus ihrem lebhaften Auge und orientalisch wohl=
gebildetem Angesicht die Fähigkeit des leichten Auffassens
und der gute Wille dazu hervorzublicken, möge daher das
Bemühen einiger edlen Menschenfreunde durch Errichtung
von Schulen für diese Kinder einst unter dem ganzen
Volke höhere geistige Bildung und Umgestaltung zu be=
wirken, reich gesegnet seyn.

Wir fahren fort in der Erzählung von unsrer Reise
selber. — Ein altes Jurückenweib, aus der nachbar=
lich neben uns im Myrtengebüsch versteckten Schaar
trat jetzt zu uns, und betrachtete neugierig vor allem die
Kleidung der beiden europäischen Frauen. Sie fragte
unsren Jusuff Effendi gar Vieles, aß, als sie von ihren
Landsleuten sich nicht beobachtet glaubte, von Allem das
wir von unsrem Mittagsmahl ihr anboten, selbst Schin=
ken, und nahm mancherlei übriggebliebene Brocken für
die Ihrigen mit.

Reichlich erquickt und gestärkt von der noch aus
Smyrna mitgebrachten Speise und von dem wohlschmek=
kenden Wasser des Halesus ritten wir jetzt weiter durch
eine Ebene, welche so aussahe als hätten Tamerlans
wilde Horden, die einst Smyrna und seine Landschaft
verheerten, von neuem hier das Werk der Mordbrenner
geübt. Die Turkomanen hatten, wie es schien, erst vor
wenig Tagen die Gebüsche der Myrten und des Lygos
angezündet; über die verkohlten Reste des niedren Ge=
strüppes ragte hie und da eine Cerreiche oder Pinie mit
versenkten Zweigen und geschwärztem Stamme hervor,
nur der scharfstachliche Judendorn oder Palinrusstrauch, dem
man das Verbranntwerden am liebsten hätte gönnen mögen,

war noch häufig genug den Flammen entgangen und zer=
schnitt uns, beim Hindurchreiten unsre Kleider. Mitten
aus diesen weiten, öfter wiederkehrenden Brandstätten der
Natur blickte die Verheerung der vormals hier bestande=
nen menschlichen Werke heraus: dort die zerrissenen Bö=
gen einer alten Wasserleitung, hier die Trümmer einer
Marmorsäule oder die verstreuten Reste eines ehemaligen
Landhauses.

Es war schon in einer späteren Nachmittagsstunde,
als wir, neben den Hüttenzelten einer Turkomanenhorde,
die eine Schaar der großen verwilderten Hunde um=
schwärmte, nach dem Hügel hinritten, auf welchem das
Gemäuer der Akropolis und des Theaters unter dem übri=
gen Schutt hervorragen, der die Stätte des alten lydi=
schen Metropolis *) bezeichnet. Das erste was wir von
dieser vormaligen Mutterstadt der nachbarlichen Colonieen
zu Gesicht bekamen, das war das Todtenfeld unten am
Fuße des Hügels, über das wir hinritten. Auf den mar=
mornen Grabessteinen, die in Menge herumliegen und
stehen, hat sich noch manche der griechischen Inschriften
deutlich erhalten, welche vom Wehe der Trennung und
Schmerz der Menschen reden und Namen der vormals
Lebenden nennen, welche nur Gott kennt; die uralte Pla=
tane aber und die Wallnußbäume, die ihren Schatten
auf die Gräber werfen, die sagen: wir Namenlosen wissen
nichts von euren Schmerzen.

Der Weg über den von Trümmern bestreuten Hügel
wurde so schlecht, daß wir abstiegen und zu Fuße giengen.

---

*) Ich bin in der Benennung dieser Ruinen Arundel ge=
folgt, in seinem Werk A visit to the seven Churches of
Asia p. 25.

Die Sonne war hinter die Anhöhe der Akropolis getreten; die wilde Taube, mit rosenroth schillerndem Halse, girrte im Gebüsch der Myrte und auf den Zweigen der Terebinthe; die Heerden der Ziegen, gesättigt von der reichen Weide, sprangen munter über die Felsen und Mauertrümmer herab, daneben, mit ruhigem Anstande, erhub das Kameel, das Sinnbild der immer sich gleich bleibenden Ruhe des Orientalen seinen langen Hals und athmete, gleichwie der Türke den Dampf seiner langen Pfeife, so den erfrischenden Abendwind ein. Ganz nahe bei den Ruinen von Metropolis und aus ihnen großentheils erbaut liegt zwischen den Bäumen der Feigen und Granaten so wie der hohen Platanen Jeni-köi (Neudorf). Hier wollten wir, so war unsre anfängliche Absicht, nur etwas Milch und Wasser genießen und dann in der Kühle des Abends, begünstigt vom Mondschein, noch etwas weiter reisen; da sich aber ein Theil unsrer Gesellschaft von dem noch sehr ungewohnten Reiten gar ermüdet fühlte, wurde der Plan geändert und der Mühe des heißen Tages schon hier ein Ende gesetzt. Einladender zur Ruhe des Abends konnte auch kaum ein Ort seyn, als das vom Schatten des Hügels gekühlte Jeni-köi, mit seiner herrlichen Aussicht, hier auf die dunklen Ruinen von Metropolis und auf die weite Ebene, dort aber auf das majestätisch gebildete Gebirge, dessen ferne Höhen wie dunkles Gewölk am Abendhimmel erschienen. Der türkische Ferman, den wir aus Smyrna mit uns führten, räumte uns, durch Jusuff Effendi geltend gemacht, das Haus des Dorfrichters ein, welches übrigens, wie die meisten Häuser des Ortes, nur aus einem einzigen Zimmer besteht, das für gewöhnlich von dem männlichen Personal der Familie bewohnt und von männlichen

19 *

Gästen besucht wird, während für das weibliche und seine
Besucherinnen ein eigenes, nicht weit davon stehendes
Wohnhaus eingerichtet ist. Während man für uns in der
Nachtherberge Raum machte, hatten wir bei einem Nach=
barhause auf einem der alten, marmornen Leichensteine
Sitz genommen, der hier mit andern Trümmern griechi=
scher Bauwerke zur Errichtung des niedren Gemäuers,
um den Hof her, verwendet war. Der Mond, wie ein
unbemittelter, aber fröhlicher Wandrer, der am Abend
die Gaben, welche er aus der Hand der Reichen empfieng,
unter die Seinigen austheilt, ergoß seine, von der Sonne
empfangenen Strahlen über die Landschaft; noch einmal ließ
sich das Krächzen oder Jauchzen einer Schaar von Doh=
len vernehmen, welche durch den Ueberfall der Eulen in
ihrer Ruhe gestört waren, dann wurde Alles still; denn
die Schaar der Fledermäuse und Nachteulen, die sich aus
der zerstörten Burg der alten Herrscher hervormachte,
flog lautlos, wie ein Gespräch im Traume, über die
Trümmer und Hütten hin.

Auch wir nahmen nun unsren Sitz auf den Binsen=
matten ein, welche unser turkomanischer Wirth am Bo=
den seines Zimmers für uns hingebreitet hatte, genossen,
während dem fröhlichen Gespräch mit den Freunden, die
abendliche Erquickung des Thee's und der Milch und ver=
suchten dann zu schlafen. Jedoch die Hütte, in welcher
wir unser Nachtlager genommen, war zwar von ihren
menschlichen Bewohnern geräumt, nicht aber von jenen
Bewohnern, deren Wohnsitz die Bewohner selber sind.
Von wie bewundernswürdig mannichfacher Art und Menge
sind im Morgenlande jene kleinen, langsam kriechenden
oder schnell hüpfenden Hausgenossen der Hausbewohner.
Mehrere von uns wachten die ganze Nacht hindurch mit

diesen unermüdet wachsamen Wesen; noch lange vor dem Grauen des Tages saßen wir, selber von Grauen ergriffen, wieder zu Pferde. Der Mond war untergegangen; ein tiefes Dunkel bedeckte die Ebene, dennoch bemerkten wir, als wir zu ihr hinabkamen, daß wir nicht die einzigen Reisenden seyen, welche sich so frühe vom Nachtlager erhuben; dem türkischen Gesange unsrer Surutschuis antwortete das trillernde Lied der Kameeltreiber, die uns, mit ihren schwer beladenen Thieren, einen langen Zug bildend, unten im Thale des Phyrites begegneten. Auch wir ließen uns von den singenden Türken und von der frühen Lerche nicht beschämen; neben den türkischen hörte man auch gute deutsche Morgenlieder ertönen.

Der anbrechende Tag beleuchtete uns jenseits des damals kaum einer Lache gleichenden pegaseischen Sees, durch welchen der kleine Phyrites seinen Lauf nimmt, eine Gegend von seltner Schönheit. Neben uns zeigten sich die Kalkgebirge des Mimas, welche das rechte Ufer des schwänereichen Kaystros begränzen; weiterhin, gegen Süden und Osten, erhuben die Gebirge des Mäandros ihre blauen, rundlichen Häupter. Wir umritten den Fuß des rechts an unsrem Wege gelegenen Berges und es öffnete sich uns nun das herrliche Thal des schilfreichen, langsam fließenden Kaystros. Ganze Schwärme von Dohlen zogen mit lautem Freudengeschrei der aufgehenden Sonne entgegen; sie bewohnen nicht nur das verödete Gemäuer des rechts, am Eingange ins Thal auf dem Berge gelegenen Kastelles von Kezel=Hissar, sondern häufiger noch die Höhlen des Kalkgebirges, deren größere und kleinere Oeffnungen vielleicht von Menschenhand erweitert, man überall, auch aus weiter Ferne, bemerkt. Jene Steinbrüche, aus denen der Marmor die=

ser Gegend gewonnen wurde, den man öfters unter den Bau-
steinen von Ephesus findet, mögen freilich zum Theil sehr
alt seyn; einige von ihnen fielen auf unsrem Wege, weiß-
farbig und hellglänzend wie die in Gneus gelagerten Mar-
morbrüche des Pentheliken bei Athen, deutlich ins Auge.

Mehr und mehr belebte sich jetzt die Gegend vor
und neben uns. Ueber dem grünenden Wiesengrunde,
auf dem wir hinritten, schwirrte die Lerche des Südens
empor; an dem Samen des hohen Cardobenedictenkrau-
tes (Centaurea benedicta) weidete sich zwitschernd ein
vorüberziehendes Heer der kleineren Vögel; zwischen dem
Schilf des Kaystros erhub schweigend der edle Schwan
sein Haupt, während um ihn die kleineren Wasservögel,
lautschreiend nach der Beute haschten. Einige Züge von
wohlgestalteten, hohen Kameelen, dann eine Gesellschaft
von meist europäisch gekleideten Reisenden (wahrscheinlich
Griechen) auf Maulthieren und Pferden, kam uns, viel-
leicht von Guzel Hissar oder auch von Scalanuova herauf,
am Ufer des Kaystros entgegen.

An der alten, steinernen Brücke, die sich auch noch
in ihrem halb zertrümmerten Zustande als ein Gebäu der
kräftig tragenden Bögen über den Fluß hinüberspannt,
stiegen wir, die gute Hausfrau sammt mir und einem
der jungen Freunde, von unsren Thieren herunter, nah-
men an dem jenseits des Wassers gelegenen türkischen
Kaffeehause einige kleine Oelkuchen und etwas Kaffee zu
uns, und giengen dann auf der grünenden, zum Theil
buschreichen Ebene, dem vor uns liegenden, pyramidalen
Hügel entgegen, dessen Gipfel von dem Gemäuer des
Kastelles des ältesten wie des jüngsten Ephesus gekrönt
ist. Denn auf diesem Felsenhügel, an dessen Abhang die
jetzige, türkische Ortschaft Ajasaluk sich anlehnt, lag

schon die Akropolis des alten, von den Kariern und Le-
legern begründeten, von den Joniern nur erweiterten
Ephesos; stark genug befestigt, um selbst eine ernstliche
Belagerung durch Crösus auszuhalten *). Erst Lysimachos
stellte die Mitte der wohlverwahrten Grundfesten der
Stadt auf jene südlicheren Höhen, wo noch jetzt die be-
deutendsten Werke des „klassischen" Alterthums gefunden
werden.

Es war heute für mich ein besonderer Festtag; die
treue Lebensgefährtin und Mitpilgerin hatte eben am
20ten October ihren Geburtstag, der wollte gerne auch
ein wenig in der Stille gefeiert seyn, darum that das
langsame Hingehen durch das schöne Thal (mit unsern
Thieren waren die Surutschuiß schon vorausgezogen) so
ganz besonders wohl.

Der ansehnliche Aquädukt, welcher links vom Hügel
der Ruinen des ältesten und neueren Kastelles über die
Ebene, nach dem Abhange des Paktolus, sich hinzieht,
ist von der Hand der späteren Herrscher und Eroberer
aus den Trümmern des alten Ephesus erbaut oder wenig-
stens wieder erneuert; denn der Geist, wie die Hand des
Menschen bezeugen dadurch jenes Recht der Erstgeburt,
welche das Leben vor dem Tode, der Geist vor dem
Leiblichen hat, daß sie den todten Trümmern einer dahin
geschwundenen Herrlichkeit das Gepräge ihres noch fort-
während, frischen Lebens aufdrücken. Wir stiegen jetzt
auf einem Fußsteige, der unter den von Epheu überspon-
nenen Trümmern bald sich verlor, bald von neuem sich
zeigte, an dem Hügel der ältesten ephesinischen Akropolis

---

*) Herodot. I, 26.

hinan. Da stunden wir, an dem einst, namentlich zu den Zeiten der byzantinischen Herrscher so prächtigen „Thore der Verfolgungen" das zum Kastell hinanführte; betrachteten vor demselben eine kleine, aus Marmorblöcken und älteren Gebäudetrümmern erbaute, nun auch verödet stehende Moschee, mit ihrem Brunnenhause und ihren türkischen Inschriften und ruheten ein wenig im Schatten des Gemäuers. Unter uns rauchten die armseligen Hütten des seit der griechischen Revolution wieder neu aufgebauten, von Turkomanen bewohnten Ajasaluks, jenseit des Schlosses erheben sich die majestätischen Trümmer der vormaligen Kirche des heiligen Johannes, die später zur Moschee und dann abermals zur Ruine geworden, daran erinnert, daß Der, welcher angebetet seyn will im Geist und in der Wahrheit, nicht seine bleibende Wohnstätte habe in Tempeln, von Menschenhänden gemacht. Weiterhin stehen über der sumpfigen, durch die Anschwemmungen des Kaystros gebildeten Ebene die Höhen der vormals herrlich gewesenen Fürstin unter den Städten Kleinasiens *): die trümmerreichen Hügel des griechischrömischen und apostolisch - christlichen Ephesus, und in noch weiterer Ferne zeigen sich, wie ein stahlblaues Schild, die Gebirge von Samos. Die Freunde warteten unser; wir giengen hinab zum Dörflein, das die Südostseite des Felsenhügels halbmondförmig umschlingt **).

Der Vorplatz des türkischen Kaffeehauses, wo wir unsre Reisegefährten fanden, war nothdürftig gegen die

---

*) M. v. die Inschrift auf den ephesinischen Münzen aus den Zeiten Vespasians.

**) Selbst der Name Ajasaluk bedeutet: „kleiner Mond."

Strahlen der Sonne geschützt; ganz in der Nähe lud ein
Brunnen, mit frischem laufenden Wasser den Wandrer
wie sein Thier zur Erquickung ein; dort am Wege steht
ein alter Sarkophag, daneben das Gemäuer des türki-
schen Todtenackers mit einer kleinen Moschee, auf welche
eine hohe, alte Platane ihre Schatten wirft. Neben und
aus dem Staube der Verwesung erhub eine schöne Herbst-
amaryllis ihre goldfarbenen Blüthen. Ich ruhete da auf
den Steinen, welche unter den Sprüchen des Korans
Namen der Todten nannten und beschaute im Geiste das
Bild der herrlichen Vergangenheit, die sich einst da, eine
Herrlichkeit des Herrn, über den Hügel und sein Thal
gelagert hatte, als noch das „Geheimniß Gottes" über
den Hütten der jugendlichen Gemeinde war.   Hier bei
dem jetzigen Ajasaluk, das nur eine Vorstadt des grie-
chisch-römischen Ephesus war, hatte wahrscheinlich, wie
einst in einer Vorstadt der alten Roma, das arme Häuf-
lein der Christusbekenner seine Wohnungen, wenigstens
will die Sage der griechischen Kirche, daß dort, an der
westlichen Seite des Hügels von Ajasaluk das Grab des
heiligen Timotheus, in der St. Johanniskirche jenes des
Apostels Johannes gewesen sey, während die Grabstätten
der Maria Magdalena, so wie die der sieben Schläfer
der Legende am Abhange eines nachbarlichen Hügels, wahr-
scheinlich des Prion gezeigt wurden *). So mag denn
wohl auch da bei dem jetzigen Ajasaluk, in der Stille
der abgelegenen Hütte, Timotheus der „rechtschaffene"
und „liebe" **) gewohnt haben, welcher der ersten Chri-

---

*) Arundel discover. in As. min. II. p. 253.

**) 1 Ep. an Tim. 1 B. 2; 2 Ep. 1 B. 2.

stengemeinde zu Ephesus als Bischof vorstand und hier,
als Blutzeuge seinen Lauf mit Freuden endete; hier
wohnte wahrscheinlich auch der Lieblingsjünger des Herrn,
welcher vor und nach seiner Verbannung auf Patmos län-
gere Zeit in Ephesus verweilt hat. Wandelte nicht viel-
leicht auch hier einstmal mit ihm die Auserwählte der
Frauen, welche der Mund des Herrn seinem Jünger zur
Mutter gab und welche dieser von Stund an zu sich
nahm? In der That jener Eifer der Ehrfurcht, mit
welcher Justinian die Stelle des ältesten, ehrwürdigen
Christenkirchleins durch sein prächtiges Marmorgebäude
zierte, ist dem mitfühlenden Herzen sehr begreiflich. Der
arme, schnell vorüberziehende Pilgrim kann freilich über
dieser Stätte, auf welcher einst die Füße der Engel und
Boten Gottes wandelten, keine marmornen Denkmale er-
richten, er hat sich aber in den Stunden seines Hierseyns
ein Denkmal im Herzen erbaut, welches wohl auch länger
bestehen wird als das so bald vergehende Fleisch.

Am Nachmittag machten wir uns auf, die Ueberreste
des alten Ephesus zu besehen. Wir wendeten uns zu-
erst noch einmal seitwärts zu dem verödeten Gebäude der
großen Moschee, am Abhange des Hügels von Ajasaluk.
Das Zeichen des Kreuzes, welches ältere Reisende auf
Grabsteinen in oder bei dieser Moschee sahen und das
noch jetzt an den Capitälern einiger corinthischen Säulen
im Vorsale bemerkt wird, so wie viele andre Umstände
machen es wahrscheinlich, daß hier die prachtvolle, von
Justinian erbaute Kirche des h. Johannes stund *). Der
glänzend weiße Marmor, aus welchem die Fronte der

---

*) Arundel a. a. O. p. 264.

Moschee erbaut ist, so wie manche der herrlichen Säulen
und andre Baumaterialien in ihrem Innern, erinnern an
die vormalige Nachbarschaft des hochgepriesnen Tempels
der Diana, mit dessen Bestandtheilen Justinian so man=
ches seiner Prachtgebäude schmückte. Aus dem zerrissenen
Getäfel des Marmorbodens wächst nun Gras und Ge=
sträuch hervor; die halberhabenen Arbeiten in sarazeni=
schem Stile an der Kiblaseite, dienen den Vögeln zum
Ort der Bergung.

Die Stätte des eigentlichen, von Lysimachus erbau=
ten Ephesus ist von Ajasaluk durch eine fruchtbare, von
Wassergräben durchschnittene Flur geschieden. Einst war
die nun längst versandete und verschlämmte Bucht, in
welcher der Caystros mündete, dieß bezeugen die mit
Steinpflaster belegten und vormals zum Anlanden der
Schiffe eingerichteten Molo's, bis heran an die alte Stadt
schiffbar; jetzt ist das Ufer des Meeres durch das An=
wachsen des von der Menschenhand vernachläßigten Lan=
des mehr als eine Stunde weit von der Stätte des ehe=
maligen Ephesus zurückgedrängt und die Gemäuer seines
Hafens liegen meist tief im Boden verborgen. Die alte
Städtefürstin hatte sich an den Bergen begründet, welche
die Ebene der Caystrosmündung gegen Süden begränzen;
ein Theil seiner Gebäude zog sich an dem rundlichen,
fruchtbaren Berge Prion, ein andrer am Corissus hinan.
Bei den Ruinen eines mächtigen alten Gebäudes, in des=
sen Bögenhallen, aus deren einer Wasser hervorquillt,
mehrere Hirten ihre Mittagsruhe hielten, stiegen wir den
mit Trümmern bedeckten Hügel hinan. Wir waren da bei
den Ueberresten eines alten Stadiums und bei den ge=
wölbten Substruktionen ihrer einen, nach der Ebene hin=
gekehrten Seite, während die andre, entgegengesetzte Seite

fich an den Hügelabhang hinanlegt. Die Länge der ei=
gentlichen Rennbahn miffet 625 Fuß, mithin ein gewöhn=
liches römifches Stadium; die vormaligen Marmorfitze,
die fich in vielen Reihen übereinander erhuben, find längft
herausgebrochen, nur an der Fronte hat fich noch ein
Theil der Marmorftücke nebft einem Thorbogen erhalten.
Wir giengen weiterhin über die nun von Difteln und
Dornen erfüllten Gaffen der alten Städtefürftin, befahen,
dem Stadium gegenüber, auf der andern Seite eine der
alten Hauptftraßen; das Marmerbaffin, in welches, wie
man vermuthet, die Quelle Calippia fich ergoß, dann
den Marktplatz, vor allem aber das Theater, welches
nicht fern vom Stadium, an derfelben Seite des Berges
Prion feine Stätte hatte und an welches ein Säulengang
angränzte. Zwar ift das Profcenium großentheils zerftört
und feine Marmorquader find längft zu andern Bauwer=
ken hinweggeholt worden; von den Sitzen der Zufchauer
ift jedoch ein Theil der Grundlage und an beiden Seiten
noch ein Reft der architektonifchen Zierrathen geblieben.
In den Vorhallen diefes Gebäudes das einft felber der
Augen Luft war und immer neue Luft der Augen in fei=
nem Innern verfammlete, ruheten wir eine Zeit lang.
Wir gedachten jenes Augenblickes, da diefe Räume von
dem taufendftimmigen Gefchrei wiederhallten: „groß ift die
Diana der Ephefer.“ Hier gegenüber oder dort unten
am Saume des alten Hafens war der Tempel der gro=
ßen Göttin erbaut, welcher einft ganz Afien und der
Weltkreis Gottesdienft erzeigte; der Tempel, der als ei=
nes der Wunder der Welt geachtet war. Nun ift felbft
die Stätte diefes Weltwunders fchwer zu beftimmen, und
vor der Majeftät der Göttin beuget fich längft kein Knie
mehr; der einft verachtete Name aber, den in den Tagen

seines Fleisches Paulus bekannte, der ist zu einem Heil
und Trost der Völker geworden. Und, so sprach eine
Stimme der Zuversicht in unsrem Herzen, die bald auch
auf die Lippen trat, er wird dies bleiben. — Der Wind
aus dem vorüberziehenden Gewölk wehete in die zerrisse-
nen Mauern des zerstörten Schauplatzes herein; es war
als vernähme man von den Marmorstufen her ein leises,
aber dennoch tausendstimmiges „Amen."

Jenseit des Theaters kommt man in ein Thal, wel-
ches sich zwischen dem Prion und dem Corissus hinziehet.
Am Prion sieht man stellenweise jene Felsart anstehen,
durch welche dieser Berg für Ephesus ein so reiches Ge-
schenk wurde: den schönen, weißen Marmor. Nicht fern
vom Theater, auch am Abhange des Prion, finden sich
in jenem Thale die Ueberreste des Odeons; da wo das
Thal allmählig sich erweitert und zur Ebene hinabsenkt
die Reste des gewesenen Gymnasiums, mit einigen Bruch-
stücken von großen Statuen. An einer andern Seite der
alten Stadt sieht man das ziemlich wohlerhaltne Bauwerk
eines römischen Tempels.

Was nun die Reste des gewesenen Wunderwerkes
der Welt: des Dianatempels betrifft, an dessen Vollen-
dung zwei Jahrhunderte gearbeitet hatten, so möchte ich
nicht mit voller Gewißheit entscheiden, ob das seine wirk-
liche Stätte war, die unser kenntnißreicher Führer, Herr
Brown mit mehreren der frühern Forscher, dafür hielt
und als solche uns zeigte. Allerdings war diese Stätte,
auf einem nur wenig erhöhten Grunde, ganz nahe an
dem alten, jetzt mit Moorerde und Kies erfüllten Hafen,
so daß die Fronte von weißem Marmor, wie die Alten
es uns beschreiben, dem Schiffer schon aus weiter Ferne
ins Auge leuchten konnte, auch lassen die zerbrochenen

Säulen von Porphyr, die Trümmer von Serpentin und
mancherlei Bruchstücke architektonischer Prachtwerke, zu=
sammen mit dem mächtigen Umfang, den das hier stehende
Gebäude eingenommen haben muß, und seinen riesenhaf=
ten Substruktionen, auf die ehemalige Herrlichkeit dessel=
ben schließen. Ein Bedenken gegen die Annahme, daß
hier der Tempel der großen Göttin stund, erregt nur je=
ner eine Umstand, daß die Stätte, gegen die noch ver=
handne Aussage des Alterthums, zu nahe bei dem Thea=
ter und der Mitte der von Lysimachus erbauten Stadt
gewesen wäre. Vielleicht dann, daß die eigentliche Bau=
stelle des vom Angesicht der Welt entschwundenen „Welt=
wunders" weiter hinab nach dem Meer war und daß
seine Reste, mit manchen andren Herrlichkeiten der alten
Kunst, tief unter dem angeschwemmten Laude vergraben
liegen. War doch ohnehin schon der Tempel, auch da er
noch frei vor den Augen der noch lebenden Geschlechter
dastund, seiner schönsten Zierden beraubt worden, denn
an wie viele Orte, in die Kirchen und Palläste der Chri=
sten wie in die Moscheen der Moslimen, sind seine herr=
lichen Säulen und architektonischen Prachtwerke gewan=
dert. Mehrere der Säulen, in frühester Zeit, kamen in
die Kirche des heiligen Grabes zu Jerusalem, acht der
schönsten in die Sophienkirche nach Constantinopel, zwei
Säulen, wie man sagt, aus dem Ephesinischen Wunder=
gebäude, zieren selbst die Domkirche zu Pisa. Was dann
zurückblieb auf dem alten, jetzt mit Cardobenediktendisteln
und Dornen bewachsnen Boden, der einst so auserlesene
Blüthen und Früchte der Kunst getragen, das sind etwa
solche Trümmer von Säulen, welche die Hand der spä=
teren Zerstörer als unbrauchbar liegen lassen. Wir aber
stehen vergeblich sinnend über den Namen, womit die

Stimme der Vergangenheit das Bauwerk, welches diese
Säulen trugen, benannt hat, denn zwischen ihr und uns
hat sich ein Strom der barbarischen Verheerungen ergos-
sen, dessen lautes Brausen Denen, welche diesseits stehen,
die Stimme jener, die am andern Ufer sind, unvernehm-
bar machet. Der Strom, der hier vorüberrauschte, war
oft von Schlamm, öfter aber noch und furchtbarer durch
Blut getrübt; seine Wogen untergruben den Grund, nicht
nur des äußren Bestehens, sondern des innren, geistigen
Lebens der einst so herrlichen, reichbegabten Stadt. Denn
der Grund der „ersten Liebe," welchen die ältesten Bi-
schöfe und Engel der Gemeinde zu Ephesus: Timotheus
und Johannes der Evangelist *) gelegt hatten, mußte
schon sehr untergraben und wankend seyn, als bei der
hiesigen Kirchenversammlung im Jahr 431 Nestorius und
Cyrillus über die geeinte oder gezweite Natur Dessen im
heftigen Kampfe sich entzweiten, dessen Wesen nicht von
der Natur jener Vernunft ist, welche nur zu theilen ver-
mag, sondern näher verwandt dem Glauben, der in un-
getheilter Kraft das aufnimmt und genießt, was ihm
aus dem Quell des Lebens kommt. Nicht der Geist der
Liebe oder des Glaubens war es, der dem Dioskuros
bei der berüchtigten Ephesinischen Räubersynode vom Jahr
449 es eingab durch bewaffnete Mönche und Soldaten
die Gegner seiner Meinung zur Einstimmung zu zwingen
und den edleren Flavianus mit Schlägen zu mißhandeln.
Die prachtvollen Kirchen und Denkmale der Apostel, wel-
che, ein Jahrhundert hernach Justinian hier erbaute, konn-

---

*) Der ältere und neuere Orient nennt ihn immer „den
Theologen."

ten den fliehenden Geist des Lebens in ihren Gemäuer
nicht umschließen und festhalten; Ephesus war zu einem
dürren Feld der Aehren geworden, deren Fruchtkörner
die Vögel hinweggetragen hatten, als im ersten Jahr-
zehend des 14ten Jahrhunderts (um 1307) die Macht der
Osmanen geführt von Saisan, verheerend wie ein Feuer
der Hirten, in seine Mauern einbrach und kaum drei Men-
schenalter nachher (im Winter 1402 auf 1403) riß der
grausame Orkan, den Timur-Tamerlan *) über Asien
herbeiführte, selbst die Asche und übrigen Stoppeln dieses
Todtenfeldes hinweg. Denn hier bei Ephesus hatte jener
allgewaltige Chan der Tartaren, der 36 Jahre lang die
Völker des Ostens zittern machte sein Lager; hier war
der Brennpunkt, in welchem alle die Strahlen seiner
Mordfackeln sich zusammendrängten und von wo aus sie
immer von neuem sich entzündeten; hier in der Nähe war
der Schauplatz aller jener Gräuel, die dem Leben der
Völker an die Wurzel griffen, da sie Wald und junges
Gebüsch, Palläste, Tempel und Hütten, Thiere wie
Menschen, die Letzteren ohne Unterschied der Geschlechter,
Lebensalter und selbst des Glaubens von der Erde ver-
tilgten **). So war das arme Ephesinische Feld der
dürren

---

*) Sein eigentlicher Name Timur bedeutet Eisen; weil er
lahm war, bekam er den Beinamen „Lenk“ (der Lahme)
und aus Timurlenk gestaltete die Sprache der westlichen
Völker den Namen Tamerlan.

**) In Smyrna hatte doch Timur bloß die abgehauenen Köpfe
der Christen durch Wurfgeschosse auf die Schiffe der Chri-
sten geschleudert, in Siwas (Sebaste) bloß die gefangenen
Armenier und die Tapferen der Stadt wie Knäuel zusam-

dürren Stoppeln bis auf die Wurzel hinab ausgebrannt, da zog im Jahr 1419 wie ein gespenstiger Schatten der räthselhafte Vater der osmanischen St. Simenisten, Börek-lübsche Mustapha an der Stätte vorüber; der fanatisch begeisterte Verkündiger jener neuen Lehre, welche Gemeinschaft aller Güter (mit Ausnahme des Harems) und brüderliche Beachtung der Christen gebot. Dieser, von den Seinen nur „Vater und Herr" (Dede Sultan) genannt, wurde hier bei den Trümmern von Ephesus ans Kreuz genagelt und Schaaren seiner Anhänger vor seinen Augen von den Osmanen geschlachtet; Schaaren der schwärmerisch Verzückten, welche im Sterben ausriefen: „Dede Sultan Irisch" d. h. „Vater Sultan laß uns zukommen" (dein Reich). Dauerte doch selbst nach dem Tode des Börekslübsche Mustapha der Wahn unter seinen überlebenden Anhängern noch fort, der Vater Sultan sey nicht wirklich gestorben; sein Freund, der christliche Anachorete auf Chios, wie er vorher schon erzählt hatte, daß Mustapha jede Nacht, trocknen Fußes über das Meer wandelnd, zum vertrauten Gespräche ihm genaht sey, behauptete derselbe sey, nachdem er zum Schein sich tödten lassen, zurückgekehrt nach Samos, zu den früheren Uebungen des beschaulichen Lebens *).

---

menbinden und lebendig in die Gruben rollen lassen, hier aber in diesen Gegenden selbst die Schaar der moslimitischen Kinder, welche Sprüche aus dem Koran betend und um Erbarmen flehend, ihm entgegenzogen, von den Hufen der Rosse zerstampfen lassen (m. s. Jos. v. Hammers Gesch. des osm. Reiches I. 334).

*) J. v. Hammer ebendas. S. 378.

v. Schubert, Reise i. Morgld. I. Bd.　　　　20

Wir hätten beim Nachhausereiten noch gerne die
Ueberreste jener kleinen, alten christlichen Kirche besucht,
die sich unter den andern Trümmern finden sollen, aber
wir hatten uns so zwischen den Disteln und Dornen ver-
strickt und zwischen den Gräben am Hügel verirrt, daß
wir nicht ohne Mühe den Ausgang nach der Ebene fan-
den, auf deren Feldern Türken mit Bestellen des Ackers
und dem Einbringen der Früchte beschäftigt waren. Hier
stunden wir noch einmal still und blickten nach der Stätte
des vormaligen „Wunders der Welt" zurück. Siehe
dieß ist nun das alte, einst so herrliche Ephesus, zu wel-
chem (nach Apok. C. 2.) „der, so da hält die sieben Ster-
ne in seiner Rechten und wandelt mitten unter den sieben
goldenen Leuchtern" einst sagte: „Ich weiß deine Arbeit,
und deine Geduld, und daß du die Bösen nicht tragen
kannst — — und um meines Namens willen arbeitest du
und bist nicht müde geworden. Aber ich habe wider dich,
daß du die erste Liebe verlässest. Gedenke wovon du ge-
fallen bist und thue Buße, und thue die ersten Werke.
Wo aber nicht, werde ich dir kommen bald und deinen
Leuchter wegstoßen von seiner Stätte, wo du nicht Buße
thust." — Ja die „erste Liebe" hatte vielleicht einst, hier
unter den Augen des Jüngers, den der Herr lieb hatte,
in Ephesus geblüht wie an wenig Orten; sie war aber
bald nachher von ihrem geistigen Grunde entrückt worden
und gewichen; aus einer „Hasserin" zu einer Liebhaberin
der Werke der Nicolaiten geworden. Und wie ist nun
das Wort so wahr geworden: der Leuchter der Ephesini-
schen Christenkirche ist hinweggestoßen von seiner Stätte.
— Wir lernten einen einzigen griechischen Christen in die-
ser Gegend kennen, einen Hirten, der zu unsrem Kaffee-
haus kam und bei uns bettelte. Wenige andre Christen-

familien leben noch in den armen Hütten des Gebirges
verstreut, etwas mehrere in dem etliche Stunden entfern-
ten Kirkinge; Ajasaluk, wie die ganze Stätte des al-
ten und neuen Ephesus, ist von Mohammeds Jüngern
bewohnt.

War jener Hirt, welchen wir da beim Kaffeehaus
trafen (seinem Aussehen nach hätte ich ihm und seines
Gleichen nicht gern im einsamen Felde begegnen mögen)
vielleicht derselbe? von welchem man in Smyrna erzählt *),
was ich hier kurz nacherzählen will. Einige reisende Eng-
länder, von einem heftigen Regenguß überfallen, hatten,
auf Anrathen des Wirthes im Kaffeehaus von dem klei-
nen Haus eines Türken Besitz genommen, welches eben
leer stund, weil der Eigenthümer desselben verreist war.
Der Regen war so anhaltend und so stark, die Ebene so
überschwemmt, daß sie auch am andern und dritten Tage
noch nicht weiter reisen konnten; sie fiengen an Mangel zu
leiden. Da werden sie mit einem alten, griechischen Hir-
ten Handels einig um ein Lamm seiner Heerde, das die-
ser ihnen, freilich um ungewöhnlich hohen Preis, ablassen
will, statt des Lammes bringt derselbe aber eine alte, dür-
re Schaafmutter, und da sie auf dem Lamm bestehen, das
nun auch schon ausgewählt worden, verlangt er noch um
die Hälfte mehr als seine anfängliche Foderung gewesen.
Aus Noth geht man auch diesen erhöhten Preis ein, da
er aber die Fremden bereit sieht ihn zu bezahlen, nimmt
er das Lamm auf seine Schultern und erklärt, daß er es
nicht anders lassen wolle denn um mehr denn das Doppel-
te der Summe, über die man anfangs einig geworden

---

*) M. v. auch Arundel discoveries I. p. 248 u. f.

20 *

war. Der Mann mußte etwas von dem Verkauf der sy=
billinischen Bücher gehört aber nicht recht verstanden ha=
ben. Es gab indeß keinen Tarquinius unter diesen Fran=
ken, man ließ den ungeschickten Nachahmer der Sybille
seines Weges ziehen. Indeß, was geschieht, während
man so sitzt und überlegt, woher man etwas zu essen be=
kommen könne, öffnet sich die Thüre, und der Türke, dem
das Haus gehörte, welches unsre Fremden, ohne seine
Erlaubniß dazu abzuwarten, in Besitz genommen hatten,
tritt herein. Voll Verwundrung blickt er die unerwarte=
ten Gäste an, doch er grüßt sie mit dem Friedensgruße
„Salam" und bald spricht er auch das treuherzige Wort
„Hosch gelde" (ihr seyd mir willkommen) und nun glaub=
te man sich vor weitren türkischen Anspielungen auf die
Besitznahme der fremden Wohnung sicher. Aber man hat=
te sich geirrt; der Türke geht hinaus aus der Hütte und
nach einiger Zeit kommt er wieder herein, mit einem gro=
ßen, scharfen Schlachtmesser in der einen, mit einem Lam=
me in der andern Hand. Das Lamm wird geschlachtet,
das Fleisch (mit Pillaw) zubereitet und nun nöthigt der
Türke mit jenem gutmüthigen Ungestüme, der diesem Vol=
ke, so oft es Gastfreundschaft übt, eigen ist, seine Gäste
zum Essen. Da sie am andern Tage abreisen und dem
Wirthe etwas für Wohnung und Mahlzeit bezahlen wol=
len, sagt er: ihr seyd unter das Dach meines Hauses ge=
gangen und ich habe zu euch gesagt: „Hosch gelde" seyd
mir willkommen. Sollte ein Gläubiger von seinen Gä=
sten Bezahlung nehmen? — Nur mit Mühe konnte man
der wahrhaft dürftigen, in einem Nebenhause wohnenden
Familie des Mannes einige kleine Geschenke aufdringen.

Bei dem Vergleich des türkischen Landmannes mit dem
christlichen Hirten müssen wir uns in acht nehmen, daß

wir über die hiesigen armen Griechen, von denen freilich manche Züge ähnlicher Art wie der eben von dem Hirten berichtete, erzählt werden, nicht zu hart urtheilen. Das Elend, welches Jahrhunderte lang nagte und lastete, konnte wohl auch den Stamm mancher edlen Gewächse zernagen. Ja, in der Finsterniß thut der Pilgrim der Erde: der Mensch, immer unsichere, irrende Tritte, und über der ephesinischen Christenheit, „deren Leuchter hinweg gestoßen ward" lastet die Finsterniß schon lange. — Der Mohammedaner ist ein geistiger Polarländer, dem in seiner anhaltenden Nacht der wohlthätige Mond ohne Aufhören scheint; der Christ gleichet dem Bewohner der reichen Tropenländer, welchen, wenn die Sonne ihm entwich, die Nacht plötzlich überfällt.

Statt eines kleinen Marmortrümmers, etwa vom vormaligen Stadium, wollen wir auch noch zum Andenken an das alte Ephesus eine Lehre des tiefdenkendsten unter allen seinen bekannt gewordenen Bürgern, des Heraklit, mit uns nehmen: jene Lehre, daß das Sehnen (das innre geistige) der Vater der Erfüllung, die Hoffnung die Mutter des Findens sey. „Denn wer nicht verlangt wird nicht erlangen, wer nicht hoffet wird nichts gewinnen."

Das Nachtlager in den Hütten von Ajasaluk versprach, bei seiner Unreinlichkeit noch weniger Nachtruhe als das von Jeniköi; das Schlafen aber im Freien wurde bei jetziger Jahreszeit in der sumpfigen Niederung dieser Gegend, für sehr ungesund gehalten. Nur unser fleißiger Maler, welcher noch einige Punkte des alten Ephesus aufnehmen wollte *), beschloß deshalb, in Begleitung des

---

*) M. v. in den Bildern aus dem heiligen Lande, treu nach

einen Surutschniß die Nacht hindurch bei dem Feuerheerd
des Kaffeehauses zu schlafen oder auch zu wachen; für
die übrige Reisegesellschaft wurde es angemessener befun-
den, noch an demselben Abend bei dem hellen Monden-
schein nach Jeniföi zurück zu reiten. Denn die prachtvollen
Ruinen von Teos (jetzt Bodrun), der Geburtsstadt des
Anakreon, welche in reizend schöner Umgebung gelegen,
noch so wohlerhalten dasteht, weil sie seit den Bedrückun-
gen der Perser und der damaligen Auswanderung ihrer
Bewohner nach Thrazien fast ganz unbewohnt, mithin
auch von den späteren Barbarenhorden unzerstört geblie-
ben ist, hofften wir noch bei andrer Gelegenheit besuchen
zu können.

Der Abend, im Thal des Kaystros, war noch fest-
lich schön. Ein alter, graubärtiger Turkomane, der uns
begegnete und den ich begrüßt hatte, wünschte mir, wie
mir dieß Jusuff Effendi übersetzte, außer dem ge-
wöhnlichen Gruß des Friedens Gottes ewige Erbarmung.
Und in der That, es war Frieden im Herzen, so wie das
Gefühl und Vertrauen daß Gottes Gnade mit uns sey.
Wir hatten lange genug Gelegenheit, die Wirkung der hellen
Mondbeleuchtung auf das Aussehen dieser schönen Nach-
bargegend des Larissäischen Gefildes zu beobachten, denn
unser Surutschni, der des Weges nicht so kundig war
wie sein älterer, bei unserm Freunde in Ephesus zurück-
gebliebener Gefährte, hatte sich ziemlich weithin verirrt,
so daß wir erst nahe vor Mitternacht Jeniföi erreichten.

---

der Natur aufgenommen und gezeichnet von J. M. Ber-
natz, Stuttgart bei Steinkopf. im ersten Heft die erste
Abbildung, welche eine der damaligen Arbeiten des genann-
ten Künstlers ist.

Hier dauerte es ziemlich lange, bis das Zimmer unsers
Turkomanischen Wirthes, das schon andre Schläfer be-
setzt hielten, uns eingeräumt werden konnte. Desto lieb-
licher war die Ruhe; denn die heutige große Ermüdung
ließ uns die Bisse der Insekten, die uns gestern gestört hatten,
nicht fühlen, obgleich dieses an Aegyptens Plagen erin-
nernde Ungemach von einer Art war, daß das Sprich-
wort, dessen sich Jusuff Effendi am andern Morgen,
im Streit mit der zänkischen, ihn verächtlich behandeln-
den Wirthin bediente, das Sprichwort: mein Bette ist
reiner als das deinige (d. h. ich bin vornehmer als du)
auch in seinem wörtlichsten Sinne als wahr erschien.

Der Tag war schon längst angebrochen, als wir aus
unsrer Hütte heraustraten. Der Himmel hatte sich ge-
trübt; über den Gebirgen des Mäandros und der Quellen
des Kaystros stunden dichte Regenwolken, welche wie die
kühler gewordene Luft dieß vermuthen ließ, schon an-
gefangen hatten, einen Theil ihres Inhaltes zu ergießen.
Am Abhange des Hügels, an welchem sich hin und wie-
der die Platane zeigt, mit dem breiten Dache ihrer Aeste,
die nach unten von den Kameelen abgeweidet sind und
deshalb hier wie künstlich zugeschnitten aussehen, weideten
Kameelmütter mit ihren Jungen, hinter den Ruinen von
Metropolis ertönte die Rohrpfeife der Hirten, dazwischen die
Töne kleiner Zugvögel, welche vom Hochgebirge herkom-
mend, mit dem vorüberziehenden Gewölk nach der Ebene
am Meere hinabeilten. Auch wir ungeflügelten Wandrer
und Fremdlinge machten uns zum Weiterzuge auf. Wir
hatten unsren diesmaligen Rückweg, geführt von unserm
jüngeren Surutschui über eine sehr wasserreiche Ebene
gewählt, die, wenn der Regen uns auf ihr ereilt hatte,
schwerlich würde den Durchzug erlaubt haben; schon heute,

wo noch kein Regen den hier stauchenden Nebenfluß des
Tartalu angeschwellt hatte, war das Hindurchreiten
durch sein tiefes, sumpfiges Bette sehr schwierig. Wie
manche Bauwerke der alten Zeit mag dieses angeschwemmte
Land verdecken, auf dessen erhöhteren Stellen jetzt nur die
schwarzen Zelte der Jurucken gesehen wurden, umschwärmt
von der Schaar der häßlichen Hunde, die an den Kno-
chen eines gefallenen Kameeles nagten. Bei Trianda ka-
men wir an dem ziemlich europäisch eingerichteten Land-
haus des Landesfürsten vorüber, und während wir aber-
mals unter der großen Platane am Ufer des Halesus
ruheten, sahen wir ihn, den Fürsten mit einer seiner
Frauen, beide in europäisch-türkischer Kleidung an uns
vorüberreiten. Wir kamen gegen Abend, gerade noch vor
dem Regengewölk, das sich schon am Nachmittag in mäch-
tigen Strömen auf den Nachbarbergen, und am Abend,
wie in der darauf folgenden Nacht auch in der Ebene er-
goß, wieder in dem gastfreundlichen Budscha an.

Reise nach Magnesia und Sardis.

Vor allen andren Sinnen des Leibes trägt der Ge-
ruch das Vermögen in sich die Pforten zu dem fest ver-
schlossenen Garten unsrer Erinnerungen zu eröffnen und
mit magnetischer Kraft das Andenken an das Vergangene
aus seiner Vergangenheit hervorzuziehen. Der Duft eines
blühenden Baumes oder eines Gewürzes, der Geruch ei-
ner Arznei oder andre Male der eines im Feuer verbren-
nenden Stoffes weckt in uns nicht selten das Andenken
an ganze, vergessene Geschichten unsrer Kindheit auf; die
Erinnerungen selber, in ihrer unzerstörbaren Kraft der
Wiedererzeugung gleichen dem Duften des Moschus oder
des Ambra, welches sich Jahre lang fortsetzet, ohne daß

der Stoff, von welchem es herkommt, dadurch verzehrt wird; das Erinnern der Seele, in seinem höheren Maße, erscheint verwandt dem Einhauchen der Gerüche durch den athmenden Leib. Die Zeit meines Verweilens in Kleinasien war in solcher Beziehung für mich der Aufenthalt in einem Garten voller Blumen und Gewürzkräuter; das anmuthige Budscha war mir eine Laube, beschattet vom Gebüsch des blühenden Je länger je lieber, und wo ich aus diesem Ruhesitze heraus den Fuß hinstellte, zwischen die duftenden Beete, da weckte jeder Hauch die innre Welt der Erinnerungen auf.

Auf einer Anhöhe, nahe bei Budscha öffnet sich die weitre Aussicht nordwärts und ostwärts nach den Höhen des Sipylus und nach den Gebirgen, welche das Gebiet des Hermos (Sarabat) begränzen. Wie sollte es nicht vor allem nach dieser Gegend mich hingezogen haben, deren Felsenwänden und Thälern die Geschichte der Natur wie der Völker das Andenken an die Thaten Gottes und der Menschen so vielfach und so reichlich eingeschrieben hat wie nur wenig andren Stellen der Erde. Die Natur dieses ganzen Landes in und neben dem Thalgebiet des Hermos erinnert eben so an die Lieblichkeiten eines Paradieses wie an die Schreckniffe, welche den gewesenen Bewohner aus der Stätte des Friedens verscheuchten, und an den leitenden Zug, der den Hinweggeschenkten über Land und Meer zur neuen Heimath führte. Denn an das Land der süßen Früchte und aller Fülle des Bodens, genährt von dem Gewässer der goldreichen Flüsse, gränzet weiterhin das Gebiet des Lydischen Brandfeldes (Katakekaumene) mit seinen erloschenen Vulkanen und seinem vom Zornfeuer der Natur verschlackten Erdreich; bei Magnesia bezeuget noch jetzt ein auffallendes Bewegen

der Magnetnadel das Vorhandenseyn jener attraktorifchen
Eifenmaffen, welche dem beobachtenden Geifte des Alter-
thumes ein Führer in das innerfte Gebiet der Geheimniffe
der Natur, den fpäteren Zeiten ein Führer über Land
und Meer wurden *). Wie oft hat in diefem Thale des
Hermos der Menfch es erfahren, daß hier in einem fol-
chen Paradiefesgarten der Erde das Wohnen ein unfichres
und unftättes fey; das alte, fo feft ans Land gewachfene
Volk der Lydier, fammt des Cröfus Reichthum und Macht
entwurzelte das Schwert des Cyrus; die Hoheit der per-
fifchen Satrapen hauchte der Sturmwind des großen
Macedoniers vom Boden hinweg; der Herrfchaft der
Syrer machte das Reich der Römer ein Ende; das was
das Schwert der früheren Eroberer noch nicht gefreffen
hatte, das vernichtete der große Schlächter und Würger
der Völker, Tamerlan; auf dem Felde der vielen älte-
ren Todtenmahle gräbt und erbaut fich jetzt das Volk der
Osmanen feine Gräber. Und wenn auch hier zuweilen die
Stimme der Kriegstrommete und der tartarifchen Trom-
meln fchwieg, wenn die Völker des Oftens fich zuriefen,
es ift Frieden, da erfchütterten diefes Paradies der
Erde die Schrecknisse Gottes, die als Erdbeben kamen
wie ein Dieb in der Nacht, fo daß die Ruhe der Sin-
nen, wenn fie, gleichwie Murad II. in feinem geliebten
Magnefia that, fo im Gefilde des Hermos heute ihre Hüt-
ten auffchlug, fchon morgen den flüchtigen Fuß erheben
und weiter ziehen mußte. Diefes Land hier fpricht aber
auch noch auf andre Weife von den Lieblichkeiten des

*) Der Magnet hatte vorzüglich von diefem Lydifchen Magnefia
feinen Namen.

Innern, wie von den Schrecknissen der Pforten des Pa=
radieses; es ist noch in anderm Sinne die Fundgrube ei=
nes Magnetes, der über die rauchenden Trümmer des
Vergangenen hinweg zur Ruhe einer künftigen Heimath
hinleitet; über seinen Gefilden hat die Weckstimme noch
einer andern Trommete ertönt als die der Schlachten,
eine Stimme die auch noch jetzt fortwährend die Schläfer
zu wecken vermag und zu warnen vor der nahen Gefahr.
Hier in dem Gebiet des Hermes und dem benachbarten
des Caicus hatten vier jener sieben asiatischen Christenge=
meinden ihre Stätte, welche in der ältesten Geschichte
der Kirche als so bedeutungsvolle Denkzeichen dastehen
und von denen wir schon drei (Smyrna, Ephesus und
Laodicea) vor der Erinnerung des Lesers vorüberführten.

Jenes geheimnißvolle Buch, welches den hehren, be=
deutungsvollen Schlußstein der Bücher, die Offenbarun=
gen Gottes bildet, jenes Buch, dessen Kräfte des Him=
mels und der Ewigkeit sich jedesmal in den Zeiten der
größesten Trübsale und Verfolgungen der Kirche tröstend,
aufrichtend und neubelebend erwiesen haben: das Buch „der
Offenbarung Johannes" beginnt mit sieben Sendschreiben
des Fürsten der Könige auf Erden an die sieben Gemein=
den in Asien. Diese sieben Gemeinden waren zu ihrer
Zeit und sind noch jetzt die sieben äußern Erscheinungs=
formen oder Richtungen, in denen der Christenglaube, der
Welt gegenüber, sich darstellt; sie sind uns in den Send=
schreiben beschrieben nach jenen Gefahren, die im täglichen
Kampf und Wechselverhältniß mit dem feindlichen Element
von außen, ihnen drohen, so wie zugleich nach der Möglich=
keit ihrer Verherrlichung durch die heilende Kraft und den
Lebensgeist von oben. Wie die sieben Grundgestalten und
Erscheinungsformen der natürlichen Dinge, können auch

die sieben Erscheinungsformen der Kirche Christi theils als
gleichzeitig neben einander, theils als in der Zeit nach
einander hervortretend betrachtet werden.   Es regt und
bewegt sich jedoch keine der sieben Grundkräfte, es leuch=
tet keiner der sieben Sterne ohne die Mitwirkung der an=
dern sechs; das Herz jedes Christen hat in seinem Laufe
auf Erden die Einwirkung und die eigenthümliche Natur
aller der sieben Grundrichtungen des Glaubens an sich zu
erfahren, obgleich die eine oder andre an jedem Einzel=
nen die vorherrschende wird und zuletzt alle die andern
in die erste: in die Grundrichtung der kindlichen Liebe
wieder zurückkehren und in ihr sich vollenden müssen. Je=
ne sieben Sendschreiben sind daher nicht bloß der gesamm=
ten Christenheit auf Erden, sondern auch ihren einzelnen
Gliedern zur Warnung, zur Belehrung und innern Be=
kräftigung gegeben; sie sind zugleich, noch in ihrem jetzi=
gen Zustande ein Beweiß für die Wahrheit der Weissa=
gungen, welche der Geist über die Zukunft der sieben
Asiatischen Gemeinden aussprach.   Darum darf der Er=
zähler einer Reise in Kleinasien wohl auf eine Theilnah=
me seiner christlichen Leser rechnen, wenn er in einigen
schnell vorübergehenden Zügen einen Abriß der neusten,
jetzigen Geschichte jener Gemeinden entwirft.

Das dritte der Sendschreiben, deren erstes an Ephe=
sus, das zweite an Smyrna lautet, ist an den Engel
(Bischof) der Gemeinde von Pergamos gerichtet. Das
alte Pergamum, das sich noch jetzt seinen Namen als
Pergamo erhalten hat, liegt am Caicusfluße (jetzt Man=
dragorai genannt) auf einem steilen, kegelförmigen Fel=
sen, der sich an den Pindasus anlehnt. Diese Stadt, von
welcher das in ihr erfundene oder zuerst im Großen als
Schreibematerial angewendete Pergament den Namen

führt, war in alter Zeit eine berühmte Pflegerin der Wis-
senschaften, denn während sie Lysimachus wegen ihrer
großen Festigkeit zum Verwahrungsort seiner Schätze ge-
wählt hatte, machte sie der König Eumenes zu einer
Schatzkammer von andrer, höherer Art, indem er hier
jene kostbare Bibliothek anlegte, welche bis auf 200,000
Rollen anwuchs. Unter der Herrschaft der Römer ward
sie die Hauptstadt von Mysien; in ihr wurde Galenus
geboren, einer der Väter der älteren Arzneikunde, schon
vor ihm der Redner Apollodorus, der Lehrer des Kaiser
Augustus. Noch jetzt haben sich in Pergamum bedeuten-
de Ueberreste der alten Herrlichkeit erhalten, vor allem
die Gemäuer der alten Burg der Herrscher, so wie einer
meist unterirdisch verlaufenden Wasserleitung, welche beide
durch ihre riesenhaft massive und feste Bauart allen Zer-
störungen der Natur- und Menschenkräfte widerstanden
haben; in einem türkischen Badehause der Stadt findet
sich eine wunderschöne griechische Vase. Jene Kirche, in
der vormals die Gebeine des Antipas, des getreuen Zeu-
gen, geruht haben sollen, führt jetzt den Namen der h.
Sophia; die große Kirche des Evangelisten (Theologen)
Johannes ist zu einer Schule geworden. Von dieser St.
Johanneskirche erzählen die jetzigen Bewohner der Stadt,
selbst die Türken, mit einer Art von ehrfurchtsvoller Scheu,
daß man früher mehrmalen versucht habe, ein Minare
bei derselben aufzuführen, der Bau sey aber immer wie-
der auf unvorherzusehende Weise zusammengestürzt. Die
jetzige Christengemeinde von Pergamo bestehet aus etwa
250 Seelen. Für den Eifer wie für die äußere Vermö-
genheit dieser kleinen Gemeinde scheint der Umstand zu
zeugen, daß sie vor Kurzem (1836) den Bau einer neuen
Kirche begann, der nun wahrscheinlich vollendet ist. So

ist über ihr das Wort der Weissagung Dessen, „der das
scharfe zweischneidige Schwert" zur Prüfung der Men-
schenherzen hat, wahr geworden: das Wort das dieser
Gemeinde das Lob des Festhaltens an Seinem Namen
giebt und welches zwar ein besonderes, göttliches Gericht
über einige der Abtrünnigen unter ihren Gliedern, nicht
aber den Untergang des getreugebliebenen Häufleins ver-
kündet. Sie hat deshalb bis zu unsrer Zeit die Segnun-
gen jenes guten Zeugnisses zu genießen und die Kräfte je-
nes neuen Namens, den die Treuen, die unter ihr wa-
ren, mit dem guten Zeugniß zugleich empfangen haben.

Ostwärts von Pergamum, in dem nördlichsten Gebiet
des alten Lydiens findet sich Thyatira, welches, ehe
Lysimachus, der Wiedererneuerer der Stadt ihr diesen
Namen gäb, Pelopia hieß, jetzt aber den Namen Akhis-
sar, d. h. weißes Schloß, führet. Sie ist eine Nach-
barin jenes Brandfeldes (Katakekaumene), dessen Boden,
wie wir vorhin erwähnten, die deutlichen Spuren vulka-
nischer Schrecknisse an sich trägt; das Alterthum rühmte
die hohe Kunst ihrer Purpurwebereien so wie die verfei-
nerten Sitten ihrer Bewohner. Noch jetzt bestehet in Ak-
hissar ein lebhafter Verkehr des Handels (besonders mit
Baumwolle) und der Gewerbe. Sie ist reichlich mit gu-
tem Quellwasser versehen. An die Gemeinde von Thyatira
war das vierte der prophetischen Sendschreiben gerichtet,
welches bei all' seinem göttlich-richterlichen Ernst Worte
des Trostes und der Verheißung enthält. Denn, wie Der
sagt, dessen Blick durchdringend ist wie die läuternde Gluth
der Flamme, es bestund hier eine durch Werke und treuen
Dienst lebendige Liebe, Glauben, Geduld und ein Eifer,
der immer mehr zu thun strebte, darum, obgleich die
falsche Dultung gegen das silenisch-somnambule Prophe-

tenthum der „Jesabel"*) gerügt, und dieser Abtrünnigen
wie ihren Anhängern Strafe des Unterganges gedroht
wird, schließt sich dennoch dieser Drohung zugleich die
Versichrung an, daß die Andren, die solche Lehre nicht
hatten, verschont bleiben sollten und das aufmunternde
Wort: festzuhalten, das was ihr Herz besaß. Und noch
jetzt hält Thyatira nach seinem Maße fest am Bekenntniß
des großen Namens: es lebt hier eine Christengemeinde,
welche an Zahl der Seelen jene zu Pergamus übertrifft
und es bestehet eine christliche Schule, welche in einem
lobenswerthen, guten Zustand sich befindet. An die ältere,
vormals hier bestandene Gemeinde erinnert eine zur Mo=
schee umgestaltete Kirche, mit jener Gestalt der wie aus
Seilen zusammengeschlungenen Marmorsäulen, welche wir
nachher bei einer ähnlichen alten Kirche in Magnesia er=
wähnen wollen. Der selbst in seinen Trümmern noch von
der vormaligen Pracht zeigende Altar der Kirche ist ver=
verwüstet; eine uralte Zypresse in der Nähe des entwei=
heten Gebäudes scheint die Stätte des vormaligen Got=
tesackers der christlichen Stadt zu bezeichnen. Von der
Herrlichkeit des vorchristlichen, heidnischen Thyatira ist
nur ein kostbarer, sehr reich von der Kunst ausgestatteter
Sarkophag als Denkmal übrig geblieben.

Wir gehen nun zu der fünften der sieben Gemeinden,
zu Sardis (jetzt Sart) über, bei welcher wir etwas
mehr verweilen, weil sie das Ziel unsrer zweiten Reise in
Kleinasien war.

---

*) Der Sage nach war diese angebliche Prophetin das Weib
der Jugend des Engels (Bischofs) der Gemeinde gewesen,
das sich jedoch selber von ihm geschieden hatte.

Seit unsrer Rückkehr aus Ephesus war der Herbst-
regen in Strömen auf das dürre Erdreich herabgestürzt;
seine Ergüsse waren so heftig und so reichlich, daß in der
einen Nacht das Wasser selbst durch die Decken des Hau-
ses drang, welches wir in Budscha bewohnten, und daß am
Sonntag Morgen der Verkehr selbst des einen Nachbar-
hauses mit dem andern sehr erschwert war. Während
sich die Wolken in der Ebene als Regen ergossen, hatten
sie die Gipfel des Hochgebirges, namentlich die des Tmo-
lus, mit frischem Schnee bedeckt. Seitdem hatte die
Natur des Landes eine sehr merkliche Veränderung er-
fahren. Aus dem Erdreich sproßte ein neues, junges
Grün; neben dem genügsamen Kameel fand auch das
längst darnach schmachtende Hornvieh wieder die ange-
messene Weide; aus den Zweigen der Zypressen wie der
Gebüsche hörte man die bekannten Stimmen auch unsrer
Singvögel, vor allen die der heimathlichen Finkenarten,
welche vor der diesmal früher eingetretenen Kälte des
Nordens wie der Hochgebirge hieher, in die warme Ebene
geflohen waren. Der heiße Wind aus Südwest und
Südost hatte seine Alleinherrschaft verloren; die Luft war
meist angenehm kühl geworden, obwohl sie noch immer
abwechselnd auf einzelne Tage und Stunden ihre vorige
Gluthhitze wieder bekam. Diese vortheilhafte Aenderung
erschien uns für die Ausführung unsres Planes einer
Reise in die nördlicheren Gegenden von Smyrna so gün-
stig, daß wir uns hinein in die Stadt begaben, um die nö-
thigen Vorbereitungen zu treffen. Freilich steckte uns das
nachmals unerfüllt gebliebene Versprechen des Capitäns
unsres zur Weiterreise erkohrenen Schiffes, daß er schon
in den ersten Tagen der nächsten Woche abreisen wolle,
für die Dauer der Reise sehr enge Gränzen, doch konnte
                                                wenig-

wenigstens das Gebiet von Magnesia und Sardis in dieser Zeit besucht werden.

Donnerstags den 27ten October, an einem Vormittage der mit allen Lieblichkeiten eines mittelasiatischen Herbsttages geziert war, traten wir die Reise von Smyrna aus zu Pferde an. Unsre Gesellschaft war diesmal kleiner als auf dem Wege nach Ephesus; sie bestand nur aus mir und meinen drei jungen Reisegefährten; als freundliche Führer und Dolmetscher hatten sich der werthe Gastfreund Jetter und sein damaliger Hausgenoß, der vielgewanderte, vielerfahrene Jusuff Effendi uns beigesellt; für das Geschäft aber der Besorgung der Pferde hatte uns der Postmeister in Smyrna zwei berittene Postknechte (Surutschuis) statt einem aufgedrungen. Der Anfang des Weges nach Magnesia führt durch Gärten und an dem westlichen Abhange der Berge hin. Ein vornehm gekleideter, seinem Aussehen nach todtkranker Grieche, begegnete uns, zu beiden Seiten von Bedienten gestützt und gehalten, auf einem Esel reitend, neben und hinter ihm, ebenfalls reitend, seine trauernde Familie. Dieser Anblick, wie so vieles Andre von ähnlicher Art, erinnerte uns an jene, scheinbar selbst unbedeutenderen Vorzüge und Vortheile, welche unser liebes Vaterland in Bezug auf das Reisen, der Kranken wie der Gesunden, vor dem ihm sonst an äußerer Cultur näherstehenden Kleinasien hat.

Die fruchtbare Ebene von Smyrna wird auch gegen Magnesia hin, nach etwa zwei Stunden Weges von einem Berge (dem Mimmolus?) begränzt, an dessen Abhange jener Stein in ganzen Blöcken und einzelnen Geschieben zerstreut liegt, der von diesem Lande seinen Na-

men führt: der Probier= oder lydische Stein *). Mit
ihm zugleich sieht man seinen öfteren Begleiter, den Feuer=
stein; an manchen Punkten stehet der Kalkfels dieser
Höhen frei zu Tage aus. Schon von der Ebene, noch
mehr aber von dem Bergabhange genießt das Auge einer
reichen Aussicht auf die Meeresbucht bei Burnabat hin
und in die herrlichen Baumgruppen von Hajilar, so
wie weiterhin in die grünenden Thäler und Schluchten
der östlichen Höhen, namentlich in das Thal des Meles.
Der erste Berg, über welchen die vielbesuchte Straße
nach Magnesia hinansteigt, ist nur eine niedere Stufe
der bedeutenderen Anhöhe, die sich vom ersten Gipfel aus
jenseits eines fruchtbaren Hochthales dem Auge zeigt. Nur
kurze Zeit verweilten wir bei dem ziemlich ansehnlich er=
scheinenden Dorfe, das jenseits des Thales am Fuße
der höheren, aus Kalkstein bestehenden Bergwand liegt,
denn der nördliche Abhang, gegen die Ebene von Magne=
sia hinab, will wegen seiner Steilheit und wegen der
einzelnen, gefahrdrohenden Stellen am Tage bereist seyn.
Jenseits des Ortes zieht sich der Weg zur Rechten einer
grünenden Bergschlucht hinan, in welcher selbst die unersättliche
türkische Lust am Niederbrennen der Bäume und Gesträu=
che es nicht vermocht hat die Kraft der Wiedererzeugung
zu lähmen, welche hier noch immer aus den Wurzeln der
oft verstümmelten Eichen junge Stämme hervortreibt; in
besondrer Höhe gedeihen da die Platane und Pappel. Die
Anhöhe war nun erstiegen und in seiner ganzen Majestät
zeigte sich uns, jenseit eines engen Seitenthales, der
hehre Sipylos. Bald nachher lag auch die reiche Ebene

---

*) Jaspisartige Kieselschiefer.

vor uns, die der Hermos durchströmt, weithin nach Nor=
den, an die Höhen des Caicus und von Pergamos sich
ausbreitend. Das Auge konnte sich hier, was auf einem
unsrer vaterländischen Postpferde wohl schwerlich möglich
gewesen wäre, ruhig dem Genuß des herrlichen Anblickes
hingeben, denn die Thiere, die uns trugen, hatten zum
Theil schon seit etlichen Jahren wöchentlich mehrere
Male diesen steilen Gebirgsweg gemacht, der sich bald
über zertrümmertes Gestein, bald in den engen, durch
den Fußtritt der Lastthiere und der Menschen in den
Thonschiefer hineingegrabenen Rinnen hinabzieht, an deren
Wänden die weißen Gänge des Quarzes (und Schwer=
spathes?) halberhabene Zierrathen bilden. Die Hand der
jetzigen Herrscher des Landes thut hier nichts zur Erleich=
terung des Reisens, denn das fast auf der Hälfte des
jähen Hinabweges gelegene, einzelne Haus ist keineswegs,
wie Einige von uns dies glaubten, eine Art von Chaus=
seehaus, sondern nur eine der zahllosen Kaffeeschenken
dieser vieldurchreisten Gegend, und die starke, steinerne
Brücke, die beim Beginn der Ebene über das jetzt nur
wenig befeuchtete Bette des Winterstromes führt, ist,
wenigstens ihrer Grundlage nach, ein Werk der früheren
Zeiten, welche das Bauen zu gemeinsamen Zweck und
Nutzen kannten und übten.

Die buschreiche Ebene, zuerst im Thale am breiten
Bette des Winterstromes sich hinziehend, war nun glück=
lich erreicht und jenseits einer niederen Anhöhe, die sich
von den Vorbergen des Sipyles herkommend hier in das
Flachland verläuft, zeigte sich uns zwischen Baumgär=
ten und Zypressenhainen Magnesia, mit seinen vie=
len, hohen, prächtigen Minare's. Das war die erste
asiatische Stadt, die schon von fern gesehen, den Eindruck

21 *

einer eigentlichen, in sich selber einigen Bauart des älte-
ren Morgenlandes machte, und nächst Brussa soll sie
auch in dieser Hinsicht die schönste und stattlichste unter
allen Städten Kleinasiens seyn. Unsre Thiere, die Nacht-
herberge erkennend, eilten, wie im Wettlaufe der Stadt
zu, die wir nahe vor Sonnenuntergang erreichten. Der
Weg zog sich noch lang durch die ansehnliche Stadt hin,
bis wir den Ort des Ausruhens erreichten. Ein Empfeh-
lungsbrief von dem wohlwollenden, freundlichen kaiserlich-
russischen Generalkonsul in Smyrna hatte uns den Zutritt
zu dem Pallast des griechischen Erzbischofes eröffnet.
Wir ritten in den Hof hinein, gaben unsern Brief ab,
wurden sogleich ersucht abzusteigen und hinaufgeführt in
das gemeinsame Besuchszimmer, wo man uns mit unserm
Gepäck wie einen Besuch für längere Zeit aufnahm und
behandelte. Es war das erste Mal, daß uns auf dieser
Reise die Sitten des Empfanges der Gäste, die sich fast durch
den ganzen Orient gleich bleiben, vor Augen traten: die
Spende, zuerst der in Zucker eingemachten Früchte oder
andrer Süßigkeiten mit dem Glase des frischen, klaren
Wassers, dann der Racky oder Traubenbranntwein, hier-
auf die angezündete, lange Pfeife und die mit schwarzem
Kaffee gefüllte Tasse. Dazu sitzt man, wer es vermag,
mit herangezogenen Beinen auf den niederen, an den
Wänden umherliegenden Kissen.

Der Erzbischof selber war in Constantinopel; sein
hiesiger Stellvertreter, der Bischof von Hierapolis, ein
heitrer, freundlicher Mann, empfieng uns und gesellte
sich, beim gemeinsamen Rauchen der Pfeife und beim
Trinken des Kaffees zu uns. Das Gespräch, zuerst von
den hiesigen Schulen, wendete sich bald zu Gegenständen
aus dem Gebiet der Heilkunde, denn jeder Gelehrte aus

europäischen Landen, muß, nach der Meinung des Orien=
talen hierin bewandert seyn. Da nun wirklich Mehrere
von uns darin einige Kenntnisse besaßen, so kamen bald
auch andre geistliche Bewohner oder Gäste des Hauses,
die sich unsern ärztlichen Rath erbaten. Bei dem Abend=
essen erprobten wir es selbst, daß der Ruhm, den die
Melonen dieser Gegend schon bei den Alten erlangt hat=
ten, ein wohlbegründeter sey; ihres Gleichen an Süßig=
keit und aromatischem Geschmack hatten wir noch nie ge=
nossen. Auch für die Ruhe der Nacht war aufs beste
gesorgt, man hatte uns dazu die gastlichsten Zimmer des
Hauses eingeräumt.

Schon in der frühesten Morgendämmerung weckten
mich die Töne der Menschenstimmen, welche aus der jen=
seits der engen Gasse gelegnen Juden=Synagoge kamen.
Zwar lauteten diese Töne nicht wie ein „Lob in der
Stille zu Zion" nicht wie ein Loblied in „höherem Chor,"
sie erinnerten aber dennoch an die bei diesem Volke so
wunderbar ausdauernde Verehrung jenes Heiligthumes,
das „hoch gebaut ist, wie ein Land, das ewiglich fest ste=
hen soll" *); sie erinnerten an jenen Bund der Verheis=
sung, welcher noch immer eine innre Lebenskraft dieses
Volkes ist, aus der das äußere Fortbestehen desselben
hervorgehet. Auch wir mit unsern jungen Reisegefährten
freuten uns, in unsrem einsamen Zimmer der Erfüllung
jenes Trostes, dessen Israel so ausdauernd wartet, und
genossen der geistigen Stärkung.

Dem Leibe ließen die freundlichen, geistlichen Bewoh=

_____

*) Ps. 78. V. 69.

ner des Hauses nichts abgehen von dem, was er zu sei-
ner Stärkung und Nahrung brauchte. Kaum hatten wir
uns sehen lassen, da erschien auch der Kaffee, mit den
Tellern voll des wohlschmeckenden Kaimaks, welcher aus
dem eingedickten Rahm der Büffelmilch bereitet und mit
Zucker versüßt ist. Dabei durften denn auch die andern,
zum Kreise des morgenländischen Frühstückes gehörigen
Dinge nicht fehlen, namentlich der Racky mit den Süßig-
keiten der Früchte und den Gläsern des frischen Wassers,
so wie vor und nach dem Genuße des Frühbrodes die an-
gezündete Pfeife. Die Lachtaube, die hier, als einheimi-
scher Vogel in den Bäumen des Hofes nistete, ließ dabei,
wie zum harmlosen Genuße einladend, ihre fröhlichen Tö-
ne hören.

Der Vormittag wurde zum Besehen der Stadt ange-
wendet, welche sich vor Smyrna und vielen andern Städ-
ten des Morgenlandes durch ihre breiteren, reinlicheren
Gaffen und ihre schöneren Gebäude sehr vortheilhaft aus-
zeichnet. Die Zahl der Häuser von Magnesia wird auf
9000 angegeben, wovon fast sechs Siebentheile von Tür-
ken bewohnt sind, 800 sind im Besitz der Griechen, 350
haben die Armenier, 100 die Juden inne; die Summe
der gesammten Einwohner soll sich auf nahe 80,000 be-
laufen. Wir beobachteten auch hier unsre gewohnte Weise
um zu einer Uebersicht über die schöne Stadt und ihre
noch schönere Umgegend zu gelangen: wir stiegen vor al-
lem auf eine Anhöhe, welche den freien Blick über beide
gewährt. Dieses ist hier ganz besonders leicht, denn Mag-
nesia liegt am Fuße des hohen Sipylos, der sich da, nach
der Ebene hin, mit mehreren gähen Vorbergen umgürtet
hat. Einer dieser Vorberge ist jener, worauf die vorma-
lige Akropolis der Stadt liegt und an dessen Abhange die

bedeutendsten Ueberreste aus der alten christlichen Zeit die-
ser Gegend gefunden werden. Wir stiegen zuerst da hinan,
und verweilten mit hohem Interesse bei der ehemaligen
nun schon längst zur Moschee gewordenen Kirche. In
ihrer Bauart erinnert sie an die, freilich ungleich größere
Domkirche von Modena, auch an der vorhin erwähnten
Kirche zu Thyatira zeigt sich dieselbe Form der Säulen
und der Bögen wie der äußern Zierrathen. Die Mosli-
men hegen gegen dieses Gebäude eine ganz besondere Ver-
ehrung. Zwar hat der Bilderhaß derselben das Innre der
gewesenen Kirche nicht verschont, das Aeußere aber, mit
all seinen christlichen Emblemen ist so unangetastet geblie-
ben, daß selbst der alte Glockenthurm, statt zum Minare
umgestaltet zu werden, seine Glocke behalten hat, die
noch fortwährend zum Anzeigen der Zeitabschnitte benutzt
wird. Unser fleißiger Maler, Hr. Bernatz, war bei
dem merkwürdigen Gebäude allein zurückgeblieben, um
dasselbe zu zeichnen. Eine türkische Frau bemerkte dieß,
und, über die vermeintliche Entweihung der heiligen Mo-
schee durch die Nachbildung von der Hand eines Ungläu-
bigen entrüstet, erhub sie mit lautem Geschrei gegen das
Bild wie gegen das gute, ehrliche Angesicht des Künstlers
ihre mit scharfen Nägeln bewaffneten Hände, und beide,
wenigstens das Bild würde, da jetzt auch noch andre
schreiende Frauen hinzukamen, hart angetastet worden seyn,
wenn der Maler sich nicht entfernt hätte. Uebrigens be-
merkten wir auch noch bei andrer Gelegenheit, daß der
Anblick eines europäisch gekleideten Mannes für einen
Theil des hiesigen Volkes ein Widerwillen erregender seyn
müsse. Einer der jungen Freunde (Dr. Roth) klopfte mit
seinem geognostischen Hammer an eine Felsenwand des
Kastellberges, an welchem wir mit einer besondern, hei-

mathlichen Zuneigung die Felsarten unsers Tyroler Fassa=
thales erkannten, da trat mit zornigem Geschrei ein türkisches
Weib aus der Hütte hervor, die auf diesem Felsenvor=
sprunge stand und äußerte ihre Besorgniß: daß der Un=
gläubige ihr Haus umstürzen wolle.

Nahe bei der vormaligen christlichen Kirche steht eine
Platane, welche ihrer Stärke und Größe nach wohl eben
so alt oder noch älter seyn mag als das Gebäude; aus
ihren Zweigen ertönt noch unverändert derselbe Gesang
der Vögel, der aus ihr vielleicht schon vor einem Jahr=
tausend vernommen wurde, während in dem benachbarten
Gemäuer schon die Zungen der verschiedensten Völker laut
wurden. Wir hörten jetzt andere Stimmen, die uns lieb=
licher waren als die der Vögel: die Stimmen der kleinen
Kinder einer nicht weit von der Platane abgelegnen Kin=
derschule, deren Lehrer Freund Jetter kannte und wegen
seiner Redlichkeit und Geschicklichkeit liebte. Mit Be=
dauern vernahm aber unser Freund, daß ein großer Theil
der Kinder, die noch im vorigen Jahre diese Schule be=
suchten und unter ihnen mehrere der fleißigsten und talent=
vollesten, an der verheerenden Pest des vergangenen Früh=
linges gestorben seyen. Unter den jetzt anwesenden Kin=
dern zeichnete sich ein Mägdlein von etwa acht Jahren
durch seine Fertigkeit im Lesen, so wie in den Anfangs=
gründen des Rechnens aus. Sie hatte es bei ihrem ge=
schickten Schullehrer, der sich selber die auf gute, euro=
päische Weise eingerichteten Schulen zum Muster nimmt,
ohnfehlbar weiter gebracht als der schon mehr als zwan=
zigjährige Student, den wir bald nachher in dem unteren
Theil der Stadt bei der prächtigen Moschee Sultan Mu=
rads III. kennen lernten, wo er an der dortigen Hochschu=
le die verborgenen Tiefen der türkischen Weisheit ergrün=

den wollte. Die Gelehrsamkeit dieses guten Jünglinges
war auch in der That eine sehr verborgene, denn er konn-
te nicht einmal lesen. Er sagte uns, in der Türkei brau-
che man bloß zu singen, um ein gelehrter Muesin (Ge-
betsausrufer) zu seyn; wozu solle man das erst lesen, was
man schon auswendig wüßte.

Oben auf dem Kastellberg genossen wir denn der un-
gehemmtesten Aussicht über Stadt und Land. In ziem-
licher Nähe von Magnesia windet sich der Hermos durch
das grünende, trefflich angebaute Thal; die Stadt, mit
ihren 32 Moscheen und andern ansehnlichen Gebäuden
liegt selber wie in einem großen, schönen Garten; man
begreift die große Anhänglichkeit Murads II. an sein ge-
liebtes Magnesia wohl, dessen Tulpengärten und Zypres-
senhaine er zweimal mit dem Thron und seiner Herrscher-
würde vertauschte, bis beide Male ihn die Noth des Au-
genblickes einmal zum Kampfe gegen den andringenden
äußren Feind (bei Varna), das andre Mal zur Be-
schwichtigung einer innern Empörung von dem Ruhesitz
hinwegrief. Dort, am Fuße des Hügels bezeichnet noch
ein altes Gemäuer, im Schatten der hohen Zypressen den
Ort, wo Murads Pallast stund, nahe dabei erheben sich
die Kuppeln der Grabmäler von 22 Kindern und Frauen
Murads II. so wie Murads III., der ebenfalls die Melo-
nenfelder und Fruchtgärten von Magnesia den Herrlich-
keiten der unruhigen Kaiserstadt vorzog. Von dem letz-
tern, von Murad III. (nicht von Murad II. *)) sind
auch jene öffentlichen Gebäude begründet, welche unter
den sehenswürdigsten der Stadt genannt werden: die Mo-

*) M. v. Jos v. Hammer a. a. O. I. 465.

schee des Sultans mit schönem Portal und hohem Kup-
pelgewölbe (vollendet im Jahr 1591) mit den Gebänden
der Akademie; die Moschee der Günstlingin (Chasseki) und
der Frau (Chatunije); ein Bad und Speisehaus für Ar-
me, eine Karawanserai, ein Kloster für Derwische und
ein Narrenhaus. Wenn schon diese beiden Osmanischen
Herrscher, mehr freilich der edlere, thatenkräftigere Mu-
rad II. als der weichliche, dem Sinnentaumel ergebene
Murad III. durch das Hineinflechten ihrer Geschichte in
die der Stadt, dem schönen Magnesia einigen Glanz ver-
leihen, so thun dieses in noch viel höherem Grade jene
beiden Helden des Alterthumes, an deren Andenken dieser
Ort erinnert. Hier in Magnesia, welches der Perserkö-
nig Artaxerxes mit noch zwei andern Städten sammt al-
len ihren Einkünften*) ihm zum Ruhesitz der letzten Tage
verliehen hatte, starb der Sieger bei Salamis, der große
Leitstern der geistigen Kräfte Athens zum ferneren Ziele
der Vollendung: Themistokles; und wenn auch von
den Statüen, womit der kunstliebende Mann den Markt
seiner Stadt schmücken ließ, wenn auch von dem Grab-
mahl des berühmten Atheniensers keine Spur mehr geblie-
ben ist, so hat sich doch noch immer in der Seele der
jetzt da lebenden Griechen das Andenken an Themisto-
kles erhalten, dessen Geist hier einstmals gewaltet **).
Auch ein thatenreicher Römer hat neben dem Athenienser,

---

*) Magnesia zum Brode, Lampsakos zum Weine, Myus zum
  Gemüse.

**) Wir überzeugten uns auf unsrer ganzen Reise bei vielen
  Gelegenheiten von der vertrauten Bekanntschaft der jetzi-
  gen Griechen mit der Geschichte und den Thaten ihres
  Volkes.

mehr denn acht Menschenalter später als dieser (im J.
190 v. Chr.) der Umgegend von Magnesia sein Andenken
eingeschrieben: Cornelius Scipio, der sich hier durch den
Sieg über das buntgemischte Heer des Antiochus den Bei-
namen des Asiaten, wie sein Bruder durch Carthago's Be-
siegung jenen des Africaners erwarb.

Der Fels der Akropolis, auf dem wir jetzt der herr-
lichen Aussicht über Länder und Zeiten genossen, enthält
nach Chishulls Beobachtung Spuren von Magneteisen-
stein und wirkt auf die Bewegung der Magnetnadel, was
jedoch noch mehr an einem andren Punkte des nachbarli-
chen Sipylus statt finden soll. Bei der Akropolis selber
konnten wir jene Spuren nicht auffinden; die vorherr-
schende Felsart derselben ist Wacke (Flötzgrünstein) von
porphyr- und mandelsteinartiger Struktur, doch fanden
wir in dem Bette eines Gießbaches im Thale serpentin-
artiges Gestein und Chlorit, die gewöhnlichen Mutterge-
steine des Magneteisens.

Wir stiegen jetzt wieder hinab in die schöne Stadt
und brachten mehrere Stunden mit dem Beschauen ihrer
Merkwürdigkeiten zu, unter denen die schon vorhin er-
wähnte Moschee Sultan Murad III. den größten, die
Gärten beim alten Pallast Murad II. den angenehmsten
Eindruck auf das Auge machten. Wie sehr beklagten wir,
daß jetzt nicht die Zeit des Tulpenflor sey, deren Pracht
in der Umgegend von Magnesia so groß seyn soll. Es
enthält indeß das jetzige Magnesia noch andre Blumen-
beete, deren Pracht dem Wechsel der Jahreszeiten nicht
unterliegt, das sind die in neuester Zeit hier trefflich ge-
deihenden Schulen, vor allen jene der armenischen Chri-
sten. Hiedurch ist auch ein Theil der türkischen Volks-
schullehrer, wie wir davon schon oben ein Beispiel sahen,

zum rühmlichen Wetteifer erweckt worden und unter ih-
ren Händen werden die Schulen zu einem viele Früchte
versprechenden Blüthengarten, während uns die alten,
Kaffee (vielleicht auch Opium) schlürfenden und Tabak-
rauchenden Muderris oder Professoren an der Academie
bei der Muradsmoschee, in ihren buntfarbigen Hörsälen
wie abgestorbene, vom Wetter getroffne Zypressen vor-
kamen, von denen keine Frucht mehr zu erwarten ist.

Wir mußten, bei unsrem gastfreien Bischof noch das
Mittagsmahl einnehmen, wobei, wegen des Fasttages,
keiner der höheren Geistlichkeit, sondern statt ihrer der
Arzt des Hauses, Giovanni Belastis, ein geborner
Italiener den anordnenden und nöthigenden Wirth machte.
Die Diener des Tisches (einige Geistliche von geringerem
Range) neckten, wegen der ihm verbotenen Speisen unse-
ren Jusuff Effendi, der sich, obgleich Armenier, wie
ein Türke hält und beträgt; dieser, mit seiner gewöhn-
lichen Ueberlegenheit des Geistes, machte das Tischge-
spräch lebhaft und unterhaltend. Und wie sollte er nicht
bei jeder Gelegenheit sich uns als lehrreicher und ange-
nehmer Reisegefährte erwiesen haben, er, der weltkundige,
vielgereiste Mann, der nicht bloß einige der wichtigsten
und schönsten Gegenden von Europa, namentlich Italien
gesehen, sondern Asien von seiner Westküste an bis zur
Gränze von China zu Lande durchreist hat und auch in
Afrika, von Aegypten aus so tief eingedrungen ist wie
vor ihm kaum ein europäischer Reisender, und, was das
Meiste ist, der diese Reisen mit solchem klaren Sinn
und Verstand gemacht hat.

Gleich nach Tische bestiegen wir unsre Pferde und
ritten gegen Kassabah (Durguthli) hin, welches gegen
6 Stunden Weges von Magnesia abliegt und das wir zu

unsrem Nachtlager bestimmt hatten. Der Anfang des
Weges läuft an dem nordöstlichen Fuße des Sipylos hin,
dessen Felsenwände schon in den Nachmittagsstunden dem
Wandrer Schatten gewähren. Ein klares, frisches Was-
ser entspringt aus der Sohle des (zum Theil dolomitarti-
gen) Kalkgebirges, dessen zackige Form und Umrisse an
jene der Julischen Alpen erinnern; an einer weiterhin
gegen den Kryosfluß gelegnen Stelle der gähen Berg-
wand zeigt sich eine große aus dem Felsengestein ausge-
hauene menschliche Figur: ein altes Bild der Cybele. Aus
noch älterer Zeit als dieses Götzenbild der vormaligen
Lydischen Beherrscher des Landes, sind jene tiefen Klüfte,
durch welche sich, jetzt, seitdem mit den Waldungen zu-
gleich der Reichthum des Quellwassers sich vermindert
hat, nur noch zur Zeit des Winterregens, Wasserfälle
herabstürzen, die an erhabener Schönheit ihrer Um-
gebung den schönsten Wasserfällen unsrer vaterländischen
Alpen nichts nachgeben mögen.

Da, wo die Straße von den Wänden des Sipylos
hinweg gegen Südosten sich kehrt, nahe an der alten,
steinernen Brücke, die über den eben jetzt ziemlich reich
strömenden Kryos hinüberführt, begegnete uns ein Zug
der schönsten türkischen Rosse, welcher dem reichen Aga
Oglu Bey zu Magnesia angehörte, dessen Frauen auf
diesen Thieren eine Reise zu einem Familienfeste, wahr-
scheinlich nach dem schön gelegnen Nymphi gemacht
hatten *). Unser Auge wurde indeß bald von einem

---

*) Dieses Nymphi, ein Lieblingsaufenthalt des byzantini-
schen Kaisers Michaël Palaologus (im J. 1260)
soll in seiner Nähe Gold- und Silbergänge enthalten. Be-

Gegenstand angezogen, der einen mächtigeren Eindruck
auf dasselbe machte, als alle Pracht der Rosse und
Mäuler. Vor uns lag, in seiner ganzen Erhabenheit,
der hohe Tmolus, seine Gipfel mit Schnee bedeckt,
der Abhang von reichen Waldungen überkleidet; näher
gegen uns hin zog sich der Sandstein oder vielmehr der
Hügelzug des Fluthlandes, welcher in seinen grotesken
Formen jetzt die Gestalt von Burgruinen, dann von lang
fortlaufenden Wällen und Mauern nachbildete; die jetzt
trocknen Rinnsäle der Winterbäche, durch welche wir rit=
ten, führten zum Theil Geschiebe und Bruchstücke, welche
dem Schiefergebirge der Urzeit entstammt waren, mit
ihnen zugleich den nicht selten dolomitartigen Kalk.

Noch jetzt ist die Thalgegend, die am Sipylus und
weiterhin am Tmolus sich hinziehet, eine reich gesegnete.
In der Nähe von Magnesia zeigte sich uns überall neben
und an den Baumwollenfeldern, deren Ernte jetzt begon=
nen hatte, unter vielen andern südlichen Feldfrüchten die
Fülle der süßesten Melonen (auf Türkisch Karpuz ge=
nannt) und der Honigkürbisse (C. Melopepo, auf Tür=
kisch Bal=Kahaghi), von denen beiden unsre Surutschis
öfters sich welche aus der Hand der Feldarbeiter erbaten
und das Erbetene in Fülle erhielten. Am Gewässer des
Kryos und gegen den Hermos hin wie am Abhange der
Hügel bemerkt man allenthalben das üppig grünende
Weideland; das hiesige Vieh ist groß und stark, auch die
Bewohner des Landes, die uns mit ihren von Baumwol=
lenkapseln erfüllten Wägen, oder mit der Last ihrer Ernte

---

rühmter jedoch als diese sind in jetziger Zeit seine Kirsch=
garten, welche von Smyrna aus viel besucht werden.

auf den Schultern begegneten, erschienen uns so kräftig
und schön als ihr Land. Doch hatte die Pest des vor=
hergehenden Frühlinges unter diesen „Starken,“ wie man
uns erzählte, eine mächtige Verheerung angerichtet.

Die Minare's von Kassabah, mit denen die Bäume,
welche den Ort umgeben, an Höhe wetteifern, lagen jetzt
nahe vor uns; bald ritten wir in den ansehnlichen, 2000
Häuser umfassenden, wohlhabenden Flecken ein. Wir
nahmen unsren Weg, gleich nach dem Eintritt in den Ort,
rechts, zu der Wohnung des Pächters, welcher die
hiesigen Güter des Erzbischofs von Magnesia verwaltet
und seine Einkünfte aus der Umgegend eintreibt. Hier
hatte uns der empfehlende Brief, welchen uns der Bischof
von Hierapolis von Magnesia aus mitgab, Bewirthung
und Nachtlager bereitet. Das Haus des Pächters liegt
neben einem türkischen Gottesacker, im Schatten des Bau=
mes, welcher, so oft man ihn auch in diesem Lande sieht,
dem Auge immer von neuem lieb und angenehm erscheint:
im Schatten einer hohen, alten Platane. Nicht fern da=
von findet sich das griechische Kloster und jener Theil der
Stadt, in welchem mehrere griechische Familien beisam=
men zu wohnen scheinen. Außer den griechischen wohnen
auch armenische Christen in Kassabah, die schon seit dem
Ende des 17ten Jahrhunderts eine eigne Kirche hier be=
sitzen und zu den wohlhabendsten Grundbesitzern so wie
Baumwollenfabrikanten des Ortes gehören.

Die Familie des Pächters war erst seit wenig Tagen
vom Gebirge zurückgekehrt, in dessen gesündere Luft sie
sich vor den Schrecknissen und Gefahren der Pest geflüch=
tet hatte. Das gastliche Zimmer des Hauses, in wel=
chem, während der Abwesenheit der Bewohner ein Theil
des Hausgeräthes aufgestellt worden, mußte erst geräumt

werden, was indeß der Hand unsrer rüstigen Wirthin
und ihrer beiden Söhne sehr schnell gelang. Bald hielten
wir unsren Einzug in das Ehrengemach des bischöflichen
Landsitzes und ruheten auf den reinlich aussehenden, nie-
deren Polstern. Die Aussicht aus den Fenstern des Zim-
mers über die weite, abendliche Flur und nach dem Pur-
purdache der eben untergehenden Sonne war schön; die
Gastfreundlichkeit unsrer Wirthsleute zeigte sich von unsrem
Eintritt ins Zimmer bis zu dem Augenblick des Schlafen-
gehens beschäftigt uns alle Süßigkeiten und eben aufzu-
treibende Speisen der Gegend kosten zu lassen.

Noch vor Sonnenaufgang verließen wir das gast-
liche Kassabah. Zwar die Morgenröthe, welche über das
Thal des Hermos heraufstieg, war kein ganz gutes Vor-
zeichen für das heutige Wetter, aber sie trug nicht wenig
zur Erhöhung der eigenthümlichen Reize dieses unver-
gleichbar schönen Morgens bei. Die aufgehende Sonne
beleuchtete uns die nun näheren, wunderlichen Gruppen
des jüngeren Sandsteines, der sich hier zu mächtigen
Pfeilern, höher noch als bei Adersbach, und zu ruinen-
artigen Gewänden erhebt. Rechts an unsrem Wege, un-
ter alten Zypressen, lag ein türkischer Todtenacker, wel-
cher, nach der Menge der Grabessteine zu urtheilen, vie-
len Geschlechtern einer vormals hier bestandnen Gemeinde
zur Ruhestätte der Gebeine gedient haben muß. Die
Denkmäler der Todten sind fester und ausdauernder ge-
wesen als die Wohnungen der Lebenden; denn diese sind,
bis auf wenige Spuren verschwunden; der Ackersmann,
welcher über und neben den Trümmern der vormaligen
Häuser sein Feld pflüget, der Hirte, der hier seine Heer-
de weidet, wissen nicht einmal mehr den Namen der einst
da bestandenen Orte zu nennen. Und die gleiche Bemer-
kung

kung von einer augenfälligen Abnahme der Zahl der türkischen Einwohner in diesen Ländern, drängt sich dem Reisenden sehr oft und vielfach auf.

Mit dem Dorfe Teriköi (Dorf des Thales) das rechts von der Straße nach Sardis in einer Schlucht des grotesken Sandsteines liegt, möchten sich wohl wenig Dörfer der Erde an majestätischer Schönheit der Lage vergleichen lassen. Die Häuser so wie die von der Morgensonne bestrahlten Minare's machten, wenigstens aus dieser Ferne gesehen, den Eindruck von Reinlichkeit und Wohlstand der Einwohner; dort am Quell, im Schatten der uralten Platane feiert der vormals reicher blühende Liebreiz dieses Landes mit der durch manchen Sturm der Zeiten gebrochenen Kraft des Landes seine goldene Hochzeit und wenn alle diese Bäume und Gesträuche des Oleanders, die den Bach beschatten, durch welchen weiterhin der Weg uns führte, in voller Blüthe stehen, dann muß jene Landschaft einem Rosenteppiche gleichen.

Ganze Züge von hohen, schwerbeladenen Kameelen, angeführt von einem Eselein, das mit dem Ton der an seinem Halse hängenden Glocke die lastbaren, hinter ihm drein gehenden Thiere im Takt der Schritte erhielt, begegneten uns jetzt. Die Männer, die jene Züge begleiteten, waren Landsleute von Mohammeds Koch und von unserm Jusuff Effendi: Armenier, in ihren dichtgewebten, oben nur mit den Löchern für den Kopf und die Arme versehenen härenen Kutten, die so wasserdicht sind, daß sie ihren Träger, wie der Schildkröte das Gewölbe ihrer Schaalen, gleich einer Hütte zum Obdach dienen können. — Neben den türkischen Todtenäckern und ihren veralteten Zypressen zeigten sich jetzt auch an unsrem We-

ge hin und wieder die Todtenmähler eines früheren Jahr=
tausends: die kegelförmigen Grabeshügel der alten, heid=
nischen Bewohner von Lydien. Als wollte der Mensch
überall, in die Felsen wie in die Hügel des Erdreiches,
in das Holz der Zypresse wie in jenes der Ceder nur sei=
nen ursprünglichen Namen einschreiben: den Namen des
Staubes aus dem er gemacht ist, und in welchen er —
dieß ist das gewisseste der natürlichen Ereignisse — auch
wieder zurückkehren und versinken soll.

Ueber die Ebene, am Fuße der Vorberge des Tmo=
lus hin, dessen Gipfel die näheren Höhen uns noch ver=
deckten, gelangten wir jetzt zu dem Dorfe Achmedli,
vor dessen türkischem Kaffeehause wir ein wenig ausruh=
ten. Ein junger Türke und ein wandernder Jude ver=
gnügten sich hier an dem Spiele einer viersaitigen, türki=
schen Zither, und der Israëlit sang zum Ton der Saiten
ein nicht unlieblich lautendes Lied. Noch während wir
am Kaffeehaus ruheten, kam eine Familie der wandern=
den Turkomanen mit den Heerden ihrer schönen Ziegen
vorüber; die Schaaren dieser Wandrer wurden immer
ansehnlicher und zahlreicher, je näher wir von Achmedli
aus dem eigentlichen Abhange des Tmolus kamen. Wir
glaubten uns in die patriarchalische Zeit zurückversetzt, als
wir diese Züge der einzelnen Familien und ganzer Hor=
den der mit dem Trosse der Jurucken vermischten Turko=
manen sahen; ein Greis, vielleicht der älteste der kleinen
Gemeinde, zu Pferde oder zu Kameel an ihrer Spitze;
die jüngeren Männer und unverschleierten Frauen zu Fu=
ße neben den Kameelen, welche außer den gesammten
Geräthschaften des einfachen Haushaltes und dem Bau=
material der Nomadenwohnung auch die kleineren Kinder
trugen, die auf dem Bauche liegend an die Stroh= und

Filzdecken fest gebunden waren. Hinter den Kameelen folg=
ten dann die Schaaren der langhaarigen, wie Seide glän=
zenden Ziegen.

Jährlich zweimal, mit den Sangvögeln der Hochwäl=
der zugleich, ziehet das rüstige Volk dieser Gebirgsnoma=
den durch das Thal des Hermos. Einmal, wie eben jetzt,
im Herbste, wenn der fallende Schnee die Heerden und
ihre Hirten von den Alpenwiesen verscheucht, dann wie=
der im Frühling, wenn der neubelebte Teppich der Ge=
würzkräuter des Gebirges von neuem zu der Rückkehr
nach den heimathlichen Höhen einladet. Während der
Wintermonate weiden diese Hirtenstämme ihre Heerden
in der vom Regen erfrischten Ebene und in der wärmern
Küstengegend, deren fruchtbarer Boden, reich genug um
eine zehnfache ja zwanzigfache Zahl der Bewohner mit
Brod und andern Erzeugnissen zu nähren und zu beklei=
den, jetzt nur noch zum Weideland dienet. Der Reich=
thum dieses Volkes bestehet vornämlich in den Heerden
ihrer fein= und langhaarigen Ziegen, durch deren Zucht
einst die Umgegend von Laodicea so reich war. An Gü=
te des Haares stehen diese Ziegen zwar allerdings noch
hinter den berühmten von Angora zurück, doch würde die
Zucht, mit leichter Mühe, sich aufs einträglichste verbes=
sern lassen. Indeß sehen diese Nomaden gerade nicht so
aus als wenn sie ihr Nachdenken sonderlich anstrengten, um
ihr Einkommen zu vermehren. Das fröhliche, zum Theil
wahrhaft schöne Angesicht der graubärtigen Alten wie der
Jüngeren; der Fleiß der Frauen, die selbst im Gehen ih=
ren Flachs am Handrocken spannen, sprach uns sehr ein=
dringlich an. So mancher Winter ist über diese Gebirge
gekommen, der die Schaaren der geflügelten Sänger von
dort verscheuchte; so mancher ist vergangen und hat dem

22 *

wärmenden Frühling Raum gemacht, in welchem die Stim=
men des Gesanges in Fels und Wald von neuem erwach=
ten, möchten doch auch einmal zu diesen Hirten des Ge=
birges jene Boten wiederkehren, die ihnen im Schatten
des äußern Friedens ihrer Hütten auch jenen höheren,
inneren Frieden verkündeten, den die Welt nicht zu ge=
ben vermag.

Links von diesem Wege zeigten sich uns jetzt die
nördlichen Gebirgsdämme des Hermosthales immer näher;
an ihrem Saume, herabwärts gegen den Fluß, doch jen=
seits desselben erhebt sich der merkwürdige, berühmte G r a=
b e s h ü g e l des Alyattes, der wie ein Riese neben den
vielen kleineren Grabhügeln dasteht. Der hier schnell vor=
überziehende Nomade kann von dem bedeutungsvollen See
von Gygäa: dem Coloe=See und von dem Grabmahl
des Alyattes nur das erzählen, was Andre, länger ver=
weilende Reisende schon berichteten, denn er selber sahe
dieses Nachbild des ägyptischen Mörissees und der Pyra=
miden nur wie im Fluge.

Dem Jünglinge, in seinem beengten Sehnen nach
dem Hause des Vaters und der Mutter ward (nach
S. 8.) die erste Regung zum Hinausgehen nach einer
Heimath der höheren Art an einem See. Ist doch das
Wasser überall im Gebiet der Sichtbarkeit die Stätte des
Auszichens, in welches das hinauswärts von dem An=
fangspunkte des Werdens gewendete Gestalten zurückkehrt
und aus welcher es von neuem seinen Ausgang, zur hö=
heren Stufe des Seyns und des sichtbaren Wesens nimmt.
Nicht ohne Bedeutung erscheint es, was die Ueberläufer
aus dem Leben des Diesseits in das des Jenseits, die
Scheintodtgewesenen, wenn sie der noch ungesättigte Drang
nach sichtbarer Verleiblichung zu diesem zurückführte, mit

so wörtlicher Uebereinstimmung von jenen „Wassern" be=
richteten, die zwischen dem Diesseits und dem Jenseits
schweben. Es sind Wasser, noch in anderen Sinne als
das Auge sie kennt, doch sind die sichtbaren der unsicht=
baren Abbild.

In Aegypten gab der See Möris den noch Lebenden
und Sehenden ein Erinnerungszeichen an das Wasser der
Auflösung des alten, und der Ausgeburt des neuen, be=
ginnenden Lebens. Die Tonweise dieses „Liedes der Völker"
ist fernhin, über viele Berge und Thäler der Erde gezogen,
auch der Gygäasee, umgeben von Grabmälern der Lydi=
schen Herrscher und Helden, hatte die gleiche hieroglyphi=
sche Bedeutung wie der Mörissee; das Grabmal des
Alyattes, das von unten auf steinern, oben mit Erde
überschüttet, an seiner Basis sechs Stadien im Umfange
hatte, war wenigstens eine weitläufigere, wenn auch nicht
eine gleichkräftige Nachahmung der um mehr denn ein
Jahrtausend früher erwachsenen großen Pyramiden von
Ghizeh. Alyattes, dessen Grabeshügel dort vor Augen liegt,
war der Besieger der Cimmerier, der Vater des Crösus;
wie sein Tumulus die andren alle überragt, so hatte die
äußere Macht der Lydischen Herrscher mit ihm und seinem
Sohne ihren Gipfelpunkt erstiegen. Glücklicher Vater, der
du das Unglück deines Sohnes nicht mehr kommen sahest,
und noch glücklicherer Sohn, der du das Elend, das auf
dich einstürmte, zu deiner Besserung benutztest.

Der Bergabhang zu unsrer Rechten wurde immer
reicher und schöner. Solche dichte Waldungen wie sie
hier stehen, hatte ich kaum in einem Lande zu sehen ver=
muthet, wo jeder der Bewohner, so wie der Fremdling,
nach Belieben sein Bau= oder Brennholz hauen darf, und
wo nicht selten die barbarische Sitte des Niederbrennens

den Segen der Natur zu nichte machet. Noch eine vor-
springende Anhöhe war jetzt umritten, da lag, von keinem
seiner niedrigeren Nachbarn mehr verdeckt, in seiner heh-
ren Majestät der Tmolus vor uns; auf seinem Gipfel
mit Schnee bedeckt, weiter abwärts aber noch jugendlich,
wie im Frühlinge grünend. Dieser Berg, der mich sei-
nem Umrisse nach an einige der schönsten Urgebirge der
europäischen Hochländer erinnerte, erhebt sich stufenweise,
zuerst als gähes, pfeilerartig zerklüftetes Sandsteingebilde,
dann über grünende, wellenartig gerundete Alpenwiesen
und Hochwälder zu dem Felsenhaupt des prächtigen
Gipfels. Noch jetzt heißt er bei den Eingebornen der
Freudenberg (Bozdag), obgleich die Fülle der Wein- und
Obstgärten, die nach dem Zeugniß des Alterthums *)
vormals über ihn, von seinem Scheitel an bis herab zum
Fuß sich ergoß, großentheils verschwunden ist, und das
Gold, aus dessen Ueberfluß einst der Paktolus und Her-
mos sich bereicherten, tief in seine Felsen sich verschließt.
An den Fuß dieses schönen Berges lagert sich die frucht-
bare Ebene von Sardis.

Schon aus der Ferne fällt auf einem schroffen Sand-
steinfelsen die Akropolis dieser Herrscherstadt des alten
Lydiens als unbeschreiblich imposante Ruine ins Auge.
Sie wäre jetzt, seitdem nicht allein Timurs wüthendes
Heer, sondern die noch mächtigeren Erdbeben einen gro-
ßen Theil des Gemäuers sammt den Felsenmassen, wor-
auf es gegründet war, hinabgestürzt haben, noch schwerer
zu besteigen als damals, wo ein Soldat aus Cyrus
Heere einem der Belagerten, dem der Helm über einen

*) Virgil. Georg. II, 97; Plin. V, 29; VII, 48.

Theil des Felsens herabgerollt war, die Möglichkeit ab-
sahe, selbst an diesem scheinbar unzugänglichsten und des-
halb nur wenig bewachten Punkte herab und hinan zu
klimmen. In ziemlicher Entfernung von der Burg zeigt
sich, unten in der Ebene, das mächtige Bauwerk der
vermuthlichen Gerusia, des vormaligen Herrscherhauses
des Crösus.

Bei der Mühle, am Ufer des Paktolus, deren Ober-
knecht einer von den beiden Christen ist, die jetzt noch
den einzigen Ueberrest der alten Christengemeinde von
Sardis bilden, machten wir Halt. Auf den im Bette
des kleinen Flüßlein liegenden größeren Steinen schritten
wir trocknen Fußes über den Paktolus hinüber nach den
Ruinen des von Tiberius so prachtvoll wieder erneuerten,
römischen und byzantinischen Sardis. Zu unsrer Rechten
lagen die jetzt verlassenen, aus Mauersteinen und Lehm
erbauten Hütten der Turkomanen; weiterhin auf unsrem
Wege nach den Mauern des alten Stadiums, kamen wir
an den schwarzen Zelten einer Jurückenhorde vorüber, de-
ren Frauen außen vor der Hütte an einem kunstlosen We-
berstuhle mit dem Fertigen von bunten Teppichen und
Gewändern beschäftigt waren. Mehrere von diesen
Frauen, da sie uns kommen sahen, liefen nach ihren Zel-
ten und holten aus diesen alte, kupferne Münzen hervor,
alle in sehr verrostetem Zustand und keine darunter, de-
ren Alter über die Zeit der römischen Kaiser hinaufgieng.
Auch hier wurde unser ärztlicher Rath und unsre Hülfe so-
gleich in Anspruch genommen, von einem armen Jurücken-
weibe, das am Brustkrebs litt. Ihr Uebel hatte leider
schon einen so hohen Grad erstiegen, daß nur noch das
schneidende Messer, nach menschlicher Ansicht, Rettung
versprechen konnte. Nicht weit jenseits der Jurückenzelt

betraten wir die Stätte des römischen Theaters und des
mit ihm verbundenen Stadiums. Das noch von beiden
stehende Gemäuer ist vom Erdbeben zerrissen; auf den
mit wucherndem Unkraut bedeckten Hügeln des Schuttes
und Grauses lag eine Rudel verwilderter Hunde, häßlich
von Farbe und Aussehen, manche von ihnen von Wun=
den bedeckt, die vielleicht den Kampf mit Hyänen und
Schakals bezeugten. Diese sind es, welche anjetzt das
vormals herrlich gewesene Theater besuchen, dessen äußrer
Durchmesser 396, der innre 162 Fuß betrug; statt der
Gesänge der Chöre, die einst hier ertönten, hört man am
Tage das Chor der Krähen, bei Nacht antwortet der
kreischenden Stimme des Käuzleins im Innern, von außen
das Geheul des Schakals und der grunzende Ton der
Hyäne. — Hier in der Gegend des Theaters war es, wo
die Soldaten Antiochus des Großen die Mauern überstie=
gen und der Stadt sich bemächtigten.

Von den Trümmern der römischen Herrlichkeit hinweg
giengen wir nach den Ruinen der beiden Kirchen des alten,
christlichen Sardis. Sie liegen gegen den östlichen, hier lang=
sam schleichenden Nebenfluß des Paktolus hin. Die größere
dieser Ruinen gehörte einer Marienkirche an. Ihre vom Erd=
beben zerrissenen, nicht unansehnlichen Mauern sind zum
Theil aus den Marmorblöcken und Fragmenten von Säu=
len und Tafeln zusammengeflickt, welche den zerstörten
Heidentempeln und den Palläsen einer früheren Zeit ent=
nommen scheinen; dazwischen auch Stücke von zerschlage=
nen Statüen. Weiter hinab in der Ebene stehen die min=
der ansehnlichen Mauern der Johanniskirche. Dazwischen
liegen, bewachsen mit Gras und Gesträuch, an welchen
die Ziege wiederkäuend ruhet, die Hügel der Trümmer,
die das Erdbeben und die Verheerungen des Krieges aus

den zusammengestürzten Gebäuden bildeten. Einsam, denn meine Begleiter waren einen andern Weg gegangen, schritt ich über den oft mit Blute benetzten Schutt hin. Gegen die überschwellenden Wasser des Hermes und des Coga= mus hatte die große Kunst des Menschen dort jenseits des Flußes, am Saume der Hügel den Gygäa= oder Co= la=See gegraben; den Strom der Verheerung aber, wel= cher, vor allem mit Tamerlans wüthenden Rotten, plötz= lich über Sardis hereinbrach, den vermochte keine mensch= liche Kraft noch Kunst abzuleiten und jenes arme Werk der Häuser und Hütten, welches später über der großen Stätte des Gerichts von neuem sich anbaute, das ward vom Erdbeben niedergestürzt *). Ja, hier, wo nun der Weg der wandernden Kameele wie der weidenden Ziegen über einen mächtig großen Grabeshügel führt, welcher Gebeine der Todten bedeckt, die zum Theil lebendig und noch athmend den andern Todten beigesellt wurden, stund

---

*) Ein ganz verheerendes für diese Gegend war, außer den vielen früheren, das von 1595. Damals war Sardis (Sart) wieder ein Flecken gewesen, den das Erdbeben ganz in einen Schutthaufen verwandelte. Zu gleicher Zeit quoll am Wege nach Magnesia pechschwarzes Wasser hervor; bei Partschinlu klaffte die Erde 10 Joche weit, das Wasser sprang thurmhoch empor und warf seltsame, noch nie gese= hene, blinde Fische aus. (M. v. v. Hammer IV, 255.) Auch im 17ten und 18ten Jahrhundert, trafen die Land= schaft noch manche schwere Erderschütterungen, sie fanden jedoch nicht viel mehr zu verheeren übrig. Doch sahe noch Thomas Smith im 17ten Jahrhundert hier eine Moschee, die sich mit Trümmern alter Bauwerke, namentlich schöner Säulen geschmückt hatte.

einst das alte, christliche Sardis, von dessen Engel (dem
Vor= und Abbild der ganzen Gemeinde) Jener, der die
Geister Gottes hat und die sieben Sterne, sagt: „Ich
weiß deine Werke; denn du hast den Namen, daß du
lebest und bist todt," und zugleich die Drohung hinzufügt:
„so du nicht wirst wachen, werde ich über dich kommen
wie ein Dieb und wirst nicht wissen, welche Stunde ich
über dich kommen werde." — Das Auge darf nur einen
einzigen Blick auf Sart und seine zerborstenen alten, so
wie dahin geschütteten späteren Mauern richten, um selber
Zeugniß nehmen und zu geben, für die Wahrheit jener
Worte.

Ich mußte, nach der Gerusia hin einen weiten Bo=
gen machen, um nicht, ganz unbewaffnet wie ich war,
in unnütze Händel mit den verwilderten Hunden zu ge=
rathen, die sich auf einigen der bewachsenen Schutthügel
sonnten. Jene ließen mich schweigend ziehen und sonst
war hier Alles so einsam und still, daß ich in das Ge=
mäuer des angeblichen Schatz= und Wohnhauses oder der
Gerusia hineintretend, den Wiederhall meiner eignen
Schritte hörte. Dieses mächtige Gebäude, dessen doppelte
Mauern aus riesenhaften Werkstücken zusammengefügt
sind und welches, eben vermöge seiner massiven Anlage
verhältnißmäßig am wenigsten vom Erdbeben gelitten hat,
könnte, eben durch diese seine Bauart wohl Ansprüche
machen auf den Rang eines Werkes aus dem heroischen
Zeitalter der Baukunst; ich meines Theils möchte es für
eine Arbeit, nicht der Römer, sondern der alten Lydier
halten. Der erste der Säle, in welchen man hineintritt,
ist an seinen beiden Enden halbrund, seine Länge misset
165, die Breite 43 (englische) Fuß, die Dicke der Wände

beträgt 10 Fuß. Nach Vitruvs *) Zeugniß hatten die
Bewohner des späteren, seit Alexanders des Großen Zei=
ten wieder sehr reich und mächtig gewordnen Sardis das
Haus des Crösus zur Gerusia bestimmt: zu einem öffent=
lichen Gebäude, worinnen, wie im Prytaneum, alle, um
den Staat verdiente Männer lebenslänglich Wohnung
und Verpflegung fanden. Wie seltsam ist der Eindruck
den diese dicken, riesenhaften, jetzt so leeren Wände des
alten Schatzhauses eines der reichsten Herrscher der alten
Welt auf das Auge machen. Er gleichet jenem Eindruck,
den ein Wandrer empfindet, der am Morgen über das
Gebirge der Räuberhöhlen ziehet, und der da am Boden
den leeren, zerrissenen Beutel, befleckt mit dem Blute
des Ermordeten liegen siehet, welchen das Gesindel des
Waldes in der vergangenen Nacht einem Reisenden ge=
raubt hat. Möchte sie dahin seyn die unermeßliche Menge
des geprägten und gehämmerten, des ungeprägten und
durchbrochenen Goldes und Silbers, die Fülle der Arm=
und Fußbänder, der Halsbänder und Diademe, der Ringe
und Gürtel vielleicht mit Golkondas Diamanten, Be=
dachschans Rubinen, mit Zeylons Sapphiren und Omans
Perlen besetzt, hätte nur Sardis jenen Schmuck sich er=
halten, den es eben so wie das treugebliebene, nachbar=
liche Philadelphia empfangen, aber nur zu bald befleckt
und verloren hatte.

. Es war als wollte die Natur dennoch hier bei man=
chem unsrer Schritte uns daran erinnern, daß der alte
Quell des Reichthumes dieses Landes noch nicht ganz

*) Vitruv. II, 8. med. m. v. auch Plin. h. n. XXXV. c. 14.
Sect. 49.

versiegt sey. In ungemeiner Menge und Pracht der gold-
gelben Farbe wuchs und blühete neben dem Gemäuer der
Gerusta und noch mehr weiter südwärts, in der Nähe
des Paktolus die ephesinische Sternbergia. Im Hinauf-
gehen nach der Mühle begegnete mir ein Kameeltreiber;
ich athmete fröhlich auf, wieder einen lebenden Menschen
zu sehen. Noch wohler ward mir, da ich meinen jungen
Freund, den Dr. R o t h in dem jetzt großentheils trocken
liegenden Bette des Flüßleins eifrig suchend fand. Er
suchte da, und auch ich begleitete ihn später bei diesem
Geschäft, nach jenem Steine, der von Sardis seinen al-
ten Namen hatte: nach dem Lapis Sardius (Sarder)
oder Carneol. Wir fanden gerade da, wo wir am läng-
sten suchten, nur unbedeutende, aber dennoch sichre Spu-
ren seines hiesigen Vorkommens; reichere Ausbeute ver-
spricht dem Mineralogen, den vielleicht ein antiquarisches
Interesse zu seinen Nachforschungen antreibt, jene, dies-
seits Sardis, gegen Kassabah gelegne Gegend der Ebene,
über welche, vom Abhange der Sandsteinhügel herab,
die Rinnsäle einiger Gießbäche verlaufen. Die Haupt-
masse der Geschiebe des Paktolus bildet ein öfters röth-
lich oder gelblich gefärbter Quarz.

Während der Mittagsstunde ruheten wir im Schat-
ten der Bäume, bei der Mühle, am westlichen Arm des
Paktolus. Das Hochgebirge hatte sich mehr und mehr
mit dicken Regenwolken bedeckt, die uns einen Theil der
erhabenen Bergansicht nach dem andern verhüllten. Un-
ten in der Ebene behielt indeß die heiß strahlende Sonne
noch die Herrschaft, welche uns Hoffnung gab zum guten
Gelingen, auch noch des übrigen Theiles unsres heutigen
im Sehen und Beschauen bestehenden Tagwerkes. Denn
der schönste Sinnengenuß des heutigen, reichen Tages

stund uns noch bevor. Nach der kurzen Ruhe des Mit=
tags machten wir uns deshalb auf zum Besuch des Tem=
pels der Cybele, der am Fuße des alten Burgberges
liegt. Mit Recht, so scheint es mir, haben viele neuere
Reisende, welche diesen Tempel sahen, seine Säulen,
was die Form der Kapitäler betrifft, als die schönsten
gepriesen, die man von jonischer Bauart kennt. Sie
sind aus gleicher Zeit mit dem älteren, von Herostratus
verheerten Dianentempel von Ephesus; das einzige Denk=
mal, das noch in ursprünglicher Schönheit von der Herr=
lichkeit und Herrschermacht des CRösus zeuget. Anjetzt
stehen noch zwei Säulen dieses herrlichen Tempels, die
andren sind durch das Erdbeben und durch die Habsucht
der Türken niedergestürzt, welche Letztere mit kräftiger
Faust das Blei heraushämmern, das den einzelnen Thei=
len der 6½ Fuß dicken Säulenschäfte und ihrer Kapitä=
ler zur Verbindung diente. Das Baumaterial ist der
schönste, reinste weiße Marmor.

Ich erinnre mich nur weniger Stunden meines Lebens,
in denen mich die erhabene Stille einer großartigen, men=
schenleeren Natur so tief ergriffen hatte, als in jenen
Sonnabend=Nachmittagsstunden, die ich hier, sitzend auf
den Marmorstufen des alten Cybeletempels zubrachte.
Da in der verfallenen Akropolis wohnte der Herrscher,
der sich für den Glücklichsten aller Sterblichen hielt, weil
er mehr denn Alle Silber und Gold sich gesammlet, weil
er Alles, was seine Augen wünschten ihnen ließ; weil er
groß und stark war, durch die Macht seiner Heere. Und
siehe, dort in der Ebene erlag alle diese Macht und
Stärke dem Heere eines Volkes, das unter Cyrus plötz=
lich, wie der Waldstrom den ein Gewitterregen im Ge=
birge gebar, hereinbrach. Dort unten stund auch die

reiche, durch Handel und Gewerbe blühende Stadt Sar=
dis, welche da sie schon einmal das Erdbeben gestürzt
hatte, Tiberius prächtiger wieder aufbaute. Und siehe auch
über diese große, schöne neue Stadt kam das Verderben
durch Krieg und Erdbeben plötzlich, wie ein Dieb in der
Nacht. Vielleicht war es hier, bei diesem Tempel der
Cybele, in einem der längst von der Erde verschwundenen
Lusthäuser des großen Königes, wo Solon der Weise,
Crösus, den irdisch Glücklichen ermahnte, vor allem das
Ende zu bedenken. In der That, wenn irgend ein
Punkt der Erde geeignet ist, das Andenken an das Ende
zu wecken, so ist es dieser da, am einsamen Tempel der
Cybele bei Sardis. Die zerrissenen Wände der alten
Akropolis dort auf dem Sandsteinfelsen reden zu dem
Auge des Wandrers von der Eitelkeit der Eitelkeiten;
von der vergeblichen Mühe, die der Mensch unter der
Sonne hat. Es ist alles eitel, sagen hier die niederge=
stürzten Säulen des Tempels, wie dort unten die Mauern
des alten Schatzhauses des Crösus.

Nach unsrer Rückkehr zur Mühle hatte sich das Re=
gengewölk vom Gebirge immer näher und tiefer herabge=
zogen zum Thale. Der morgende Tag, so erkannten die
Bewohner der Gegend, und wahrscheinlich auch schon der
heutige Abend ließ einen heftigen Erguß des Regens er=
warten. Freund Jetter, mit der Natur des Landes
und mit den Folgen, die das plötzliche, starke Durch=
näßtwerden auf den Körper der Fremden habe, schon
seit Jahren bekannt, fürchtete vor allem für meine, seit
Constantinopel noch immer leidende Gesundheit; er bewog
uns noch an diesem Abend zurückzukehren nach dem gast=
lichen, bequem eingerichteten Hause des Pächters in Kas=
sabah. Wir drei, Jetter, Jusuff Effendi und ich, in Be=

gleitung eines der Surutschuß ritten voraus, während unsere jungen Freunde, beschäftigt noch mit der Zeichnung des imposanten Cybeletempels und seiner gewaltigen hehren Umgegend, zurückblieben *). Wir zogen so schnell über die Ebene dahin, als unsre zur Eile gewöhnten Postpferde dieß vermochten. Dennoch fand uns die nächtliche Dämmerung schon jenseits Achmedli. Aus dem Dunkel der eingebrochenen Nacht ertönte von den Zelten der hier gelagerten Turkomanen und Juruckenhorden her die Pfeife der Cameelhirten, und als diese, vom herabstürzenden Regen verscheucht, verstummte, da antworteten sich mit lauterer Stimme die Donner des Gebirges. Wir kamen dennoch, nur wenig durchnäßt, vor dem Thore der Pächterwohnung an, das wir schon geschlossen fanden. Die guten Leute hatten heute unsre Ankunft nicht mehr vermuthet, aber auch die unvermutheten Gäste wurden von ihnen gern willkommen geheißen, und das Abendessen, zu welchem auch noch, nicht lang nach uns unsre wohlberittenen jungen Freunde, im Geleite des andern Postknechtes eintrafen, ward uns ein Beisammenseyn zu lieblichen Gesprächen.

Schon am späteren Abend und noch mehr während der Nacht fiel der Regen in so starken Strömen herab, wie man dergleichen nur in den wärmeren Ländern als gewöhnliche Erscheinungen der Herbst- und Winterentladungen kennen lernt. Auch in unser Schlafzimmer drang das Wasser in reichlicher Menge herein. Am nächsten

---

*) Die Gegend von Sardis, ohne den Cybeletempel, s. m. in den von H. M. Bernatz herausgegebnen Steindrücken; die Ansicht des Cybeletempels wird er bei andrer Gelegenheit mittheilen.

Tage (30. October) ließen wir uns, während der noch
immer von Zeit zu Zeit heftig strömenden Regengüsse die
liebliche Ruhe und Stille des Sonntages sehr gern ge-
fallen; außer andrem, was diesem Tag gebührte, benutz-
te ich die Stunden des ungestörten Beisammensitzens mit
Freund Jetter, um mir von diesem, der erst wenige
Monate vorher wieder einen Besuch bei den „sieben Ge-
meinden" gemacht hatte, den jetzigen Zustand der von
uns leider nicht selbst gesehenen beschreiben zu lassen. Was
er mir von dem jetzigen Pergamum und Thyatira (Ak-
hissar) mittheilte, das habe ich bereits oben erwähnt; ich
füge nur noch eine kurze Beschreibung der siebenten jener
alten Christengemeinden: Philadelphia's bei.

Wer von uns möchte nicht gern von dieser frühen
Wohnstätte der treuen Bekenner etwas erfahren, welcher
der Mund der Wahrheit, nächst der Gemeinde von
Smyrna das ungetheilteste Lob, und nur Worte der Ver-
heißungen und Tröstungen ertheilt. Denn weil dieselbe,
bei ihrer nur kleinen Kraft Sein Wort behalten und Sei-
nen Namen nicht verläugnet hatte, sollte auch sie behal-
ten werden vor der Stunde der Versuchung, die über
den Erdkreis kommen würde und auch die Ermahnung,
womit das hehre Sendschreiben schließt, trägt zugleich
Kräfte der Verheißung und Erfüllung in sich; das Wort:
„halte was du hast, daß niemand deine Krone nehme" *).
Und ja alle diese Worte der Segnungen haben sich bis
zu unseren Tagen in ihrer ganzen Lebenskräftigkeit be-
währt und erwiesen; jene Gemeinde „von kleiner Kraft"
ist unter tausendfältigen Versuchungen und Gefahren treu
                                        geblie-

---

*) Apok. 3 V. 8—11.

geblieben am Wort der Geduld; hält noch jetzt am Be-
kenntniß fest.

Der ältere Name von Philadelphia ist wahr-
scheinlich Kallabytos gewesen, sein jetziger heißt Allah-
Scheher; Philadelphia ward sie von Attalus von Per-
gamos genannt. Der erste Bischof oder Engel der Chri-
stengemeinde dieser Stadt, Lucius *) war von Paulus,
der zweite, Demetrios von Johannes dem Apostel zu
diesem Dienst geweiht und bestellt worden **). Vergeb-
lich hatte im ersten Jahrzehend des 14ten Jahrhunderts
(um 1307) der türkische Fürst von Kermian, Alischir das
fest auf seinem Felsen gegründete Philadelphia belagert,
welches damals durch Rogger den gewesnen Templer
entsetzt wurde; vergeblich hatten Orchan und Murad I.
den Versuch wiederholt, bis endlich Bajesid I., der Blitz-
strahl, auch in diese guten Mauern einschlug und einbrach.
Als hierauf Timur alle Namen und Wohnstätten der Ge-
meinden und Menschen mit Blutströmen hinwegwusch
und vertilgte, da wurde, wie durch ein Wunder das
ringsumher von Tod und Verderben bedrohete Philadel-
phia vor dem Untergang bewahrt; es diente sogar zur
Zufluchts- und Bergungsstätte der wenigen, dem Schwerte
Timurs und seiner Rotten entflohenen Christen von Sar-
dis so wie ihres Bischofes. Bis zum 16ten Jahrhundert
wohnte der Bischof von Philadelphia fortwährend bei sei-
ner Gemeinde; damals schlug er seinen Sitz in Venedig,
später in Constantinopel auf.

*) M. v. Apostelgesch. XIII, V. 1; Ep. an d. Röm. XVI,
V. 22.
**) Oriens christianus I. p. 868.
v. Schubert, Reise i. Morgld. I. Bd.			23

Philadelphia (Allahscheher) liegt südostwärts von Sar=
dis in einem Seitenthale des Hermos, am Ufer eines
seiner Nebenflüsse, auf einem Hügel, welcher die Aussicht
über die reiche, fruchtbare Ebene beherrscht. Nach allen
Seiten von Ortschaften der Muhammedaner umgeben,
bildet hier diese kleine Stadt die letzte, einsam stehende
Warte des Christenbekenntnisses, mitten im Lande der
Feinde. Denn welche Stürme, besonders seit den Zeiten
der türkischen Besitznahme und Oberherrschaft im Aeußer=
lichen auch über seine kleine, fortwährend jedoch von der
Vertilgung verschont gebliebene Gemeinde ergangen sind,
das bezeugen die niedergestürzten Mauern der Festungs=
werke so wie die Ruinen des gewaltsam zerstörten Ka=
stelles, dessen entzückend schöne Lage und Aussicht den
christlichen Reisenden mit Wehmuth erfüllt, weil er, so
weit sein Auge über den kleinen Kreis der Stadt hinaus=
reicht, nur ein Land sieht, aus welchem die einst so rei=
chen Segnungen des Christenglaubens gewichen sind. Aber
von dem Häuslein der Christen in Philadelphia sind sie
noch nicht gewichen. Dieses besteht aus etwa fünfzig
Familien griechischer Christen, welche jedoch fast durch=
gängig nur noch die türkische Sprache reden und verstehen.
Mit großer Liebe empfangen sie den christlichen Reisenden
in ihrer Mitte, und dieser fühlt sich hier wie unter Ver=
wandten. Die Schulen unterliegen zwar jenen Unvoll=
kommenheiten, an denen auch die meisten türkischen Schu=
len leiden, doch wird den jungen Seelen der Name des
Herrn in Einfalt verkündet. Sehr hart lastet auf der
armen Gemeinde die Hand des jetzigen Bischofes P...s,
der gewöhnlich in Constantinopel lebt, von dort aus je=
doch, so wie noch mehr bei seiner etwa gelegentlichen,
persönlichen Anwesenheit solche gewaltthätige Erpressungen

und Grausamkeiten übt, daß er nicht wie ein Wolf in
Schafskleidern, sondern als ein Tiger in unverhüllter
Gestalt erscheint. Aus der alten, christlichen Stadt finden
sich außer einigen kleineren, noch im Gebrauch bestehenden
Kirchlein, die ansehnlichen Reste einer größeren (ehema-
ligen Johannis-) Kirche. Ein Iman, welcher in der
Nähe dieser alten Mauern wohnt, erzählte mit ehrfurchts-
voller Scheu, daß er nicht selten, besonders bei Nacht,
hier Stimmen höre und auch zuweilen Erscheinung sehe,
von majestätischer, Schrecken erregender Art. So spricht
sich selbst noch in dieser Sage jene natürliche Achtung
aus, welche die Moslimen an vielen Orten dem biblischen
und christlichen Alterthume bezeugen.

Dieses ist der jetzige Zustand, der noch immer fort-
lebenden apokalyptischen Gemeinde zu Philadelphia, die,
ganz nach jener Verheißung die ihr geschahe, eine von
den vieren aus den sieben ist, welche stehen blieben, wäh-
rend drei, abermals wie das Wort es verkündet hatte,
von ihrer Stätte hinweggerissen und vertilgt sind.

Es war nun, in den Stunden des Nachmittags,
endlich Zeit an die Weiterreise zu denken; der Regen
schien sich mehr von der Ebene hinweg nach dem Gebirge
ziehen zu wollen. Mehrmalen hatten, wir unsre Surut-
schnis, welche in einem der besten Chans des Ortes, ge-
nannt „zum Sohn des Malers" ihrer Ruhe pflegten,
ermahnen lassen, daß sie doch mit den Pferden kommen
möchten; diesen guten Leuten wie ihren Rossen that die
seltne Ruhe so wohl, daß sie mit dem Abbrechen dersel-
ben so lang als möglich zögerten. Endlich sahen wir uns
wieder auf dem Rückwege nach Magnesia. Die Gebirge,
in abwechselnder Verhüllung der Wolken, troffen noch
immer vom Regen; unser Weg durch das Thal war von

23 *

der Sonne beschienen und keiner der vorüberziehenden
Regengüsse, die wir vor und hinter uns bemerkten, be=
rührte uns. So genossen wir ruhig den Anblick dieses
Landes in jenem Zustand seiner Berge und Thäler, wor=
innen es getränket wird und gesättigt, mit der Ueberfülle
des nährenden Wassers. Denn als wir uns den Wänden
des Sipylos wieder genähert hatten und in seinem erquick=
lichen Schatten dahinritten, da glaubten wir eines der
Alpengebirge unsres an lebendigem Wasser so reich geseg=
neten Vaterlandes vor uns zu sehen; die Felsenwände
waren da und dort mit den silbernen Fäden der herab=
rinnenden Regenbächlein übersponnen, aus den Klüften
hörte man das Rauschen des Gewässers, das von seinem
Wolkenfluge nach der Höhe zur heimathlichen Tiefe zu=
rückeilte. Ja, so wie es uns heute sich zeigte, erschien
uns das alte Lydien wirklich, wie sein eigner und seiner
Einwohner Namen Mäon und Mäones bei Herodot und
Homer *) es zu bezeichnen scheint, als ein Wasserland,
aber auch in der trockenen Jahreszeit verdient es vor vie=
len andren Ländern des wärmeren Asiens diesen Namen,
denn fast in jeder Stunde Weges kommt man auf der
Reise durch seine Hauptthäler an ein laufendes Wasser,
das durch wohlthätige Stiftung zum Brunnen gefaßt ist,
oder als natürlicher Quell und selbst als Bächlein aus
dem Boden hervordringt; bei jedem Kaffeehaus — und
wo im Orient gäbe es mehrere und bessere als hier — giebt
es ein reines, erfrischendes Wasser.

---

*) Herod. I, 7; Hom. Il. II, 865. Sickler, in seinem
Handbuche der alten Geographie, 2te Auflage II. S. 319
erinnert bei dem Worte Mäon an die des gleichlautenden
semitisch-arabischen Wortes, welches „Wasser" bedeutet.

Nahe vor Magnesia begegnete uns reitend auf wohl-
gebauten Rossen ein Paar von Turkomanen; das jugend-
liche Weib mit zurückgeschlagnem Schleier, in seinem Arm
ein kleines Kind haltend. Auf dem Angesicht dieses Vol-
kes, so wie der in Kleinasien wohnenden Griechen, spie-
gelt sich noch sehr oft die Schönheit und Klarheit des
Jonischen Himmels; sollten da nicht auch die Kräfte des
Geistes innwohnen, durch welche Jonien einst so groß
und herrlich war und müßte es nicht leicht seyn, den an-
jetzt nur gebundnen Drang nach geistiger Bewegung und
Gestaltung wieder zu entbinden und zu wecken?

Da waren wir schon wieder bei dem ersten, am
Anfange der Gärten gelegnen Brunnen von Magnesia,
erbaut vielleicht aus manchem der übrig gelassenen Trüm-
mer vom Grabmahl des Themistokles, und noch am Tage
ritten wir durch die Gassen der schönen Stadt. Hier
nahmen wir abermals unsre Wohnung in dem gastlichen
Hause des Erzbischofes. Wir fanden dieses voll besuchen-
der Gäste, unter welchen der in Smyrna wohnende (Ti-
tular-) Bischof von Ephesus der vornehmste schien. Den-
noch ward uns, unserer Gegenvorstellungen ungeachtet,
das große Gastzimmer wieder eingeräumt, das wir auf
der Hinreise innen hatten. Beim Abendessen vertrat der
freundliche Doctor Velastis die Stelle des Wirthes und
bot Alles auf, was er vermochte, um uns gut zu unter-
halten. Vor wie nachher sahen wir noch manchen der
eben zu Besuche anwesenden Bischöfe, welche durch ihre
glänzenden Namen, die von längst untergegangnen Ge-
meinden herstammen, an jenes Gefühl erinnerten das ein
alter Kriegsheld noch fortwährend von einem Gliede und
allen einzelnen Theilen desselben zu haben glaubt, welches

das Schwert oder Geschoß der Feinde ihm schon vor
vielen Jahren hinwegriß und das schon längst verwest
und verstäubt ist.

Wir verweilten am andern Tage abermals bis nach
Mittag in Magnesia. Ich ward heute schon ziemlich früh
dem Oglu=Bey, einem der reichsten Fürsten im jetzigen
Anatolien vorgestellt. In seinem Pallaste zeigten sich,
wenn auch nicht in der Form der europäischen Pracht,
doch der Bedeutenheit nach die Spuren einer herzoglichen
Macht und Vermögenheit. Dieser Herr hat sich an vielen
Orten seiner weitläufigen Besitzungen gar manches prun=
kende Gebäude aus den Trümmern der alten jonischen
Herrlichkeit erbaut. Auch an dem Ruin des herrlichen
Cybeletempels bei Sardis arbeitet er auf diese Weise,
leider gar rüstig mit, denn von dort hat er schon viele
Stücke der unvergleichlich schönen, weißen Marmorsäulen
sammt den kostbaren Architraven hinwegholen und nach
seinem Geschmack zuhauen lassen. Wir schritten hindurch,
durch die Leibwachen und die mit Bedienten erfüllten
Vorzimmer; ein Offizier in modern türkischer Militäruni=
form führte uns ein; wir fanden einen vornehmen grie=
chischen Kaufmann bei dem Fürsten sitzend; auch uns
nöthigte man Platz zu nehmen auf dem Sitze der Polster;
ein Page brachte Kaffee und langrohrige Pfeifen mit dem
großen Mundstück von Bernstein. Oglu=Bey ist ein
Mann von mittleren Jahren, stark von Körper, gefälli=
gen Aussehens; gegen uns wie gegen die meisten Euro=
päer sehr freundlich; dennoch machte diese Freundlichkeit
wie die der meisten orientalisch = türkischen Hoheiten, wel=
che ich auf dieser Reise sahe, auf meine Seele einen ähn=
lichen, gemischten Eindruck wie der Geschmack des wilden
Honiges der Fichtenwaldungen auf die Zunge; mitten aus

dem Süßen schmeckt man etwas gar Strenges, unter dem
übrigen Gewürz die Myrrhe heraus.

Einer der vornehmen Hofdiener des Fürsten nahm
meine ärztlichen Kenntnisse in Anspruch; Kenntnisse, wel-
che mir in Europa, schon wegen Mangel an Uebung, so
unbrauchbar geworden waren wie ein eingerostetes Schwert,
und die mir dennoch auf dieser orientalischen Reise öfters
nützlich und meinem Nächsten zum Trost gewesen sind.
Auch zu dem kränklichen Kadi der Stadt nöthigte mich
Dr. Velastis mitzugehen, um meine Meinung und meinen
Rath über den Zustand des Mannes zu vernehmen. Der
Kadi ist ein feingebildeter Mann, der sich in den Schulen
seiner Vaterstadt, Constantinopel, gebildet hat; seine
Rechtlichkeit und Theilnahme an allem, was die Bil-
dung des Volkes fördern kann, wie seine Geschicklichkeit
im Amte wurden mir gerühmt. Einen Rechtsfall sahe ich
hier entscheiden, ganz in orientalischer Art und Form.
Ein armer Landmann, der noch einen andern als Spre-
cher bei sich hatte, und mit diesen beiden zugleich ein
vornehmer gekleideter Türke traten herein. Der Land-
mann näherte sich barfüßig, bis auf einige Schritte dem
Kadi, warf sich dann demüthig, mit der Stirn den Bo-
den berührend, vor ihm nieder, und trat hierauf wieder
zurück bis zu der Stelle an der Wand des Zimmers, wo
hinter einer Art von Schranke die Kläger und Beklagten
stehen. Der Kadi winkte ihm mit der Hand, zu reden,
da nahm der Sprecher des armen Mannes das Wort
und erzählte ausführlich, wie ein Aga in der Nachbar-
schaft, der vor Kurzem wegen der vielen von ihm ver-
übten Ungerechtigkeiten seiner Würde entsetzt und nach
Constantinopel abgerufen worden war, dem Bauersmann
sein kleines Landstück, darinnen der größte Theil seines

Vermögens bestand, mit Gewalt abgedrungen habe; dieses
nämliche, dem armen Landmann geraubte Feld, hatte der
reiche, neben dem Kläger stehende Türke von dem Aga
gekauft. — Der Türke sagte darauf bloß, das Feld sey
sein, denn er habe es dem Aga theuer genug bezahlt.
Der Kadi verlangte die Papiere zu sehen, wodurch der
Bauer als ursprünglicher Eigenthümer des Grundstückes
sich legitimiren könne. Dieser erwiederte: die Papiere
habe der Aga bei sich behalten, der sie auch, vergeblich
um sich von dem Besitzrecht des Landmannes zu überzeu-
gen, zu sehen begehrt hatte. Der Kadi foderte jetzt den
Kläger auf ihm Zeugen zu stellen, welche sein Eigen-
thumsrecht bestätigen könnten und der Arme wie sein
Sprecher traten ab mit fröhlichen Mienen, aus denen
ihr gutes Gewissen sprach. Der vornehmere Käufer des
Feldes zögerte noch, als hätte er etwas mit dem Kadi
zu reden, dieser aber, mit ernstem Blicke winkte ihm
gleichfalls abzutreten. Zwar wurde das Gespräch mit
dem verständigen Kadi durch dieses wie durch manche andre
Geschäfte sehr unterbrochen, dennoch diente es um unsre
gute vorgefaßte Meinung von dem Manne zu bekräftigen.
Seine Fragen an Jetter über die bestmögliche, dem ört-
lichen Bedürfniß am meisten angemessene Weise die türki-
schen Schulen zu verbessern, wie seine Aeußerungen zu
Jetters Antworten, erschienen verständig und treffend.
Durch den Besuch des „heiligen" Derwisches, der sich schwei-
gend und ohne zu grüßen auf den Diwan uns gegenüber-
setzte, die ihm von dem Bedienten des Hauses dargereichte
Tasse Kaffe schlürfte und dann schweigend sich wieder
entfernte, ließ sich der Kadi in seinem Gespräche nicht
stören, vielmehr scheint es, daß er, wie viele der jetzigen,
von dem Geist der europäischen Cultur angewehten, vor-

nehmeren Türken weder seinerseits den Imans und Der-
wischen sonderliche Achtung bezeuge, noch daß auch ihrer-
seits diese den Kadi besonders günstig sind, ein Umstand,
der ihm, bei dem immerhin noch sehr großen Einfluß die-
ser Leute für die Sicherheit seiner äußern Stellung nach-
theilig werden kann.

Nach einem kleinen Umweg durch die Stadt kamen
wir endlich, gegen Mittag, wieder zurück zur erzbischöfli-
chen Behausung. Von hier durften wir nicht ungegessen
hinweg; nach eingenommener Mahlzeit entließ uns der Bi-
schof von Hierapolis mit gewohnter Freundlichkeit; ein
junger Grieche, der nahe Verwandte eines der hohen
Geistlichen des Hauses und Dr. Velastis gaben uns noch
das Geleite zum Thore der Stadt hinaus.

Wie steil und mit anderen, der Gegend ungewohn-
ten Rossen, wie gefahrvoll der Weg über den Berg jen-
seits Magnesia sey, das lernten wir heute noch einmal
beim Hinaufsteigen erkennen. Die Aussicht jedoch hinab
nach dem Engthal und hinauf nach dem jenseit desselben
emporsteigenden Sipylos, so wie bald nachher über das
Thal des Meles und nach dem Meerbusen von Smyrna
ist jedoch auch desto lohnender. Der reichliche Erguß des
Regens hatte während unsrer Abwesenheit die Schluchten
noch häufiger mit Wasser versorgt und die Ebene so ge-
tränkt, daß die Felder des Klees und die Saaten in üp-
piger Fülle grünten. An dem Kaffeehaus vor Hadjilar,
an dem wir hielten, wurden alle Lastthiere der eben hier
verweilenden Reisenden mit frischem Klee erquickt, nur
unsern armen Postpferden, welche überhaupt während des
Tagmarsches niemals gefüttert wurden, versagten die Su-
rutschnis das grüne Futter.

Einige von uns wählten in Begleitung des einen

Postknechtes, angeführt durch H. Jetter und Jusuff Effendi den Nebenweg über das Gebirge nach Budscha, während die Andern gerade in der Ebene fort nach Smyrna ritten.   Wir auf unserm Wege kamen jenseits Hadschila durch einen Wald von Granatbäumen, in dessen Zweigen noch eine Fülle der spätgereiften Früchte hieng. Das Dickig der Baumzweige und der wild durch einander wachsenden Gebüsche wurde zuletzt so undurchdringlich, daß wir unsern Weg durch das breite Bette eines Baches nehmen mußten, welches eben jetzt reichlich mit Wasser gefüllt war.   Die Anhöhe über dem Granatwald, die anfangs sanft, dann aber immer steiler und steiler emporstieg mit den jetzt neu aufgrünenden Thälern und Schluchten an ihrer Seite war so reich an Reiz der Sinnen, daß man sie gern mit weniger ermüdeten Pferden und nicht bei Einbruch der Nacht hätte durchreisen mögen.   Ein dunkles Gewölk hatte sich mit der Nacht zugleich vom Sipylos aufgemacht und schattete über die Hügel, unten aus Westen vom Meere her leuchtete noch an dem klaren Himmel die späte Dämmrung, in den Zweigen der Zypressen spielte der Wind ein Abendlied, leise, wie die Stimme der Gräber, in uns aber tönte jetzt fröhlich, dann ernst ein Nachhall dessen, was wir auf dem reichen Wege der letzten Tage gesehen und empfunden hatten.

Das Haus unsres theuren Gastfreundes Jetter fanden wir einsamer, als wir erwartet hatten.   Ich hoffte meine liebe Hausfrau noch hier zu finden, sie aber hatte mir auf dem gewöhnlichen Wege über Smyrna entgegenkommen wollen und wartete meiner in Gesellschaft der lieben Reisegefährtin und Freundin, begleitet von Herrn Fielstedt, dort in der Stadt.   Dahin machten denn

auch wir, Freund Bernatz und ich, Dienstags den 1ten
November uns frühe auf, um noch einmal die reiche Gegend
zu Fuß zu durchwandern und in Smyrna den Abgang
unsers Schiffes zu erwarten.

Rückkehr nach Smyrna.

Die dankbaren Gefühle, mit denen ich hier noch ein=
mal auf meinen Aufenthalt in Budscha und Smyrna zu=
rückblicke, gleichen den Gefühlen eines Wanderers, der
am Abend ermüdet und krank bei der Ruhestätte ankam,
hier bald dem heilkräftigen Schlummer sich überließ und
der nun neugestärkt erwacht, wenn die Morgensonne
das gastliche Haus bescheint, vor diesem auf und nieder ge=
hend seiner schönen Lage und Bauart sich erfreut. Die
Sonne, welche mir jetzt ihre Strahlen auf das freundli=
che Budscha und das gute Smyrna fallen läßet, das ist
die Kraft der Erinnerung: jener lebendigen und geistigen,
welche mit dem Leibe nicht leidet noch krank ist, mit ihm
nicht stirbt, sondern welche, immer sich selber treu und
gleich auch jenseit des Grabes noch fortlebt. Das niedre
Thal des leiblichen Befindens war damals, wo ich in
Budscha und Smyrna der Güte des Landes und seiner
Bewohner genoß, von Wolken der Kränklichkeit bedeckt,
daneben braußten öfters die Wogen des Kleinmuthes, hoch
über den Wolken stund die Sonne, und nun, da der
Wind das Gewölk vertrieben, scheint diese hell und klar
auf den vorhin verdunkelten Boden herab.

Ehe ich von dem Abschiede aus dem alten Vaterlan=
de der Meister der Menschenweisheit wie des Gesanges
und der Kunst noch einige Worte von der Güte des Lan=
des sage, sey es mir erlaubt, etwas von der hier erfah=
renen Güte der Menschen zu erzählen.

Ein theurer Freund, den ich schon in Deutschland
liebgewonnen, dann in Constantinopel auf einige Augen=
blicke wiedergefunden hatte, der edle Schwede Fiel=
stedt, war uns schon in der Nacht vom 12ten October,
gleich nach der Ankunft unsers Dampfschiffes im Hafen
von Smyrna mit einem Boote entgegengekommen; da man
aber, aus einem Mißverstehen der Namen, ihn vom Dampf=
schiffe, als sey da niemand unsers Namens, hinweg ge=
wiesen hatte, war er am Morgen nach Budscha zurück=
gekehrt. Wir machten aber noch an diesem nämlichen
Morgen die persönliche Bekanntschaft eines anderen Man=
nes, dessen Namen mir schon im deutschen Vaterlande seit
vielen Jahren ein wohllautender Klang gewesen war: die
Bekanntschaft des holländischen Generalconsuls van Len=
nep. Es giebt in der Geschichte der einzelnen Städte
wie ganzer Reiche, in der Geschichte der Wissenschaften
wie der Kunst einzelne Familien und Häuser, welche wie
ein Strömlein frischen Wassers, das beständig aus dem
Quell sich erneut und ergänzt, durch viele Menschenalter
hindurch ihren wohlthätigen Lauf nehmen und welche noch
den Urenkeln ein wohlthätiger Punkt des Anhaltens sind,
wie sie den Vätern es gewesen. Ein solches Haus ist für
die fränkischen Bewohner von Smyrna so wie für den
dorthin kommenden Europäer das van Lennepische, in
welchem zugleich auch der edle Stamm der Hochepiedschen
Familie sich fortsetzt. Seit länger als einem Jahrhundert
wissen alle Fremde, welche aus Europa nach den Mor=
genländern kamen, von der Freundlichkeit und Güte der
Hochepieds und van Lenneps zu erzählen; die Familie
von jenem wurde in der ersten Hälfte des vorigen Jahr=
hunderts wegen ihrer edlen Mildthätigkeit, die sie in der
Auslösung vieler Christensclaven, namentlich aus Ungarn

und Oeftreich, bewiefen, in den Grafenftand erhoben, weit
mehr aber noch als jemals Menfchen erfuhren, ift von
jenen guten Holländern für Freie wie für Knechte, Ein=
heimifche wie Fremde, Gutes gefchehen, wie dieß nament=
lich die Gefchichte der Schreckenstage der griechifchen Re=
volution und der türkifchen, bei diefer Gelegenheit bewie=
fenen Barbarei bezeugt. Auch uns gäbe die viele Freund=
lichkeit und Güte, die wir von Herrn van Lennep von
den erften Stunden unfrer Ankunft in Smyrna an bis zu
den letzten erfuhren, Stoff genug, „ein Liedlein" zu fin=
gen. In feinem gaftfreien Haufe lernten wir befuchende
Fremde aus vielen Ländern von Europa, wie aus Amerika
und aus Aegypten kennen, denen allen der treffliche Mann
durch Rath und That das Reifen und den Aufenthalt im
Morgenlande nach Kräften zu erleichtern und angenehm
zu machen fucht. An den Grafen Hochepied erinnerte
uns gar oft der von ihm angelegte große Garten in
Budfcha mit den vielen hohen Zypreffen, in deffen Nähe
wir wohnten, obgleich derfelbe jetzt keineswegs mehr in
dem Zuftande fich befindet, in welchem ihn im Jahr 1752
Stephan Schultz fahe, weil der Landaufenthalt der van
Lennep'fchen Familie jetzt nicht mehr in Budfcha ift. Es
hat indeß nicht bloß Holland hier in Smyrna einen Re=
präfentanten feines innern Wohlftandes und der freundli=
chen Gefinnung, wodurch feine befferen Bewohner fich
auszeichnen, fondern auch die andern europäifchen Länder
reichen hier dem Fremdling durch ihre Bevollmächtigten
freundlich und hülfreich ihre Hand. In der That, die eu=
ropäifche Chriftenheit bildet da, mitten in den türkifchen
Landen eine auf wechfelfeitiges Zufammenwirken und Lie=
be zum gemeinfamen Vaterland begründete, anfehnliche
Macht. Die Gaffe am Meere hin, wo auf hohen

Segelstangen die Flaggen der verschiednen Nationen we-
hen und die Wohnungen der Gesandten bezeichnen, wird
mir immer in dankbarem Andenken bleiben, weil ich in
ihr so viel Gutes empfangen und genossen. An dem K.
K. Oestreichischen Herrn General-Consul, Ritter von
Chabert, lernte ich nicht bloß die unermüdliche Gefäl-
ligkeit und kräftige Verwendung zu Gunsten aller unsrer
Reisezwecke dankbar verehren, sondern zugleich auch jene
trefflichen naturwissenschaftlichen Kenntnisse schätzen, durch
welche er uns Fremdlingen ein zurechtweisender Führer
in die Betrachtung der physikalischen Beschaffenheit dieses
Landes wurde. Von der Freundlichkeit des Kaiserlich
Russischen Herrn General-Consuls, des Baron W. de Lelly
welcher uns die gastfreie Aufnahme im erzbischöflichen
Hause zu Magnesia und Kassabah bereitete, habe ich schon
oben (S. 324.) gesprochen. Bei diesem einen Beweis von
zuvorkommender Güte ließ es aber jener edle Mann nicht
bewenden, sondern die Zeichen seiner warmen Theilnahme
und Vorsorge begleiteten uns auch auf die ganze weitere
Reise. Durch den Kais. Russischen Herrn Generalconsul
fand ich hier in Smyrna auch einen interessanten Reisen-
den und vieljährigen Bekannten Baron von Yrkül
auf, welcher, eben von einer Reise durch Griechenland
und auf den griechischen Inseln zurückgekehrt, meine Sehn-
sucht, das herrliche Patmos zu sehen, welche erst so spät
befriedigt wurde, in hohem Grade steigerte. Diese und
manche andre interessante Bekanntschaft, namentlich jene
der Herren Glibbon, der Söhne des Americanischen
General-Consuls von Alexandria, hatten wir gleich in
den ersten Tagen unsers Hierseyns gemacht; da that sich
uns durch die theuren Freunde Fielstedt und Jetter
eine Thüre noch zu neuen Bekanntschaften auf, aus de-

nen das Herz große Stärkungen für die Pilgerfahrt und
eine Fülle der lieblichsten Erinnerungen mitnahm.   Der
Anblick der reifen Frucht eines guten Baumes, wie der
einer edlen Perle, welche unter vielen Stürmen und Wel=
lenschlägen groß gewachsen ist, hat für das Auge etwas
Erquickliches; noch mehr aber hat dieses für das Herz das
Anschauen einer solchen geistig reifen milden Frucht und
sanft glänzenden Perle wie Vater Lee dieß ist *).   Der
lebenskräftige Geist des Eli Smith hat sich zwar in
seinen öffentlich bekannten Werken, namentlich in seinen
Researches in Armenia (2 Vol. Boston 1833) deutlich
genug kund gegeben; noch etwas ganz Andres als die
mittelbare giebt jedoch bei Menschen dieser Art die unmit=
telbare, persönliche Annäherung.   Der liebe Smith war
eben in tiefer Trauer; seine treue Lebensgefährtin war
vor Kurzem ihm vorausgegangen in die Heimath, aus
welcher kein Wiederkehren ist, aber wie die Lilie im Schat=
ten der Nacht ihren stärksten Wohlgeruch giebt, so strahlte
aus seinem stillen Wesen eine Kraft hervor, welche wohl=
thuend über alle verwandten Seelen sich ergoß.   Den Ver=
fasser so vieler gesegneten Schriften für die Jugend, Herrn
Brewer habe ich schon oben unter den Reisegefährten
nach Ephesus genannt.   Einen Gefährten von so kindlich
heitrem Gemüth möchte man sich aber nicht bloß für die
Tage einer Reise nach Ephesus, sondern für die des gan=
zen Lebens wünschen.   Zu der schon älteren Bekanntschaft
der Herrn Leeves und Renger, welche bald nach uns
auch hier eintrafen, kam die neue des trefflichen Herrn
Barker und noch mehrerer hier anwesenden Engländer

---

*) Herr John Lee wohnt schon über 50 Jahre (seit 1786)
in Smyrna.

hinzu. Durch Freund Jetter lernte ich auch den Bischof
der armenischen Christengemeinde kennen; einen hochbe-
tagten Greis, dessen ganzes Wesen Ehrfurcht und Liebe
weckt, weil er selber von Ehrfurcht und kindlicher Liebe
zu Gott seinem Herrn durchdrungen ist. Und wenn ich
nun vollends im Geiste von Smyrna hinauswärts über
die immer belebte Caravanenbrücke, dann an der türki-
schen Begräbnißstätte und dem Melesflüßlein vorüber, .
den steilen Berg, links neben der Akropolis hinangehe
und weiterhin den Weg nach dem heimathlichen Budscha
nehme, wohin mein Geist so oft wandeln geht; wenn ich
im Geiste hineinblicke in das gute Nachbarhaus der hohen
Zypressen, was kann ich von dort dem Leser mitbringen
als ein Gefühl des Heimwehes nach einer, dem Raume
nach jetzt so fernen, innerlich aber immer nahen Wohn-
stätte des Friedens und der innigen, im Werke thätigen
Liebe zu Gott und den Brüdern. Die Familie Jetter,
Eltern wie Kinder, der theure, brüderliche Freund Fiel-
stedt, wollen ihren Lohn nicht gern vorhin nehmen; was
ich über meinen Aufenthalt bei ihnen, dankbar liebend zu
sagen hätte, das sey wie ein Familiengeheimniß bewahrt.
Mit Fielstedt vereinte mich auch noch ein andrer Zug der
gemeinsamen Neigung. Dieser Friedensbote, der schon in
Ostindien am Werk der neuen, geistigen Gestaltung der
Menschenseelen arbeitete, ist durch unmittelbare Erfah-
rung zu denselben Ansichten gelangt, welche Schweig-
ger in Halle mehrmalen so eindringend aussprach: daß
in diesen Ländern und unter diesen Völkern die Heilkunde
der Seelen jene des Leibes in ihren Bund ziehen, die
Erkenntniß des Wortes jene der sichtbaren Werke sich zur
Freundin und Gesellin wählen solle. Er beschäftigt sich
deshalb fortwährend, so viel seine Berufsgeschäfte ihm
dieß

dieß erlauben, mit dem Studium der Natur- und Heil-
kunde. An der Hand dieses theuern Freundes ergieng ich
mich oft in der reichen Natur der Umgegend von Smyrna
und versuche es jetzt dieß auch, auf wenige Augenblicke
an der Hand des Lesers zu thun.

Die Natur des alten Lydiens erscheint durch die Fülle
und Mannichfaltigkeit ihrer Erzeugungen als ein Abbild der
Geschichte ihrer vormaligen Bewohner. Wenig Länderstriche
der Erde haben auf so geringem Raume eine solche bunte
Verschiedenheit der sichtbaren Dinge aufzuweisen als die-
ses Vaterland der mannichfachsten, hochstrebendsten Män-
ner des Alterthumes. Wenn man nur das Thal des
Hermos und in ihm die vielartigen Geschiebe betrachtet,
welche die Gießbäche vom Sipylos und Tmolus herab-
führten, dann kann man nicht mehr fragen, welche Fels-
arten hier zu Hause seyen, sondern besser, welche bekannte
Hauptform der Felsarten dieser Gegend abgehe? Die
Familie der granitartigen Gebirge, namentlich der Gneus
bildet den Kern des Hochrückens; an den niedren Höhen
zeigt sich der Thonschiefer mit den Lagern des lydischen Stei-
nes; bei Ephesus und an vielen andern Orten der körnige
Kalkstein; nordwärts von Smyrna der Kalk mit Feuer-
steinen; am Fuße des Tmolus der Sandstein; bei Magne-
sia wie um Smyrna die grünstein- und mandelsteinartige
Wacke, mit Chalzedon; bei den Trümmern von Laodicea
wie dießseits Thyatira gegen den Hermos hin die Man-
nichfaltigkeit der vulkanischen Erzeugnisse. Der Reichthum
des magnetischen Eisens verräth sich bei Magnesia, selbst
an der Boussole; im Thale des Kryos finden sich Spuren
eines älteren Bergbaues; der hehre Tmolus scheint noch
jetzt den Geognosten aufzufodern jene Schatzkammern des
edlen Metalles in seinem Innern aufzuschließen, aus denen

v. Schubert, Reise i. Morgld. I. Bd.　　　21

vormals die Menge des Goldes und des Cröſus Reich=
thum gekommen und wodurch das Volk der alten Lydier
ſo frühe zu einem metallſchmelzenden und Metall verarbei=
tenden geworden.

Wie das Mineralreich ſo iſt auch die Pflanzenwelt
von Anatolien ungemein reich · an Arten und kräftig an
Wuchs wie an Ertrag der Früchte. Lydien genießt zu=
gleich den lebenſtärkenden Einfluß der Wärme und den
nährenden des Waſſers; nahe an die Niederung der
Küſte und der Thäler gränzt das Hochgebirge, deſſen
Rücken alljährlich vom nordiſchen Winter beſucht wird,
darum gedeihen hier in einem Abſtand von wenig Meilen
die · freilich ſehr vereinſamte Palme des Südens mit der
Pappel und Weide des Nordens; Baumwolle und Flachs;
unſre wohlbekannte Kirſche mit der Orange und Feige;
Indiens Reis wie Deutſchlands Gerſte. Es kann hier
meine Abſicht nicht ſeyn, auch nur eine vollſtändige Auf=
zählung der Namen, der uns hier zu Geſicht und zu
Hand gekommenen Arten der Gewächſe zu geben, um ſo
mehr da ich bei einer andern Gelegenheit und an anderm
Orte von der Naturgeſchichte Kleinaſiens zu reden hoffe,
einige Grundzüge des Bildes will ich jedoch vorläufig ent=
werfen.

Wenn ich irgend ein wärmeres Land unſrer Halb=
kugel für das alte, urſprüngliche Vaterland oder für den
Lieblingsſitz des Feigenbaumes halten möchte, ſo wäre
dieß Kleinaſien, vor allem die Umgegend von Smyrna.
Die Feigen dieſer Gegend, wegen ihres Wohlgeſchmackes
berühmt, haben auf eine beachtenswerthe Weiſe in neue=
rer Zeit die erſten Fäden einer Handelsverbindung zwi=
ſchen den chriſtlich europäiſchen Ländern und dem osma=
niſchen Orient angeknüpft. Die Türken bezeugten früher

eine so eifersüchtige Vorliebe für die Feigen von Smyrna,
daß die Ausfuhr derselben in andre Länder ganz verboten
war, da schloß König Karl II., durch seinen Gesandten
den Sir Finch im Jahr 1676 unter Mohammeds IV. Re=
gierung mit der hohen Pforte einen Vertrag ab, vermöge
welchem alljährlich zwei Schiffsladungen Smyrnaer Fei=
gen zum Bedarf der Küche Sr. Maj. des Königs nach
England ausgeführt werden durften. An die zwei „La=
dungen" von nicht sehr genau bestimmtem Werthe, schlossen
sich bald zwei andre; an die vier in einem der nächsten
Jahre vier neue und so entfaltete sich im Schatten des
Vertrages über zwei Schiffsladungen Feigen ein lebhafter
Handelsverkehr zwischen der Levante und dem europäischen
Westen, welcher noch viele andre Gegenstände in seinen
Kreis hineinzog, deren Ausfuhr sonst verboten oder sehr
erschwert war.

Hier, in der Umgegend von Smyrna, hat man die
beste und häufigste Gelegenheit, die Anwendung der Ca=
prification zu beobachten. Auf den Felsen, namentlich in
der Nähe der Küste, wächst in Kleinasien wie auf den
Inseln des griechischen Archipelagus in Menge der wilde
Feigenbaum (von den Griechen Ornos oder Orinia ge=
nannt), der Stammvater unsres durch Cultur veredelten
zahmen. Wie die Thiere der Wildniß, namentlich der
Löwe, wo die Auswahl ihnen frei steht, lieber das Last=
thier, das den Reiter trägt als den Menschen, lieber
den Neger oder den Indianer, als den cultivirten Euro=
päer anfallen *), so geht auch ein merkwürdiges Thierlein,

---

*) Selbst der Haifisch zeigt diese Vorliebe für das menschliche
„Wildpret."

24 *

das noch einen viel größeren Geschmack an der Feige
findet als die Osmanen und als Karl II. von England,
lieber die wilde, als die zahme Feige an. Dieses Thier-
lein: die Feigenfruchtwespe (Cynips Psenes) genannt,
gehört jedoch keinesweges zu den vertilgenden Feinden
der Feige, sondern vielmehr zu ihren Erhaltern und
Gönnern. Die Feige, wie dies hier vielleicht für einen
Theil der Leser der Erinnerung bedarf, ist nämlich keines-
weges, wie der Augenschein dies vorzuspielen scheint,
eine Frucht, welche ohne vorhergehende Blüthen entstund,
sondern, wie das zergliedernde Messer lehrt, in dem
Innern ihres fleischigen Gehäuses sitzen die kleinen, sehr
deutlichen Blüthchen, aus denen die Saamen des süßen
Fruchtbodens (Kuchens) sich erzeugen. In den verschie-
denen Früchten ist die Beschaffenheit und Kraft dieser
Blüthen sehr verschieden, es finden sich nämlich in eini-
gen derselben solche Blüthen, bei denen die beiden Gegen-
sätze des Pflanzengeschlechtes: die Pollen tragenden An-
theren und die jene aufnehmenden Pistille neben und
mit einander vollkommen entwickelt sind und bei solchen
Blüthchen gedeiht und wächst die Frucht von selber, ohne
Beihülfe der äußren Natur. Bei dem größeren Theil der
Früchte des Feigenbaumes ist jedoch das Verhältniß ein
andres, und zwar ein solches, welches eine höhere Stufe
der innren Entwicklung andeutet *). In ihnen sind näm-
lich, bei den einen nur Blüthchen vorhanden, welche
Pollen tragende Antheren umfassen, oder nur Pistille, de-

---

*) Wie das System annimmt, stehen die vorher erwähnten
und die zwei hier nachfolgend zu erwähnenden Blüthen
gewöhnlich an drei verschiednen Bäumen.

nen die zur Erzeugung der süßen Frucht nothwendigen
Antheren mangeln, beide also, jene ohne diese, wie diese
ohne jene, würden keine reife Frucht tragen, sondern die
grüne Kammer, welche das Geheimniß der Befruchtung
umschließet, würde noch ganz klein und unausgebildet ab-
fallen, wenn nicht das vorsorgende Band, welches allen
Mangel des einen Einzelwesens mit der Fülle des andern
ergänzend durch die Wesen der Sichtbarkeit gehet; wenn
nicht die mütterliche, in der Natur waltende Weisheit,
auch hier ein Andres bedacht hätte. Jene kleine Feigen-
fruchtwespe, gesättigt jetzt mit dem Lieblingstrank den die
Antherenblüthen tragende Kammer umschließet, bohrt sich,
von jenem Triebe geleitet, welcher auf die Ernährung
und Erhaltung der noch ungeborenen Brut gerichtet ist,
in solche Kammern (Früchte) ein, bei denen verwaltend
nur das aufnehmende Pistill zur Vollendung gekommen
ist. So empfängt nun auch dieses den keimbelebenden
Einfluß und eine Menge der sonst unreif abfallenden Kam-
mern wird somit zu den besten, größesten, lieblichsten Früch-
ten gezeitigt. Damit nun dieses erreicht werde, pflegt der
Landmann der Umgegend von Smyrna den wilden Fei-
genbaum, der die Lieblingswohnung des geflügelten Gast-
freundes und Schutzherrn der Feige ist, oder noch öfter
die Früchte desselben, in denen die Larve des Insekts den
Beruf ihrer Verwandlung eben zu beendigen bereit ist, in
die Nähe und um die Früchte des zahmen Feigenbau-
mes zu pflanzen oder aufzuhängen. Man sagt, daß auf
diese Weise ein Baum, der ohne solche Fürsorge nur 25
bis 30 Pfund Früchte tragen würde, eine Ergiebigkeit
von mehrern Zentnern empfangen könne.

So vortrefflich die Rosinen sind, welche man aus
den Trauben von Smyrna bereitet, so schlecht und übel-

schmeckend, wenigstens für den Gaumen des Europäers,
ist der hiesige Wein. Ich habe, außer manchen Arzneien,
noch niemals eine widerwärtigere Flüßigkeit gekostet als
die war, welche man im Gasthofe der Madame M****
unter dem Namen des Weines zur Tafel brachte, so daß
ich ganz unbefangen die Wirthin fragte, woraus dieses
Getränk gemacht werde? und daß auch, nachdem sie uns
gesagt hatte, daß man es aus Trauben fertige, keiner
von allen Tischgästen, selbst nicht der Sohn des Hauses
davon trinken mochte. Der Geschmack eines solchen
Smyrnaer Weines gleicht einer Auflösung von unreinem
Geigenharz in schlechtem Branntwein, worunter der Uebel-
keit erregende Saft von der Zaunrübenbeere (Bryonia
alba) gemischt ist; die Farbe ist ein schmutziges Dunkel-
braun. Man soll hier ziemlich allgemein Gyps und andre
sonderbare, in unserm Vaterlande unerhörte Dinge unter
den Most werfen, angeblich damit der Wein sich halte.
Wie gut ist es, daß der Meles reines, klares Wasser in
Menge zur Stadt führt und daß auch, namentlich wie man
uns sagte, in der hiesigen, sehr gut eingerichteten Schwei-
zerpension so wie in den englischen Gasthäusern andre
Weine als der Smyrnaer zu haben sind.

In den Gärten von Smyrna, welche einen weiten
Raum um die Stadt her einnehmen, gedeiht eine solche
Menge von Orangen- und Zitronenbäumen, daß, in gu-
ten Jahren, mit der Fülle ihrer Früchte ganze Schiffe
befrachtet werden können. Jene zarten Gewächse hatten
jedoch, als wir sie sahen, durch die Kälte des unmittel-
bar vorhergegangenen Winters (in den ersten Monaten
von 1836) so sehr gelitten, daß viele von ihnen nur von
neuem Zweige aus dem Stamm hervortrieben und auch
die übrigen wenig Hoffnung zu einer guten Fruchternte

gaben. Diese Verheerungen durch den Frost kommen nicht selten über das niedre Land, weil das nachbarliche Hochgebirge im Sommer zwar den wohlthätigen Niederschlägen des Wassers, im Winter aber dem Schnee zum Versammlungspunkte dient. Außer den Orangen und andern Südfrüchten tragen die hiesigen Gärten alle Arten unsres feinen Obstes, vor allem Aprikosen und Pfirsichen, Kirschen und Weichseln, auch Aepfel von ziemlicher Güte, wiewohl mir schien, daß in der Zucht dieser letztern Frucht so wie der Birnen und am meisten der Pflaumen unser Vaterland vor der Smyrnaer Landschaft voraus sey. Die Gemüse sind theils die unsrigen, theils die bei der Beschreibung von Constantinopel (S. 248.) erwähnten. Die Wässerung der Gärten wird meist durch Schöpfräder und Pumpen besorgt, welche Esel oder alte Maulthiere in Bewegung setzen.

Unter den wichtigeren Erzeugnissen der Felder stehet die Baumwolle (von Gossypium herbaceum) oben an. Auch der Taback, besonders aus der Umgegend von Magnesia, ist in großem Ruf der Güte. Noch mehr das Opium von Anatolien, von welchem freilich die beste Sorte nicht innerhalb den Gränzen des alten Lydiens gebaut wird, sondern aus dem nachbarlichen Phrygien und dem Gebiet des Mäandros, aus Karahissar kommt, das an der Stätte des oben (S. 281.) erwähnten Celänä, zwei Tagreisen ostwärts von Sardis liegt *). Dieses

*) In einem Aufsatz, den ich in der Quarantäne bei Livorno schrieb, wo ich meiner Papiere und Landcharten so wie aller wissenschaftlichen Hilfsmittel beraubt war, und den ich, so wie er geschrieben war, dem Druck überließ, habe ich

Opium aus der Gegend des „schwarzen Schlosses" (Karahissar) wird dem Aegyptischen so wie jeder andern bekannten Sorte vorgezogen, und weil es viel theurer als das ägyptische an die großen Kenner und Liebhaber der falschen prophetischen Begeisterung, an die Chinesen, verkauft werden kann, kommt es nur selten in die Läden der Droguisten und in die Officinen des westlichen Europas. Wir fanden in dem reichen Waarenlager des freundlichen van Lennep ganze große Massen jenes silenisch begeisternden Giftes aufgehäuft, welche an die Hauptniederlagen der holländisch-ostindischen Handelscompagnie versendet werden sollten, von denen es dann in ganzen Schiffsladungen nach China ausgeführt wird. Auch die reicheren Opiephagen, vornämlich die der osmanischen Kaiserstadt, kennen die besondern Kräfte des Opiums von Karahissar und erkaufen es um höheren Preis als jedes andre.

Unter den Bäumen des Waldes erscheint häufig die schöne Valonia-Eiche (Quercus Aegilops) mit Blättern, ähnlich jenen des ächten Kastanienbaumes. Ihre großen, zackig-schuppigen Kelchschüsseln enthalten so stark abstringirende Bestandtheile, daß sie, gleich den Galläpfeln zur Färberei angewendet und deshalb häufig nach Europa ausgeführt werden. Dasselbe gilt von der Färbereiche (Quercus infectoria). An den Abhängen des Tmolus wie des Sipylus gedeihen die Kastanie mit der Pinie

leider Karahissar (Celänä) und das drei gute Tagereisen von diesem nordwestwärts gelegnen Akhissar (Thyatira) mit einander verwechslet, wofür ich hier um Entschuldigung bitte.

und höher hinan selbst die hochwüchsige Edeltanne; allent-
halben an wasserreichen Stellen die edle Platane, am
Seestrand die Seefichte. Ein Baum, den man in so wie um
Smyrna überaus oft in den Gärten, wie in den Höfen
vor den Häusern sieht, ist der Azedarachbaum (Melia
Azedarach), welcher durch seinen hohen Wuchs und
durch seine (freilich doppelt) gefiederten Blätter von ferne
gesehen an unsre Edelesche (Fraxinus excelsior) erinnert.
Jetzt im Spätherbst, hieng dieser Baum voller Früchte,
die von gelblich grüner Farbe, von der Größe unsrer
Kirschen, etwas länglich geformt sind und in Büscheln
beisammen stehen, im darauf folgenden Frühling sahen
wir ihn zuerst in St. Saba, dann in Jerusalem und
Sichem, am häufigsten aber um Beirut in dem Schmucke
seiner kleinen, bläulichen (lilafarbenen) Blüthlein. Ob-
gleich das bittersüßliche Fleisch der Früchte des Azedarach-
baumes schädlich und für viele Säugthiere (selbst Hunde)
sogar tödtlich ist, auch von den Vögeln nicht angerührt
wird, hat diese Frucht dennoch für die Türken einen
Werth, weil sie aus ihrem rundlichen, fünfgefurchten
Kerne (Stein) ihre Paternoster bereiten, wie dies der
türkische Name Tespih und der fränkische Arbore degli
padre nostro und arbre saint andeutet. Was aber
hauptsächlich wohl jenem Baume sein Hausgenossenrecht
in diesem und andren Ländern des Ostens verschafft hat,
das ist die Meinung, daß seinen Blättern eine heilsame
Kraft gegen pestartige Uebel und selbst gegen die Fol-
gen des Schlangenbisses innen wohne. — An den Feld-
rändern der Umgegend von Smyrna sieht man häufig
den gemeinen Terpenthinbaum (Pistacia Terebinthus);
in feuchten Schluchten hin und wieder neben unsrer vater-
ländischen weißen und schwarzen Pappel auch die seltnere,

ägyptische Weide (Salix aegyptiaca); unter den Holz-
arten, welche in ganzen Kameellasten von den gebirgigen
Gegenden zur Stadt gebracht wurden, war öfters das
schöne, feste Holz der Cedernwachholders (Juniperus
Oxycedrus), zuweilen auch das des Storarbaumes (Sty-
rax officinale) den wir auf dem Weg nach Ephesus
sahen. Bis zum Uebermaß häufig ist unter dem niedren
Strauchwerk der Keuschlammstrauch (Vitex agnus ca-
stus); unter den herbstlichen Distelarten fiel die wilde
Artischoke am schönsten ins Auge. Die am Sipylus schon
gedeihende Jacea-Stäheline (Stähelina arborescens)
gewährte uns den neuen Anblick eines im Freien wachsenden
Baumes aus der 19ten Linnéischen Klasse. Die hohe Opo-
panarpflanze (Pastinaca Opopanax) fiel uns zwischen
den Trümmern von Ephesus; mehrere Arten des Majo-
rans (Origanum smyrnaeum, sipyleum, creticum)
auf den dürren Hügeln in die Augen; obgleich der wohl-
riechende Jasmin (Jasminum fruticans) und die Philly-
reen (Phillyrea media und latifolia) schon verblüht wa-
ren, blieben sie dennoch leicht erkennbar; das gelbe Bil-
senkraut (Hyoscyamus aureus) schmückte mit seinen gold-
farbenen Blumen noch die Mauern; in ihrer Saftfülle
brüstete sich noch die blühende Kermesbeere (Phytolacca
decandra) an schattigen Orten. Doch es konnte hier
unsre Absicht nicht seyn, auch nur einen unvollkommnen
Abriß der Flora von Jonien zu geben, denn selbst die
Ausführung dieser wenigen Grundzüge unsrer Wahrneh-
mungen in diesem Gebiet, gehören an einen andren Ort.
Ich sage daher nur noch Einiges über die Thierwelt von
Smyrna.

Unter allen Thieren des schönen Landes gewährte
mir das Kameel die meiste Unterhaltung. Ich hatte dieses

Schiff der Wüste noch niemals in so großen Heerden, noch nie so groß und schön gesehen und auch auf der weiteren Reise mußte ich den Kameelen von Smyrna den Preis der Schönheit, wenn auch nicht der Schnelligkeit vor den ägyptischen und arabischen zugestehen. Wenn ich diese Thiere mit abgemessenem Anstand einherschreiten oder mit gerade gen Himmel gestreckter Nase den kühlenden Hauch der Luft oder irgend einen andren für ihren Instinkt angenehmen Duft einathmen sahe; wenn ich ihren Gehorsam gegen die Pfeife des Treibers, die nachgebende Unterwürfigkeit, mit welcher sie hinter dem Glöcklein läutenden Eselein drein giengen, beachtete, erschienen sie mir immer als das innerlich ruhigste, brauchbarste, ordnungsliebendste Bürgervolk des Thierreiches. Wenn von ihrer seltsamen, freundschaftlichen Zusammengesellung mit den Eselein die Rede ist, darf man sich freilich die letzteren nicht wie unsre vaterländischen Esel vorstellen. Die hiesigen sind ungleich kräftiger als die unsrigen; eines Morgens begegneten wir, auf dem Wege nach Budscha einem Manne, der auf seinem, noch überdieß schwer beladenen Esel aus Angora (im alten Galatien) hergeritten kam und der auf dieser ganzen, langen Reise keinen Rasttag gemacht hatte. Ein andres Thier, welches in der Umgegend von Smyrna, vorzüglich aber während unsrer Reise nach Sardis meine Aufmerksamkeit beschäftigte, war die schöne, große Ziege, mit dem seidenartig glänzenden, feinen (meist schwarzen) Haare. Es ist noch immer dieselbe, welche einst dem alten Leadicea seinen Reichthum gab; dieselbe durch welche Angora seinen Ruf hat, denn die Umgegend des Tmolus liefert zu vielen jener feinen Gewebe den Stoff, die wir, als aus Angora kommend betrachten. Das hiesige Pferd gehört zur tartarischen

Rasse; die Zucht des gemeinen Rindes wird durch jene des stärkeren Büffels fast verdrängt. Häßlich, aber von großer Stärke ist der hiesige Hund; ein Thier dieser Art war uns aus der Gegend von Ephesus gefolgt und hatte sich vorzüglich an Dr. Roth, der es einige Male fütterte, angeschlossen. Das Gefühl der Dankbarkeit und Anhäng= lichkeit schien übrigens auf diesem wilden Grund keine tiefe Wurzeln fassen zu können und auch andre schlimme Eigenschaften des Thieres nöthigten uns die Freundschaft mit ihm wieder abzubrechen. Nicht selten ist um Smyrna der Schakal; die größte hiesige Katzenart ist der Leopard; auf den Feldern und Wiesen lebt die Blindmaus (Spalax typhlus).

Auf dem Gefilde von Sardis zeigte sich der ägypti= sche Percnopternsgeyer (Cathartes Percnopterus), wel= cher bei den Türken unter dem Namen „Hnmai" als ein Sinnbild königlicher Großmuth und Milde gepriesen wird*). Auf einigen der Ruinen jener vormaligen Stadt nistet der Storch; in der Ebene zeigt sich in ziemlicher Menge das griechische Rebhuhn; in den Gärten um Smyrna ver= nahm man öfters die Stimme mehrerer bekannter Finken und Sylvienarten, unter den letzteren auch die des Fei= gensängers (Sylvia Ficedula). Von den Amphibien des Landes erwähnen wir nur die auch anderwärts im Mor= genland gemeine Dorneidechse (Stellio cordylea) dann den Pseudopus und die braun und weißgefleckte Walzen= schlange (Amphisbaena fuliginosa) die sich namentlich in der Gegend des alten Ephesus unter Steinen findet, so wie eine schwarze Flußschildkröte im Meles. Wenn

---

*) M. s. v. Hammer Gesch. d. osman. Reichs I. S. 51.

man die Fische der Bucht von Smyrna nennen wollte, da dürfte man fast alle Arten des Mittelmeeres anführen, denn eine größere Mannichfaltigkeit der Arten sahen wir auf keinem der andren Fischmärkte der asiatischen Küstengegend. Eine der gemeinsten Speisen des hiesigen Volkes sind die Meeräschen (Mugil Cephalus und M. Labeo). Von der schönen rothen Seebarbe (Mullus barbatus) sahen und genossen wir hier mehrmalen für sehr geringen Kaufpreis so große Stücke, daß, wenn sie uns nur um die Hälfte jener Summen wären angerechnet worden, die man zur Zeit des Tiberius in Rom für einen Fisch dieser Art und solcher Größe bezahlte, unser ganzes Reisegeld für solchen Genuß aufgegangen seyn würde *). Von Sepien finden sich hier die meisten im Mittelmeer vorkommenden Arten, am öftersten der Feind und Vertilger der Krebse: der gemeine Achtfuß (Octopus vulgaris). Wenn aber auch dieser Verfolger der Krustenthiere viele ihres Geschlechtes erhaschet, so weiß sich doch eine merkwürdige Art seinen Nachstellungen zu entziehen: der merkwürdige Pinnenwächter, der durch seine fast beständige Zusammengesellung mit der großen Steckmuschel, die Aufmerksamkeit schon des früheren Alterthumes erregte. Ein sehendes, schwaches Zwerglein ist da mit einem starken, zugleich aber blinden Riesen in Verbindung getreten und einer ergänzt den Mangel des andren. Die große schöne Steckmuschel mit seidenartigem Byssus, welche in ansehnlicher Menge (wie dies schon

*) Eine Seebarbe von 4 Pfund Gewicht wurde nach unsrem Gelde mit eben so vielen 100 Gulden bezahlt (Senec. epist. 95.).

die am Ufer herumgestreut liegenden Schaalentrümmer
bezeugen) in der Bucht von Smyrna wohnt, hegt und
bewirthet in ihrer Schaale fast beständig einen jener klei-
nen, muntren Krebse, die sich in den Muschelgehäusen
finden (den Pinnotheres antiquorum). Und warum
sollte es nicht so seyn können, wie die Fischer noch jetzt
erzählen, daß jener kleine Wächter, wenn er die nahende
Gefahr erblickt, aus Furchtsamkeit tiefer in die Schaale
und unter den Mantel des Muschelthieres hineinkriecht
und auf diese Weise das augenlose Thier zum Schließen
seiner Schaale reize. Der Meles ist reich an mehreren
sehr schönen Arten von Neritinen; in den Gebüschen an
seinem Ufer und am Meere fanden sich noch etliche Kä-
fer *). Auf den Wogen des Meeres schwebten viele
große Scheibenquallen (Aequoreen, Geryonien, Rhizo-
stomen und Oceaniten) und sonst noch andre Heere der
Lebendigen belebten das immer Neues gebährende Ge-
wässer.

Doch es ist Zeit, daß wir uns von dem Fischmarkt
und der Seeküste nach Hause begeben, um die Vorberei-
tungen zur nahen Weiterreise zu treffen.

Schon im Hafen von Constantinopel hatten wir ein
Dampfschiff aus Aegypten getroffen, welches die Wittwe
eines der verstorbenen Söhne des Mehemed Ali dorthin
geführt hatte und von da wieder nach Aegypten zurück-
bringen sollte. Es wäre uns leicht gewesen, in diesem
Schiffe ein Räumlein und Gelegenheit zur schnellen Ueber-
fahrt über das Meer zu finden, denn der Arzt desselben

---

*) Namentlich Brachycerus barbarus, Larinus subcostatus,
Tentyria grossa, Pimelia alutacea, so wie Erodius u. f.

war ein Grieche, der in Deutschland (auch in München)
studirt hatte. Eines Theiles hatte mich jedoch der Wunsch,
Kleinasien zu sehen, dann auch mein körperliches Uebel-
befinden gehindert, von dieser Gelegenheit Gebrauch zu
machen, was uns auf der späteren, so vielfach gehemm-
ten Seereise oft reute, wiewohl mit Unrecht, denn auf
diesem nämlichen, schnellen Dampfschiffe war auf der
Reise die Pest ausgebrochen; obgleich mehrere Wochen
vor uns in Alexandria angelangt, hatte dasselbe noch die
Pein der Quarantäne zu dulten, da wir schon längst aus
derselben erlöst waren. Auch in Smyrna selber waren
uns mehrere Gelegenheiten während der ersten Woche un-
sers dortigen Aufenthaltes entgangen, Zufälle und Ver-
säumnisse, die wir ebenfalls auf der Weiterreise oft be-
klagten, aber eben so mit Unrecht als das Abgehen des
Aegyptischen Dampfschiffes, denn auch auf diesen Schif-
fen war die Pest ausgebrochen; ein americanisches Fahr-
zeug war, wie man uns noch in Smyrna erzählte, wäh-
rend der stürmischen Tage des Herbstregens, den wir so
ruhig unter dem Dach des Pächters zu Kassabah verleb-
ten, an den Klippen des Meers bei Patmos gescheitert.
Dennoch fieng es, bei der schon vorgerückten Jahreszeit
an uns bang zu werden um eine Reisegelegenheit, das
österreichische Kriegsschiff, das man aus den westlicheren
Küstengegenden erwartete, wollte nicht kommen, mit Freu-
den vernahmen wir daher durch ein Brieflein am 24ten
October in Budscha die Nachricht, daß der sorgsame Hr.
van Lennep ein Schiff für uns aufgefunden habe, das
zwar einem Türken gehöre, welches aber durch einen
griechischen Capitän geführt werde, den Hr. van Lennep
persönlich kannte und achtete. Und in der That, wir hat-
ten späterhin oft Gelegenheit, die Wahrheit eines alten

Sprüchleins zu erkennen, das uns am Morgen des 24ten October 1836 als ein besondres Tagesgeschenk gegeben wurde: „der Herr machet im Meere Weg und in starken Wassern Bahn", denn außer den vielfachen Bewahrungen und Rettungen in und aus der Gefahr der Stürme, war das die größeste, daß unser Schiff, ohngeachtet es mehr als alle andre, vor ihm ausgelaufene, mit türkischen Pilgrimen beladen war, von der Pest verschont blieb.

Ich habe schon oben erwähnt, daß unser Capitän seine Abreise länger verschob als er es anfangs Willens gewesen. Wir brachten die letzte Woche in Smyrna, nicht unbeschäftigt zu, bald unter den Ruinen der alten Stadt, bald am Meere oder in Betrachtung der andern Sehenswürdigkeiten, namentlich einer reichen Sammlung von alten Münzen, welche ein hier wohnender, kenntnißreicher Engländer besitzt. Unser Capitän hatte uns gerathen, uns für eine Zeit von drei Wochen mit Lebensmitteln zu versehen, denn „obgleich er hoffe, daß wir die Fahrt nach Alexandria in viel kürzerer Zeit beendigen würden, sey es doch nicht unmöglich, daß sie gegen 20 Tage daure." Das Einkaufen dieser Vorräthe so wie einer schönen, großen, mit Baumwolle gefüllten Decke, welche wir hier sehr wohlfeilen Preises fanden, führte uns noch einmal in das bunte Gewirr des türkischen Bazars so wie in die Läden der Frankenstraße, durch die man jetzt noch unbesorgt sich ergehen konnte, obgleich sich während der letzten Tage unsres Aufenthaltes in Smyrna in einer der Vorstädte die ersten Vorboten und Regungen der Pest gezeigt hatten, welche kurz nachher auch in der Stadt mit Heftigkeit ausbrach, und hierdurch die Strenge unsrer nachmaligen Quarantäne in Alexandria vermehrte.

Sonn=

Sonnabends den 5ten November wurden wir denn endlich auf unser Schiff bestellt, denn, so ließ der Capitän uns sagen, es war nun Alles zur Abfahrt bereit. Wir hätten nicht so zu eilen gebraucht, denn der Landwind, welcher die Ausfahrt aus der Bucht von Smyrna möglich macht und begünstigt, erhebt sich gewöhnlich erst in der Nacht, während in den späteren Nachmittagsstunden ein kräftiger Seewind in entgegengesetzter Richtung weht, der das Einlaufen beschleunigt, die Ausfahrt dagegen hemmt. Dennoch wünschten wir noch den Nachmittag zur Einrichtung unsers kleinen Hauswesens in der Cajüte des Capitäns zu benutzen, welche wir für uns gemiethet hatten, wir fuhren daher schon um 2 Uhr nach Mittag aufs Schiff hinüber, welches das Panier der Sonne führte. Wir fanden da freilich viele Veränderungen, welche auf dem Verdeck seit dem erstmaligen Besehen unsrer künftigen Wohnung des Gewässers statt gefunden hatten. Namentlich war der freie Raum auf dem Verdeck der Pupa, über und neben unsrer Kajüte, der uns zur alleinigen Benutzung versprochen war, mit kleinen, neuerbauten Bretterhüttchen besetzt und außer diesen stunden da Körbe und Kisten, die nur wenig Raum zur Bewegung ließen. Es war indeß hier nichts zu ändern, denn in dem schriftlichen Kontrakt mit dem Capitän war nur von der Einräumung der Kajüte die Rede, der freie Platz auf dem Verdeck war uns bloß mündlich verheißen worden. So stiegen wir denn ruhig die enge Treppe in unsre neue kleine Wohnung hinunter, die wir mit Besemen sauber gekehrt, rein gewaschen und geschmückt fanden und trafen da unsre häusliche Einrichtung. Ein Fenster, oben an der Decke gab uns so viel Licht, daß man, wenn man sich unter dasselbe setzte, sogar lesen und schreiben konnte,

das war schon ein guter Trost; statt des Tisches diente eine
alte, in Smyrna gekaufte Kiste, in welcher unsre Vor-
räthe von Schiffszwieback und andern Lebensmitteln la-
gen, statt der Stühle bediente man sich der Reisekoffers
und zum Ueberfluß eines kleinen, ebenfalls in Smyrna ge-
kauften Rohrschemels; als Lagerstellen fanden sich zwei
Pritschen (an jedem Ende der Kajüte eine), davon die,
welche nächst der Thür war, der Freundin Elisabeth, die
andre mir und der Hausfrau zur Ruhestätte angewiesen
wurde, während Dr. Roth und Erdl den Fußboden, der
Maler Bernatz eine Art von Holzkasten bei der Treppe
zum Schlafgemach wählten.   So war denn für die Be-
wohner des Zimmerleins schon aufs Beste gesorgt und
auch unsre Barometer und Flinten fanden an den Wän-
den Orte der Befestigung; unsre blechernen Teller und
Becher stunden trefflich verwahrt in einer Eintiefung der höl-
zernen Wand, die mir zugleich öfters während der Freuden
der Tafel statt eines Tisches diente, da das Halten des
Tellers auf dem Schooße nicht immer bequem fiel.

Der theure, brüderliche Freund Fielstedt, der sich
in seiner Liebe niemals selber genug that, hatte uns zum
Schiff begleitet und hier eingeführt, war dann noch ein-
mal nach der Stadt gefahren und mit allerhand kleinen
Gegenständen beladen, die uns, wie er bemerkt hatte, zur
Bequemmachung der Reise noch abgiengen, wieder zurück-
gekehrt.   Zum letzten Male saßen wir da beisammen,
dankbar des Aufenthaltes in Smyrna, voll Vertrauen und
guter Hofnung der weitern Reise gedenkend, aber der
Freund wollte heut noch nach Budscha, es war Zeit ihn
zu entlassen.   Ihm nachschauend stund ich auf dem Ver-
deck, das schon mehr und mehr mit türkischen Reisege-
fährten sich gefüllt hatte und vertiefte mich in mancherlei

Nachsinnen, und in manche, wie sich später zeigte, ver=
gebliche Sorge. Es waren heute gerade acht Tage nach
den meiner Seele tief eingeprägten Nachmittagsstunden,
in denen mir am Fuße des hehren, mit Wetterwolken be=
deckten Tmolus die Säulen des Cybeletempels und das
zerrissene Gemäuer der Akropolis, die über das verödete,
vereinsamte Trümmerfeld von Sardis herabschauen, So=
lons Lehre predigten: „an das Ende zu denken." Hier
auf unsrem türkischen Schiffe gab es freilich keine Säu=
len des Cybeletempels, welche mir und meinen Reisege=
fährten jene Lehre des athenienssischen Weisen wiederholen
konnten, wohl aber sonst Dinge genug, die an das Ende
erinnerten. Namentlich konnte man als solche Erinnrungs=
zeichen alle die Körbe und Kisten, wollenen Teppiche und
Kotzen der türkischen Schiffsgesellschaft, so wie diese sel=
ber betrachten. Es war nämlich gerade jetzt die Zeit, in
welcher sich aus allen Gegenden, am schwarzen Meere,
am Bosporus und Propontis, wie aus Kleinasien die tür=
kischen Pilgrime oder Hadschi's zur Fahrt nach Aegypten
anmachten, um sich dort dem Zuge der großen Karawane
anzuschließen, welche im Januar von Cairo nach Mekka
abgehen sollte. Dieses meist arme Volk von Pilgrimen,
welches auch die Hauptladung unsres Schiffes und die
Veranlassung zu seiner jetzigen Fahrt nach Alexandria war,
kam zum Theil aus Gegenden, in denen eben damals die
Pest in größester Heftigkeit wüthete. Brachte nur einer
aus dieser Schaar die Seuche mit sich und brach diese
erst unter der eng zusammengedrängten Menschenmasse
aus, dann war die Gefahr für Alle eben so groß als
wenn Feuer das Schiff ergriffen hätte. Denn wohin sollte
man sich retten! Aus einem solchen verpesteten Schiffe
darf Keiner an das bewohnte und bewachte Land steigen

25 *

und zuweilen (so erzählte uns der Capitän auf einem
unserer östreichischen Dampfschiffe) ist es, ehe man an der
Küste von Aegypten und Syrien die Quarantänespitäler
zur Aufnahme der Ankommenden erbaute, in Zeiten der
heftigen Pest geschehen, daß zuletzt Keiner mehr da war,
der von dem Mastbaum des unglücklichen, von der Pest
ergriffenen Fahrzeuges die gelb und schwarze Pestflagge
wieder abnehmen konnte, Keiner, der das Ende der Qua-
rantäne erlebte; das Schiff war ein großer Sarg aller
seiner gewesnen Bewohner geworden, den man, seine
Seiten durchbohrend, mit den Leichnamen zugleich ins
Meer senkte. Ich habe schon vorhin erwähnt, daß auf
mehreren der vor und ziemlich gleichzeitig mit uns von
Constantinopel und Smyrna ausgelaufenen Schiffe die
Pest wirklich ausgebrochen war und daß namentlich das
schöne ägyptische Dampfschiff, welches versäumt zu haben
wir auf der Reise so oft beklagten, noch lange nach unsrer
Befreiung aus der Quarantäne in Alexandria durch seine
gelb und schwarze Trauerflagge uns daran erinnerte, daß zum
Eilen das Schnellseyn nicht immer helfe. Wie leicht hät-
te dieses Loos auch unser Schiff treffen können! — Dies
und noch manches Aehnliche war damals am 5ten Novem-
ber des Abends auf dem türkischen Schiffe zum Panier
der Sonne, mein Sorgen, als die Sonne untergieng
über den Felsengipfeln des Mimas. Doch eben diese Fel-
senhöhen, zusammen mit der Klarheit des Himmels und
der Stille des Meeres erinnerten mich daran, daß noch
ein anderer festerer Fels, ein andres, beständigeres Klar,
abgespiegelt in einem noch tieferen Meere, da seyen;
ein Fels, auf welchem man diese Last der vorbeieilenden
Sorgen sicherer noch und zur längern Ruhe ablegen kön-
ne als der scheidende Tag seine vor sich selber erröthen-

den Abschiedsgedanken auf dem Gestein des Mimas. Und da jetzt im Blau des Nordens auch ein Stern aufgieng, war es als würde mir mit seinem Schimmer zugleich ein Strahl der sonnenartig = selber leuchtenden, nicht verlöschenden Zuversicht ins Herz gegeben; ich stieg fröhlich hinab zum stillen Raume der Kajüte und bald war der Schlaf auf der schon in Semlin gekauften Matrazze und im Schirm der in Smyrna hinzugekommenen wollenen Decke so fest und süß wie in der lieben Heimath.

IV. Reise von Smyrna nach Alexandria und Cairo.

Der Capitän des Schiffes war am Abend unsrer Ankunft auf demselben noch in der Stadt beschäftigt gewesen; der Unterkapitän, ein Türke hatte, bei unsrer Aufnahme in die neue Behausung seine Stelle vertreten. Wir hatten (wenigstens ich) in dem festen, guten Schlafe nichts von der Ankunft des Capitäns um Mitternacht, nichts von der Ankunft der vielen, mit türkischen Pilgrimen beladnen Bote, schon in den späteren Abendstunden vernommen. Da hörte man, zuerst noch halb im Traume, dann beim Erwachen das Rasseln der Ketten, an denen der Anker hieng und emporgewunden wurde, das taktmäßig die Arbeit begleitende „Kyrie eleison" der griechischen Matrosen und bald nachher einen wahrhaft harmonisch lautenden Gesang der türkischen Hadschis, dessen Inhalt ein Gebet um guten Wind und glückliche Fahrt war. In Smyrna hatte man uns gesagt, es würden etwa dreißig oder etliche und dreißig Hadschi's im Schiffe „zur Sonne" mit uns fahren, die Stimmen aber, die da sangen, tönten nicht wie die Stimmen von dreißig, sondern wie die von hundert Männern und nur zu bald überzeugten wir uns, daß es mit der uns angekündigten Zahl der türkischen Reisegefährten nur dann seine Richtigkeit habe, wenn man die hundert nicht beachtete, welche über die dreißig waren,

denn ihre Summe belief sich auf 131. Es war nun kein
rechter Schlaf mehr möglich, doch gesellte sich zu dem
Rauschen der Wellen, welche das schnellsegelnde Schiff
durchschnitt noch eine Art von Schlummer, mit seinen
Träumen von hochwüchsigen Fruchtbäumen, in deren
Wipfeln der Wind rauscht. Schon vor Sonnenaufgang
waren wir auf dem Verdeck; dieses aber war in ein tür-
kisches Lager verwandelt, denn jeder Fußbreit, mit Aus-
nahme eines schmalen Stegleins für das arbeitende Schiffs-
volk, war von den Hadschi's, so wie von ihren Vorraths-
körben und Küchengeschirren eingenommen; überall dampf-
ten schon die kleinen, thönernen Oefchen, auf deren Koh-
len ein mit Knoblauch und Zwiebeln gewürzter Pilau,
oder das brünette Getränk des Kaffees bereitet ward.
Der Wind indeß und das Wetter waren gut und so
wurden auch wir bald wieder guten Muthes. Und war-
um sollten wir dieses nicht seyn; hatten wir doch Das
bei uns, was der weise Bias, welcher dort jenseits der
Berge der nachbarlichen Halbinsel, in Priene wohnte,
für das höchste Gut des Menschen hielt: das ruhige
Selbstbewußtseyn eines Wandrers, der sich auf dem gera-
den Wege nach dem Ziele seiner Reise weiß. Dazu war
ja heute Sonntag, und nicht bloß der Leib, sondern auch
die Seele hatte als Festtagsgewand jenes Gefühl des
innren Still- und Ruhigseyns und jenen Drang zum Auf-
stiegen über die grünlichen Wellen angezogen, welcher
die Lerche über das grünende Feld und die Wiesen em-
porhebt.

Die Sonne stiegt jetzt empor; wir sahen uns um
nach dem guten Smyrna, aber dieses lag schon weit hin-
ter uns, von einer vorspringenden Landzunge verdeckt;
doch zeigten sich der hohe Sipyles wie der Mimnetus,

ben wir neulich auf der Reise nach Magnesia bestiegen
hatten, und fern in Südwest die Stätte des alten K l a =
z o m e n ä, der Vaterstadt des A n a x a g o r a s, welche
früher eine Insel war, später aber durch Dämme und
neuen Ansatz des Landes mit dem Festland sich vereinte.
Der Wind war in hohem Grade günstig; die Fahrt nahm
einen glücklichen Anfang. Wir hatten jetzt Zeit und guten
Muthes genug um uns mit unsrer neuen Umgebung be=
kannt und vertraut zu machen. Fürwahr, über Einsam=
keit konnte man in unsrem Schifflein nicht klagen. Außer
uns sechs Inhabern der Kajüte, als des vornehmsten
Räumleins, und den 134 türkischen Hadschi's, so wie den
Matrosen, Küchenjungen und beiden Capitänen, gab es
da noch eine Griechin mit ihren drei Kindern, welche
ihrem Manne nach Alexandria nachzog, zwei deutsche
Schneidergesellen, einen entlaufenen russischen Bedienten
und einen jungen Griechen, welcher der Vetter eines Bi=
schofs war. Die türkischen Hadschi's, das geht aus ihrer
Zahl hervor, bildeten den Hauptkörper der Schiffsmann=
schaft; ihretwegen setzte sich das Schiff von Smyrna aus
nach Aegypten in Bewegung, denn, obgleich jeder ein=
zelne nur wenige Gulden für die weite Fahrt bezahlte,
war dennoch dieses Fahrlohn der Hadschi's die Haupteln=
nahme des Capitäns, wie des Inhabers des Schiffes.
Hätten diese guten Leute einen ähnlichen, unruhigen Drang
nach Bewegung gehabt, wie in der Regel wir Franken
ihn fühlen, dann wäre freilich diese Fahrt in viel andrem
Maaße beschwerlich geworden, als sie dieß wirklich war;
so aber saß das Volk der Pilgrime fast den ganzen Tag
so still auf einem Fleck, daß es uns öfters wie ein ge=
maltes Jahrmarktsgedränge oder wie eine Gallerie von
Wachsfiguren vorkam. Nur wenn die Stunde der Wa=

schungen oder Gebete kam, noch öfter aber, wenn das
Geschäft und der Vorgang der Ernährung und der Ver=
dauung sie dazu nöthigte, erhuben sie sich von ihren
Sitzen, sonst war ihr gewöhnliches Tagesgeschäft jene
harmlose Lust an der Jagd, welche ihre Befriedigung nicht
im düstren Walde oder auf steilem Gebirge, sondern schon
in den Falten des Turbans und der Gewänder fand,
und welche niemals den Tod des erbeuteten Thieres be=
zweckte, sondern dieses lebendig hinfallen ließ aufs Ver=
deck, damit es ein andres Unterkommen sich suche. Wie
dieses große Volk der Hadschi's vornämlich bei Nacht, wo
der ausgestreckt liegende Mensch doch einen größeren Strich
des Bodens einnimmt als der auf untergeschlagnen Beinen
sitzende, in unsrem engen Schiffe und seinem untern
Raume Platz gefunden habe, das ist uns später, da wir
den ganzen Gelaß des leer gewordnen Fahrzeuges betrach=
teten, noch öfters ein Räthsel gewesen, um so mehr da
auch Frauen in diese untern Räume eingestallt saßen, für
welche ein eigner Verschlag von Brettern angebracht war.
Freilich sahen wir an dem Beispiel Derer, welche oben
auf dem Verdeck auf oder neben ihren Körben schliefen,
daß diese armen Leute in Beziehung auf die Schlafstät=
ten so verträglich seyen wie die wandernden Schneegänse,
denn öfters diente der eine dem andren, dieser wieder
dem dritten zum Kopfkissen.

Wir lernten übrigens gar bald es unterscheiden, daß
da unter dem Troß der ärmeren Hadschi's auch sol=
che wären, die sich vornehmer zu seyn dünkten denn die
Andren. Von den kleinen Bretterhütten, welche auf dem
Verdeck, ober unsrer Kajüte erbaut waren, bewohnte die
eine, vorderste, ein wohlhabender türkischer Kaufmann
aus Smyrna, Namens Hassan, ein Mann, der uns

durch seine gutmüthige Zutraulichkeit und sein Anschließen
an unsre Gesellschaft manche Unterhaltung gewährte; die
hierauf folgende Bretterhütte bewohnte die Griechin mit ihren
Kindern und dieser gehörten auch die sehr alt aussehenden
Mobilien (Tische und Stühle), welche wegen des Man-
gels an Raum über den Bord hinaus gebunden waren.
Die beiden hintersten Bretterhütten waren abermals von
zwei türkischen, unter sich nahe verwandten Familien be-
wohnt, davon die eine aus dem ältlichen Vater, seiner
Frau und Tochter, die andre aus einem Mann mit seiner
Frau bestund. Der erstere hatte durch die Pest alle seine
Kinder, außer der ihn begleitenden, etwa 10jährigen
Tochter verloren und schien hierdurch zur Pilgerfahrt be-
wogen. Was den andren zu dieser angetrieben hatte, weiß
ich nicht, so viel aber schien gewiß, daß für seine arme Frau
diese Reise eine furchtbare Pein seyn mußte, denn diese war
in einen so engen Raum eingesperrt, daß sie nur liegen und
sitzen, nicht aber aufrecht stehen konnte; durch ein Loch der
bretternen Thür des Kastens reichte der Mann ihr Speise
und Trank und nur selten verließ derselbe seinen Sitz
oder sein Lager vor dieser Thüre. Nicht mehr zwar durch
das Bewohnen eines eignen Bretterkastens, wohl aber
durch andre Merkmale als vornehm ausgezeichnet, erschien
ein alter Kaufmann aus Magnesia, mit seinen beiden
Söhnen, davon der eine, ältere, ein Iman, der andre,
viel jüngere der Liebling des Vaters war, der am Tage
an seiner Seite, bei Nacht an seiner Brust ruhte. Alles
Neue und Seltsame, was der Vater bei meinen jungen
Freunden sahe: Repetiruhren, Compaß, Messer, Farben,
das wollte er für seinen Liebling kaufen. Etwas entfernter
von uns, im Vordertheil des Schiffes hatte eine Familie
von Mohren (mit weißen wie schwarzen Frauen) ihre Bleib-

stätte, die ebenfalls reicher denn die andren schien, vornehm
genug that und unruhiger so wie anspruchvoller war denn alle
andren Hadschis. Auch ein Derwisch, von schöner Gestalt
und Aussehen, wurde von seinen Genossen mit besondrer
Achtung und Auszeichnung behandelt. Er hatte gar bald
mit Dr. Roth und Erdl Bekanntschaft geschlossen; wenn
er diesen, den einen Finger emporhebend, durch den Aus-
ruf des Wortes „Huh“ (Jehovah) sein Glaubensbekennt-
niß ablegte, da war sein Blick so bedeutend und ernst,
daß ich mit innrem Vergnügen ihn betrachtete.

Daß sich der Derwisch schon heute mit so besondrer
Achtung an unsre beiden jungen Aerzte anschloß, daß
diese beiden gleich vom ersten Tage an ein Gegenstand
des Aufmerkens für die ganze Schaar der Schiffsgesell-
schaft wurden, das hatte einen guten Grund. Unter den
Matrosen befand sich ein altes, kleines, sonst aber kräftig
gebautes Männlein, welches die andren den Engländer
(il Inglese) nannten. Er war als Knabe in diese Ge-
genden gekommen, hatte sein Unterkommen als Seemann
bei den Türken gesucht und gefunden, und, ob er hierbei
Christ geblieben oder Türk geworden, das blieb uns ein
Räthsel. Dieser „Inglese“ nun lag am ersten Tage
unsrer Seereise sehr krank, an einer Brustfellentzündung
darnieder, hatte am Morgen schon eine Art von münd-
lichem Testament gemacht, worin er seine wenigen Hab-
seligkeiten, in Gegenwart des Capitäns, an einen seiner
Kameraden vererbte, und nun wartete das Volk, das
ganz ruhig um den ächzenden Mann herumsaß oder stund,
auf den Augenblick, da dieser „abfahren“ würde. Der
Capitän indeß dachte nicht so. Er mochte schon in Smyrna
gehört haben, daß Aerzte unter uns seyen, er kam zu
meinen jungen Freunden, bat diese um ihren Rath und

um Hülfe, und Doctor Erdl wendete sogleich einen tüch=
tigen Aderlaß so wie kühlende Mittel mit so günstigem
Erfolg an, daß der Kranke bald sich erleichtert fühlte
und nach wenig Tagen wieder arbeiten konnte.   Diese
glückliche Cur machte auf unsre türkischen Habschi's einen
solchen Eindruck, daß viele von ihnen zu Dr. Erdl ka=
men, sich den Puls fühlen ließen und Arznei oder einen
Aderlaß begehrten und obgleich in den letzteren Wunsch
ohne Noth nicht eingewilligt wurde, gewährte man den=
noch desto reichlicher den ersteren, denn Dr. Roth war
mit einer guten Reiseapotheke versehen und bei solchen
meist eingebildeten Krankheiten war die Hauptsache der
Zucker oder irgend ein andrer Beisatz der Art, wodurch
die Masse der Arznei vermehrt wurde.   Man konnte
wirklich bei mehreren Gelegenheiten dieser Art sehen, was
das Vertrauen that; die Leute sagten gewöhnlich die Arz=
nei habe ihnen alsbald geholfen.   Während die Habschis
von den beiden jungen Doctoren allerhand Heilmittel be=
gehrten, ersuchten sie mich, seitdem ich einigen von ihnen
freiwillig eine Prise angeboten hatte, ziemlich allgemein
um Schnupftabak und da ich in Smyrna einen großen
Vorrath dieses unschuldigen Zeitvertreibs mit mir genom=
men hatte, konnte ich solche Bittgesuche gern gewähren,
dem einen ein wenig in seine kleine Dose, dem andren
in ein Schächtelchen, dem dritten auf die Hand reichen.

Der Wind blieb heute fortwährend günstig und frisch,
so daß wir schon mehrere Stunden vor Sonnenuntergang
die Spitze der erythräischen Halbinsel umschifften, welche
gegen Westen die hermäische Bucht: die Bucht von Smyr=
na umgränzt; gegen Norden sahen wir die Gebirge von
Lesbos, im Süden erschien bereits die Pelinäische Höhe von
Chios, neben uns die Bergkette des Mimas, deren nördliche

Ausläufer das Vorgebirge von Meläna (jetzt Karaburun) bilden. Seitdem wir uns gegen Süden gewendet hatten, lag das Schiff, das den Wind von der Seite nahm, etwas schief; ich fühlte von neuem eine leichte Anwandlung von jenem Uebel, das ich oben (S. 129.) bei der Fahrt über das schwarze Meer beschrieb und begab mich hinab auf meine Pritsche. Das was ich noch vor dem Hinabsteigen in die Kajüte gehört hatte und noch bis gegen Abend von meinen Freunden vernahm, lautete sehr gut. Morgen früh, so sagte selbst der Unterkapitän, könnten wir an Patmos ankern; in fünf Tagen, so versicherten Andre, könnten wir, bei solchem Winde, im Hafen von Alerandria einlaufen und obgleich der sehr erfahrene Capitän zu allen diesen wohllautenden Aeußerungen schwieg, ließen wir uns dadurch dennoch nicht irre machen, sondern träumten schon vor dem Einschlafen von dem Genuß des morgenden Tages auf den Felsen des herrlichen Patmos. Einige Stunden nach Mitternacht hörten wir über unsrem Haupte die große Kette raßeln und den Anker ins Meer lassen. „Da sind wir ja schon in Patmos, rief ich den zugleich mit mir erwachten Freunden zu, das ist über Erwarten schnell gegangen." Wir ruhten dann noch etliche Stunden, beim Anbruch des Morgens aber stunden wir auf dem Verdeck und sahen uns in einer engen Meeresbucht zwischen felsigen Inseln. Ist dies Patmos? fragte ich den Capitän. Dieser schüttelte den Kopf und zuckte die Achseln; von Patmos, sagte er, sind wir noch weit.

Mit der Sonne zugleich gieng nun auch uns ein Licht auf über unsre jetzige geographische Stellung. Wir waren noch gar nicht weit von dem Punkt hinweggerückt, an dem sich unser Schiff am gestrigen Abend befand; das Vaterland der erythräischen Sibylla, dessen Gebirge wir

schon gestern sahen, war noch immer ganz in unsrer Nach-
barschaft. Der Wind, der am gestrigen Morgen zuerst
Nordost, dann Nordwind war, hatte schon am Abend
sich etwas gegen Westen umgesetzt, und in der Nacht,
nach kurzer Windstille, war er uns ganz ungünstig ge-
worden: statt des erfrischenden für unsre Fahrt günstigen
Nordwindes stürmte uns heute der warme Sirocco aus
Südwesten entgegen. Unser wohlunterrichteter und vor-
sichtiger Oberkapitän, welcher die Gefahren dieses Win-
des hier, in der klippenreichen Gegend des Meeres kannte,
war, Chios gegenüber, zwischen zwei kleinen Felseninseln
eingelaufen, welche zu den südlichsten der Gruppe der
oenussischen oder hippidischen Inseln der Alten gehören;
zu jener Gruppe, deren nördliche und größere Inseln auf
unsren Charten unter dem Namen der Spalmadoren
(Spermatoren) verzeichnet stehen. Unser Capitän nannte
sie Agonusi (Egonnses), wie noch jetzt die Griechen diese
Denussä heißen. Hier, wo unser Schiff lag, war das
Meer so ruhig und spiegelglatt, daß wir Unerfahrenen in
dieser Art des Welt- und Windlaufes gar nicht begreifen
konnten, wie die Schiffsleute von einer Gefahr reden
konnten, welche unsrer Weiterfahrt, wenn diese anders
noch möglich, gedroht hätte; doch sahen wir nach einigen
Stunden auch das griechische Packetboot, welches damals
noch die gewöhnliche Communication zwischen Smyrna
und Athen unterhielt, und das fast einen halben Tag vor
uns Smyrna verlassen hatte, von Süden her zurückkehren
und in einiger Entfernung von uns Anker werfen.

Die eine der beiden kleinen Inseln, deren Felsen-
wände uns hier in unsren Schutz genommen hatten; die
welche uns auf der Westseite lag, ist ganz unbewohnt,
und wird nur von Zeit zu Zeit von Fischern oder von

Hirten besucht, welche, von benachbarten Inseln kommend, hier ihre Netze auswerfen oder ihr Vieh auf die spärliche Weide führen. Sie hat eine Quelle mit gutem Wasser; unsre Matrosen ruderten hinüber, um einige Fässer zu füllen und da wir sahen, daß bei jeder solcher Fahrt eine gute Anzahl der türkischen Hadschis sich ans Land setzen ließ, auch zugleich erfuhren, daß heute den ganzen Tag an eine Weiterreise nicht zu denken sey, gaben auch wir dem Hange nach das Eiland zu besuchen und fuhren mit den Matrosen hinüber. Die Frauen blieben bei der Griechin und ihren Kindern, in der Nähe des Quelles, wir Männer zerstreuten uns zwischen die Felsenklippen; denn jeder Schritt bot uns da etwas beachtenswerthes Neues dar.

Der ganze Umfang des kleinen Eilandes beträgt kaum eine Stunde; es besteht nur aus einem rundlich sich erhebenden Berge, der nach dem Meere hin, besonders an der Westseite, Chios gegenüber, hohe, gähe Felsenwände bildet. Die herrschende Felsart auf dieser, wie auf der gegenüber liegenden Insel ist außer dem Trapp, welcher die Höhe einnimmt, nach unten ein Thonschiefer von sehr eigenthümlicher Art und Gestaltung. Er gleicht an manchen Stellen einer riesenhaften Schlacke mit Höhlungen und Blasenräumen von einem Umfang und Rauminhalt wie ich noch niemals dergleichen gesehen; öfters stehen nur die Reste der zerstörten Gewölbe als sichelförmige Zacken hervor. Sehr häufig zeigten sich in diesem Schiefer Lager und Nester von einem bröcklich weichen, stark abfärbenden, viele Kohle enthaltenden Zeichenschiefer und auch die Höhlungen und jetzt leeren Blasenräume mögen mit dieser Masse ausgefüllt gewesen seyn. Die schon vorhin erwähnten gähen Felsenwände an der Westseite

der Insel tragen die Spuren eines gewaltsamen Zusam=
mensturzes an sich; mächtige Bruchstücke liegen zu ihren
Füßen im Meere und bilden, senkrecht in der Richtung
ihrer Schichten stehend eine oder mehrere Reihen von
hohen, natürlichen Mauern um die Insel her, zwischen
welche das Meer hereintritt und in deren Schutz und
Schatten die Schaaren mancher der zarteren Seethiere
sich versammeln.

Einige Abhänge und Schluchten der Insel waren
eben jetzt mit den kleinen, weißen Blumen der spätblühen=
den Narzisse (Narcissus serotinus) bedeckt, an manchen
Stellen entfaltete das Calocasien=Arum (Arum Caloca-
sia) seine schönen Blüthen. An dem Saamen der reifen
Gräser ergötzte sich eine kleine Schaar des Zaunammers
(Emberiza Cirlus, von den Türken „Kirlak" genannt)
mit olivenfarbener Brust so wie gelb und schwarz gefärb=
ter Kehle; auch das rothe Rebhuhn (Perdix rufa, auf
Türkisch „Cil") und eine Art von wilden Tauben kom=
men auf der Insel vor, selbst ein weißschwänziger Stein=
schmätzer (Saxicola Oenanthe) wollte mit seinem kurzen
Liede zeigen, daß auch diese Wüste ihre Gesänge habe.
Unten im Meer erfreute uns der Anblick der Aktinien
und Seeanemonen, so wie der kleinen buntfarbigen Fische
aus der Familie der Meerjunker (Labrus Julis) der An=
thias und Lutjane; an den Felsen lebte Helix nati-
coides.

Mich hatte das Aufsuchen des blühenden Arums an
die nördliche Seite der kleinen Insel hingezogen, da wo
das Wrack eines vielleicht erst unlängst an diesen Klippen
gescheiterten Fahrzeuges und weiterhin das Gemäuer eines
zerstörten Hauses an die Kämpfe des Menschen mit dem
übermächtigen Element wie an die noch furchtbareren mit
                                                    seinem

seinem eignen Geschlecht erinnerten. Je weiter ich mich
gegen Westen wendete, desto bedeutungsvoller und origi-
neller wurden die Formen der Thonschieferfelsen. Nach
Norden hin zeigten sich die schwärzlichen Berge der an-
dern Inseln dieser Gruppe; die Bucht von Erythrä wie
jene von Tschesme waren durch die östliche Nachbarinsel
verdeckt. Ich war jetzt an die schönste Stelle des Eilan-
des gekommen: an die mächtigen Felsenhallen seiner West-
seite; dort, Chios gegenüber, suchte ich mir, in der schat-
tigen Felsenschlucht eine Ruhestätte.   Wie ganz anders
zeigte sich hier das freie Meer als in der verschlossenen
Bucht da unser Schiff lag.   Seine Wogen eben von
weissem Schaum bedeckt schlugen mit Ungestüm an
die Wände des Schiefers; die Brandung, aus einem be-
nachbarten Felsengewölbe, das die Fluth sich ausgewa-
schen hatte, tönte wie ein ferner Donner; das Gefühl
der Sicherheit aber, mit welchem ich von meinem festen
Sitze aus das nachbarliche Saki oder Skio, die Haupt-
stadt von Chios betrachtete, ließ mir das wogende Meer
wie eine Gewitterwolke erscheinen, die ein Alpenhirte vom
Gipfel des Rigi oder des Watzmanns aus tief unter sei-
nen Füßen sich entladen siehet, während er selber im hei-
tren Glanze der Morgensonne dastehet.   Dort an einem
der grünenden Abhänge von Chios war die sogenannte
„Schule des Homer"; wie ist doch die geistige Gestal-
tung, die von Homers eigentlicher, nicht sogenannter Schu-
le ausgieng, so frisch und fest, gleich den Felsen dieser
Inseln geblieben, während so manches Bewegen der Völ-
kergeschichte gleich den bald zerstäubenden Wogen des jetzt
heftig aufbrausenden, dann wieder ruhenden Meeres daran
vorüberzog.

Ich suchte jetzt auch meine Reisegesellschaft wieder
v. Schubert, Reise i. Morgld. I. Bd.   26

auf. Die Hausfrau mit den beiden größeren Kindern der
Griechin kam mir schon entgegen; die Türken lagen und
schliefen an der Ostseite der Insel oder wuschen an einer
Pfütze, die vom Quell ihren Zufluß nahm, Tücher und
Gewänder; Dr. Roth und Erdl vergnügten sich mit dem
Heraushämmern von schönen Schwefelkieskrystallen, die
sich an mehreren Stellen in großer Menge im Thonschie-
fer eingewachsen fanden, Hr. Bernatz zeichnete eine Grup-
pe der Felsen. Wir bedurften gegen Abend keines Glöck-
leins und keines Trompeters, die uns zur Tafel riefen,
uns zog von selber der Hunger zum Schiff, denn wir
hatten gestern, weil in dem Getümmel des ersten Tages
noch keine Einrichtung mit der Küche des Schiffes zu
treffen war, fast nichts gegessen. Auf unserem Fahrzeug
herrschte noch eine angenehme Stille und Einsamkeit, denn
die türkische Besatzung war großentheils auf die Insel ge-
fahren; der Küchenjunge hatte sich in der Bereitung der
trockenen Bohnenkerne und des geräucherten Fleisches als ein
Meister der Kochkunst gezeigt. Auch unsre Hadschis kehrten,
nachdem sie ihr Abendgebet noch auf der Insel verrichtet
hatten, wieder zum Schiff zurück; bald dampften die Oef-
chen von neuem vom Rauchwerk des stark gezwiebelten
Pilaus und gleich nach gehaltner Mahlzeit wurde der en-
ge Raum der Ruhestätte gesucht.

Arundel *) erzählt, daß er öfters in Smyrna je-
ne von mehrern Reisenden gemachte Erfahrung aus eig-
ner Wahrnehmung bestätigt gefunden habe, nach welcher
die Hähne im Morgenlande fast mit der Pünktlichkeit ei-
ner Uhr gewisse Stunden der Nacht durch ihr Krähen

---

*) In s. Discoveries in As. min. II. p. 278.

anzeigen. Das gesammte Chor der Hähne, so berichtet
jener ehrenwerthe Beobachter, kräht in Smyrna zum er-
sten Male in der Nacht zwischen 11 und 12, das zweite
Mal zwischen 1 und 2 Uhr, und wenn etwa das eine dieser
Thiere seinen Wächterruf ein wenig früher oder später
denn die andern ertönen läßt, so beträgt der Zeitunter-
schied nicht mehr denn eine Minute. An unsern türkischen
Reisegefährten bewunderte ich öfters auch eine ähnliche
Eigenschaft des Aufwachens zur bestimmten Stunde der
Nacht. Der große, untre Schiffsraum, in welchem der
größte Theil der Hadschis bei Nacht zusammengeschichtet
lag, war von jenem Theil unsrer Kajüte, an welchem
bei Nacht mein Kopf lag, nur durch eine Bretterwand
geschieden, welche so dünn war, daß man jedes Wort
vernehmen, und den Geruch der geliebten Knoblauch- und
Zwiebelgerichte, welche jenes immer eßlustige Volk auch bei
Nacht sich bereitete, deutlich wahrnehmen konnte. Bald
nach Mitternacht war der erste Schlaf meiner schon um
7 Uhr zur Ruhe gehenden Kammernachbarn beendigt;
da fiengen alle zumal an laut zu sprechen, einige auch zu
essen, nach 1 Uhr wurden sie wieder still, zwischen 4 und
5 Uhr war auch der zweite Schlaf beendigt und nur we-
nige entschlossen sich zu einem dritten, denn die Lust zum
Essen überwog jetzt alle Lust zum Schlafen. Heute, am
Dienstag den 8ten November mußte dieß in vorzüglichem
Maaße der Fall seyn, denn das laute Sprechen und der
Geruch der Eßwaaren jener Mekka-Pilgrime ließ uns
fast von vier Uhr an keine Ruhe mehr; mit Freuden be-
merkten wir das Grauen des Morgens und traten aufs
Verdeck.

Unser griechischer Capitän hatte recht gehabt; der
ungünstige Wind der selbst für schnell segelnde Fregatten

26 *

den Durchgang durch die Meerenge zwischen Icaria und
Samos unmöglich macht, hielt auch heute noch an, und
würde, so versicherte unser alter Seemann, wohl auch
morgen noch andauern. Wir wünschten nun, da ja die
Umstände es erlaubten, auch die andre, östlich gelegne
Nachbarinsel zu besehen; zu ihr ließen wir uns hinüber=
fahren. Diese Insel ist bedeutend größer als die west=
liche; ihr Gebirge erhebt sich höher, an ihrer südöstlichen
und östlichen Seite findet sich ein von Fischern und Zie=
genhirten bewohntes Dorf. Es war heute kein so heitres
Wetter denn gestern, der Sturm war stärker geworden;
selbst in unsrer stillen Bucht bemerkte man eine Aufregung
des Gewässers; oben auf dem Berge fühlte man ein hef=
tiges Wehen des Windes. Wir (die Hausfrau und ich)
suchten zuerst den höchsten Gipfel des mehrköpfigen Ber=
ges zu ersteigen, an welchen das übrige hügliche Land
der Insel sich anlehnt. An dem steilen, steinigen Abhang
so weit hinanzuklimmen, war nicht-ganz leicht; mehrmalen
glaubten wir uns dem höchsten Punkt schon nahe, jenseit
des vermeintlich obersten stieg aber dann noch ein höhe=
rer an. Die Aussicht oben von der Höhe, hinüber nach
dem Festlande der Halbinsel, so wie im Westen nach
Chios, lohnte indeß die Mühe des Ansteigens reichlich. Dort,
jenseits des schwärzlichen Felsengebirges, das sich in Süd=
osten zeigt, öffnet sich die Bucht von Tschesme; die
Bucht der Schreckensnacht des 5ten July des 1770sten
Jahres, aus welcher mit den Feuerflammen und dem
Rauche der verbrennenden türkischen Flotte zugleich eine
Feuer = und Rauchsäule aufgieng, die wie einst Israëls
Heer vor Pharao, so das Volk der griechischen Christen
vor dem Henkerschwert der Osmanen schützte. Denn die
siegreichen Fortschritte der russischen Waffen am Pruth

und Kagul, zusammen mit dem so unglücklich endigenden
Aufstand der Griechen in Morea hatten bei der unbändig
stolzen, hohen Pforte nur Wuth und Erbittrung erregt,
nicht Furcht vor der Macht der Christen; noch war die
griechische Halbinsel ein großer Blutacker, auf welchem
die Leichname der seit Orloffs Abzug von den Albanesen
und Türken gemordeten Griechen, vermischt mit den
Trümmern der niedergebrannten Städte und Dörfer her-
umgestreut lagen, da ward im türkischen Diwan gefragt,
ob es nicht das Rathsamste sey, alle griechische Christen
im großen Reiche der Osmanen zu vertilgen. Doch auch
dieser Rath der Feinde jenes großen Paniers, welchem der
endliche Sieg über die Völker der Erde verheißen ist,
wurde, wie vormals bei Galerius und Diocletian zu
Schanden. Zwar die Seeschlacht in den heißen Mittags-
stunden des 5ten July, hier im nachbarlichen Meere dies-
seits Chios hatte den christlichen Waffen noch keine gro-
ßen Vortheile gebracht; von dem türkischen Admiralschiff
hatte sich die verheerende Flamme auch auf das russische
verbreitet und dieses mit sich in die Luft gerissen, doch
war außer dem russischen Admiral Orloff auch der leitende
Geist, die Seele dieses ganzen Unternehmens, Lord El-
phinston aus den Flammen gerettet worden und da die
türkische Flotte, wie von einem Gorgonenhaupte aus den
Wolken geschreckt, in die enge und schlammige Bucht,
Schiff an Schiff gedrängt sich flüchtete, da besetzte der
brittische Seeheld mit mehreren Schiffen den Eingang der
Bay. Hierauf wagte es der heldenmüthig kühne Englän-
der Dugdale, unterstützt von seinem Landsmann dem
Contreadmiral Greigh, während der Nacht mit Brandern
der türkischen Flotte sich zu nahen; es gelang ihm, mitten
unter dem Regen der türkischen Geschützeskugeln einen dieser

Brander an ein feindliches Schiff zu befestigen und mit
verbrannten Händen, Gesicht und Haaren durch Schwim-
men zu den Seinen sich zu retten. Unser berühmter
Hackert hat, von Alexius Orloff hierzu beauftragt, in
vier Gemälden die vier Hauptmomente dieser mächtigen
Seeschlacht dargestellt, bei welcher das nur zum Verder-
ben der Christen bestimmte eigne, innre Feuer die türkische
Kriegsmacht vernichtete, mithin „ein Feind den andren
fraß" *). Diese Gemälde, auch in ihrer stummen Zeichen-
sprache erregen Schauder; ein ungleich andrer jedoch war
jener den die Donner des Gerichts in jener Nacht im
Ohre aller Schläfer des benachbarten Festlandes und der
Inseln, so wie das Gluthfeuer der geröteten Berge im
Auge der wirklichen Zuschauer weckten. Das Krachen der
vom eignen Pulver zersprengten Schiffe hörte man, wie
fernen Donner bis nach Athen; in Chios wurden die
Häuser erschüttert, in Smyrna und Lesbos erbebte die
Erde; die russische Flotte, welche ziemlich fern von der
Bucht sich gehalten, wurde wie vom heftigsten Sturme
auf und nieder bewegt, und mehrere Schiffe, wie schwim-
mende Nußschaalen vor dem Hauch eines starken Man-
nes hinausgestoßen ins Meer. Zwar jene Türken, die
sich aus nahe Ufer bei Tschesme retteten, ließen unge-
hemmt ihre bis zum Wahnsinn gesteigerte Wuth an dem
armen griechischen Volk aus, das sie ohne Erbarmen
schlachteten und seine Städte und Flecken in Brand setz-
ten; der Anschlag aber der hohen Pforte, die Christen in
ihrem ganzen großen Reiche zu vertilgen, war über Nacht

---

*) Um dem Künstler die Arbeit zu erleichtern, ließ Orloff bei
Livorno ein Kriegsschiff in die Luft sprengen.

vergangen; seine Ausführung schien jetzt nicht mehr rath-
sam. Man mußte sich denn doch im Divan gestehen, daß
nicht bloß das Panier des Islams, sondern auch jenes
der Christen zuweilen Furcht und Bedenken erregen kön-
ne; denn wäre damals Elphinstons Muth (m. v. oben
S. 405.) auch bei andren Führern der Flotte gewesen,
Constantinopel hätte diese vor seinen Mauern und in sei-
nem Hafen gesehen. Wie einst Odins Stab die Stimme
der alten Whole (dieser nordischen Sibylla) aus ihrem
Grabe weckte, das schon so lange von Thau und Schnee
benetzt war, so hatte Tschesmes Feuersäule hier an der
nachbarlich angränzenden Stätte von Erythrä die Stimme
der Herophile, der erythräischen Sibylla aus ihrem
Grabesschlummer geweckt, welche mehr noch als das weis-
sagende Wort der Whole dem Hause des Odin und der
Freya, dem Throne Osmans das nahende Weh verkün-
dete. Und es war noch etwas Andres, Höheres, was
die Stimme der Gräber am Fuße der zerrissenen Felsen-
häupter von Erythrä aussprach; in jenem natürlichen
Wohnsitz der Kassandrischen Begeisterung, wo das Auge
gern von den furchtbar verödeten Klippen nach dem tief-
blauen, fast nie getrübten Himmel und seinen Mächten
aufblicket, hat einst Herophile, welche das Alterthum un-
ter seinen tiefblickendsten, berühmtesten Sibyllen nennt,
in prophetischem Geiste von einer Zukunft gesprochen, da
die Reiche und Völker der Erde unter dem Schatten eines
Friedens wohnen werden, der niemals endet *).

---

*) Bemerkenswerth ist es, daß in dem Geburtsort jener ur-
alten Sibylla, selbst noch zu Alexanders Zeiten eine neue
Sibylla aufstund, welche dieselben (jetzt naher geruckten)

Wir hatten uns lange an der Beschauung der großen Felsenwüste des Mimas ergötzt; der Sturm brauste laut über die Bergeshöhe und erregte da, statt der Hitze die wir gestern unten am Meere empfunden, ein Gefühl von Kälte; wir stiegen in der Schlucht, welche zwischen den beiden Hauptgipfeln des Berges verläuft, wieder hinab nach dem Meere. Auf unsrem, wegen des losen Gesteines sehr beschwerlichem Wege kamen wir an einzelnen Feldern und dürftigen Baumpflanzungen vorüber, um deren Gezweig sich ohne Aufsicht und Pflege die Rebe schlingt; dazwischen Trümmer von zerstörten Häusern und Hütten des noch jetzt hier lebenden Hirtenvolkes, roh aus Steinen zusammengehäuft, tiefer hinabwärts auch etliche Bruchstücke von weißem Marmor, vormals vielleicht Bestandtheile eines Tempels oder eines Landsitzes, welcher diese liebliche Bucht zu seiner Stätte erwählte. Denn lieblich, in der That, muß einst diese Bucht, in die wir jetzt hinabkamen, gewesen seyn, als ihr noch jetzt fruchtbarer, grünender Boden von dem Fleiß der Menschenhand mit Gaben des ordnenden, die Schönheit erkennenden Geistes geziert war.

Wie fern oder wie nahe uns hier unser Schiff sey, wußten wir nicht, denn die Schlucht, in der wir hinabgestiegen waren, hatte uns die Aussicht nach der südwestlicheren Seite der Insel verdeckt; ich war ohne Compaß und auch die Sonne, nach deren Stellung man sich hätte orientiren können, war von Wolken bedeckt. Wir sahen jetzt an dem entgegengesetzten Rande der Schlucht einige

---

Aussichten in die Zukunft besang, an deren Fernanblick die ältere sich entzückt hatte. (M. v. Strabo 953.)

Männer, der eine mit einer Flinte bewaffnet, übrigens
aber armselig genug aussehend herabsteigen, welche ihre
Richtung gegen uns hin zu nehmen schienen, und obgleich
die erythräische Sibylla uns kein Leid, sondern Frieden
geweissagt hatte, hielt es die Hausfrau dennoch für sicherer,
daß wir „des Friedens halber" mit jenen Leuten uns
nichts zu schaffen machten, sondern die Nähe des Schiffes
aufsuchten. Schnellfüßig eilte sie über den steinigen Hügel
hinan, da begegneten uns, ehe wir noch das Schiff sahen,
einige unsrer Reisegefährten, bewaffnet mit Jagdflinten,
in ihrer Begleitung auch die Freundin Elisabeth sammt
der Griechin und ihren Kindern. Der Knabe der Grie=
chin, ein Männlein von eben so lebhafter Einbildung als
großer Furcht, wollte dort am Steinhaufen eine große
Schlange gesehen haben, welche er, noch jetzt blaß vor
Schrecken, als ganz entsetzlich beschrieb; wir forschten
nach, es war aber nur eine Eidechse gewesen, die durch
das dürre Gras rauschte.

Ich ruhete ermüdet von der fast schlaflosen Nacht
und dem Besteigen des Gebirges, in dem dichten Gebüsch
der Myrten und der Terebinthen, in dessen Obdach ich
mich, zum Schutz gegen den Wind hineingedrängt hatte,
während nicht fern von mir mein Freund Bernatz zeich=
nete. Der kurze Schlummer hatte meine Augen zur neuen
Lust des Sehens gestärkt; es war als seyen die alten
Felsen wie das Meer ganz etwas Andres, Neues gewor=
den, auch hatte jetzt der blaue Himmel gegen Nord und
West hin das Nebelgewölk durchbrochen. Verloren in
dem Anschauen der Höhen wie der vom Gewässer bedeck=
ten Tiefe hatte ich selbst den Weg (der ja eigentlich kein
Weg war) verloren, ich konnte weder den Freund Ber=
natz noch die andren Reisegefährten finden, endlich ward

mir der Ton der geognostischen Hämmer ein Führer,
hinab nach der schönen Bucht, in der wir vorher ver=
weilten, und hier fand ich die Begleiter, sammt der
Hausfrau und der Freundin.

Da unten auf den Stufen des zerklüfteten Thonschiefers,
neben der blauen tiefen, von keinem Lüftchen bewegten Fluth,
in welcher die Schaar der buntfarbigen Fischlein spielte
und die Seeanemone neben der rothen Aktinie ihren Kelch
aufthat, um ihn mit den Strömen des Wohlgefallens,
welche durch die ganze Sichtbarkeit gehen, zu sättigen, möchte
ich wohl jetzt sitzen und meine Reise beschreiben; die Ar=
beit würde vielleicht noch einen andren, höheren Ton ge=
winnen, als hier, wo der Lufthauch die Aeolsharfe der
athmenden Brust nur durch das halb geöffnete Fenster
berührt.   Doch auch hier blüht neben mir, vom Wasser
genährt die Rose, wie sie, weißlich gefärbt und nach
Bisam duftend an einem der Felsenabhänge der Insel
blühete.

In den späteren Stunden des Nachmittags hatte der
Himmel sich ganz aufgeheitert; das Meer aber, jenseits
der stillen Buchten, schlug noch immer seine weißbeschäumten
Wogen. Wir suchten jetzt die Nähe unsres Schiffes auf und
dort verstund man unsren Wink; das Boot setzte sich in
Bewegung und bald waren wir wieder in der kleinen Hei=
math unsrer Cajüte, wo wir abermals an einem wohlge=
lungnen Meisterstück des Schiffskoches: an dem Gericht
der ganz weich gekochten und hinlänglich gesalzenen Linsen
uns ungemein erquickten.   Hassan hatte, mit der Angel,
die einer unsrer jungen Freunde ihm lieh, sein Glück zur
See versucht, nichts aber erbeutet als einige kleine, bunte
Fischlein, die wir unsrer Sammlung zufügten.   Desto
glücklicher waren die türkischen Hadschi's gewesen, welche

jetzt, nach verrichtetem Abendgebet von der kleineren Insel auf der wir gestern gewesen, zurückkehrten, geschmückt und beladen mit den Blumen der spät blühenden, lieblich duftenden Narzisse, welche sie, weil sie gestern uns solche Blumen sammlen sahen, freigebig uns schenkten.

Auch am dritten Tage (den 9ten November) hielt der ungünstige Wind noch an, obgleich dabei der Himmel ganz wolkenlos und klar erschien. Auf der kleineren, westlichen Insel, zwischen dem Wrack des gescheiterten Fahrzeuges und dem Gemäuer des zerstörten Hauses hatten griechische Fischer, von einer der benachbarten Inseln, ihr langes Netz ausgeworfen, das sie jetzt eben herauszogen. Auch wir ließen uns zu ihnen hinüberschiffen, sahen aber bald daß die nächtliche Arbeit der guten Leute für diesmal vergebens gewesen war; außer einigen Sepien war nichts im gezogenen Netze, das der Beachtung werth erschien.

Mit Freund Bernatz, welcher heute das allerdings „malerisch schön“ vor unsern Augen liegende Saki (Chios) aufnehmen wollte, hatte ich mich auf ein Amphitheater der Felsen an der Südwestspitze des kleinen Eilandes begeben. Der Sirocco ergoß seinen erschlaffend warmen Hauch über das Meer, auf dem schwarzen Felsen weckte der glühende Strahl der Sonne eine Hitze, wie sie bei uns nur noch der August oder der angehende September kennt; auch über das ja fortwährend bald trotzige bald wieder verzagte Herz ergossen die Ungeduld und der Unglaube ihren lähmenden Einfluß. Wir waren zu sehr durch den sich immer gleich bleibenden Fortgang der Dampfschiffahrt verwöhnt, welche uns so schnell nach Constantinopel und so schleunig von da nach Smyrna gefördert hatte; wer kann wissen, so murrte das ungedultige, un-

dankbare Herz, wie lange der ungünstige Wind noch an=
hält und wie weit indeß, während wir hier gehemmt sind,
die stürmische Jahreszeit des Decembers heraurückt, welche
den weiten Weg über die breite Wasserbahn zwischen Rho=
des und Alexandria, zu einem Weg der Gefahren und
der Schreckniſſe macht. Doch ſo wie unten, zwischen den
Klippen, die feſte Felſenwand durch ihren Schatten dem
Leibe Kühlung und Erquickung gab, ſo empfieng die Seele
Schatten und Stärkung, nach ihrem Maaße und in ihrer
Art, durch den Geſang eines guten alten Liedes und durch
manches andre kräftige Wort.   Eine besondere beruhigende Kraft liegt auch in der
Ausübung des Handwerkes; in dem Thun und Schaffen
des Berufes, den Gott dem Menschen gab, besonders
wenn er ein ſolcher iſt, der überall, auf Felſen wie auf
grünenden Auen, am Meere wie auf Bergeshöhen betrie=
ben werden kann.   Ein vorlängſt vorſtorbener Rathsherr
in N . . , aus deſſen nachgelaſſener Bibliothek ich ſel=
ber mittelbar einige schöne Bücher gekauft habe, lernte
noch in ſeinen ſpäteren Jahren Hebräisch, weil er mein=
te, dieſes ſey die allgemeine Sprache der Welt des ſee=
ligen Jenſeits.   So hoch mir nun auch die hebräiſche
Sprache ihrer innern Kraft und Bedeutung nach ſtehet,
meine ich doch, daß man ſie gerade nicht zu erlernen
brauche, um etwa einmal künftig die Bürger des Jen=
ſeits zu verſtehen, denn das, was dieſe reden, das wird
Jeder, der Parther, wie der Elamiter, gleich wie in ſei=
ner Sprache geſprochen vernehmen.   Eine Rede aber ken=
ne ich, welche ausgehet in alle Lande; eine allgemeine
Sprache, welche die ewige Weisheit überall mit ihren
Menschenkindern redet: das iſt die Sprache der Werke,
die Hieroglyphik der ſichtbaren Geſtaltungen in der Na=

tur. Einem Wandrer, dessen Auge und Ohr für dieses
Zwiegespräch der Weisheit mit ihren Kindern geöffnet ist,
dem wird niemals, auch wenn ihn der ungünstige Wind
auf eine der öden Felsenklippen der Hippiden verbannen
sollte, die Zeit lang. Auch heute, nachdem der Nebel
der unnöthigen Sorgen verschwunden war, erfuhren wir
dieses. Wir, ich und meine jungen Freunde, hatten uns
förmlich, mit stillschweigendem Vertrag, in die kleine Insel,
die ja ohnehin keinen Herrn hatte, getheilt. Der Maler Bernatz
und ich, wir bewohnten ein großes Amphitheater, das die
Natur dort in dem stufenweis absetzenden Thonschiefer ge-
bildet hatte, unsre Herrschaft war die weite Aussicht über
das Meer und das nachbarliche Chios, kleine Fische in
Menge, wie Unterthanen des Besitzthumes, sonnten sich
zu unsern Füßen im Meere; einer der andern jungen
Freunde wohnte und saß wie Thoms, in Zelters wohl-
klingendem Liede, „am hallenden See", wo er purpur-
farbne Aktinien und allerhand Seeschnecken in sein Fel-
senschloß aufhäufte; der dritte Herr der Insel, der seine
Besitzungen ostwärts hatte, wäre unermeßlich reich ge-
worden, wenn der Erzgang, den er heute im Thonschie-
fer entdeckt hatte, und an welchem er den ganzen Tag
von frühe an bis zum Abend herumhämmerte, statt des
goldfarbenen Schwefelkieses auch wirkliches Gold enthal-
ten hätte. Freilich, mit dem eigentlichen Hausbestand,
sahe es, bei all diesen Schätzen, auf unsrer Insel bedenk-
lich aus; die schönen Fische mochten mit unsern schönen,
neuen Fangwerkzeugen nichts zu schaffen haben, die Roth-
hühner wollten sich weder schießen noch fangen lassen und
so kamen wir auch heute sehr hungrig auf unser Schiff
zurück, wo uns, ich schäme mich fast unserer damals noch
an beständige Abwechslung denkenden Leckerei zu erwäh-

nen, ein unvergleichlich wohlschmeckendes Gericht von ge-
kochten, trocknen Erbsen, aus der Hand des Küchenjun-
gen erwartete.

Donnerstags, den 10ten November, noch vor Ta-
gesanbruch, lichtete unser Schiff, zugleich mit dem grie-
chischen Packetboot die Anker und als wir bei Sonnenauf-
gang das Verdeck betraten, da waren wir so nahe an
Chios (Saki), daß wir jedes Haus der weithin laufen-
den Hauptstadt der Insel mit seinen Fensteröffnungen
und den zum Theil zinnenartigen Mauern unterscheiden
konnten, ja daß es uns fast möglich gewesen wäre, mit
den am Ufer wandelnden Menschen ein Zweigespräch zu
halten. Chios wird nicht bloß von den Türken, es wird
auch von den Franken, die sich längere oder kürzere Zeit
da aufhielten als das Paradies der griechisch-asiatischen
Inseln geschildert. Hier vermählt sich nicht, wie in Ita-
lien der Weinstock mit der Ulme oder mit der Pappel,
sondern mit dem edleren Bürger des Ostens: dem Ma-
stixbaume, dessen balsamisch kräftiges Harz nirgends in
solcher Güte gewonnen wird denn auf Chios; das Dickig
der Granatbäume, das sich bald mit dem Scharlachroth
der Blüthen bald mit dem Purpur der Früchte schmücket,
wechselt mit dem zarten Weis und dem glänzenden Golde
der Blüthen oder Früchte tragenden Orangenbäume; am
Saume der Oelgärten duftet die Fülle der Gewürzkräuter.
Der kränkliche Engländer Bainbridge, als er in seinem
74sten Jahre einen schmerzhaften Armbruch erlitt, von
dessen Folgen er nirgends in Europa sich erholen konnte,
zog hieher nach Chios, in dessen balsamischer Luft er ein
heitres Alter von 93 Jahren erreichte.

Am Nachmittag näherten wir uns dem herrlichen
Samos. Ich bin zweimal an dieser Geburtsinsel des

Pythagoras ganz nahe vorübergekommen, und verweilte
auf dem Rückwege, von ungünstigem Winde gehalten, fast
einen ganzen Tag in ihrer Nähe, und beide Male war
es mir, wenn sich mein Auge in der erhaben schönen Ge=
birgsnatur dieser Insel ergieng, als vernähme ich, mit
dem Ohr des Geistes, jene Hymnen, mit denen die
Schaar der Pythagoräer, dort in dem fernen Lande des
Westens die aufgehende Sonne begrüßte so wie die nie=
dergehende besang. Die schöne, gewaltige Natur um uns
her ist eine Schrift der musikalischen Noten, zu denen der
ernstlich betrachtende Geist beständig die entsprechenden
Töne findet. Heute, da wir dem hehren Cercetius=
berge von Samos zum ersten Male uns naheten, sahen
wir ihn auch, wie Clarke*), mit mehreren Kreisen von
Wolken umringt; sein Abhang steiget überaus steil vom
Meere aufwärts; etwa bei zwei Drittel seiner Höhe hat
er eine Stelle, an der sich des Nachts, wie dies schon
Clarke berichtet, und wie alle ortskundige Schiffer
es bestättigen, bei stürmischem Wetter eine weithin leuch=
tende Feuererscheinung zeiget. Oefters schon sind Einge=
borne wie Fremde an der gähen Bergwand hinan gestie=
gen, um den Quell dieses phosphorischen Lichtes zu er=
forschen, ohne jedoch ihren Zweck zu erreichen. Es ver=
hielt sich damit, wie, im geistigen Gebiet, mit dem Feuer
der Andacht, welches, je stärker die Stürme von außen
toben, desto lebendiger emporflammet, welches jedoch,
wenn ein fremdes, neugierig forschendes Auge sich ihm
nahet, tief ins Innre sich verbirgt, weil sein eigentlicher
Heerd nicht das sichtbare, augenfällige Wesen, sondern

_____

*) Travels II, 1. p. 192.

die unsichtbare Region des Geistes ist. — Das was jene Phosphorescenz bewirkt, sind wahrscheinlich Schwaden der leuchtenden Dünste, etwa einer Naphthaquelle, welche nur dann dem Auge sichtbar werden, wenn sich der weit aus= gedehnte und deßhalb verdünnte Schimmer, von fern ge= sehen, auf engerem Raume zusammendrängt.

Das Gebirge von Samos durchsetzt, in der gleichen Höhe seiner Häupter die Insel von Ost nach West, dort gegen das Vorgebirge Mykale des Festlandes, hier gegen das westlich gelegne Ikaria hin gerichtet. Der alte Name Ampelos, den die niedere, gegen Westen verlaufende Fortsetzung des samischen Gebirges trug und der sie als einen Weinberg bezeichnete, ist in unsern Tagen viel= leicht wahrer und richtiger denn vormals; denn der lieb= lich süße Wein des jetzigen Samos wird selbst nach Eu= ropa geführt und ist hier hochgeachtet, während das alte Samos sich nicht durch Weinbau auszeichnete. Die jetzi= gen Bewohner der Insel haben freilich die Armuth zum Sporn für ihre landwirthschaftliche Thätigkeit, ein Sporn, welcher den vormaligen Einwohnern abgieng. Denn wie die Herrscherin Juno auf diesem blumenreichen *) Eilan= de die Tage der ersten Kindheit und blühenden Jugend verlebte, so hat auch hier Ioniens Macht und Reichthum einen Lieblingssitz seiner aufblühenden Jugend gehabt. So mächtig und reich denn Samos war damals, als Poly= crates sie beherrschte, keine der griechischen Städte und Inseln; die Geschwader der reich beladenen Handelsschiffe, beschirmet von hundert Kriegsschiffen zogen von ihrem Ha= fen aus und ein, und hinaus bis über die Säulen des

Her=

---

*) Ein Beiname von Samos war Anthemos.

Herkules, aber so wie das Loos des allzuglücklichen Po-
lykrates selber, war auch jenes der reichen Stadt: jener
starb durch Hinterlist eines äußern Feindes den Tod des
Sklaven; diese fand zuerst durch innre, dann durch äußre
Feinde ihren Untergang. Das mächtige Samos, das un-
ter Polykrates 100, das noch in den Zeiten des Pelopon-
nesischen Krieges 60 Kriegsschiffe ausrüstete, hat jetzt
nur noch einzelne Fischerboote; sein Hauptort, das Städt-
lein Kora, gleicht einem armen Marktflecken.

Zwischen dem hochgebirgigen Samos und dem niedri-
geren, vormals so weidereichen Ikaria (jetzt Nikarie),
das uns in den Abendstunden zur Rechten (im Westen)
lag, bewegt sich das durchströmende Meer fast immer in
höheren Wogen denn außerhalb der Meerenge; heute
jedoch erschien diese Bewegung von ganz besondrer Stärke.
Die Wolkenringe um den Cercetius hatten uns nichts
Gutes bedeutet; der frische Wind, der am Tage wehete,
hatte sich zum Sturmwind verstärkt. In dem Contrakt,
den wir in Smyrna mit unsrem Capitän abgeschlossen
hatten, war als eine der Hauptbedingungen festgesetzt
worden, daß er an Patmos landen und dort einen Tag
mit uns verweilen solle; er selber, der Capitän, wünschte
aus persönlichem Interesse diese Bedingung einhalten
zu können, denn er hatte auf jener Insel einen Sohn,
dem er, von Smyrna aus, mancherlei zu bringen im
Begriff war. Doch die Fahrt vorüber an den Corassi-
schen Felseninseln und zwischen den südwärts, gegen Pat-
mos hin gelegnen Klippen und Riffen hätte uns diesmal
gar leicht ähnliche Gefahren bringen können, als dem
Ikaros der alten Fabel, dessen Grab das benachbarte
Ikaria geworden, sein Flug über das Meer, denn in der
Nacht wurde der Sturm so heftig, daß die Wellen über

das Verdeck des Schiffes schlugen und einen Theil ih=
res Gewässers herunter in die Kajüte strömten.   Es
war der erste Sturm, den wir auf dem Meer erlebten;
das Aufrechtstehen war uns unmöglich; vom Lager aus,
an dessen Brettersaum man sich festhalten mußte, um nicht
jetzt heruntergerollt, dann wieder gegen die Wand ge=
worfen zu werden, sahen wir mit Schrecken und Be=
dauern, wie nicht bloß die Kiste, in der Mitte der Kajüte,
hin= und hergerissen wurde und die Reisekoffer an diesem
stoßweisen Bewegen Antheil nahmen, sondern wie auch
unsre wissenschaftlichen Geräthschaften, vor allem aber die
scheinbar so gut und sicher gestellten Barometer der Ge=
walt unterlagen, von denen das eine in dieser Nacht den
Todesstoß erhielt und auch ein andres, in Wien gekauftes,
wenigstens für diese Reise unbrauchbar wurde. Der Kapitän
Angeli, der sich uns auf dieser ganzen Reise als ein Eh=
renmann gezeigt hat, welcher gern sein gegebenes Ver=
sprechen erfüllte, sendete mehrmalen den Unterkapitän zu
uns hinab in die Kajüte und ließ uns fragen, ob wir
nicht lieber wollten, daß die Beschwerlichkeiten dieser Fahrt
vermindert würden, indem wir das freie Meer suchten;
wir hätten aber gern alle jene vorübergehenden Uebel er=
duldet, wenn nur Patmos wäre erreicht worden. Als
er uns aber, etwa gegen 2 Uhr des Morgens, sagen ließ,
er sey zwar noch immer bereit, sein gegebenes Wort zu
halten, wenn wir darauf bestünden, aber er halte jetzt
die Weiterfahrt zwischen die Felsenklippen und selbst nach
dem Hafen von Patmos, dessen Eingang schwierig sey,
für gefährlich, — da entließen wir ihn seines Versprechens
und gaben für diesmal den Besuch der guten Insel auf.
Freilich schmerzte es uns sehr, als wir beim Aufgang der
Sonne das herrliche Patmos so nahe hinter uns sehen

mußten, ohne seinen durch vielfache, hehre Erinnerungen
geweiheten Boden betreten zu können. Da lag es, von
der Morgensonne beleuchtet, vor uns, wie die Gestalt
eines brütenden Adlers; das Haupt mit dem kastellarti-
gen, griechischen Kloster gekrönt; an der einen der beiden
Schwingen, jedoch jenseits unsres damaligen Gesichtsfel-
des, liegt die Schule und Grotte des h. Johannes, wo
dieser im Geiste die Zukunft und den Ausgang der Kämpfe
des Geistes mit der Macht des Scheines erblickte; die
Abhänge des Berges wie der Saum der Küste mit einer
großen Zahl der Kirchlein und einzelnen Kapellen bedeckt.

Der Wind hatte schon vor Aufgang der Sonne seine
Sturmesgewalt abgelegt, war aber noch immer kräftig
und der Richtung unsrer Fahrt günstig. Schon am Vor-
mittag sahen wir zu unsrer Linken (westwärts) die Insel
Leros (Liries); am Nachmittag fuhren wir an dem
honigreichen Kalymna (Kolmone) vorüber, gegen Abend
ergözte uns der nahe Anblick von Cos (Stanchio). Hier
war Apelles, der altberühmte Meister der Malerkunst
geboren; wie sein hochgepriesenes Bild der Venus Ana-
dyomene, das hier in dem Tempel des Aeskulap stund,
später aber Cäsars Tempel in Rom zierte, war auch hier
die Arzneikunde, als ein festgestaltetes Wissen aus dem
Meere der vielfältigen Erfahrungen und Wahrnehmungen
hervorgestiegen, denn aus Cos entstammte Hippokrates,
der Vater der Arzneikunde, dessen forschender Geist an
der wachen (nicht träumenden) Beachtung jener Gedenk-
tafeln am Tempel des Aeskulap erwacht war, welche in
einfachen Worten die Geschichte einzelner Krankheiten
und ihrer Heilung erzählten. Noch jetzt ist Cos eine
schöne, von der Natur reich begabte Insel, wenn auch
jener hohe Wohlstand, welchen ihr vormals die Webereien

27 *

der Purpurgewande und der farbigen Tücher gaben, schon
längst von ihr gewichen ist.

Es war heute der zweite Tag nach dem Neumonde
und zugleich der Sonntag der Türken: unser Freitag.
Sie hatten bei Sonnenuntergang knieend ihre Gebete ver=
richtet und dabei auf eine lieblich lautende Weise gesun=
gen. Daß wir Männer ihre Andacht beobachteten, schien
ihnen nicht zuwider, wohl aber, daß auch die Frauen
dieß thaten, weshalb diese auf die Kajütentreppe sich zu=
rückzogen.   Indeß trugen sie uns jenes Versehen nicht
nach, und als nach Sonnenuntergang am heitren Blau des
Himmels die zarte Sichel des Mondes sich zeigte, da
wurden sie sehr fröhlich darüber, zeigten uns dieselbe und
weissagten aus der Klarheit des Mondlichtes einen ferne=
ren günstigen Fortgang unsrer Fahrt.   Doch wie trüge=
risch sind alle solche Schattenspiele, die der Mensch sich
selber schaffet und welche er Voraussicht des Künftigen
nennt, mag nun in seiner laterna magica als Lampe die
Mondsichel oder ein phosphorisch entzündeter Dunst leuch=
ten.   Der günstige Wind hatte uns während der darauf
folgenden Nacht ganz verlassen; wir schwebten am andern
Morgen (Sonnabends den 12ten November) noch südost=
wärts von Cos; hinter uns im Norden zeigten sich die
Gebirge der Umgegend von Halikarnassos, welche
das Andenken an den hier geborenen Vater der Geschichte,
an Herodot, verherrlicht, und wo der Reisende noch jetzt
das von dem deutschen Johanniterritter Schlegelhold
aus den Ruinen des als Weltwunder gepriesenen Mauso=
leums erbaute Schloß Petreon bewundert; nahe bei
uns erhuben sich die schroffen Felsenhäupter von Cnidos,
im Westen Nicyros.   Wenigstens mit dem Fernrohr
blickten wir (an Zeit hinzu fehlte es uns bei der heutigen,

langsamen Fahrt nicht) hinüber nach den Ruinen des einst
so schöngebauten Cnidos, der Vaterstadt des Praxiteles
und jenes Sostrates, der als Erbauer des Pharos in
Alexandria so großen Ruhm erlangte. Ob das, was wir,
in etwas ungünstiger Beleuchtung als Ruinen zu sehen
glaubten, wirklich die noch vorhandenen Reste des alten
Theaters seyen, oder ein andres Gemäuer, konnten wir
nicht entscheiden. Gegen Abend näherten wir uns der
Insel Symi und beschlossen im Anblick dieser gewaltig
schönen Felsenberge die erste Woche unsres Seelebens mit
frohen, dankbaren Herzen.

In der Nacht hatte sich ein schwacher Wind aus
Norden, vom Lande her erhoben; mittelst desselben war
es unsrem Schiffe gelungen, bis in die Meeresstraße von
Rhodus vorzudringen, und als am Sonntag den 13ten
November die Sonne aufgieng, da beleuchtete sie uns
Rhodus in solcher Nähe, daß wir jede einzelne Wind-
mühle an der Nordseite der Stadt deutlich unterschei-
den und das (schwache) Bewegen ihrer Flügel bemer-
ken konnten.   In einer Stunde, so sagte uns selbst der
in seinen Voraussagungen sehr vorsichtige Obercapitän,
könnten wir im Hafen einlaufen.   Aber diese Stunde
währte lange. Eine plötzlich eintretende Windstille hielt
unser Schiff dort, im Anblick der nun auch stille stehen-
den Windmühlen, wie festgebannt, die Segel mochten ge-
zogen und gespannt werden wie sie wollten, immer hien-
gen sie schlaff und leblos herab. Wem es etwa im Trau-
me so vorkam, als ob er gehen wollte, und die Füße wa-
ren ihm wie gelähmt, er wollte mit der Hand zugreifen
oder die Zunge zum Sprechen bewegen, und beide waren
so starr, als wären sie in Stein verkehrt, der hat eine
ohngefähre Vorstellung von dem Zustand eines Schiffen-

den, der ganz nahe bei dem Ziele und neben diesem hin
und her schwebt, ohne dasselbe erreichen zu können. Der
Morgen vergieng noch leicht; wir hatten ihn meist stille
lesend in der Kajüte zugebracht; der Nachmittag aber,
als wir auch da, so oft wir aufs Verdeck traten, immer
auf demselben Fleck uns sahen, wurde schon etwas schwe-
rer. Man bot jetzt dem einen, dann dem andern Hadschi
eine Prise Tabak, diese guten Leute dagegen nöthigten
den Geber des Schnupftabaks etwas von ihren Süßig-
keiten: den getrockneten Jujubenbeeren oder Aprikosen an-
zunehmen, und solches durfte man nicht verschmähen, so
wie auch die Türken, selbst ohne daß man sie dazu ein-
lud, wenn für uns etwa in der Küche ein ihnen neues
oder sonst anständiges Gericht bereitet wurde, mit ihren
Fingern in die Schüssel langten und kosteten. Man gieng
wieder hinab in die Kajüte und las, aber leider nicht auf
solche Weise, daß das Lesen dem Herzen Ruhe und Stär-
kung gebracht hätte, denn der Unmuth des verzagten Her-
zens schaute mit in das Buch hinein; die Ungedult wen-
dete das Blatt um. Abermals traten wir in einer spä-
teren Nachmittagsstunde hinauf aufs Verdeck und sahen da
noch immer die gleichen stillstehenden Windmühlen von
Rhodus; Vögel vom Lande wie vom Meere her vorbei-
ziehend vor unserm Schiffe, giengen und kamen; ein Wind
aber, der auch uns von der Stelle bewegt hätte, wollte
nicht kommen. Endlich, am Abend, beim Untergang der
Sonne erhub sich einer; die Windmühlen, die so lang
und oft betrachteten, regten ihre Flügel, unsre Segel
schwellten sich auf, aber leider es war nicht der Wind,
den wir zur Förderung unsrer Reise brauchten, sondern
der conträrste von allen, welcher uns in diesem Augen-
blick hätte kommen können: der Wind aus Südost, wel-

cher alsbald unser Schifflein auf seine Schwingen nahm und es wieder dahin zurückführte von wo es gestern her= gekommen war.

Ich schäme mich, es zu gestehen; aber es gehört mit zu den Zügen der innern Geschichte dieser Reise, darum sey es bekannt: mein ganzer Muth war mir jetzt durch die= sen so wenig bedeutenden Verfall wie gebrochen und ge= lähmt; ich hätte gleich jenem Manne, dem ein Wurm sei= ne Kürbisstaude stach, unter deren Ranken und Blättern er Schatten fand, so daß sie am Hauch des Südwindes verwelkte, vor Verzagtheit und Unmuth sterben mögen. Ich war mit der Hausfrau hinabgegangen in die Kajüte, der Kleinmuth äußerte bei uns gegenseitig seine so leicht ansteckende Gewalt; es war mir an diesem Abend, als wür= de die Frage „wohin willst du?" von welcher ich am Eingang dieses Werkes gesprochen, in ganz andrer Weise als vormals an mich gerichtet: in jener, in welcher man einen Entflohenen fragt, der entwichen ist aus dem Hau= se, dahin er gehörte, zu dem „Brunnen in der Wüste am Wege zu Sur" *). Zweifel, ob dieser Weg wohl recht sey, ob man nicht wieder umkehren solle, stiegen wie düstre Wolken über die erschrockene Seele auf; die Arme, sie hatte vergessen, daß sie, ihrer Natur nach, dazu gemacht ist, auf einem Felsen zu stehen, der überall ihr nahe ist, und hatte sich in ein wogendes Meer gewor= fen, in welchem des unstäten Bewegens weder Anfang noch Ende ist. Sehr wohlthätig war uns an diesem Abend, welcher unter dem Panier der Zweifel dahin fahren wollte, die Nähe unsrer sich gleich und ruhig

_____

*) Genes. XVI, 7.

bleibenden Freundin Elisabeth, die uns daran erinnerte,
daß es ja wohl im Leben nichts Neues und Ungewöhnli=
ches sey, daß am Abend das Weinen währe, am Mor=
gen aber die Freude komme, und daß bei einer solchen Pil=
gerreise nach der Stätte des Aufganges mit dem äußern
Fortbewegen durch den Raum der Meere und Länder auch
ein innres Fortbewegen gut und nützlich sey, durch die
Bahn der Selbstverläugnung und der Geduld.

Rückwärts gieng die Fahrt recht schnell; wir kamen
in einer Stunde so weit von Rhodos hinweg, daß wir
nur noch die Umrisse der Gebirge im Licht der Dämm=
rung unterschieden. Der Wind wurde während der Nacht
stärker, wir hörten in unsren Halbschlummer hinein das
Rauschen und Anschlagen der Wellen und die Stimmen
der arbeitenden Schiffer beim Hin= und Wiederspannen,
Aufziehen und Niederlassen der einzelnen Segel, so wie
die Commandoworte des Capitäns, welche auf ein nahes
Einlaufen in einen Hafen hindeuteten. In den Frühstun=
den wurde das Meer stille, das Schiff schien wie in ei=
ner stillen Bucht zu ruhen oder kaum merklich sich zu be=
wegen, auch der Leib fieng an in die stille Bucht eines
erquickenden Schlafes einzulaufen.

Da wir am Morgen, Montags den 14ten No=
vember, auf das Verdeck traten, beleuchtete uns die
aufgehende Sonne eine Felsengegend, deren erhabene Wild=
heit ein Gefühl des Schreckens und der Ehrfurcht zugleich
weckte. Man erzählt von einem berühmten Reisenden,
daß er in der Audienz, die er bei dem geistig größesten
Monarchen seiner Zeit hatte, sich mit etwas ungeschick=
ter, naiver Dreistigkeit benommen habe. Der Monarch
fragte ihn lächelnd: er habe wohl schon die Bekanntschaft
mehrerer Könige gemacht? „O ja“, erwiederte der Rei=

sende, „ich habe die Ehre gehabt, schon fünf wilde und zwei zahme (europäische) Könige kennen zu lernen und Eure Majestät sind von diesen der dritte." Zu jenen wilden Hoheiten und Herrlichkeiten, auf deren Bekanntschaft sich der Naturfreund eben so viel zu gute thun kann, als unser Reisender auf die Bekanntschaft seiner fünf wilden Könige, gehört auch die Gegend von Symi, in deren enger Bucht wir uns jetzt befanden. Die Felsenmassen dieser Insel gleichen nach ihrem Maaße und in ihrem Geschlecht den hohen Mimosenbäumen der Wüste, die sich neben den Ehrfurcht gebietenden Denkmalen des alten Aegyptens erheben, und von deren Rinde der genügsame Araber sein eßbares Gummi sammlet; wie diese in ihrer Art prachtvollen Bäume mit Stacheln, so ist hier das schroffe, wilde Kalkgebirge mit unzähligen Zacken und vorragenden Felsenspitzen bedeckt; das wenige Grüne, das man in den einzelnen Vertiefungen gewahr wird, scheinet kaum zur Ernährung etlicher Ziegen hinzureichen, und dennoch finden da ganze Gemeinden eines kühnen Küstenvolkes hinlängliche Mittel des Unterhaltes und des Erwerbes.

Wir fuhren langsam in den engen Meeresarm hinein: in dem kleinen, vom Kesselrand der hohen Felsen umgürteten Hafen von Sembecki warfen wir Anker. Hier erfuhren wir, daß uns nur nach dreitägiger Quarantäne das Anlanden und der unmittelbare Verkehr mit den Eingebornen könne verstattet werden, weil das Schiff mit türkischen Reisenden gefüllt sey, die aus verpesteten oder doch der Pest verdächtigen Gegenden kamen. Unser Capitän wollte wenigstens für uns Franken (denn die hiesige, noch in ihrer Kindheit begriffene Quarantäne war gar leicht zur kindlichen Nachgiebigkeit zu bewegen) eine

kleine Vergünstigung erlangen; er fuhr mit mir und mei-
nen beiden jungen Aerzten in einem Boot hinüber nach
dem Landungsplatze. Einer der Vorstände der neuen Qua-
rantäneanstalt, ein Grieche, mit noch mehrern andern an-
sehnlichen Bürgern der Stadt trat zu uns an den Rand
des Hafendammes, der Capitän sprach gar Manches zu
unsern Gunsten, und nach kurzem Hin = und Herreden wur-
de uns Franken, weil wir unsrer so wenige seyen, er-
laubt, bei dem Felsenufer diesseits der Stadt, aus Land
zu steigen, doch dürften wir nicht in die Stadt selber
kommen und sollten uns jeder Annäherung an ihre Be-
wohner enthalten.   Für diese Vergünstigung waren wir
sehr dankbar, und beschlossen sie sogleich zur Beschauung
des merkwürdigen Felseneilandes zu benutzen.

Zuerst geben wir einige Züge aus der Geschichte der
Bewohner dieser Insel, welche von jetzt an drei Tage
lang uns Sicherheit und Ausruhen in ihrem Hafen ge-
währte. Den Namen Symi, so erzählt uns das Alter-
thum, erhielt dieses felsige Eiland von der entführten Ge-
mahlin eines Fürsten jener Ansiedler, welche schon vor
den Zeiten des trojanischen Krieges hier ihren Sitz auf-
schlugen.   Später maßten sich die Karier die Herrschaft
der Insel an, die jedoch freiwillig den Besitz des Felsen-
nestes aufgaben, in welchem dann gelegentlich Archiver,
Lacedämonier und zuletzt Rhodier ihre Bleibstätte auf-
schlugen. Während der Herrschaft des Johanniterordens
auf Rhodus gehörte Symi zu jenen acht Inseln, welche
im Besitz des Ordens waren *). Noch jetzt erinnert das

---

*) Leros, Kos, Kalymna, Nisyros, Telos, Chalke, Limonia,
Symi.

alte, hoch auf dem Berg begründete Schloß, so wie das
ansehnliche, auf einer andern Seite der Insel gelegne grie-
chische Kloster an jene Ritterzeit, welche durch Sulei-
mans des Großen Eroberung von Rhodos im Jahr 1522
endigte. Damals hatten, bei der Belagerung der Stadt,
die Griechinnen von Symi, als geschickte Taucherinnen,
dem Osmanischen Herrscher so gute Dienste geleistet, daß
er ihnen das Vorrecht ertheilte, einen weißen (türkischen)
Kopfbund zu tragen; ein Vorrecht, von welchem die Nach-
kommienen bis auf unsre Tage Gebrauch machen, wenn
sie in Rhodos bei den dortigen Türken ihrem Geschäft
als Wäscherinnen oder andern Taglohngeschäften nachge-
hen, um sich den sonst spärlich zugemessenen Unterhalt zu
erwerben.

Noch jetzt ist Symi vorherrschend und fast ausschlie-
ßend von griechischen Christen bewohnt; noch jetzt zeich-
nen sich, wenigstens die hiesigen Männer, durch dieselbe
Geschicklichkeit aus, welche Suleiman der Große an den
damaligen Frauen anerkannte und belohnte; in Symi
wie in dem benachbarten Nisyros leben die berühmtesten
Schwammfischer und Taucher des Mittelmeeres. Da, un-
ter Hamiltons Leitung, die Engländer jene reiche Beu-
te an Kunstschätzen, welche nun eine Zierde ihrer Mu-
seen sind, aus Athen hinwegführten und eines der Schiffe,
das mit diesen Kostbarkeiten beladen war, außer ihnen
aber auch wichtige Papiere enthielt, in der Bay von Ce-
rigo untergieng, ließ man einige von jenen Tauchern kom-
men, welche in die Tiefe von sechszig Fuß bis zu dem
untergesunkenen Schiffe hinabtauchten, eiserne Stangen
durch die mit Marmorwerken erfüllten Kisten stießen und

so das Heraufziehen derselben möglich machten *). Den
Haupterwerb dieser Inselbewohner, die an Kühnheit und
Geschicklichkeit des Untertauchens mit den Seevögeln wett-
eifern, lernten wir auf jeder unsrer Wanderungen ken-
nen, die uns etwa in die Nähe eines außer der Stadt
gelegnen Hauses führte; denn auf dem breiten Stein-
pflaster vor den Hausthüren lag die Menge der erst neu-
lich aus der Tiefe heraufgebrachten Badeschwämme zum
Trocknen aufgehäuft. Schon van Egmont und Hey-
man erwähnen einer Sitte der Taucher zu Simy, die
noch jetzt herrschen soll, und welche an Schillers Balla-
de vom Taucher erinnert. Wenn ein bemittelter Vater
für seine Tochter einen Mann wählen will, kündigt er
den Tag der Wahl den unverheuratheten Burschen an,
welche sich dann bei der Meeresbucht versammlen und vor
den Augen der künftigen Braut so wie ihres Vaters ins
Meer hinabtauchen. Der, welcher am tiefsten hinabzu-
tauchen und am längsten im Wasser zu verweilen im
Stande ist, empfängt die Hand des Mädchens **).

Das Ufer, an welchem wir mit unsrem Boote an-
fuhren, war nur etliche hundert Schritte vom Schiffe ab-
gelegen; einige Fischerhäuser stunden ganz in der Nähe
des Landungsplatzes. Das Hinansteigen auf die Anhöhe,
überhaupt aber das Herumwandern an diesen Felsenufern
war keine leichte und angenehme Sache. Ich habe selten
so viele, so eng zusammengedrängte Gräten und Zacken
und Spitzen der Felsenmassen gesehen als gerade an je-

---

*) Clarke travels II, 1. p. 230.
**) v. Egmont and Heyman travels I. p. 266., bei Clarke a.
a. O.

nem Theile der Bucht, bei welchem wir ausstiegen. Wenn
man über eine der Gräten oder größern Felsenspitzen hin=
übergestiegen war, da hemmte, schon in einer Entfernung
von einigen Fuß eine andre das Weitergehen, oder es erschwer=
ten die kleineren Zacken das Fortkommen. Bei all der Re=
gellosigkeit und anscheinenden Verworrenheit, in welcher
diese, nicht aus herumgestreuten Felsenblöcken, sondern
aus festanstehenden Massen bestehenden Spitzen emporstarr=
ten, blickte dennoch wie eine Art von Bildungsgesetz aus
dem Dunkel hervor; der Gesammtumriß glich jenem der
Mäandrinen unter den Steincorallen, deren Vertiefungen
und Erhöhungen bogig sich um die thierisch belebte Gal=
lertmasse der Polypen herumwinden.

Wir nahmen uns heute noch keine Zeit, diese Gestei=
ne genauer zu betrachten, sondern mehr als sie zog uns
der Anblick der lebenden Natur an. Es war jetzt gerade
die Zeit der Safranernte; jeder Fußbreit Landes zwischen
den Felsen, ja jede Handbreite des Erdreichs, die sich in
den kleinen Höhlungen und Blasenräumen angelegt hatte, ist
von den fleißigen Bewohnern der Bucht zum Anpflanzen jenes
nützlichen Gewächses benutzt worden; die meist goldfarbigen,
zum Theil stark ins Röthliche spielenden Blüthen gewähr=
ten im Großen einen ähnlichen Anblick als eine in Felsen=
stein gehauene, mit Gold ausgelegte Schrift. Wir ka=
men jetzt zu schmalen Fußsteigen, die, etwas bequemer
zum Gehen, bald auf=, bald niederwärts gebogen an dem
steilen Abhang hinliefen. Aus den Felsenritzen ragte die
große, feste Knolle des persischen Cyclamen (Cyclamen
persicum) hervor, zum Theil mit duftenden röthlich=
weißen Blüthen geziert; weiterhin nach einer Schlucht,
durch welche in der Regenzeit ein Gießbach herabstürzt,
fanden wir die buntfarbige Herbstzeitlose (Colchicum va-

riegatum) und die schon öfter erwähnte goldfarbige Stern-
bergia, so wie im Schatten des Gesteines die Calocasien-
Aronwurzel.   Die Zwiebeln und verdorrten Stengel der
Asphodi-Lilien, Scillen und Hyazinthen ließen uns ahnden,
wie reich und schön die Vegetation dieser Felseninsel im
Frühling seyn müsse.   Unten am Meere zeigte sich eine
große Mannichfaltigkeit der Seeschwämme, wiewohl keiner
von denen, welche an der Küste sich fanden, noch fest
saß oder mit der frischen Gallert erfüllt war, sondern
nur abgerissene, von den Fluthen ausgeworfene Stücke
in unsre Hände fielen.   Desto frischer waren die Tangar-
ten, die an den Klippen im Meere wuchsen, vor allen
zog der Pfauentang, durch seine schöne Form und Fär-
bung die Blicke auf sich.   Wir stiegen neben dem Gieß-
bachbette der Schlucht hinanwärts; oben auf der Höhe
zeigten sich Oelbäume und einzelne Gärten, deren spär-
liche Anpflanzungen von Weinreben und Obstbäumen durch
mauernartige Anhäufungen von Steinen und noch mehr durch
die scharfstachlichen Hecken der Opuntienfeigen (Cactus Opun-
tia) vor dem Eindringen der Ziegen nothdürftig geschützt
werden.   Zwischen den Felsenklippen neben und über uns
zeigten sich hie und da die Bewohnerinnen der Insel mit
dem Einsammlen des Safrans und andern Feldarbeiten
beschäftigt, deren Ertrag hier keinesweges im Verhältniß
zu der angewendeten Mühe steht.   Von der Anhöhe herab
konnten wir etwas weiter in die Bucht hinabschauen und
sahen da, wie hoch schon dort die weiß beschäumten Wel-
len giengen und mit welcher Anstrengung ein Schifferboot,
das einer andern Stelle der Küste zusteuerte, mit der
Bewegung des Wassers und der Luft kämpfen mußte,
während unser Schifflein so ruhig und gesichert lag.
    Da wir von unsrer Wanderung ziemlich ermüdet und

hungrig zum Schiff zurückkehrten, fanden wir die bisheri=
ge gesellige Stimmung der Reisegefährten gegen uns sehr
verändert. Die Türken so wie die Griechin mit ihren
Kindern hatten auch gleich uns aus Land steigen wol=
len, die Quarantänehüter jedoch es ihnen nicht erlaubt.
Da war unter ihnen, und zwar mit einigem Recht, ein
unmuthiges Murren entstanden: warum denn gerade uns
nur, den Fremden, das Aussteigen zugelassen, ihnen aber,
den Unterthanen des Landes, hier auf einer türkischen In=
sel verwehrt sey. Allerdings hätte sich darauf erwiedern
lassen, daß ein Mann aus der Quarantäne, der von dem
Städtlein her über den Felsensteig bis zu unserm Lan=
dungsplatz gegangen war, unsre Bewegungen zu bewachen
schien und die Bewohner der benachbarten Fischerhütten,
die sich uns, Schwämme und Safran zum Verkauf an=
bietend, nähern wollten, vor dieser Annäherung warnte,
eine Vorsichtsmaßregel, die nur bei so wenigen Personen,
als wir waren, wirksam seyn konnte, nicht aber dann,
wenn mehr als hundert solche Leute ans Land gestiegen
wären, welche nicht gewohnt sind, von den Griechen sich
etwas sagen zu lassen. Alle solche Entschuldigungsgründe
fanden aber bei unsern Türken keinen Eingang; den
Meisten von ihnen war ohnehin eine Quarantäne im tür=
kischen Reiche noch etwas ganz Neues und Unerhörtes,
mit den Grundsätzen des Islams im Widerspruch Ste=
hendes. Am deutlichsten zeigte sich die neidische Erbitte=
rung bei dem Iman, dem ältesten Sohne des Fabrikanten
aus Magnesia, so wie bei jenem Trupp der Türken, der
das Vordertheil des Schiffes einnahm, wohin wir nur sel=
ten kamen. Bald jedoch gab sich bei den Meisten diese
Verstimmung. Die Nachbaren an der Kajütentreppe nah=
men wieder freundlich lächelnd die dargebotenen Prisen des

Schnupftabaks; der lange Türke, der mit seiner ver-
schleierten Frau und seinem Töchterlein die größere Bret-
terhütte am Hintertheil des Schiffes bewohnte, langte wie-
der wie sonst mit seinen Fingern in unsre Schüssel mit
Nudeln, als diese von der Küche aus an ihm vorüber-
getragen wurde; der gute Hassan aus Smyrna, der sich
am wenigsten hatte von der Sache afficiren lassen, kam
wieder mit dem Capitän hinab in unsre Kajüte und un-
terhielt uns mit der Beschreibung seiner häuslichen Ein-
richtung; der Capitän erzählte von seinen Kämpfen und
Gefahren im Befreiungskriege von Griechenland. Freilich
war es keine leichte Sache, das gebrochne Italienisch die-
ser guten Leute zu verstehen. Hassan zwar, der als Kauf-
mann öftere Uebung hatte, konnte noch ziemlich deutlich
es uns begreiflich machen, wie sehr er über die vielerlei
Geschicklichkeiten der fränkischen Frauen verwundert sey,
da die seinige den ganzen Tag kein andres Geschäft übe
als essen und trinken und den Besuch des Bades der Wei-
ber; wenn aber der Capitän jene Lieblingsgeschichte seines
Feldzuges erzählte, wo er einen von den Türken hart ver-
wundeten Franken, der neben ihm kämpfte, auf seinem
Rücken von dem Orte der Gefahr hinwegtrug, da konnte
man nicht daraus klug werden, ob dieser Getragene le-
bendig oder todt gewesen sey, denn bald schien die Rede
andeuten zu wollen, daß die Türken demselben den Kopf
abgeschnitten hätten, bald aber berichtete sie wieder, daß
der hart Verwundete gesprochen habe.

Schon gegen Abend, noch mehr aber bei Nacht er-
hub sich ein heftiger Sturm, dessen Sausen so wie das
ferne Rauschen des von ihm bewegten Meeres man hin-
ein hörte in unsre stille Bucht. Einige kleine Schiffe, die
dem Ungewitter entflohen waren, legten sich neben dem
                                                    unsrigen

unsrigen vor Anker; ein mächtiger Regen ergoß sich in
Strömen auf das Verdeck; die armen Türken, die im
untern Schiffsraume kein Unterkommen fanden und selbst
die Griechin mit ihren Kindern, in der leichten Bretter=
hütte, wurden sehr durchnäßt, während man den Ein=
gang zu unsrer Kajüte mit einer dicken Decke verwahrt
und auch das Fenster mit Brettern bedeckt hatte, so daß
es uns mehrere Male in der Nacht war als sollten wir
ersticken. Auch am Morgen den 15ten November regnete
es noch etwas, doch erlangten wir wenigstens eine baldi=
ge Befreiung von den Decken und Brettern, so daß ein
nothdürftig erhellender Schein des Tages uns erlaubte auf
der über die Kniee gelegten Mappe einen Brief und die
Fortsetzung unsrer Tagebücher zu schreiben. Wie dankbar
lernte man bei solcher Witterung jene große Wohlthat er=
kennen, welche uns durch das bisher so beständig anhal=
tende gute Wetter widerfahren war, das uns doch täg=
lich erlaubt hatte, aufs Verdeck zu gehen und hier die
längste Zeit zu verweilen.   Denn in unsrer Kajüte ver=
mochten die Meisten von uns nur dann aufrecht zu ste=
hen, wenn sie unter das Fenster der Decke traten; an
allen übrigen Punkten mußte man sitzen oder gebückt
stehen.

Heute konnten wir doch auch an jenem Handelsver=
kehr mit den Insulanern Theil nehmen, welchen gestern,
während unsrer Abwesenheit, die Türken allein genossen
hatten.   Man brachte vortrefflichen Honig, Feigen und
etwas Wein zum Verkauf, welcher, wie man uns sagte,
der einzige noch übrige Vorrath im Hause des Weinver=
käufers sey; denn man pflegt hier den wenigen, selbst ge=
bauten Wein großentheils als Most zu trinken und den
Schwammfischern und Schiffern sagt der Racki (Trau=

benbrantwein) beſſer zu denn der ſchwächer wirkende Wein.
Auch etwas friſches Lammfleiſch hatten wir erhalten, das
jedoch, da man es an den Maſtbaum gehangen, irgend
einen andern Liebhaber und früheren Eſſer unter der Schiffs-
geſellſchaft gefunden hatte, als uns.

Mittwochs den 16ten November war zwar der Him-
mel wieder vollkommen heiter, aber es wehte der Wind
noch aus Südweſt, welcher, ſo warm er auch erſchien,
dennoch, wie ein falſcher Freund uns ungünſtig und ent-
gegen war. So ließen wir uns denn abermals bei demſelben
nachbarlichen Punkte, wo wir neulich es gethan, aus Land
ſetzen, ſtiegen über die ſcharfen Gräten der Felſen hin-
über und giengen dann in der Schlucht am Gießbachbette
hinan, wendeten uns jedoch weiterhin links auf die Anhöhe,
welche der Stadt unmittelbar gegenüber liegt. Wir ſchau-
ten von da hinunter auf die kleine Schiffswerfte des
Städtleins und folgten wenigſtens mit unſern Blicken den
Schaaren der Beſchäftigten oder der Käufer und Verkäufer,
welche von dem untern Theil der Stadt den ſteilen Berg
hinauſtiegen auf den oberen, oder von da hinab zum Meere.
Unten im Thale, das nicht fern von der Schiffswerfte an der
Meeresbucht endet, ſahen wir manchen grünenden Baum
und Strauch, wie es uns ſchien, ſelbſt einige Palmen; aber
ſo wenig auch die Fernanſicht uns genügte, hinabzuſtei-
gen zur Stadt, und in das grünende Thal erlaubte die
Quarantäne uns nicht. So nahmen wir denn wenigſtens
ein Bild des ſeltſamen Felſenneſtes mit uns und zwar in
doppelten Exemplaren: das eine, welches ſich der Seele
einprägte, das andre von der treuen Hand unſers guten
Bernatz aufs Papier gezeichnet. Du alte, verfallene Rit-
terburg auf dem Berge, haſt zur Zeit der Herrſchaft der
Johanniter wohl manchen guten Deutſchen, tapfer wie

Rudolph von Walenberg und Christoph von
Waldner es waren *), in deinen Mauern gepflegt und
gewartet, wir durften nur, wie vorüberziehende Wander=
falken aus der Ferne dich beschauen.

Unten in der Bucht gab es heute noch Vieles zu be=
sehen und zu bedenken. Lebende Lernäen fielen in unsre
Hände, Bruchstücke aber von ziemlich großen Porzellan=
schnecken so wie die Schließdeckel der Mondschnecken lie=
ßen uns nur errathen, daß solche Thiere hier leben, fin=
den konnten wir in dieser Jahreszeit keine; wir mußten uns
mit den Gehänsen der Landschnecken und mit den
Tangarten begnügen **). Bedeutungsvoller jedoch und
Nachdenken erweckender als die hiesige Thier= und Pflan=
zenwelt erschien uns jenes in Symi aufgeschlagene Buch
der Zeiten und Werke, dessen Blätter und Buchstaben die
Felsen und ihre Gestaltungen sind. Tief unten am Ufer
nach der äußeren Seite der engen Bucht bei unserm Lan=
dungsplatz hin zeigten sich wieder, wie auf Agomisi, die
Felsenmassen des Thonschiefers mit ihren Schwefelkiesen
und Brauneisensteinen, der Kalk aber, auf ihnen gelagert,
ward uns je länger je mehr ein Gegenstand des neuen
Bedenkens und der neuen Beachtung. Das was die
Schwämme im benachbarten Meere, noch jetzt fortlebend
und fortgedeihend, oder noch mehr das was die Mäan=

---

*) Jener war unter den Vertheidigern der Stadt bei der
  Belagerung durch Mohammed II., dieser bei der durch Su=
  leiman.
**) Eine noch unbestimmte, schöne Carocolla, Helix me=
  lastoma, naticoites. Von Käfern ein Helops und der in
  diesen Landern gemeine Trox paniculatus. Unter den Tang=
  arten am häufigsten die Ulva pavonia.

28 *

drinen unter den Steinkorallen der wärmeren Meere im
Kleinen sind, das ist diese zackige Felsart von Symi im
Großen. Da ist kein einziges Stück, welches nicht von
mäandrinischen Furchen durchzogen wäre, an deren großen
und tiefen die schmäleren und kleinern rippenartig sich an-
schließen; kein Stück, in welchem nicht die Anlage oder
der Durchgang der rundlichen Poren und schwammartigen
Zellen sich zeigte. Auf diese Weise konnten weder das
Feuer noch eine andre Kraft der unorganischen Natur die
Steinmasse gestalten, viel eher erinnert eine solche Form
an ein Walten organischer Kräfte. Zwar, der Muschel-
versteinerungen, die wir hier fanden, waren nur weni-
ge *), aber sollte nicht bei dem Entstehen dieser mäan-
drinischen Felsengebilde eben so wie bei dem Entstehen
der Seeschwämme und mancher Steinkorallen ein organi-
sches oder organisirbares Element mitgewirkt haben, gleich
der noch immer räthselhaften Gallert, welche in den Po-
ren und auf der Oberfläche der Seeschwämme lebt und
aus deren im Polypenkörper ausgehenden Masse das Kalk-
gerippe der Lithophyten sich ausscheidet? Ehrenbergs
sinnvolle Entdeckungen der Myriaden von Infusionsthier-
Ueberresten, welche einen nicht unbedeutenden Theil unsrer
Erdrinde bilden, bezeugen nur dasselbe, was nach seinem
Maaße jeder Frühling, was jeder Moment der neuen Er-
zeugungen uns lehret, wenn vor dem Ansetzen der bleiben-
den Früchte unzählbare, bald wieder verschwindende Blü-
then, wenn Millionen der Keime, wenn eine Ueberfülle
des Elementes, das als Träger der erzeugenden Kraft
auftritt, wie ein anschwellender Strom über seine Däm-

---

*) Unter andern eine Art von Neritine.

me hervorbricht und nur zum geringsten Theil zur Be=
fruchtung des Landes dient, zum meisten aber, scheinbar
nuglos ins Meer verrinnet. Es ist dieß nur eines jener
vielen Ereignisse, aus denen hervorgeht, wie unermeßbar
viel höher, mächtiger und größer der Schöpfer sey
als das Geschöpf, das Leben als der Tod. Denn über=
all, wo Jenes diesem sich nahet, da zeigt es sich in sei=
ner Alles durchdringenden, lebendig gestaltenden und be=
wegenden Kraft; wenn aber der Blitz, der wie ein Feuer=
meer herabfuhr und über Wald und Feld, über Berg und
Thal sich ergoß, vorüber ist, dann brennt nur hie und
da, in schwächerem Lichte ein einzelner, entzündeter Baum
oder es raucht der Boden, den der Strahl getroffen; doch
zündet auch der zurückgelassene Funke weiter und wird in
der fortlebenden Natur wie in der Hütte des Landman=
nes zu einem beständigeren Quell des Lichtes und des
Feuers.

Am Nachmittag kehrten wir aufs Schiff und in den
engen Raum unsrer Kajüte zurück. Die Türken, na=
mentlich der Iman, hatten abermals an dem Capitän ih=
ren Unmuth ausgelassen, darüber, daß ihnen verwehrt sey,
ans Land zu gehen. Morgen, so erwiederte ihnen der
Capitän, sey die dreitägige Quarantäne, welche ja er
nicht anzuordnen habe, zu Ende, dann könnten sie Alle
in der Stadt und wo sie sonst möchten, sich ergehen; sie
aber mochten hiervon nichts wissen, sondern drangen dar=
auf, daß noch heute die Anker gelichtet würden und
der (türkische) Unterkapitän schien auf ihrer Seite, ob=
gleich unser griechisches Schiffsvolk allgemein versicherte,
das Auslaufen werde uns, bei noch immer widrigem Win=
de, nicht viel weiter fördern. Auch unser Verlangen, end=
lich einmal einen Schritt weiter zu kommen, war im ge=

heimen Einverständniß mit den Türken und als beim lieb-
lich tönenden Abendgeläute der christlichen Betglöcklein aus
den Kirchen der Stadt die Anstalten zur Fortreise ge-
macht, die Schiffstaue, die uns mit der Felsenküste ver-
banden, gelöst wurden, da regten sich in uns die
Schwingen der Hoffnung und fröhlichen Zuversicht auf
ein endliches gutes Gelingen der Fahrt.

Es war Abend um 9 als der Anker aufgezogen wur-
de und das Schifflein, durch einen schwachen Landwind
begünstigt, seine Weiterfahrt antrat. Da wir am 17ten
November des Morgens aufs Verdeck traten, sahen wir
uns noch immer in der Nähe von Symi, und, bald von
Windstille bald von ungünstigem Winde gehemmt, kreuz-
ten wir fast diesen ganzen Tag vor der bergigen Land-
spitze von Loryma, auf der uns die höher steigende Son-
ne die Stätte der alten Felsenburg Phönyr beleuchtete,
dann die nahe am Lande liegende Insel Helause, wäh-
rend die Gebirge von Rhodos noch immer nur in blauer
Ferne sich zeigten. Am Abend erhub sich wieder, vom
Südwind erregt, das Getümmel und Brausen der Was-
serwogen und vereitelte die Hoffnung des Kapitäns, mit-
telst der hier meist von Nord nach Süd gehenden Mee-
resströmung etwas vorzurücken. Der Ungestüm des Mee-
res und das Schwanken des Schiffes hatte sich in der
Nacht so verstärkt, daß der Tollrausch der Seekrankheit
wie ein Gewapneter mich ergriff und aufs Lager warf;
die Betäubung der Sinnen wurde jedoch gegen Mitternacht
durch ein wildes Geschrei im angränzenden untern Schiffs-
raum und durch ein starkes Laufen und Rennen auf dem
Verdeck verscheucht. Unsre Türken hatten sich den gefähr-
lichen Unfug des Hinabnehmens ihrer Oefchen in den
Schiffsraum nicht verwehren lassen, bei Nacht war eine

dieser kleinen Handküchen, in der noch Kohlen glühten, umgefallen und hatte in seiner Nähe gezündet; der Rauch und Dampf der brennenden Binsenmatten und' Teppiche drang in unsre Kajüte hinein; das eng zusammengedräng-te Volk suchte eilig, ohne ans Löschen zu denken, die freie Luft des Verdeckes. Die Entschlossenheit wie Ge-schicklichkeit unsres Kapitäns und seiner griechischen Ma-trosen dämpfte indeß das nicht sehr bedeutende Feuer bald. Doch sahen wir bei dieser Gelegenheit was unser Schicksal würde gewesen seyn, wenn auf dieser Fahrt ein ernstlicheres Unglück dieser Art sich ereignet hätte. Die Türken, an Ueberzahl und Macht der Waffen uns weit überlegen, an ihrer Spitze der lautschreiende Mohr und der Iman, hatten gleich bei dem ersten Entstehen des Feuerlärmes Hand an das große, im Schiffe hängende Boot gelegt und wollten dieses ins Wasser lassen, um sich und ihre kostbareren Sachen darauf zu retten. In sol-chem Falle würde weder uns noch dem griechischen Schiffsvolk das Hineinsteigen in den ohnehin zum Sin-ken angefüllten Kahn möglich und verstattet gewesen seyn.

Freitags den 18ten November hielt das stürmische Wetter von außen, im Innern die Seekrankheit noch fortwährend an. Wenn man auch mühsam sich auf-raffte vom Lager und das Verdeck erreichte, so war das, was da in die Sinnen fiel von solcher Art und Weise, daß man gern bald wieder in das Halbdunkel der Cajüte sich zurückzog. Denn so reizend und lieblich, auch der Fernanblick der Felsenbucht von Telmessus *), das

_____

*) Sinus Glaucus der Alten.

vormals durch ſein Zeichendeuter ſo berühmt war, unter
andern Umſtänden und zu andern Zeiten geweſen wäre,
ſo unlieblich war dagegen der Naheblick auf unſre türki-
ſchen Habſchi's, welche faſt ſämmtlich von der Seekrank-
heit dahingeſtreckt lagen oder ſaßen, und ihr Krankſeyn
auf eine nur zu ſtark ſich äußernde Weiſe kund gaben.
Auch das Hinabgehen in die Kajüte machte übrigens des
Eckels kein Ende, denn die dünne, ſpaltenreiche Bretter-
wand hinderte weder das Ohr noch die andern Sinnen
es wahrzunehmen, daß hier neben uns, im untern Schiffs-
raum, viele Kranke dieſer Art ſeyen.   Die guten Leute
feierten heute ihren Freitag ohne Geſang und Klang,
doch ſchienen ſie wenigſtens bei der Bedienung ihrer klei-
nen Küchen des Feſttages zu gedenken, denn ſo elend ſie
waren, hörten ſie doch nicht auf ihren gezwiebelten Pilau
zu bereiten und in jeder Pauſe der Krankheit den Ma-
gen von neuem zu beladen, obgleich jeder Verſuch ſolcher
Art der Krankheit nur neuen Stoff gab ſich zu äußern.
In dieſer Weiſe lebten und ſchwebten wir auch am Sonn-
abend den 19ten November auf dem bewegten Meere,
doch hatten wir uns heute, vom Sturm zurückgeworfen,
Rhodus wieder mehr genähert.   Unſre Freundin, die ſo
gern Nachrichten von tröſtlicher Art vernahm und der
beängſteten Hausfrau mittheilte, hatte uns ſchon am Ta-
ge erzählt, was der Steuermann als Geheimniß mittheil-
te, daß der Kapitän, wenn der Wind nicht heute noch
günſtig werde, in den Hafen von Rhodus einzulaufen
gedenke; als in der Nacht der Sturm noch drohender
wurde, kam endlich dieſer gute Vorſatz zur Reiſe: gegen
10 Uhr näherten wir uns dem äußern Hafen der Inſel,
eine Stunde vor Mitternacht warfen wir in ihm Anker.
So endigte die zweite Woche unſrer Fahrt glücklich, im

sichern Hafen, den wir seit acht Tagen so sehnlich er-
strebt und nicht erlangt hatten; der Schlaf, seit mehreren
Nächten zum ersten Male wieder sorglos und ruhig,
nahm uns auf seinen Mutterschooß und ließ uns erst
spät am andern Morgen erwachen.

Rhodus.

Der Bergmann, der etliche Tage lang, Schlegel
und Eisen ungebraucht in der Hand haltend, denn die
Grubenlampe war ihm erloschen, unten in seiner Förder-
strecke gefangen saß, weil er, als er nach vollendeter Tag-
schicht ausfahren und heimkehren wollte zu den Seinen, den
Ausgang durch eine niedergegangene Gesteinwand gesperrt
fand, kann wohl kaum das Tageslicht und die grünen-
den Höhen mit innigerem Wohlbehagen begrüßen, als ich
den schönen Sonntagmorgen und die mitten im Grün
der Gärten und fruchtbaren Höhen gelegene Stadt Rho-
dus, da ich am 20ten November des Vormittags aus
der Kajüte hinauftrat auf das von der wärmenden Son-
ne bestrahlte Verdeck. Ich kann es nicht läugnen, auch
mir war während der zwei Tage lang ununterbrochen an-
haltenden Seekrankheit das Grubenlämplein der inneren
Freudigkeit zur Fortsetzung der Reise fast erloschen; ich
hatte in dem Zustand jenes beständigen Uebelseyns, wel-
cher die Natur des Menschen überaus kleinmüthig stimmt,
oft gedacht, ob es nicht besser und rathsamer seyn möchte,
die Weiterreise über das große, breite Meer, das uns
noch zwischen Rhodus und Aegypten lag, aufzugeben,
und mit dem so beständig anhaltenden ungünstigen Winde,
der gerade für solche Absicht ein günstiger gewesen wäre,
umzukehren zur Heimath. Noch öfter war mir aber, wenn
ich so festgebannt auf der Pritsche lag, und, ohne schwind-

lich zu werden, nicht einmal den Kopf erheben konnte,
die Sehnsucht angekommen, nur einmal fünf Minuten
lang hinanstreten zu können ins Freie, damit ich statt
der seekranken Türkenluft, die da unten herrschte, frische
Luft athmen möchte, und nun ward mir die Erfüllung
dieses Sehnens nicht bloß auf fünf Minuten oder auf
fünf Stunden, sondern auf fast fünf Tage gewährt.
Zwar, da ich jetzt hinauftrat aufs Verdeck, konnte ich
nicht, ohne am Geländer der Kajütentreppe mich zu hal-
ten, aufrecht stehen; denn das Meer gieng auch hier in
dem wenig geschützten Hafen sehr hoch, das Schiff tanzte
noch stark; ich aber, der ich niemals das Tanzen geübt,
war heute um so weniger zum Mittanzen geschickt, da ich
seit zwei Tagen nichts gegessen hatte und auch jetzt noch
keine Lust zum Essen empfand. Aber nur um so stärker,
um so überwältigender war der reizende Eindruck, den
die strahlende Schönheit von Rhodus, wie das Licht auf
die lange im Dunkel gewesnen Augen, auf die nüchter-
nen Sinnen machte.

Wie hätte mir nicht gleich bei den ersten Worten,
die ich vorhin über das Gefühl sprach, womit ich Rho-
dus begrüßte, der Bergmann einfallen sollen; hier, beim
Anblick dieser Insel, welche in ältester Zeit die Hei-
math der Telchinen, jener kunstreichen Meister in der
Bearbeitung der Erze war; jener Meister im Gebrauche
der Hände wie des Wortes, die dem Stein wie dem
Erze nicht bloß göttliche Gestalt, sondern durch magische
Sprüche eine übersinnliche Gewalt über die Seele des
Beschauenden gaben? *). Zieht nicht da noch ein Hauch

+) Diodor. Sicul. V.

jener die Sinne bezaubernden Gewalt mit dem Morgen-
winde zugleich über Berg und Thal und über die amphi-
theatralisch an den Felsen gelehnte Stadt, welche bald
nachdem die Bewohner der Insel, gegen Ende des pelo-
ponnesischen Krieges, die Macht und den Reichthum ihrer
drei älteren Städte Lindos, Jalyssos und Kamiros zum
Aufbau dieser gemeinsamen Hauptstadt vereinten, mit
Recht den Beinamen der kolossalen und herrlichen em-
pfieng, weil nicht bloß sie selber durch den Baumeister
des Piräus und der langen Mauer von Athen, welcher
ihre Anlage leitete, diese herrliche Gestalt empfieng, son-
dern weil mit den weltberühmten Colossen der Sonne und
dem nicht viel kleineren des Zeus noch tausend andre Co-
lossen sammt dreitausend Statüen ihre freien Plätze, Gas-
sen und Tempel schmückten. Ist es doch als ob die ma-
gische Kraft, welche die Telchinen in das Werk ihrer
Hände legten, und welche dieses mit einer abwehrenden
Gewalt umgab, von einem bauenden Geschlecht aufs
Andre sich fortgeerbt hätte. Denn als Artemisia, die
Erbauerin eines andern Weltwunders: des Mausoleums
in Halikarnaß, der Stadt Rhodus durch List sich bemäch-
tiget und zur Schmach für die Besiegten ihr eignes Bild-
niß, in mißhandelnder Stellung, neben die Statue der
Rhodos stellen lassen *), wagten es, aus abergläubischer
Scheu vor einem Werke der Kunst, die Bewohner von
Rhodus nicht, dieses Denkmal ihrer Schmach zu vernich-
ten, sondern sie umschlossen beide Bilder nur mit Mauern,
in welche Keinem der Zugang gestattet war. Auch De-
metrius, der Städtebezwinger, schenkte der Erhaltung

---

*) Vitruv. II.

von Protogenes *) berühmtem Bilde eine mehr als kind-
liche Sorgfalt **), und Cassius wagte es nicht das Vier-
gespann der Sonne von Lysippos, der alten Lieblingsinsel
des Helios, zu rauben.   Eben so haben selbst die Os-
manischen Eroberer diesen Wohnsitz der Rhodischen Rit-
ter, wie aus einer Scheu, selbst vor der Höle des alten
Löwen, fast ganz in seinem alten Zustande gelassen und
haben hierinnen schonender verfahren als der deutsche
Rhodiser Ritter Schlegelhold (m. v. S. 420.), welcher,
ohne dies vielleicht zu bedenken, für den Uebermuth, den
Artemisia an seiner Ordensinsel geübt, dadurch eine spä-
te Rache nahm, daß er das weltberühmte Mausoleum
derselben, hier ein Stück und dort ein andres in eine
Burgveste, Petreion genannt, verbaute.   Ja, wer eines
der schönsten Meisterwerke der mittelalterlichen Befesti-
gungskunde, wer eine ganze Stadt aus der kraftvollen,
ritterlichen Zeit sehen will, der darf nur Rhodus betrach-
ten.   Welchen mächtigen Eindruck aufs Auge machen
noch jetzt diese alten Mauern mit ihren Zinnen und Thür-
men, vor allem der feste St. Niclasthurm, welcher rechts
bei der Einfahrt in den Hafen stehet und der auf der
andern Landzunge ihm gegenüberliegende Engelsthurm, so
wie dort in der Ferne die alte Burgveste St. Elmo mit
ihren tiefen Gräben, Zugbrücken und Bollwerken.   Doch es
ist Zeit, daß wir aussteigen aus dem schaukelnden Schiffe
in das freilich noch stärker tanzende Boot, durch dieses aber

---

*) Nach Plinius XXXV, 10.

**) Lieber, so sagte er, wolle er das Bild seines Vaters als
das weltgepriesne Meisterstück des Protogenes in Flammen
aufgehen lassen.

hinaus auf den festen Felsenboden und den kiesigen Strand
der Insel.

Von Smyrna aus hatten wir Empfehlungen an den
k. k. östreichischen Consul Herrn Giulianich, so wie
an den kaiserlich russischen und americanischen, Herrn
Wilkinson. Da der Capitain erklärt hatte, daß er,
sobald günstiger Wind komme, die Abfahrt beschleunigen
wolle und wir deßhalb nicht wissen konnten, ob nicht
schon am andern Morgen Rhodus wieder fern von uns
liegen werde, beschloß ich jene Empfehlungen baldmög=
lichst abzugeben und mit Hülfe derselben den Versuch zu
machen, ob es uns nicht erlaubt werden könne, ungeach=
tet der auf drei Tage festgesetzten Quarantäne, schon
heute die Stadt zu sehen, in deren Nähe wir dann viel=
leicht in unserm Leben nicht mehr kommen möchten. In
Begleitung meiner beiden jungen Aerzte und des Capi=
täns fuhr ich hinüber zu den Schranken der Quarantäne,
die Briefe, nachdem man sie wohl durchräuchert hatte,
wurden angenommen und während wir an dem Anblick
der buntfarbigen, mannichfaltigen Steingeschiebe am
Strande uns ergötzten, kam schon der Sohn des trefsli=
chen Herrn Consuls Giulianich und bald auch, mit dem
Vater zugleich, Herr Wilkinson. Diese edlen Männer frag=
ten sogleich womit sie uns dienen könnten und da wir den
Wunsch, vor allem die Stadt zu sehen, äußerten, sendeten
sie alsbald zum türkischen Commandanten, erbaten von ihm
einen Janitscharen und einen Quarantäneaufseher und äußer=
ten selber ihre Bereitwilligkeit uns zur Stadt zu begleiten.
Während dieser Verhandlungen war der Hunger, den die
Seekrankheit so lange in Fesseln gehalten, zugleich aber
auch heftig gereizt hatte, in seiner ganzen Stärke er=
wacht, wir fragten bescheiden an, ob uns wohl aus einer

nahen Locanda etwas zu essen könne gebracht werden und
diese Frage wurde sehr bald durch die That beantwortet.
Als man jetzt die Thüre, hinein ins Innre der Schran=
ken uns öffnete und uns selbst eine Hütte der Quarantäne=
hüter zum Speisezimmer einräumte, fielen mir freilich die
Worte eines alten Engländers ein, der mit uns die Do=
naureise machte: daß „nur in der Türkei noch Vernunft
sey", weil man da weder mit der Pestquarantäne noch
mit der Mauth es so genau nehme, doch möchte ich die=
se Art von Vernunft nicht unbedingt und überall anem=
pfehlen, obgleich, bei der wirklich sorgfältigen Aufsicht,
welche die Herrn Consuln und die Quarantänehüter über
uns und jede unsrer Bewegungen führten, von uns we=
niger die Gefahr einer Ansteckung zu fürchten war, als
von jenen türkischen Schiffen, die mit uns fast aus den=
selbigen Gegenden kommend, durch besondre Vergünsti=
gung der türkischen Stadtbehörden gleich nach ihrer An=
kunft der Quarantäne überhoben wurden. Ohnehin war
ja die ganze Einrichtung dieser noch jugendlichen Anstalt
nicht eben ausreichend zu nennen, da nach Verlauf der
kurzen, dreitägigen Frist unsre Türken mit einem großen
Theil ihrer in Körben und Kisten verwahrten Sachen
ohne weitere Vorkehr zu ihren Glaubensgenossen hinüber=
zogen.

Wir traten jetzt den Weg an, vorüber an der Grab=
stätte des türkischen Heiligen (Marabu's), dem unsre Had=
schi's schon heute reichliche Gaben zum Opfer sendeten,
um durch seine Hülfe eine günstige Seefahrt zu erflehen;
vorüber dann an einigen erhöhten, mit Bäumen bepflanz=
ten Plätzen und an den Brunnen mit herrlichem Wasser,
aus deren einem, welcher der Quarantäne zugehört, auch
wir, so wie unsre Matrosen, Wasser schöpfen und trin=

fen burften. Hier neben uns, am Eingang des innern
oder Galeeren=Hafens, nicht an jenem des äußern, stund,
so sagt man, auf den Felsenklippen das eine der sieben
Wunder der alten Welt: der Sonnenkoleß, das Meister=
werk des Chares und Laches von Lindos, welcher sieben=
zig bis achtzig Ellen hoch ragte und zwischen dessen Füßen
die Schiffe ein= und ausliefen. Im 282ten Jahre vor
Christus war dieser Coleß, zum Andenken an die glückliche
Abwehr des Städtebezwingers Demetrius von den hart
bedrängten Mauern errichtet worden; schon im Jahre 226,
nachdem er nur 56 Jahre gestanden, stürzte er, durch ein
Erdbeben getroffen nieder; auch in seinen Trümmern noch
Bewunderung erregend, bis die ersten moslimitischen Er=
oberer der Insel, die Araber, welche Moavia hieher ge=
führt hatte, im Jahr 656 n. Chr., im 938ten nach der
Aufrichtung, selbst diese Reste, deren Erzmasse 9000 Zent=
ner lastete, hinwegführten.

Zwischen dem innern oder dem Galeerenhafen und
den Mauern der Stadt zieht sich ein Saum der Küste
hin, auf welchem, außerhalb der eigentlichen Stadt, das
Haus des türkischen Statthalters der Insel stehet. Wei=
terhin steigt man den grünenden Hügel hinan zu einem
der Thore, das zunächst stehet dem Schloß St. Elmo und dem
Bollwerke der Engländer, während der Belagerung der
Stadt durch Suleiman. Die Kanonen in der Nähe die=
ses Einganges tragen das Bild des heiligen Johannes und
Inschriften, welche es bezeugen, daß sie einst im Dienste
andrer Herren und Vertheidiger der Stadt gewesen, denn
die jetzigen sind. Nicht fern von hier tritt man in die
Hauptstraße der Ritter (Strada dei Cavalieri). Da
rechts, über den Thüren der alten, festgebauten Häuser
sieht man noch jetzt die Wappen jener edlen Geschlechter,

die aus den Ländern des Westens hieher gezogen waren,
zum Kampfe für den Glauben der Väter und das heilige
Land. Es erwecken diese Zeichen das Andenken an man=
chen Pilgrim und mannhaften Streiter aus den noch jetzt
in der christlichen Heimath fortbestehenden Häusern; denn
hier in Rhodus, im Munde seiner Ritter, sprach sich der
ernstliche Wunsch, dem von Osten hereinbrechenden Ver=
derben zu steuern, in acht verschiedenen Zungen aus: in
der französischen, deutschen, englischen, spanischen, por=
tugiesischen und italienischen, zu denen sich noch die für
sich bestehenden Schaaren der Ritter der Auvergne und
der Provence gesellten. Der Pallast des Großmeisters,
mit seinen Hallen und Gemächern, das alte Gebäude der
Kanzlei und der Rittersaal, erinnern durch die noch un=
gebrochene Kraft ihres festen Gemäuers an die Kraft ih=
rer ritterlichen Erbauer und an jene Einfalt, die sich
so gut mit der Würde vertrug.

Hier, am Ende der Ritterstraße stehet die vormalige
Cathedrale: die Kirche des heiligen Johannes. Sogar die
Thüren aus Sykomorus(?)holze mit vielem, halberhabe=
nen Schnitzwerk, noch mehr aber die Säulen und Bö=
gen des ehrwürdigen Gebäudes, sind in ihrer anfängli=
chen Schönheit zu sehen. Mitten durch das Innre der
Kirche haben die Türken einen bretternen Verschlag gezo=
gen; der östliche Theil, wo der Hochaltar stund, ist in
ein Kornmagazin verwandelt. Hier ließ man uns ohne
Schwierigkeit ein; noch erinnert mancher Zug der Ge=
staltung des festen Gesteines an die vormalige Bestimmung
der Stätte, die Wände aber, von welchen die zügellosen
Janitscharen nach der Eroberung der Stadt durch Sulei=
man, an dem für Rhodos so trauervollem Christtage (25.
Dec. 1522), alle christlichen Gemälde abkratzten, sind
kahl.

kahl. Der westliche Theil der Kirche, jenseit des bretternen Verschlages hat die Bestimmung einer Moschee erhalten. Ein neidischer Türke, der eben vorüberging, protestirte laut gegen unsern Eintritt, als der Janitschar die Thür uns öffnete, dieser aber gebot ihm Schweigen und wir giengen hinein. Doch was sieht man da, als die auf den Boden, zur Bequemlichkeit der Betenden, hingebreiteten Matten und Teppiche; an den leeren Wänden einige Koransprüche und den Rednerstuhl des Freitagspredigers!

Wir stiegen jetzt hinan auf den noch immer festen St. Johannisthurm und genoßen der Aussicht über Stadt und Land, so wie auf das Meer. Nach der Eroberung der Stadt durch die Türken fand man in diesem Thurme vermauerte Gemächer, in denen ziemlich ansehnliche Vorräthe von Schießpulver aufgehäuft lagen. Da man weiß, daß Rhodus zuletzt hauptsächlich durch den Mangel an Munition zur Uebergabe an den Feind genöthiget wurde, glaubt man mit vielem Recht in dieser Verheimlichung eines so wichtigen Kriegsbedürfnisses die Spuren, entweder einer innern Verrätherei oder der geheimen Geschäftigkeit jener selbst unter den Rittern und Bürgern nicht unansehnlichen Parthei zu erblicken, welche die Uebergabe beschleunigt wünschte, der sich eine andre Parthei der Tapfern standhaft widersetzte. Doch könnte dieses Vermauern der Pulvergemächer auch einen andern minder zweideutigen Grund gehabt haben, welcher nur durch den Tod des Generals der Artillerie, der bei einem der ersten Stürme (am 17ten September) fiel, zum Geheimniß wurde.

Der Weg an der Mauer der Stadt hin eröffnete uns eine Aussicht hinab in die Gärten, welche nach der

467

langen Entbehrung eines solchen Anblickes dem Auge ganz
besonders wohl that. Seit Magnesia und Smyrna hat=
ten wir keine solchen Gärten gesehen und diese hier wa=
ren noch ungleich mehr als jene mit den Kräften und
Schönheiten des warmen Südens angethan. Es war
eben die Zeit der angehenden Reife der Orangen, die
hohen, dickstämmigen Bäume prangten in dem reichsten
Schmucke ihrer goldfarbenen Früchte. Dazwischen zeigten
sich auch hochwüchsige Palmen, zum Theil mit halbrei=
fen Datteln, deren volle Reife freilich hier auf Rhodus,
dessen Wintertage nicht selten Flocken selbst des Schnees
erzeugen, kaum zu Stande kommt.

An der vormaligen Allerheiligenkirche konnten wir
freilich nur die prächtigen Marmorsäulen und die schönen,
halberhabenen Arbeiten ihres Haupteinganges und Vorho=
fes betrachten *); ihr Inneres, das als eine der Haupt=
moscheen der Stadt im Dienste des Islams steht, durf=
ten wir nicht betreten. Hier in der Nähe sind auch die
Gebäude und Zellen einer türkischen Hochschule. Dieser
arme, gespenstische Schatten, dieses Zerrbild einer Schu=
le der Weisheit an solchem Orte, macht einen schmerzli=
chen Eindruck. Ja, Rhodos ist freilich vormals in an=
drem Maaße, eine Schule der Kunst und der Weisheit
gewesen: in den Zeiten des Chares und Laches aus Lin=
dos, der Bildner des großen Sonnencolosses, so wie des
Bryares, des Meisters der andern kolossalen Statuen,
eine Schule der Sculptur; zu Protogenes Zeiten der
Malerei; in den Tagen der römischen Republik eine Schu=

---

*) Waffen darstellend, so wie musikalische Instrumente, Del=
phine und Embleme der Kaufmannschaft.

le der Redekunst und Staatsweisheit, deren Lehren Cato,
Cicero, Cäsar und Pompejus hier vernahmen, nachmals
eine Schule der ritterlich christlichen Tapferkeit und Kunst
der Waffen, jetzt aber ist diese ruhmgekrönte Stadt des
Alterthums für jeden, der ihre Geschichte bedenkt, eine
Schule nur jener verborgenen, auf Glauben gegründeten
Weisheit, welche in der zu Boden gefallenen, zerborste=
nen Frucht jene Saamenkörnlein erblickt, aus denen einst
die Gewächse einer neuen Zeit hervorkeimen werden.

Statt der Herrlichkeit der in der Geschichte der Kunst
so hochgepriesenen Hallen des alten Rhodus, in denen der
Auläos und Mänander des Apelles, der Meleager, Her=
kules und Perseus des Zeuris bewundert wurden, sahen
wir jetzt noch die Waaren und bewunderten namentlich
die riesenhaften Kürbisse in einem der Hauptbazars der
Stadt.   Auch wir durften an dem Handel und Verkehr
Theil nehmen, dabei aber weder in die unmittelbare Nä=
he der Menschen noch der Waaren kommen, bis unser
Quarantäneaufseher die letzteren vor uns hin auf den Boden
gelegt hatte.   An den Schranken der Quarantäne, zu
welcher wir in einer späteren Stunde des Nachmittags
wieder zurückgekehrt waren, fanden sich jedoch bald andre
Handelsleute ein, die uns den Einkauf leichter machten
als er im Bazar gewesen: eine Menge von Juden, bela=
den mit Früchten und allerhand andern eßbaren Gegen=
ständen.   Noch vor Sonnenuntergang kehrten wir zum
Schiff zurück, dessen schwankender Mastbaum schon von
fern das noch immer fortwährende Schaukeln verrieth, das
uns hier, nach kurzer, wohlthätiger Ruhe auf dem festen
Boden erwartete.   Doch hatte schon diese kleine Anöruhe=
zeit und noch mehr der Genuß der frischen Orangen den
Magen so kräftig gestärkt, daß der Schwindel der See=

29 *

krankheit nicht wieder kehrte, denn wenn auch das Schiff schwankte, so stunden doch der nachbarliche alte St. Ni= klasthurm, so wie der Thurm der Engel, an der andern Seite des Hafeneinganges desto fester und in ihrem An= blick fand das Auge jene sichern Anhalts = und Ausruhe= punkte, welche das widerwärtige Gefühl der Unstättigkeit und Bodenlosigkeit, das den Schwindel erzeugt, vertrei= ben. Es war heute ein griechisches Schiff neben uns im Hafen eingelaufen, welches, von demselben Wind begün= stigt, der uns entgegen war, den Weg von Alexandrien hieher in wenig Tagen gemacht hatte.

Montags den 21ten November war noch immer bei anhaltendem Südwind an kein Weiterfahren zu denken und auch unsre türkischen Reisegefährten wünschten dies= mal, mit uns zugleich, ein längeres Verweilen an der Insel, die ihnen so viele frische Lebensmittel, wohlfeilen Kaufes darbot und wo viele von ihnen alte Bekannte und Freunde wiedersahen. Der Himmel war klar und schön, wir beschloßen den Tag so gut als möglich zum weitern Besehen der Stadt und ihrer Umgegend zu be= nutzen. Wir fuhren denn mit unsern wackern Capitän Angeli wieder hinüber nach der Gegend der Quarantäne, stiegen aber heute sogleich an dem Molo des Galeerenha= fens aus, wo uns alsbald unsre gestrigen Kaufleute: mehrere Juden mit kleinen Schüsseln voll wohlschmecken= dem Kaimak (S. 326.) entgegen kamen. Bald waren auch unsre freundlichen Begleiter: die Herrn Consuln Giulianich und Wilkinson wieder bei uns: erbötig uns auf unserm Wege zu begleiten und uns die Merkwürdigkeiten der Gegend zu zeigen. Ein kleines Mißverständniß, das zwischen unserm griechischen Capitän und einem der Mitglie= der der Quarantäne = Commission ausbrach, umwölkte auf

einige Augenblicke die heitre Stimmung des Tages, bald
aber trat diese wieder in ihre Rechte und wir bestiegen
einen der Hügel an der Nordseite der Stadt, wo sich
diese mit allen Erinnerungszeichen an ihre bedeutungs-
volle Geschichte dem Auge auf eine höchst imposante Wei-
se darstellt. Wie diese fest und schön begründete Stadt
all den Mauerbrechern und Belagerungsmaschinen des
„Städtebezwingers" Demetrios so kräftig widerstehen
konnte, begreift man wohl, obgleich, da schon die erste
und auch die zweite aus den Quadern der eingerissenen
Theater und andrer Gebäude errichtete Mauer gesunken
war, auch wohl die dritte unter den Stößen der von
dreißigtausend Menschen errichteten und bedienten Ma-
schine Helepolis (Städtegewinnerin) würde erlegen seyn,
wenn nicht die Gesandten der andern griechischen Staa-
ten für Rhodus den Frieden erbeten hätten. Schwerer
begreiflich ist es aber, wie Rhodos, als seine Bewohner-
zahl und Seemacht kaum noch ein Fünftel der früheren
war, die überlegene Gewalt der Türken so lange von
sich abwehren konnte. Die Geschichte dieser tapfern Ab-
wehr gehört zu jenen Ereignissen, welche nach ihrem
Maaße die Macht und Oberherrschaft eines ernsten Wil-
lens und des Menschengeistes überhaupt über das gegen-
überstehende, leibliche Element beweisen, es möge daher
erlaubt seyn, ehe wir von hinnen segeln in ein Land, da
der Geist noch andre, mächtigere Spuren seines Waltens
hinterlassen hat, bei der Betrachtung der Heldenthaten zu
verweilen, durch welche hier ein kleines Häuflein christ-
gläubiger Männer im Kampfe mit der riesenhaft gro-
ßen Uebermacht eines allgemeinen Feindes sich kräftig
erwiesen.

Der Wahnsinn einer fanatischen Wuth, welcher sei-

ner Natur nach) dem gesunden, ruhigen Leben des Men-
schengeistes feindlich entgegenstehet, hatte seine Ketten
zerrissen, und wie es bekannt ist, daß die Raserei das
Maaß der leiblichen Kräfte auf mehr denn das Vierfache
steigert, so hatte die Fiebertrunkenheit des Islamismus
gleich Anfangs den Armen ihrer Kämpfer eine Macht
gegeben, welche auch durch die Anstrengung vieler Ar-
me nicht zu hemmen, noch zu bändigen war. Immer-
hin liegt auch darinnen ein Beweis der alten Herrscher-
macht der Seele über den Leib, daß selbst dann, wenn
sie in kranker Gestalt aus der Verborgenheit der leiblichen
Hülle hervortritt, die leibliche Natur des Menschen sammt
der ruhig in diese versenkten Seele vor ihr erschrickt und
daß Rolands, des Rasenden, furchtbarer Anblick und
übernatürlich kräftiger Arm ein ganzes Heer der nur mit
leiblichen Waffen Versehenen schlägt. Die Völker und
Reiche des christlichen, wie des heidnischen Ostens waren
der Heldenwuth des neuen Glaubens unterlegen, wie
vom lähmenden Hauche des Siroccowindes oder des
Odems der Schlange war' der sonst kräftige Norden von
dem Schrecken Gottes getroffen, das den Schritten der
Heere der Moslimen vorangieng, da führte noch immer
das Panier des Kreuzes eine Schaar der Ritter dem
Feind entgegen, denen diese Löwen nur dadurch noch
Widerstand zu leisten vermochten, daß sie zugleich Läm-
mer waren, die sich schweigend und duldend, wenn der
Glaube es gebot, zur Schlachtbank stellten. Aus Akre
zuletzt durch die Uebermacht des Feindes vertrieben, hat-
ten die Johanniter, geführt von ihrem Großmeister Foul-
ques von Villaret, im Jahr 1411, ihrerseits wieder
die Räuberschaar der Türken aus Rhodus verscheucht und
die Stadt im Sturm erobert; der Nachfolger des Erobe-

rers, der Großmeister Helion de Villeneuve war hier-
auf bemüht gewesen, die Mauern zu erneuern und durch
neuangelegte Bollwerke sie zu befestigen; ihm folgte in
diesem Werke der im Liede des Dichters lebende Kämpfer
mit dem Drachen: Dieudonné de Gozon, denn die-
ser war es, der den festen Damm des Galeerenhafens be-
gründete; etwas später der Großmeister Johann Lastik,
welcher die Zahl der neuen Festungswerke noch vermehr-
te, so daß das Heer des ägyptischen Sultans, welches im
Jahr 1444 die Stadt belagerte, nach 42tägigen vergebli-
chen Anstrengungen wieder abziehen mußte. Es war dieß
nur das erste, schwache Donnern jenes furchtbaren Unge-
witters gewesen, welches bald nachher dem Ruhesitz der
Ritter sich nahen sollte, denn schon am 4ten December
1479 zeigte sich das drohende Gewölk, als der türkische
Admiral Mesih Pascha eine Schaar seiner Krieger ans
Land setzte. Der Sieg des Großpriors von Brandenburg:
Rudolph von Walenberg über diese Haufen bewirk-
te nur einen kurzen Aufschub des Kampfes; am 23ten Mai
1480 erschien 160 Segel stark die Flotte des Eroberers
von Constantinopel, des Besiegers der Städte, Inseln
und Völkerheere: Mohammeds II. vor Rhodus, und jene
mordlustigen Schaaren, die sie ans Land setzte, schlugen
bald nachher dort am Fuß des Berges von St. Stephan,
im Westen der Stadt, ihr Lager auf. Wäre innerhalb
diesen Mauern nicht ein andrer Muth und Sinn wach
gewesen als der, welcher das türkische Heer belebte, so
würde die Stadt bald von den meisten ihrer Bewohner
und Vertheidiger verlassen gewesen seyn, welche die Furcht
vor dem nahenden Tode hinaus getrieben hätte ins Ge-
birge oder auf die unsichern Schiffe. Denn dies war ja
dasselbe Volk der Feinde, das schon ein Jahr vorher (am

11. August 1479) Otranto, die feste Schutzwehr Apuliens eingenommen, die Heiligthümer entweiht, die unschuldigen Kinder an der Wand zerschmettert, den Befehlshaber und Bischof zersägt, mehr denn die Hälfte der Einwohner ermordet, die andern zu längeren Martern und allerhand Gräueln aufgespart hatte. Und mit sich führten sie mehrere jener Tod und Verwüstung bringenden künstlichen Vulkane, mehrere jener riesenhaften Geschütze, welche die Mauern des mächtigen Byzanz darniedergestürzt hatten. Bald mußte der feste Thurm von St. Niklas die Macht der türkischen Kanonen erfahren, derselbe war mit dreihundert Schüssen von der Landseite her in Bresche gelegt, dennoch konnte der Feind selbst bei dem gewaltigen Sturm am 19ten Juny das halb zerbrochene Werk nicht nehmen, weil der Muth seiner Vertheidiger noch ungebrochen war. Auch auf die Mauern der Stadt, in der Gegend des Judenquartiers donnerten die großen Kanonen mit so entsetzlicher Kraft, daß man das Getös hundert Miglien weit nordwestlich, bis nach Cos, und eben so weit östlich bis nach Castellrosso vernahm. Endlich war die feste Mauer der Gewalt erlegen und obgleich die Belagerten jenseits der äußern Mauer eine zweite, innere aufgeführt hatten, an deren Bau Greise wie Kinder, Wittwen wie Jungfrauen Hand anlegten, so schien dennoch die Einnahme der Stadt fast unvermeidlich, als am 28ten Juny dritthalbtausend Feinde in die Bresche eindrangen und hinter ihnen das ganze türkische Heer nachdringend sich bewegte. Die Stürmenden hatten schon die Stricke bei sich, womit sie die Knaben und Mädchen der Stadt zu binden, Säcke, worein sie den Raub zu fassen, achttausend Pfähle, woran sie die Ritter und andern Bewafneten der Stadt lebendig zu spießen gedachten, denn im

Rathe ihres Heerführers wie des Sultans war das Loos
der Stadt in derselben Art beschlossen, wie jenes der an=
dern, von Mahommed eroberten Städte gewesen.   Aber
sie hatten ihren Rath beschlossen und es ward nichts dar=
aus; der Arm der Helden im Innern der Mauer war,
so gering auch ihre Zahl, dennoch den Feinden zu schwer
und selbst der Geiz des Heerführers, der die schon gege=
bene Erlaubniß des Plünderns noch jetzt, wo er die Stadt
schon für gewonnen hielt, zurücknahm, ward für ihn und
die Seinen ein Strick, der besser band als die Stricke,
welche die Türken für ihre vermeintlich künftigen Gefang=
nen bei sich trugen.   Vierthalbtausend Erschlagene lagen in
der Bresche, da stund der Feind von seinem Stürmen ab
und sein Muth war von nun an mehr denn die Mauer,
die er beschossen, darniedergeschlagen, denn hiermit war
die Bedrängniß der Stadt geendigt; die Feinde ließen ab
von der Belagerung, welche neuntausend der Ihrigen das
Leben gekostet, funfzehntausend aber durch mehr oder min=
der schwere Verwundung zum weitern Kampfe unfähig
gemacht hatte.   Statt der Schätze und Güter der Stadt,
nach denen dieses Räubervolk so lüstern gewesen, schlepp=
te es nun den Reichthum des armen Landmannes, seine
Heerden und Kinder mit sich fort zur Schlachtbank und
Sklaverei und noch lange Zeit nach dem Abzug der Tür=
ken, nachdem schon alle Leichname der von ihnen Gemor=
deten begraben waren, bezeugten die zerstörten Dörfer
und Hütten die schwere Schuld des Mörders, welcher
seinen ungerechten Grimm an den Armen und Wehrlosen
ausgelassen hatte.
     Noch etwas länger als ein Menschenalter ward jetzt
dem Orden zu seinem Haushalt auf Rhodus Frist gege=
ben.   Hätte er nur diese letzte Zeit vor Abschluß der

Rechnung nicht durch solche Handlungen entehrt, wie die
des gebrochenen Wortes und der Verletzung des Gastrech-
tes an dem Bruder Bajasids II.: dem unglücklichen Prin-
zen Dschem, oder träfe wenigstens diese Schuld so wie
das ganze Gewicht der letzten Seufzer des zuletzt in Ita-
lien durch Gift getödteten Prinzen nicht gerade jenen Groß-
meister d'Aubüsson, welcher als Kämpfer für die Mauern
der Stadt bei der Belagerung des Jahres 1480 so große
Errettung erfahren *).   Doch über Rhodus kamen bald die
Zeiten noch schwererer Kämpfe, zugleich aber auch der
besseren Thaten als die zuletzt erwähnten es waren, als
im Jahr 1522 die letzte Stunde der Herrschaft der Rit-
ter auf dieser Insel schlug.   Damals war Großmeister des
Ordens der greise Villiers de l'Isle Adams; als
Führer eines Heeres von 100,000 Mann, das sich zu
Lande der gegenüberliegenden Küste nahte, war Sulei-
man der Große selber zum Kampf herbei gezogen,
während sich zugleich die türkische, mit andren Heerhau-
fen bemannte Flotte, dreihundert Segel stark der Insel
nahete.   Zwei Festtage waren es, die den christlichen Be-
wohnern der Insel sonst die Tage der größesten Freude
und Verherrlichung gewesen, welche diesmal zu Tagen des
größesten Jammers und Elendes wurden: der Tag Jo-
hannis des Täufers, des Schutzpatrons des Ordens der
Johanniterritter und der Tag des heiligen Weihnachtsfe-
stes; denn am 24ten Juny hatte der Schwarm der Fein-
de zuerst gelandet und seine verheerende Wuth an der Um-

*) M. s. Jos. v. Hammers Gesch. des osm. Reiches II.
S. 278. und die ganze Geschichte der Gefangenschaft und
Hinrichtung Dschems durch Gift von S. 263 bis 277.

gegend von Favez ausgelassen; am 25ten December ward
das moslimitische Gebet von dem Thurm der St. Johan-
niskirche ausgerufen und von den Zinnen des eroberten
St. Niklasthurmes ertönte die türkische Musik. Die Er-
eignisse jener sechs Monate, welche zwischen den beiden
Festtagen innen lagen, werfen gleich einer Gluthsäule, die
bei Nacht von einer verbrennenden Stadt aufsteigt, einen
blutrothen Schimmer auf die Bücher der Geschichte der
vor Alters so „seelig“ (in ihrem Beinamen Makaria) ge-
priesenen Insel. Dort auf dem Hügel St. Cosmas und
Damians schlug Suleiman, als er am 28ten July unter
dem Donner von mehr denn hundert türkischen Canonen
gelandet, sein Zelt auf; hier an der Nordseite der Stadt,
bei dem nahe am damals sogenannten Siegerthor gelege-
nen Bollwerk der Deutschen, an deren Spitze Christoph
von Waldner aus Pludenz kämpfte, geschahe am 1ten
August der erste, wüthende Angriff der Türken. Wie
mächtig die Geschütze des Feindes auf die Mauern tra-
fen, das bezeugen noch jetzt einige Reste der riesenhaften,
steinernen Kugeln, welche jene schlenderten, denn diese
Kugeln maßen 6 bis 10, etliche sogar 11 Spannen im
Umfange *). Dennoch widerstund die alte, feste Mauer
bis zum Ende des August dem furchtbaren Anlauf der
feindlichen Kräfte; erst am 4ten September öffnete eine
Mine, dort an der Ostseite der Stadt, dem Sturme den
Zugang, da wo das Bollwerk der Engländer war. An
dieser Stelle sind die größten Heldenthaten jener Tage
geschehen, denn hier ward dreimal der schon eingedrunge-
ne, übermächtige Feind durch das Schwert der Ritter zu-

---

*) Jos. v. Hammer a. a. O. III. S. 22 und 627.

rückgeworfen, und Tausende der Seinigen erschlagen, die
Fahnen, welche derselbe schon auf den Wällen aufgepflanzt
hatte, von den christlichen Kämpfern (eine von dem deut=
schen Waldner) erobert. Hier war es auch, wo jene hel=
denmüthige Griechin, die Geliebte eines Feldobersten, den
blutigen Mantel ihres vom Feind erschlagenen Freundes
um sich legend, und sein Schwert erfassend, sich kämpfend
unter die dichtesten Schaaren der Türken warf und den
Heldentod errang, als am 24ten September das ganze
Heer der Feinde von der Nord= und Ost= und Südseite
zugleich die hart bedrängte Stadt bestürmte. Noch
trug „die Rose" (Rhodos), die der Räuber brechen woll=
te, ihre Stacheln und verwundete die Hand, die nach ihr
sich ausstreckte, so hart, daß funfzehntausend Türken dem
damaligen Kampf mit den Schwertern und Geschützen der
christlichen Helden unterlagen. Doch so wenig Erfolg auch
die oft wiederholten Stürme des Feindes, durch welche
dieser im October und November die Stadt bedrohete,
für den Fortgang seiner Waffen hatten, so mußte dennoch
der hohe Sinn der Vertheidiger zuletzt in das unvermeid=
liche und unabwendbare Loos der Unterwerfung sich er=
geben. Denn obgleich der Feind bei den Stürmen und
Angriffen der Stadt während der ganzen Zeit der Bela=
gerung 64,000 Mann und gegen 40,000 durch Krankhei=
ten verloren hatte, waren dennoch seine Streitkräfte je=
nen der Belagerten noch immer ungeheuer überlegen, weil
diese gleich anfangs nur aus einem Häuflein von 600 Rit=
tern und 5000 Reisigen bestunden, denen freilich die Be=
wohner der Stadt von jedem Alter und Geschlecht nach
Kräften beistunden. Die Uebergabe, von welcher noch
immer mehrere der Ritter nichts wissen wollten, wurde

zuletzt durch den Mangel an Pulver beschleunigt und am
20ten December 1480 auf die Zusicherung eines freien
Abzuges der Belagerten nach zwölf Tagen festgesetzt; zu-
gleich hatte Suleimann den Bürgern versprechen, daß
sein Heer bis auf die Entfernung einer Meile von der
Stadt sich zurückziehen sollte. Aber dieses Versprechen
blieb unerfüllt, denn schon nach fünf Tagen (am 25ten
December), als Ferhad Pascha 15,000 Janitscharen von
der persischen Gränze herbeigeführt hatte, welche aller-
dings nicht zu jenem Heere der bisherigen Belagerer ge-
hört hatten, deren Zurückziehen von der Stadt verheißen
war, rückten die Janitscharen, blos mit Stöcken und Bün-
deln in der Hand heran, erbrachen das cosquinische Thor
und erfüllten alle Gassen und Häuser der Stadt mit dem
Jammer ihrer Gräuelthaten; die Kirchen mit den Aus-
brüchen ihrer feindseligen Wuth. Daß es bei dieser Ein-
nahme von Rhodus nicht ganz zum Aeußersten kam, daß
der alles verheerende und vernichtende Strom seine Däm-
me nicht durchriß und über die Stadt und alle ihre Be-
wohner sich ausgoß, das hinderte Suleimans Menschlich-
keit, die sich auch hierbei in mehreren denkwürdigen Zü-
gen bezeugte. Denn als am 26ten December der Groß-
meister, mit einem Kaftan bekleidet, ihm vorgestellt wur-
de, tröstete ihn der Sultan mit der Erinnerung, daß es
das öftere Loos der Hochgestellten sey, von dieser Höhe
herabzufallen; besuchte nochmals, freundlich zusprechend,
in Gesellschaft nur eines Sclaven und des Achmed-Pa-
scha, den Greis, im Speisesaal der Ritter und da am
ersten Tage des Jahres 1523 der Großmeister, vor seiner
Abfahrt von der Insel, noch einmal seinen Besieger be-
grüßte, sagte Suleiman zu einem seiner Vertrauten:

„mir thut es leid, daß ich diesen Greis von Haus und Hof vertrieben" *).

Wir hatten über dem Rückblick in die Vergangenheit der schönen, alten Stadt, fast die Beachtung ihrer Gegenwart vergessen. Doch diese ist so eindringend lieblich, daß sie bald das Aufmerken wieder auf sich lenkt; wie ein schönes Kind, das einem nachsinnenden Alten so lange am Gewand zieht und anregt, bis er endlich sein Auge zu ihm hinabwendet, stund der Frühling von Rhodus neben uns auf dem aus der Fülle des neulich geflossenen Regens wieder belebten, grünenden Hügel und legte, spielend mit Farben und mannigfachen Gestalten, seine lieblichen Blumen zu unsern Füßen. Es blühten da die frühen Ranunkeln und Muskari-Hyazinthen des Südens; von den Schaaren der seit Kurzem angekommenen Wandervögel des Nordens schienen Manche, des Weiterziehens vergessend, auf den Hügeln wie an der Küste die Stätte ihres Winteraufenthaltes zu suchen; das vaterländische Rothkehlchen und die Bachstelze zwitscherten im Gebüsch und am Felsen.

Quarantänepflichtig wie wir auch waren, führte uns dennoch Herr Wilkinson in sein Haus und bei seiner Familie ein. Die Gemahlin, eine schöne Griechin, bewirthete uns mit Kaffee, den wir, an der entgegengesetzten Seite des Saales sitzend, genoßen, während die andern nicht in der Quarantäne begriffenen Gäste und Bewohner des Hauses in der Nähe der Wirthin ihren Sitz nahmen. Von hier gingen wir in Begleitung des Herrn Giulianich in die Locanda della Luna, deren Inhaber, Pietro Pe-

---

*) Jos. v. Hammer a. a. O. III, S. 30.

trowitsch, einer der gefälligsten Gastwirthe die ich auf
dieser Reise gefunden, uns sogleich einen kleinen Salon
einräumte, zu welchem man auf einer Treppe hinansteigt.
Diese für jeden Reisenden, der nicht zu hohe Ansprüche
macht, sehr empfehlenswerthe Locanda, liegt, eben so
wie die Wohnungen der sämmtlichen Consuln auswärti=
ger Nationen, in jener Vorstadt, in welcher die meisten
christlichen Ein= und Anwohner von Rhodus sich aufhal=
ten; denn in der Stadt selber darf, seit der Eroberung
derselben durch die Türken, kein Christ wohnen; nur den
Juden ist es verstattet innerhalb der Mauern ihr Obdach
zu haben. Es that uns ganz besonders wohl, einmal
wieder an einem still und feststehenden Tische und zwar
aufrecht auf Stühlen zu sitzen, und wenn auch die Küche
unsres Wirthes nicht an sich selber sehr gut bedient, der
Wein vortrefflich gewesen wäre, so würde schon die von
der Seekrankheit sehr geschärfte Eßlust und der herrli=
che, frühlingsartige Tag der zu den geöffneten Fenstern
hereinblickte, über diesen Mittagstisch einen ungewöhnli=
chen Reiz ergossen haben. Auch der Nachmittag vergieng
uns in der Familie des griechischen Herrn Consuls, bei
welchem wir abermals mit Kaffee bewirthet wurden, sehr
angenehm. Der Sohn des Hauses spricht mehrere Spra=
chen, unter andern auch mit ziemlicher Geläufigkeit das
Deutsche. Sehr erquickt und gestärkt an Seele und Leib
kehrten wir am Abend auf unser Schiff zurück, das nun
schon mit allen Bequemlichkeiten und Genüssen versorgt
war, die uns die Nähe des Landes darbot; selbst wieder
mit Milch zum Thee.

Dienstags den 22ten November hatten wir kaum das
Land betreten und unter den Bäumen, jenseits des Ga=
leerenhafens, uns ein wenig ergangen, als wir erfuhren,

daß die Angelegenheit unsres Capitäns wegen baldiger
Aufhebung der Quarantäne so günstig und glücklich been-
digt sey, daß wir schon heute, und nun nicht mehr bloß
wir, sondern mit uns zugleich alle unsre türkischen Rei-
segefährten derselben entlassen werden sollten.   Wir wa-
ren, in Begleitung der Herrn Consuln, zu der Gasse hin-
gegangen, die an den alten Hafen gränzt, da brachte ein
Janitschar des Aga, begleitet von einem Oberaufseher
der Quarantäne, den Befreiungs- und Erlösungsbrief
aus dem Gewahrsam der Sanitätswache. Uns war diese
Gefangenschaft freilich durch die Güte der Herrn Con-
suln sehr erleichtert worden, dennoch gewährte es uns
eine Art von Festfreude, als uns jetzt die Freunde, die
sich bisher so fern von uns gehalten, unsre Berührung
so sorgfältig vermieden hatten, die Hand reichten, uns
umarmten und zur Beendigung der Quarantäne Glück
wünschten. Alsbald ward das Zeichen hinüber nach dem
Schiffe gegeben; die Quarantäneflagge ward abgenom-
men; das große Boot füllte sich mit Türken und von der
Stadt aus stießen mehrere türkische Boote ab, um die
Ueberfahrt der Landsleute zu beschleunigen.   Ehe eine
halbe Stunde vergieng, waren alle Kaffeehäuser und
Hallen am Hafen mit unsern Tabak rauchenden und Kaf-
fee schlürfenden Hadschi's erfüllt, welche die Ruhe auf
dem Schiffe nun mit der Ruhe am Festlande vertausch-
ten, denn sie saßen hier den größten Theil des Tages
eben so unbeweglich still auf ihren untergeschlagenen Bei-
nen, als sie dieß am Bord gethan hatten.

Wir Andern, fern im Lande des Abends geboren,
des Abends, dessen wachsende Schatten ohne Aufhören
an das Nahen der Nacht erinnern und zur Beschleuni-
gung der Schritte treiben, mochten nichts vom Stillsitzen
wissen,

wiſſen, ſondern beſchloßen ſogleich von der empfangenen
Freiheit Gebrauch zu machen und nun erſt recht unge=
hemmt das ſchöne Rhodus zu beſchauen. Hatten doch
ohnehin unſre beiden Begleiterinnen noch nicht einmal die
Ritterſtraße und die andren Denkwürdigkeiten der Stadt
geſehen, welche wir gleich am erſten Nachmittag betrach=
teten. Wir giengen heute nicht mehr durch die Neben=
pforte der St. Elmoburg, ſondern, denn nun war das
Alles erlaubt, durch das volkreiche Hauptthor am Hafen.
Wahrſcheinlich hier ſahe noch Thevenot im Jahr 1653
den rieſenhaften Kopf jenes ſogenannten Trachen aufge=
hängt, welchen der ſchon oben genannte provenzaliſche
Ritter Deodat de Gozon mit tapfrer Hand erlegte.
Er beſchreibt jenen Kopf, als von platter Form, grö=
ßer und dicker als den eines Pferdes, der Rachen war
bis an die Gegend der Ohren geöffnet, mit furchtbar
ſtarken Zähnen bewaffnet; die Augen größer als die eines
Roſſes, die Naſenlöcher rund; die Haut von graulich
weißer Farbe *). Dieſes alte, augenfällige Denkzeichen
an die That des Ritters iſt nun freilich ſchon längſt, bis
auf jede Spur von dem Thore verſchwunden, doch lebt
die Erinnerung an „den Kampf mit dem Drachen“ auf
ſchönere Weiſe im wohlbekannten Liede fort, als in einer
abgebleichten, thieriſchen Haut, und nun iſt es ein andres,
ſchöneres Thor als das des zinnenreichen Rhodes, es iſt
Walhallas Thor, an welchem der deutſche Jüngling, in
Schillers Ballade das Bild der herrlichen Heldenthat er=
blickt.

Wir zogen jetzt wieder hinauf durch die ſtille, men=

*) Thevenot Relation d'un voyage fait au Levant. Paris
1665. p. 223.

v. Schubert, Reiſe i. Morgld. I. Bd.　　30

schenleere Straße der Ritter, und betrachteten die vie=
len, in Stein gehauenen Wappen. Wenn auch dort,
die veröbeten Hallen des Pallastes und des Rittersaales
auf schmerzliche Weise von Krieg und Zwietracht der
Völker zeugen, so redet dagegen diese Straße in der stum=
men Zeichensprache ihrer Wappen, in denen die Edlen
aller christlichen Reiche und Länder Europa's zusammen=
gestellt erscheinen, von einer Eintracht und einem Frie=
den, welchen der Glaube und die Kraft des Geistes geben,
und welche einmal künftig, wenn der Keim der im Senf=
körnlein lag, nach seinem ganzen Maaß sich entfaltet hat,
nicht über eine, sondern über viele Inseln und Länder
und Meere ihren Schatten breiten werden.

Bei der vormaligen Allerheiligen Kirche und jetzigen
Moschee schrie mich ein kleines, muthiges Türkenknäblein
zornig blickend und schimpfend an, zog zugleich seinen höl=
zernen Säbel drohend, als wollte es auf mich einhauen;
ich streichelte ihm lächlend seine rothen Backen und es
steckte, wie erschrocken, die kleine, harmlose Waffe in
ihre Scheide. Desto unversöhnlicher schien der Grimm
zu seyn, mit welchem uns ein Imam, aus der verschlosse=
nen Thüre hervortretend, anblickte, als einer unsrer Be=
gleiter, ohne seinen Willen, an den metallenen Zierra=
then des Thürschlosses ein etwas lautes Geräusch verur=
sacht hatte. Zwar, als er die begleitenden Consuln und
Janitscharen sahe, sprach er seinen fanatischen Unmuth
nur in halblauten Scheltworten aus, seine Augen und
Mienen ließen aber gar wohl errathen, wie gern er zum
Worte die Thaten des Zornes gesellt hätte. Friedlicher
dagegen gieng heute der Handel und Verkehr im großen
Bazar von statten. Wir durften nun selber an die Bu=
den und ins Innre der Kaufmannsläden hineintreten; die

Waaren mit der Hand berühren und auswählen. Als
Unterhändler und Dolmetscher drang sich uns hierbei ein
in rothen Kaftan gekleideter Jude auf, der auch für
Herrn Giulianich die auswärtigen Geschäfte des Hauses
besorgt und dieser Freund Rothmantel begleitete uns von
heute an, wo wir der Quarantäne entlassen bald da bald
dorthin zogen, auf jedem unsrer Schritte, mischte sich in
alle unsre Händel und Geschäfte. Docter Roth fand in
einem der Kaufmannsläden zu seiner großen Freude meh-
rere Waaren aus seiner Geburtsstadt Nürnberg, mit den
Namenszeichen der Verfertiger und Fabriken versehen:
der Merkwürdigkeit wegen wurden einige dieser weit ge-
wanderten Sachen gekauft. Auch etliche unsrer türkischen
Habschi's hatte die Eßlust von ihren Ruhesitzen in den
Hallen und Kaffeehäusern am Hafen hinweg, hieher nach
dem Bazar gezogen, wo sie reichlich mit frischem Brod
und Zwiebeln sich versahen.

Erst heute lernten wir die noch immer ansehnliche
Stadt recht kennen. In einer der Hauptstraßen sahen
wir außer dem vormaligen, erzbischöflichen Pallast noch
viele, nun in Schmuz und Verödung liegende, ansehnli-
che Gebäude; hie und da ein alterthümlich prachtvolles
Gesimse, von Tauben bewohnt; Marmortafeln, mit Spu-
ren der ehemaligen, halberhabenen Zierrathen, zur Thür-
schwelle gebraucht. Dennoch aber, ohngeachtet dieser klei-
nen, einzelnen Züge der allmälig vorschreitenden Auflö-
sung, erscheint das ritterliche Rhodus wie ein auf der
Todtenbahre liegender Held, der in der Blüthe seiner
Jahre, ohne vorangegangene Krankheit plötzlich den Tod
des Schlachtfeldes starb und dessen Leichnam noch unent-
stellt den Ausdruck der männlichen Stärke und Schön-
heit sich erhielt. Einen besonders imposanten Ein-

30 *

druck aufs Auge macht der Anblick der hohen Mauern
und Gräben der Stadt von der Westseite derselben, und
zugleich ist auch hier die Aussicht nach den benachbarten
Anhöhen von St. Stephan und hinabwärts nach der Kü-
ste ungemein reich und ergötzlich. Dort, in einer der Fel-
senhölen soll der „Drache" seinen Aufenthalt gehabt ha-
ben; an dem Thore der Landseite, zu welchem wir da
herauskamen, war auch, nach Thevenots Bericht, zuerst
der Kopf des Ungeheuers aufgehängt gewesen, ehe die
Türken ihn zu dem Thor am Hafen hinbrachten. Aber
durch eben dieses Thor, das den Sieg der ritterlichen
Tapferkeit bezeugte, drang dann später ein furchtbareres
Ungeheuer hinein in die Stadt, als jenes gewesen, das
der edle Provenzale erschlug; hier zog zuerst das wüthen-
de Heer der Türken ein, und verwandelte den Wohnsitz
der Ritter selber in eine Höle des Lindwurms.

Ganz besonders schön und reich bewachsen zeigt sich
die Umgegend der Stadt nach der nördlichen Seite hin.
Hier erhebt sich der Hügel „Sünbülli" das heißt der
hyazinthenreiche, beschattet von hohen Zypressen, deren
röthliches, duftendes Holz mit unter dem Namen des
Rhodusholzes begriffen und geachtet ist. Vormals stund
da im Schirm der hohen Bäume eine Kirche der Chri-
sten „Liebeinsam" genannt, in welcher ein Gnadenbild
verehrt ward. In den letzt verflossenen Zeiten bewohnte
hier der englische Seeheld Sir Sidney Smith ein
Landhaus, welches, wenn auch nicht durch die Pracht
seiner Bauart oder Bequemlichkeit der Einrichtung, doch
durch den Liebreiz seiner Umgebung mit den hochgeprie-
sensten Landhäusern der Erde wetteifern konnte. — Der
jüngere Herr Giulianich erzählte uns von einer Pflanze,
welche hier und an vielen andern Stellen der Insel wachs-

sen soll und welcher die Eingebornen ganz besondre Heil-
kräfte gegen die Folgen des Schlangenbisses zuschreiben.
Jetzt im November konnte unser Freund weder das längst
verblühte Gewächs auffinden, noch bekamen wir eine je-
ner Schlangen zu sehen, die sich im Sommer noch im-
mer in Menge auf dieser Insel zeigen sollen, welche eben
deshalb schon bei den Alten den Beinamen der schlangen-
reichen (Ophiussa) erhielt, ja deren Namen Rhodus eben
so im Phönizischen die Bedeutung der Schlange, denn
im Griechischen der Rose hat. Uebrigens fanden wir an
diesem Tage als einen freilich nur sehr kleinen Bruchtheil
der in andren Jahreszeiten so überreichen Flora von Rho-
dus noch oder von neuem blühend den ächten Jasmin
(Jasminum officinale), das jonische Cyclamen (Cycla-
men Coum); in einem Garten das wohlriechende Veil-
chen (auf türkisch Menekschieh), die buchtig blättrige Sta-
tice (Statice sinuata), die italienische Anchuse (Anchu-
sa italica). Mit der römischen Hyazinthe (Hyacinthus
romanus) zugleich blühete die lieblich duftende Tazette
(Narcissus Tacetta); mit einem unserem vaterländischen
wurzelknolligen (Ranunculus bulbosus) wenigstens sehr
nahe verwandten auch der röthlich blüthige carische Ra-
nunkel (Ranunculus asiaticus) und die balearische Wald-
rebe (Clematis balearica). Von den zahlreichen aroma-
tischen Gewächsen der 14ten Linnéischen Klasse, deren Blät-
ter und Stengel an vielen Stellen gesehen wurden, fan-
den wir nur noch blühend die kopfständige Saturei (Sa-
tureja capitata, auf türkisch Jaban Zibarif) und in Gär-
ten das Basilienkraut so wie den Majoran (Ocymum ba-
silicum und Origanum officinale); aus einer andern
Familie jener Klasse das Löwenmaul (Antirrhinum cym-
balaria). Von mehreren hiesigen Levcojen-Arten blühete

noch der Cheiranthus tricuspidatus, von Bohnenarten der Phaseolus Caracalla, von zusammengesetzt blüthigen die Centaurea moschata, die Artemisia crithmifolia und das Gnaphalium stoechas. Von der kleinen Thier= welt, die sonst an diesen Gewächsen oder in ihrem Schat= ten lebt, fanden wir außer mehreren noch unbestimmten Arten der Schnecken den zierlichen braunstreifigen Buli= mus fasciatus so wie den Bulimus decollatus, Helix pellita und carascalensis; von Käfern fast nur den Ateuchus variolosus.   Wenn aber auch in diesem Ge= biet für den Naturfreund und Sammler nur wenig zu forschen und zu gewinen war, so gab für ihn gerade die= se Jahreszeit der Insel ein besondres Interesse jene Men= ge der wandernden Vögel, die nun alltäglich aus Norden ankam.   Freilich findet unter diesen gerade der Nordlän= der wenig oder keine neue Bekannten; die Schnepfen, welche in den letzten Tagen des Novembers und Anfang Decembers Rhodus so häufig besuchen, daß dann jeder Hauswirth seinen Tisch oft und reichlich damit versorgen kann, haben mehr für den Jagdliebhaber als für den Na= turforscher Interesse; dennoch freut sich dieser der Gele= genheit, die Zeiten und die Richtung jener Wanderungen zu beachten, deren Geschichte zu den höheren, bedeutungs= volleren Geheimlehren der Natur gehören.   Ueberdieß bleibt dem Vorüberwandernden auch in solcher Zeit des Jahres der Reichthum der Meeresküste: jene Mannichfal= tigkeit der Geschiebe der Felsarten, die selbst für das unkundige Auge der Türken durch ihre Buntfarbigkeit et= was so Anziehendes hat, daß man die Steine von Rho= dus bis nach Smyrna und Constantinopel führt um sie in Häusern, Höfen und Gärten der Harems zur Ferti= gung eines farbigen Mosaikgrundes zu benutzen. Die ro=

the Farbe der Steine kommt von Jaspis wie von Feld-
spath; neben der rothen erscheint die grüne Farbe des
Serpentins und der grünsteinartigen Geschiebe, in jenen
nicht selten der bronzefarbige Schillerstein, anderwärts
zeigt sich das silberfarbige Weiß des Glimmers, das Ra-
benschwarz der Hornblende. Im Ganzen wird, auf eine
beachtenswerthe Weise zwischen den Geschieben, die wir
hier an der Küste von Rhodos und jenen, die wir etwas
später an einigen Stellen des ägyptischen Ufers, noch
mehr aber an der Küste von Cypern fanden, eine sehr
große Aehnlichkeit und innre Uebereinstimmung bemerkt.

Wir brachten einen sehr vergnügten Mittag im Hause
und an dem gastlichen Familientische des Herrn Giulia-
nich zu. Hier waren wir ja ganz unter Landsleuten,
denn Herr Giulianich selber stammt aus Triest, seine
Gemahlin aus Gräz in Steiermark; unter den Kindern
spricht vornämlich der Sohn sehr fertig deutsch. Heute
so wie schon am gestrigen Tage ward in Ueberlegung ge-
zogen, ob wir auch für die weitere Reise nach Ale-
xandria in unsrem voll Türken gepfropften Schiffe blei-
ben, oder mit einem andren fahren sollten, dessen Haupt-
ladung Holz war, mit welchem aber zugleich auch ein
hiesiger Arzt und seine Familie die Reise machen wollte.
Die Wagschale der Ueberlegung neigte sich dennoch zu
Gunsten unsres Türkenschiffes, denn dieses war uns mit
all seinen Vorzügen und Mängeln bekannt und war über-
dieß sogleich, sobald der Wind sich günstig machte, zur
Abfahrt bereit; das andre hätte uns durch sein längeres
Verzögern gar leicht der Gefahr jener größeren Stürme
und widrigen Winde aussetzen können, welche im Winter
nicht selten die Schiffe Wochen, ja Monate lang in Rho-
dos und seiner Umgegend zurückhalten. Am Nachmittag

besahen wir noch die Kirche der Franziskaner, in welcher
ein Madonnenbild auf Marmor gemahlt gezeigt wird,
das ein Werk des letzten Großmeisters der Rhodiser Rit=
ter: des Villiers de l'Jsle Adam ist, welcher, wie der
Augenschein lehrt, es nicht verschmähte, auch mit dem
Pinsel den kindlich frommen Sinn zu bezeugen, der sich
in derselben Hand so oft durch das Schwert als ein männ=
lich starker kund gab.

Wir kehrten fröhlich nach dem Hafen und nach unsrem
Schiffe zurück. Die Gebirge der gegenübergelegnen Küste
hatten sich mit dichten Wolken umhüllt, der Horizont in
Westen war getrübt, in den Wipfeln der Zypressen und
Platanen rauschte ein starker Wind; das Innere aber der
Pilgrime und Fremdlinge, da sie jetzt wieder hinabstiegen
zur kleinen bretternen Kammer, war durch nichts getrübt
und durch keine Stürme bewegt. Einige Stunden lang
mochte der ruhige Schlaf in dem freilich schon heftig
schwankenden Schiffe gedauert haben, da weckte uns das
laute Heulen des Sturmes, das Rauschen und Anschla=
gen der Wellen an das Fahrzeug, das Tosen der Brandung
am Felsen. Der äußere Hafen von Rhodus gewährt frei=
lich den hier vor Anker liegenden Schiffen Rettung und
Sicherheit vor dem Untergang, das heftige Schwanken
derselben aber durch die Gewalt der Stürme kann er mit
seiner meist niederen Umgebung nicht verhindern. Wir
stunden schon beim Grauen des Morgens auf dem Ver=
deck, um bald möglichst ans Land zu gehen. Das große
Boot ward zur Ueberfahrt bereitet, aber die Wellen war=
fen es bald hoch hinauf in die Nähe des Schiffsbordes,
bald glitt es wieder hinab in die neu sich öffnende Tiefe,
näherte sich jetzt dem Schiffe so weit, daß nur mit Mühe
das Zusammenstoßen vermieden werden konnte und fuhr

dann weit von ihm hinweg. So schwer war den beiden
Reisegefährtinnen das Aussteigen aus unsrem Haus der
Gewässer noch nie geworden und dennoch begehrten sie so
sehnlich aus dem unter ihren Füßen schwankenden in ein
still und fest stehendes Haus zu kommen. Als ein beson=
ders günstiger Umstand erschien es uns, daß der Sturm
nicht gestern, sondern erst heute kam, denn gestern, wo
wir der Sanitätsobhut noch nicht entlassen waren, hätten
wir, wenn dies anders bei solchem Sturme möglich, den
weiten Umweg um den St. Niklasthurm hinum nach dem
Quarantänebezirk nehmen müssen; heute durften wir gera=
de über den Hafen hinüber nach dem nahen Damm un=
mittelbar beim Stadtther fahren. So nahe aber auch
dieser Weg der Ueberfahrt war, reichte er dennoch hin,
um uns sattsam in das Spritzbad des Meeresschaumes
einzutauchen, denn die Wogen zerstäubten sich dort am
Felsen weit hin vom Boote und der Sturm warf den flüs=
sigen Staub wie Regengüsse über uns her; wir kamen
gründlich durchnäßt am Lande an. Das angenehme Ge=
fühl jedoch, dem wir uns hier, auf sicherem Boden ste=
hend überließen, während wir unser gutes Schiff drüben
im Wasser so taumeln und schwanken sahen, das läßt sich
für Einen, der es noch nicht selbst erfahren, kaum be=
schreiben. Dazu kam noch, am einsamen Felsenufer bei
und jenseis der St. Elmoburg der wahrhaft erhebende
Hinausblick auf das vom Sturm bewegte Meer; ein
Schauspiel der Elemente, das ich bis dahin in solcher
Großartigkeit noch nie gesehen hatte. Der Himmel war
fast ganz mit schweren dichten Wetterwolken bedeckt, nur
aus Osten fuhr, wie ein drohend gezucktes Schwert ein
Streifen des dunkelroth glühenden Morgenrothes empor,
der bald wieder verschwand; ein oder etliche Male blickte

die Sonne, blickte Apollo der Hirt, mit gelblich falbem
Scheine auf die Wogen herunter, welche wie eine Heer=
de, die von Furcht und Entsetzen ergriffen nicht mehr
auf die Stimme des Hirtens achtet, in wilder Eile dahin
fuhren; die Blätter der hohen Platanen wurden vom
Sturme weithin über Land und Meer gestreut. Die
Stimme der Schrecken, welche die Natur in solchen Au=
genblicken vernehmen lässet, tönet zwar lauter als die
ihrer Lieblichkeiten, es wird aber in jenen wie in diesen
dasselbe harmonisch lautende Lied der Schöpfung ver=
nommen.

Die Gewitterwolken zogen sich immer dichter und
drohender zusammen, wir wußten aus mehrmaliger Er=
fahrung, mit welcher überströmenden Kraft sie in dieser
Gegend und in dieser Jahreszeit sich entladen, daher eil=
ten wir an der Grabstätte des türkischen Marabus vor=
über nach unsrer Locanda della Luna, wo uns bald das
kleine, abgesondert stehende Häuslein, das sich über die
Mauer des Hofes erhebt und welches mich oft durch sei=
ne Bauart an die Nachthütte im Kürbisgarten erinnerte,
unter sein Dach aufnahm. Fenster gab es da nicht, son=
dern bloß hölzerne Läden, welche heute, beim heranna=
henden Gewitter verschlossen bleiben mußten, das nöthige
Licht fiel durch die geöffnete Thüre herein und beleuchtete
da die einfache Geräthschaft des Häusleins: einen alten,
hölzernen Tisch, zwei hölzerne Bänke und einen Stuhl.
Wir hatten hinlängliches Licht, um uns einmal am lie=
ben, festen Lande auf Pilgrimsweise durch Wort und
Schrift zu erquicken, unter andern lasen wir heute ein
tröstliches Wort von Einem, der uns leitet nach Seinem
Rath, und hatten auch ein Gefühl von jener Freude, de=
ren Die genießen, welche zu Ihm sich halten (Ps. 72.

V. 24, 28.). Und dieses Gefühl, mit seiner stärkenden Kraft, kam uns heute gerade zur rechten Zeit, denn bald nach unsrem Einzug unter das stille Dach der „Nacht= hütte" brach nicht nur das Ungewitter mit furchtbaren Donnerschlägen und Blitzen und mit Hagelschauer aus, sondern, da das Gewitter ein wenig stiller geworden, kam der Sohn unsres wohlwollenden Herrn Consuls Giulia= nich, der uns die Nachricht brachte, daß im Quarantäne= haus zu Alexandria die Pest ausgebrochen sey. So hat= ten sich zwei Sorgen statt einer, und beide waren, wie sich nachher zeigte, vergebliche, in unsre Gesellschaft ein= gedrängt: die eine, ob uns nicht vielleicht die jetzt mit Macht einbrechenden Winterstürme Wochen, ja Monate lang auf Rhodus zurückhalten und hierdurch unsern Rei= seplan sehr verändern und verkürzen würden, die andre, daß wir abermals, auch wenn wir nach Alexandria ge= langten, als Hausgenossen einziehen müßten bei der „Pe= stilenz die im Finstern schleichet, bei der Seuche die im Mittage verderbet." Das dumpfe Toben des Meeres, welches das Liedlein der ersteren Sorge sang, hörte man, bis herein in unsre kleine Hütte, dazwischen aber vernahm die Seele auch ein andres Lied in höherem Tone, dessen Anfang lautete: „gieb dich zufrieden und sey stille."

Gegen Mittag hatte der Regen aufgehört, die lau= ten Donner schwiegen, nur die furchtsamen Lämmer und wilden Stiere des Meeres, die Wasserwogen, konnten noch nicht von dem Entsetzen sich los machen, das sie er= griffen, obgleich, wenn sie vor Furcht auch noch so hoch sprangen, nur hier eine Tiefe und dort eine andre Tiefe sich aufthat. Hassan, unser türkischer Freund aus Smyr= na besuchte uns, und auch heute, wo wir mit ihm allein waren, vernahmen wir Aeußerungen von ihm, welche uns

schließen ließen, daß in dem geistigen Reiche der Osma-
nen zwar noch die Wogen, jetzt einmal in Bewegung ge-
setzt, laut, gegen den Felsen brausen, der fest stehet,
daß aber die Wetterwolken, aus denen der aufregende
und bewegende Sturm kam, bereits anfiengen sich zu zer-
theilen und zu verziehen. Hassan äußerte auf seine Wei-
se mehrmalen gegen uns, als Hoffnung seines Herzens,
daß vielleicht schon in wenig Jahrzehenden die Moslimen
in Sinn und Sitte den Franken (Christen) gar ähnlich
und sehr nahe befreundet seyn würden; der Großherr selber
mache zu der Annäherung einen guten Anfang. Nament-
lich schien ihm auch der Anblick unsrer christlichen Fami-
lienverhältnisse und das Benehmen unsrer Reisegefährtin-
nen das Vorurtheil der Türken (wenn es anders wirklich
noch in ihm war) benommen zu haben, daß in den
Frauen keine solche, zum Wirken kräftige, verständige
Seele sey, wie in den Männern. Hassan war heute un-
ser Gast und nach einiger Zeit fand sich auch unser guter
Capitän Angeli bei uns ein, den der sorgsame, wohlwol-
lende Herr Giulianich hieher beschieden hatte, um ihn,
in unsrer Gegenwart, das Versprechen abzunehmen, daß
wir im Hafen zu Alexandria auf seinem Schiffe, nicht
in dem jetzt verpesteten Siechhause die Quarantäne halten
dürften.

Rhodus war, nach der Sage des Alterthums, dem
Sonnengott als einer seiner Lieblingssitze geheiligt, denn
dort auf dem hohen Atabyriosberge sahe Phoebus die
lieblich blühende „Rhodos,“ die Tochter der Aphro-
dite und wählte sich die Jungfrau zur Braut und Gema-
lin *). Darum vergehet schon nach dem Ausspruch der

---

*) Pindar. Olymp. VII. 25.

Alten kaum ein Tag, an welchem nicht, wenn auch Wolken ihn verhüllten, die Sonne, aus dem Gewölk hervor, ihr Lieblingseiland wenigstens auf eine Stunde beleuchtete *), der Himmel ist über diesem Gefilde der Rosen (und Schlangen) von einer so vorherrschenden Neigung zur Heiterkeit und zum Lachen, wie die Laune des Aristophanes, welcher dieser Insel entstammt war. Auch die jetzigen Bewohner sagen, daß ein Tag, an welchem die Sonne nicht wenigstens eine oder etliche Stunden schiene, zu den großen Seltenheiten auf ihrer Insel gehöre. Eine dieser Seltenheiten glaubten wir heute erlebt zu haben, denn ein so geschwärzter Himmel, wie der des heutigen Vormittags war, schien so bald keine Aufheiterung zu versprechen. Und dennoch war der ganze Nachmittag so schön und heiter, die Sonne schien wieder so lieblich warm, wie in unsrem Vaterlande etwa an einem der letzten Tage des Aprils. Diese günstige Stimmung des Himmels zog uns bald wieder hinaus auf die Höhe des Hügels und aus Meer. Hatten doch selbst unsre Hadschi's den Ruhesitz der Kaffeehäuser verlassen und waren in Schaaren her zu der Grabstätte und Moschee ihres Heiligen gezogen, dem dieses Volk auch nach seinem Tode, wie vormals das heidnische Alterthum den auf Rhodos wohnenden Telchinen, eine magische Gewalt und Macht über Wind und Wetter zuschreibt, deren Verwendung zu Gunsten unsrer Schifffahrt, diese türkischen Reisegefährten durch Gebet und reichliche Gaben zu gewinnen suchten. Obgleich der eigentliche Sturm sich ganz gelegt hatte, war dennoch das Meer, selbst innerhalb des Hafens noch

*) Plinius II, 62.

so unruhig, unser Schiff schwankte so gewaltig, daß wir uns entschlossen, heute dem Beispiel jener türkischen Hadschi's zu folgen und am Lande zu übernachten. Unsre jungen Reisegefährten fanden gastliche Aufnahme im Kloster der Franziskaner, wir, sammt unsrer Gefährtin, bei einem Freunde des Herrn Giulianich, und die Ruhe in einem unbewegt feststehenden, bequem eingerichteten Bette erschien uns so neu und unvergleichlich wohlthuend, daß wir ruhig schliefen bis an den hellen Morgen.

Als wir am Donnerstag, den 21ten November, die Läden öffneten und bald nachher auch hinaustraten ins Freie, da zeigten sich uns die Hochgebirge der benachbarten kleinasiatischen Küste am Cap Balbi (Phönix) und an der Bucht von Marmaris (Loryma) mit dem Leichentuche des frisch gefallenen Schnees bedeckt. Das aber, was uns auf den Höhen als Trauergewand erschien, das war und ward für uns ein Anlaß und Anzeichen der Freude, denn siehe, eine der gestrigen Sorgen war über Nacht gehoben und vergangen, der Wind war uns endlich wieder einmal günstig geworden und ließ, durch sein kräftiges Wehen, einige Ausdauer erwarten. So bestätigt es, auch bei solchen minder bedeutend scheinenden Ereignissen, selbst die unmündige Natur, daß in ihr, wie in der Geschichte unsres Geschlechts, eine Mutterliebe walte, welche gern sich zu dem Schweigen und Erstarren des Todes herabläßet, damit in ihren Kindern die Stimme und Lust des Lobes wie des Dankens erwachen könne.

Unsre hiesigen landes- und meereskundigen Freunde, vor allen Herr Giulianich, der in seinen jüngeren Jahren selbst Seekapitän war, hatten uns gesagt, daß jener günstige Wind, den wir schon seit mehreren Tagen erwarteten

und der nun endlich heute gekommen war, in dieser Jah=
reszeit und auf diesem Meere selten länger als drei Ta=
ge anhalte. Wenn man ihn jedoch gleich bei seinem An=
heben benutze, dann sey diese Zeit gerade ausreichend,
um mit ihm von Rhodus nach Alexandria zu segeln; wo
nicht, so dürfe man oft lange warten, bis ein eben so
kräftiger, günstiger Wind käme. Wir hatten dieses wohl
zu Herzen gefaßt, und da uns keine Zeit zu verlieren
war, suchten wir gleich am Morgen unsern Schiffkapitän
auf, um ihn zur baldigen Abreise zu bestimmen. Wir
fanden ihn, den wohlerfahrnen Mann, schon von selber
unserm Wunsche entgegenkommend, denn er war eben im
Begriff gewesen, uns bis gegen Mittag aufs Schiff zu
bescheiden. Aber unsrer und des Kapitäns Entschluß fand
diesmal nicht den Beifall der Hadschi's. Diese, an de=
ren Spitze der Unterkapitän stund, hätten gerne noch ih=
ren morgenden Wochenfesttag (Freitag) auf dem Lande
zugebracht und der Unterkapitän suchte auch mich mit in
das Einverständniß zu ziehen. Wir aber blieben mit dem
Kapitän für die Beschleunigung der Abreise, und die An=
wesenheit unsrer fränkischen Freunde legte ein solches Ge=
wicht in die Wagschaale, daß der Unterkapitän keinen
weitern Widerspruch wagte und auch die Hadschi's sich
ruhig in den baldigen Abschied von den glückseligen Hal=
len der Kaffeehäuser fügten. Noch einmal kehrten wir
dann zu unsrer Vorstadt zurück, genossen zum letzten Ma=
le die Aussicht bei den Zypressen des Hügels von „Lieb=
einsam" und da uns von da ein schnell vorüberziehender
Regenguß verscheucht hatte, erquickten wir uns noch ein=
mal an den Gütern unsrer Locanda. Der Abschied von
unseren hiesigen wohlwollenden Freunden war ein dankbarer
und herzlicher; mehrere von ihnen begleiteten uns zum Ha=

fen, der Freund Rothmantel sogar aufs Schiff. Bald
nach Mittag ward der Anker gelichtet und gegen 2 Uhr,
war, mit einiger Anstrengung, weil gerade der heutige,
unsrer Weiterfahrt im Ganzen so günstige Wind das Aus-
laufen hinderte, der Ausgang aus dem Hafen gewonnen.

Die Seereise von Rhodus nach Alexandria.

Das Geschrei unsrer Matrosen, ihr lautes „Kyrie
eleison," womit sie jede anstrengende Bewegung beim
Aufwinden der Anker, beim Auf- und Niederziehen der
Segel, beim Fortbugsiren des Schiffes aus dem Hafen
hinaus zu begleiten pflegten, war verstummt, man hörte
nur noch das Rauschen der Wogen, durch welche unser
Schiff mit kräftig aufgeblähten Segeln hindurchschritt.
Der Wind war Maëstral Tramontana (Nord-Nordwest)
und wehte so frisch, daß man den Mantel vertragen
konnte; der Himmel war klar und rein, nur am Gipfel
des hohen Atabyrisberges, im Süden der Insel, hiengen
einzelne Wolken.   Doch dieser war ja schon den Alten,
wie sein Name sagt, als ein Verhüllter bekannt; auf sei-
nen Höhen stund ein Tempel des umhüllten Zeus des Got-
tes der über den Wolken thronet, auf uns aber schien die
Sonne ungetrübt hernieder und das Gewölk der Sorgen
hatte sich zerstreut, obgleich unsre Freunde in Rhodus
uns darauf gefaßt gemacht hatten, daß, bei leicht mögli-
cher Veränderung des Windes wir vielleicht nach Castel-
rosso und von da zurück nach Rhodus verschlagen werden
könnten.

Wir steuerten mehrere Stunden lang nahe an der
Insel hin, deren Berge und Thäler wie Blätter der Ro-
se, die das Sinnbild des lieblichen Eilandes war, vor
unserm Auge sich ausbreiteten. In besondrer Schönheit
zeigte

zeigte sich uns die bergumsäumte Bucht und Felsenstätte des alten Lindos, der Geburtsstadt des Chares und manches andern großen Meisters in Erz und Stein. Das Werk des Erzes und Steines schien zwar dauernd und fest genug, wo wäre es aber, verwandelt vielleicht in die häßliche Schlauchform der Kanonen, oder in die Kochgeschirre der Türken und Beduinen, geblieben, hätte nicht das Wort, das beschreibende, welches unvergänglicher ist denn alles Erz und Felsengestein der Erde, seinen Nachhall erhalten. Denn von allem sichtbaren Werk und Wesen bleibet zuletzt doch nur das, und geht in die Ewigkeit hinüber, was mit den ewigen Kräften des Wortes sich überkleidet.

Der Atabyris warf seinen Schatten weithin über die schöne Landschaft, wir waren bei dem südlichen Ende der großen Insel; nur noch ein kleines, niedriges Eiland, mit Bäumen bewachsen, zeigte sich neben uns, im Westen; die Sonne gieng uns schon im weiten, freien Meere unter. Das Auge, noch einmal auf die dunkelnden Höhen von Rhodus gerichtet, nahm Abschied vom Lande und vom Anblick der Berge, der uns, auf unsrer bisherigen Fahrt von Constantinopel nach Smyrna und von da durch das inselreiche, aegeische Meer noch keinen Tag ganz verlassen hatte; denn auf der großen, breiten Fläche des Gewässers, die sich zwischen Rhodus und Alexandria ausdehnt, ist nun kein weiterer Punkt des Anhaltens und der Bergung vor Stürmen; kein Eiland, das dem Schiffer auch nur einen Trunk des frischen Wassers darbieten könnte.

Der Mond, welcher fast voll war, beleuchtete jetzt die schaumbedeckten Wogen, deren Andrang hier, auf dem freieren Meere, mächtiger erschien, als in der Nachbar-

schaft der Insel; der Wind hatte sich etwas mehr nach
Westen gewendet und legte das Schiff, das ihn noch im=
mer mit vollen Segeln erfaßte, so stark auf die Seite,
daß Mehreren von uns das Feststehen auf dem Verdeck
unbequem ward; wir giengen freiwillig wieder hinab in
das kleine Gefängniß der Kajüte und streckten uns, um
den Anfall der Seekrankheit zu verhüten, aufs Lager der
Pritsche. In der Nacht hatte sich der Wind fast wieder
zur Sturmesgewalt verstärkt, der Himmel mit Wolken
bedeckt, die sich von Zeit zu Zeit in Regenströmen ergos=
sen. Die armen Hadschi's oben auf dem ungeschützten Ver=
deck, so wie unten im engen Schiffsraume hatten heute (am
Freitag) ein trübseliges Wochenfest; sie alle waren see=
krank und auch mir schwindelte, so oft ich mich vom La=
ger erheben wollte, der Kopf so sehr, daß ich gar bald
mich wieder niederlegen mußte. Auch am Sonnabend
hielt das stürmische Wetter an; die Wellen giengen so
hoch, daß sie öfters über das Verdeck schlugen und ihr
Gewässer über die Treppe hinab in die Kajüte ergoßen,
der obere Eingang zu dieser wurde deßhalb mit Decken
verschloßen und auch das Deckenfenster der Kajüte, um
das Eindringen des Regens zu verhüten, öfters mit Bret=
tern und härenen Teppichen verhüllt. Hiedurch ward die
Luft in dem engen, dunklen Kämmerlein so drückend und
dumpf, dabei durch die Nachbarschaft der seekranken Had=
schi's im Schiffsraume so verpestet, daß der Eckel und
Schwindel im Haupte fast keinen Gedanken, im Herzen
keine Freudigkeit aufkommen ließen. Meine lieben Reise=
gefährten waren indeß weniger von der Seekrankheit er=
faßt worden denn ich, auch die Hausfrau stieg von Zeit
zu Zeit hinan aufs Verdeck, von wo sie, freilich immer
sehr bald, mit Mienen der Furcht und des Schreckens

zurückkehrte, wenn sie hier und wenn sie dort in die geöff=
neten Tiefen des Wassers hineinblickte, oder wenn eine
große Woge über den Saum des Schiffes hereinsprang.

Seitdem der Oberkapitän gegen den Wunsch des
türkischen Unterkapitäns und seiner Glaubensgenossen die
Abfahrt von Rhodus beschleunigt hatte, war ein Zwie=
spalt zwischen beiden entstanden, der sich auch darin äus=
serte, daß der Unterkapitän die seit Rhodus eingeschlage=
ne Richtung der Fahrt beständig tadelte, und behauptete,
auf diese Weise würden wir nicht nach Alexandria, son=
dern nach einem westlicheren Punkt der Küste kommen,
der, wenn wir bei Nacht anführen, wegen der Sandbän=
ke gefährlich werden könne.   Der Oberkapitän, seiner
Sache gewiß, hatte auf das Geschwätz wenig geachtet,
und sein Triumpf ward vollkommen, da am 27ten No=
vember des Morgens um 9 Uhr auf einmal einer unsrer
Matrosen vom Mastkorbe aus das Land, und zwar das
der Umgegend von Alexandria erkannte und dieses mit
lautem Freudengeschrei verkündete.   Die Hoffnung gab
jetzt den Gliedern neue Kraft, Alle drängten sich aufs
Verdeck und sahen unverwandten Blickes nach Süden hin
und bald erkannten auch wir Andern ganz niedrig am
Horizont die Wipfel der Palmen und den hohen Scheitel
der sogenannten Säule des Pompejus; die Burg des Vi=
zekönigs und den Wald der Mastbäume der vielen, im
innern Hafen liegenden Schiffe.

Es war heute die dritte Woche seit unsrer Abfahrt
aus Smyrna vergangen, dazu war heute der erste Ad=
ventssonntag: ein Tag der Freude für viele Völker und
Länder.   Die beschwerliche Seereise, mit all ihren ver=
geblichen Sorgen, lag hinter uns und wir mußten jetzt
mit freudigem Dank es erkennen, wie sehr sie uns durch

31 *

die öfteren Ausruhezeiten am Lande und durch die Be=
schleunigung der letzten Fahrt von Rhodus bis hieher er=
leichtert worden war. Der frische Wind, gleich als hät=
te er nun seine Botschaft vollendet, fieng an uns zu ver=
lassen, wir näherten uns, mit seinem letzten Hauche,
langsam dem Lande und zwischen 1 und 2 Uhr des Nach=
mittags liefen wir im äußern Hafen von Alexandria ein
und warfen neben vielen Schiffen, auf denen die schwarz
und gelbe Quarantäneflagge wehte, Anker.

Alexandria.

Wir waren nun, wenn auch nicht auf dem Boden,
doch auf dem Gewässer von Aegypten; nahe bei uns die
Stätte der hohen Obelisken (Nadeln der Cleopatra) und
an vielen Stellen der Küste die dichtgedrängten Waldun=
gen der Palmen; vor uns die ansehnlichen Gebäude der
neuen Straße, bei denen, auf hohen Mastbäumen, die
Zeichen der verschiedensten Nationen des Westens wehen,
deren General=Consuln hier wohnen; weiterhin die Mo=
scheen, so wie die Palläste und Gärten der Großen.
Ueber uns schwirrten und zwitscherten die Schwalben und
verkündeten uns, daß wir nun im Lande des beständigen
Grünens und Blühens, im Lande des anhaltenden Som=
mers seyen. Wir stunden an dem Anfang jenes Weges
der großen Thaten der Geschichte, welcher ein Hauptweg
auch unsrer Reise werden sollte; stunden vor dem Thore
der alten Heimathstätte einer Weisheit der Tempel, de=
ren Licht weithin über die Zeiten und Völker leuchtete.
Ehe sich uns aber dieses Thor selber aufthat, ehe wir
unsern Fuß auf jenen Weg der bedeutungsvollen Weiter=
reise setzen durften, da sollte noch mancher Tag vergehen;
denn gleich einem tiefen, von Wasser gefüllten, durch

Pallisaden verwahrten Graben, den das Auge von weitem
nicht bemerkte, der aber desto größeren Schrecken bei der
Annäherung erregt, lag zwischen uns und dem freien Austritt
aus Land die langweilige Absperrung einer vier und zwan-
zigtägigen Quarantäne. Diese wäre allerdings vermieden
worden, wenn wir den Weg von einem der europäischen
Häfen unmittelbar hieher genommen hätten; jetzt aber,
da wir noch dazu in Gesellschaft dieser großen, verdächti-
gen Schaar der Türken aus Gegenden gekommen waren,
in denen die Pest herrschte, konnten wir den Stricken der
Sanitätsobhut nicht entgehen.

Wir hatten gleich in den ersten Stunden nach unsrer
Ankunft im Hafen unsre Empfehlungsbriefe abgegeben und
schon am darauf folgenden Tage erfreuten uns die Herren,
an welche jene Briefe lauteten, mit ihrem tröstlichen, an-
genehmen Besuche bei dem Schiffe *). So machte ich
schon an diesem Tage die später für mich so wichtigen
und genußreichen Bekanntschaften der Herrn General-
Consuln von Oestreich, Rußland, Preußen, Dänemark
und Amerika; des Herrn Regierungsrath Ritters v. Lau-
rin, des Herrn Obersten Duhamel, der Herrn v.
Dumreicher, Roquerbe und Gliddon, und später
am Nachmittag die des Herrn Bergwerksdirectors Ruß-
segger, dessen bedeutungsvolle Forschungen mit Recht
in ganz Europa Theilnahme erregt haben. Am meisten
und unmittelbarsten nahm sich unsrer und aller unsrer An-
gelegenheiten unser wohlwollender, gütiger Landsmann,
der k. dänische Herr Generalconsul v. Dumreicher an,

---

*) Bei solchen Besuchen führt ein Mann von der Quarantane,
der die Besuchenden begleitet, die Aufsicht; das Boot muß
immer in einiger Entfernung vom Schiff bleiben.

der aus Bayern (Kempten) gebürtig, die Liebe zu seinem
Vaterlande an uns bei jeder Gelegenheit bewieß. Durch
ihn, so wie durch seinen jungen Freund und Landsmann,
Herrn Pfäffinger, wurde uns die Gefangenschaft der
Quarantäne sehr erleichtert, denn außer dem Verlangen
nach Freiheit wurde uns jedes andre aufs Zuvorkommend-
ste erfüllt.

Die schon früher vernommene Nachricht von dem Aus-
bruch der Pest in den Gebäuden des Quarantänehauses
bestätigte sich hier im vollen Maße; unser Entschluß im
Schiffe zu bleiben, wurde dadurch von neuem bestärkt.
Ein Hauptanliegen mußte es jetzt für uns seyn, daß die
Hadschi's bald möglichst ausgeschifft würden. Denn erst
wenn dieses geschehen und die andre der ansteckenden Kraft
verdächtige Waare, die unser Capitän an Bord führte,
ausgeladen war, konnten wir aus dem äußern (sogenann-
ten neuen) in den innern (alten) Hafen einlaufen und den
eigentlichen Anfang der Quarantäne machen; alle die Ta-
ge, die wir im neuen Hafen verweilten, zählten hierbei
nicht mit, sondern waren wie verloren. Aber der Erfül-
lung unsres Wunsches, der auch zugleich der Wunsch der
türkischen Hadschi's war, die sich selber aus dem engen
Schiff hinaus ans Land sehnten, stund entgegen, daß alle
Räume des Quarantänehauses bereits besetzt waren. End-
lich, am Dienstag, sollte die Ausschiffung geschehen. Unsre
Türken hatten den Augenblick kaum erwarten können; schon
am frühen Morgen setzten sie sich, mit all' ihren Geräth-
schaften in die beiden großen, zu ihrem Transport be-
stimmten Böte. Zu dieser Eile mochte wohl auch die
Mißhelligkeit beigetragen haben, in welche die Hadschi's
seit gestern mit dem Capitän gerathen waren, weil sie für
das Wasser, das er hier im äußern Hafen doch selber kau-

fen mußte, und das sie bei ihren Waschungen so übermä=
ßig verschwendeten, nichts bezahlen wollten, sondern das=
selbe noch immer umsonst, wie bisher auf der Ueberfahrt
verlangten. Die guten Leute mußten indeß auch diesmal
erfahren, daß zum Eilen das Schnellseyn nicht immer hel=
fe, denn bei dem Ausräumen des Quarantänehauses hat=
ten sich Schwierigkeiten ergeben; nachdem die Türken den
ganzen Tag, der Sonnenhitze ausgesetzt und eng zusam=
mengepreßt in ihren schwankenden Böten, gesessen waren,
unvermögend ihren Pilau zu kochen, mithin auch meist
ohne zu essen, ohne Kaffee zu trinken, ja selbst ohne Ta=
bak zu rauchen, mußten sie am Abend wieder hinaufstei=
gen ins Schiff. Dieses alles geschahe mit einer wahr=
haft bewundernswürdigen Ruhe; mit derselben Gleichmü=
thigkeit, mit welcher sie am Tage fast regungslos zusam=
mengepreßt gesessen, rauchten sie jetzt am Bord des Schif=
fes ihre Pfeife und bereiteten sich den zwiebeldurchwürzten
Reis oder Kaffee. Erst am Mittwoch wurde es Ernst mit
dem Ausladen der Türken, deren etliche, an ihrer Spitze der
streitsüchtige Mohr, zuletzt noch widerwärtige Streitigkei=
ten mit dem Capitän wegen der Bezahlung der Ueber=
fahrt hatten. Das Schiff war nun auf einmal für uns
ein sehr geräumiger, bequemer Wohnsitz geworden, denn alle
Hadschi's waren heraus; von den Türken blieben überhaupt
nur noch der gute Kaufmann Hassan und der Unterkapitän
so wie der Halbtürke Inglese; der ganze Raum des Ver=
deckes war jetzt, abgesehen von dem Schiffsvolk, für uns
und die Griechin mit ihren drei Kindern, einen jungen
Griechen und die beiden deutschen Handwerkspurschen, de=
nen ich die Erlaubniß ausgewirkt hatte, im Schiff zu
bleiben. Wir hatten an diesem Tage außer dem Gefühl
der Befreiung von einer Reisegesellschaft, die uns leicht,

wenn Krankheiten unter ihr ausgebrochen wären, sehr ge=
fährlich hätte werden können, noch einen andern großen
Genuß gehabt: ein mehrstündiges Verweilen auf dem fe=
sten Boden des Landes, in dem freilich eng begränzten
Bezirk des Quarantäne=Mauthhofes. Als wir, reichlich
versehen mit Vorräthen der eben reifenden Datteln und
mancher andern Güter des Landes zum Schiff zurückka=
men, fanden wir dieses gereinigt und gesäubert, so gut
dieß nur durch die Hände der Matrosen geschehen; kann auch
das Ausladen der „suspekten" Waaren des untren Schiffs=
raumes, zu denen man erst jetzt, da die Hadschi's fort
waren, gelangen konnte, hatte schon begonnen und am
Donnerstag den 1ten December war Alles so weit im
Reinen, daß wir nun endlich den äußern Hafen verlas=
sen und in den innern (alten) einlaufen durften. Hier
hatten wir freilich einen ungleich sichrerern und angeneh=
mern Bergungsort gefunden als der äußre Hafen ihn darbot.
Denn außerdem daß hier unser Schiff viel geschützter vor
dem Angriff der Stürme lag, denen es dort, besonders wenn
sie aus Nordost weheten, nicht viel weniger als auf dem offe=
nen Meere ausgesetzt lag, genossen wir auch da den un=
mittelbaren, nahen Anblick der schönen Flotte des Vicekö=
niges und der vielen vor Anker liegenden europäischen
Schiffe; hatten ganz nahe bei uns auf dem Lande ein be=
quem eingerichtetes Sprachgitter, an welchem wir öfter
mit freundlichen Landsleuten zusammentrafen, konnten vom
Verdeck aus die Arbeiten der Schiffswerfte betrachten,
das Auge an dem Grün der vielen Palmengärten und
dem Beschauen der Pompejussäule erquicken.

Die Geschichte eines Quarantäneaufenthaltes hat so
viel Einförmiges, daß sie sich kurz zusammenfassen läßt.
Man liest da, man schreibt Briefe, man empfängt Be=

suche, unter andern schon am ersten Tage den des griechischen Herrn Generalconsuls Tosizza und jenen eines freundlichen, gefälligen Landsmannes, des Herrn Flottenarztes Dr. Koch; man fährt zum Quarantänesprachgitter oder ergeht sich in der kühleren Zeit des Tages auf dem Verdeck des Schiffes. Gleich am zweiten Tage nach unserer Einfahrt in den innern Hafen gewährte uns eine große Illumination der Kriegsschiffe und mehrerer öffentlicher, in der Nähe des Hafens stehenden Gebäude, so wie der Minare's der Stadt, eine große Augenbelustigung. Es hatte heute (Freitag den 2ten December) bei Sonnenuntergang die Fastenzeit: der Ramadan der Moslimen begonnen und dieser Abend von hoher moslimitischer Bedeutung, wurde von Kanonenschüssen angekündigt und dann als ein Fest der Lampen gefeiert. Nächst der Beleuchtung der Peterskirche in Rom, am Vorabend und am eigentlichen Festabend von Peter und Paul habe ich noch keine große Lampenbeleuchtung gesehen, die einen so mächtigen Eindruck auf mein Auge machte, als die der ägyptischen Kriegsschiffe, deren Licht seine widerspieglenden, beweglichen Funken weithin über den Wasserspiegel des Hafens ergoß. Wir hatten heute am Tage eine Wärme unsrer Sommertage gehabt, die Kühle des Abends that wohl; wir blieben lange, - wie Kinder an den vielen Lichtlein uns freuend, auf dem Verdeck.

Es war nur ein Traumbild gewesen, das in mir wie ein Funke der großen, gesehenen Lampen, wenn er in Baumwolle oder Werg gefallen wäre, den Brand der innren Unruhe entzündet hatte und doch fühlte ich den ganzen Tag seine Schmerzen. Ich war auf einmal im Traum wieder zurückgekehrt in die liebe Heimath. Theilnehmend drängten sich mehrere meiner Freunde um mich;

ich sollte ihnen von meiner Reise erzählen. Ich that dieß mit einer Lebendigkeit und Wärme, deren ich im Wachen selten fähig bin und mit großer Ausführlichkeit; ich beschrieb die Donaufahrt, Constantinopel, Kleinasien, die Fahrt nach Alexandria und kam mit meinem Reiseberichte bis zu der Beschreibung der gestrigen Illumination, da auf einmal stockte die Erzählung. Meine Freunde ersuchten mich, ich solle ihnen doch noch mehr sagen über Aegyp= ten, über die Wüste des Sinai und über das gelobte Land, da mußte ich mit einem unbeschreiblichen Schmerz gestehen: ich bin so lange und weit weggewesen und bin nun zurückgekehrt, ohne den eigentlichen Zweck meiner Reise erlangt, ohne die Pyramiden, ohne das rothe Meer und den Sinai, ohne Palästina, ja selbst ohne nur den Nil gesehen zu haben. Wer die Unruhe eines Wander= vogels mit theilnehmendem Sinne betrachtet hat, der, wenn die Wanderzeit kam, im Käfich versperrt und fest= gehalten war, der kann sich in die Lage eines aus allen Kräften vorwärts, zum Ziele der Pilgrimschaft strebenden Menschen denken, wenn derselbe auf einmal da im Ange= sicht der Palmenhayne wochenlang auf den Wellen schwe= ben muß und nutzlos die Zeit verstreichen siehet, die er zwischen den Ruinen von Theben und Luxor oder bei dem Rauschen der Nilkatarakten hätte zubringen können. Das unruhige Sehnen, einzugehen wenigstens in das schon so nahe vor uns liegende Thor des Nilthales wurde noch gesteigert, da heute Herr Bergwerksdirector Russegger mit Dr. Veit und einigen andern seiner Begleiter zu uns aus Schiff kam und uns nach vielen interessanten Mittheilungen über seine bisherigen gründlichen und ge= haltreichen Forschungen seine nahe Abreise in das obere Nilthal ankündigte. Wie gerne hätten wir uns ihm an=

geschlossen, und, obgleich dieses nicht zunächst in unserem Reiseplan lag, auch die später denn die Pyramiden gebornen Herrlichkeiten von Theben gesehen *).

Das innre, unruhige Bewegen war durch Nachrichten aus dem Vaterlande von dem Ausbruch der Cholera bei dem heimathlichen Heerde noch vermehrt worden, wiewohl die guten, schon am 29ten November empfangenen Briefe zugleich auch vielen heilenden und lindernden Balsam gegen die Schmerzen der Unruhe enthielten; einen Balsam, der nur gerade heute nicht recht gebraucht und angewendet wurde. Freilich war es, als wollte selbst die äußere Natur in den Takt des gellenden Singetanzes einstimmen, der eben im Innern ertönte, denn wir hatten seit der vergangenen Nacht statt des gestrigen Sommerwetters Sturm bekommen, am Morgen war nur 14° R. Wärme; wir durften froh seyn, daß wir nicht mehr im äußern, sondern im innern Hafen vor Anker lagen, denn selbst hier empfanden wir das Schwanken des Schiffes auf dem stark bewegten Wasser; im äußern Hafen wäre uns dasselbe wieder zu einem Siechbette der Seekrankheit geworden. Auch am Sonntag dauerte das stürmische Wetter in solcher Heftigkeit an, daß uns dasselbe von unsern Freunden in der Stadt abtrennte, doch sahen wir wenigstens den freundlichen Landsmann, Herrn Pfäffinger. Endlich am Montag den 5ten December hatten wir uns in das unvermeidliche Loos der

---

*) Die Erbauung der Pyramiden wird nach den neuesten, auf die Entzifferung der Hieroglyphen begründeten chronologischen Untersuchungen von Bunsen auf das Jahr 3150 v. Chr. gesetzt, die von Theben fiel um anderthalb Jahrtausende später.

Sanitätsgefangenschaft gefunden und von hier an begann für uns ein arbeitsames, häusliches Leben, das neben den Entbehrungen auch seine vielfachen Freuden hatte. Wenn wir am Morgen aus der stillen, dem gemeinsamen Lesen bestimmten Cajüte, gestärkt an Seele und Leib hinaustraten aufs Verdeck, da dauerte es nicht lang, da kam unsre „Silberflotte" an; das kleine Boot das uns frische Lebensmittel aus der Stadt, zuweilen auch Briefe und die „allgemeine Zeitung" brachte. Jeder gieng nun an sein Tagesschäft: Einige schrieben oder lasen, Andre zergliederten und zeichneten Seethiere, der Maler Bernatz porträtirte. Denn seitdem unser Schiffsvolk an ihm und Dr. Erdl diese Geschicklichkeit bemerkt hatten mußten beide, vornämlich aber Bernatz, nach und nach sie Alle, und zwar Manche von ihnen mehrere Male abbilden. Hierbei wurde ganz vorzüglich auf ein getreues Nachbilden der schönen Kleidung gesehen; selbst der Kapitän war darüber empfindlich, daß Dr. Erdl ihn in seiner ziemlich alten und farblos gewordenen Schiffskleidung gemahlt hatte; er zog für die zweite Abkonterfeiung durch Bernatz, eben so wie Jeder der sich später mahlen ließ, sein schönstes Gewand an und der Unterkapitän borgte sich zu gleichem Zwecke von dem reicheren Hassan noch allerhand buntfarbigen Zierrath, nur damit das Bild recht schön werde. Mitten in diese Tagesgeschäfte, welche jetzt großentheils, wenn die Sonne nicht zu heiß schien, auf dem freien Verdeck verrichtet wurden, kam dann ein angenehmer Augenblick des Ausruhens, wenn jetzt ein Schiff von der Barbareskenküste, erfüllt mit mauritanischen Hadschi's, ankam, die viel unsauberer und wildfremder aussahen als unsre Türken, oder wenn ein europäisches Schiff ungehindert, mit vollen Segeln neben uns vorbei-

fuhr und bald hernach seine, durch keine Quarantäne ge=
hemmten Passagiere und Waaren — vielleicht auch neue
Briefe für uns — ausschiffte. Nicht selten ward auch
ein Besuch am Sprachgitter und auf seinem Vorplatz ge=
macht und das Gedräng der verschleierten Frauen, die
hier mit ihren von einer Seereise heimkehrenden Män=
ner oder Söhnen sprachen, oder die Beduinen betrachtet,
die allerhand Eßwaaren feil boten. Der Mittagstisch war
außer den gewöhnlichen Speisen täglich mit der lieblich
schmeckenden, frischen Frucht der Datteln und mit Orangen,
zuweilen auch mit ägyptischen Kuchen besetzt. Dabei muß=
ten unsre beiden arabischen Quarantäneaufseher, so wie
Hassan und der Unterkapitän müssig zusehen, denn diesen
erlaubte das Gebot des Islams jetzt, während der lan=
gen Fastenzeit oder des Ramadans von Sonnenaufgang
bis zum Sonnenuntergang nicht einmal einen Trunk Was=
sers oder eine Pfeife Tabak, geschweige die Erquickung
der Speisen. Doch kam der aufgeklärte Hassan gar oft
zu uns herunter in die Kajüte, um sich während des Ta=
ges mit einem Glas Wein zu laben, denn, sagte er, von
Weintrinken sey in den Vorschriften die den Ramadan
beträfen keine Rede, der sey nur überhaupt und im All=
gemeinen verboten, es sey also einerlei, ob man ihn wäh=
rend oder außer der Zeit der Fasten tränke. Am Nach=
mittag erhielten wir nicht selten Besuche am Schiffe, beson=
ders von unserm gefälligen Landsmann, dem Herrn Flot=
tenarzte Dr. Koch; gegen Abend vergnügte uns unser
griechisches Schiffsvolk mit Gesang oder der freundliche
Kapitän stellte zu unserer Belustigung gymnastische Spiele
im Springen und Tanzen an, wobei einige seiner Leute
sich durch ungewöhnliche Kraft und Gewandtheit aus=
zeichneten. So wie dann die Sonne jenseits der Pal=

mengärten hinabsank und zum Untergang sich neigte, da
stopften unsre arabischen Quarantänehüter ihre Pfeifen,
legten dann die glühende Kohle vor sich hin und in dem
Augenblick, wo die Kanonenschüsse den eigentlichen Unter‑
gang der Sonne verkündeten, da begannen sie das be‑
hägliche Rauchen und das Trinken des Wassers, bis ih‑
nen die Matrosen die große, volle Schüssel mit gekoch‑
ten Bohnen oder Erbsen hinsetzten. Auch Hassan und der
Unterkapitän fiengen jetzt ihre offenbarlichen Schmause‑
reien an, wir aber vergnügten uns noch einige Zeit an
dem Anblick des ägyptischen Sternenhimmels, an welchem
unserm Auge zum ersten Male der in dem Vaterlan‑
de niemals sichtbare Canopus in seiner vollen Schön‑
heit sich zeigte.

So war denn der 20te December und mit ihm das
Ende unsrer Quarantänezeit herangekommen. Unsre lie‑
ben Freunde und Landsleute, Herr Generalconsul von
Dumreicher, Hr. Pfäffinger und Hr. Dr. Koch holten
uns, jetzt zum ersten Mal Hand in Hand uns begrüßend,
hinüber zum Lande; die Angelegenheiten der Mauth brach‑
te Hr. Pfäffinger in Ordnung, wir Andern, im Geleite
der Freunde, giengen durch manche Gassen der ältern,
türkischen Stadt hinüber zu dem schönen, meist neugebau‑
ten Quartier der Franken, wo für uns in dem ganz eu‑
ropäisch eingerichteten Gasthaus zum schwarzen Adler
schon Zimmer und Kost bestellt waren. Wie neu und
wie herrlich erschien uns da Alles was wir sahen und ge‑
noßen; die schöne Aussicht von dem festen, sichern Boden
des Speisezimmers nach dem Meere und zunächst nach
dem Hafen, in dem wir zuerst Anker geworfen hatten;
das Sitzen auf Stühlen und an ordentlichen Tischen, ja
selbst auf einem Sofa; das Schlafen auf den weichen

Matrazzen eines Himmelbettes; die Bequemlichkeit eines
abgesonderten, sogar verschließbaren Zimmers. Das Wohl-
behagen über alle diese Dinge ließ mehrere Stunden lang
gar kein andres Gefühl noch andre Gedanken aufkommen,
erst am Nachmittag erhuben wir uns zu einigen Besuchen
und zum Besehen der Stadt. Das erste was uns da, in
einer der Gassen auffiel, waren unsre türkischen Had-
schi's, die mit uns zu gleicher Zeit der Obhut der Qua-
rantäne entlassen waren. Sie grüßten uns freundlich und
wir erfuhren, daß keiner von ihnen, mitten unter den
Pestsiechen des Quarantänehauses erkrankt sey. Auch
unsre griechischen Matrosen, festlich geputzt, trieben sich
in den Gassen umher.

In einer der spätern Stunden des Nachmittags be-
suchte ich in Gesellschaft des aufopfernd gütigen Herrn
Dumreicher wenigstens noch eine Gegend der Stadt, in
welcher die längstvergangene Herrlichkeit des alten, hoch-
gepriesnen Alexandria, wie eine Stimme der Gräber zu
dem jetztlebenden Geschlecht redet. Es ist dieß eine Bau-
stätte am Ende jener neuen, schönen Straße, welche
Ibrahim Pascha anlegen lässet; eine Baustätte, bei wel-
cher man, als hier der griechische Generalconsul den
Grund zu einem Pallaste legen wollte, in bedeutender
Tiefe unter dem Boden viele prächtige Säulen von an-
sehnlicher Größe aus rothem ägyptischen Granit, zum
Theil noch aufrecht stehend, fand. Wir stiegen hinab bei
diesen Ausgrabungen zu jener Stelle, wo dem Boden ein
brackiges Wasser entquillt, welches damals noch den Fort-
gang des neuen Baues bedeutend hemmte. Es waren
einst noch Quellen von ganz anderer, höherer Art, wel-
che da an dieser Stätte entsprangen, denn hier stund
wahrscheinlich, wie wir nachher sehen werden das Gebäude

des Museums. Auf dem Heimwege sahen wir noch je=
nes kleine Kirchlein und Kloster der hiesigen abendländi=
schen Christen, das, wie man sagt, seit den Zeiten der
Kreuzzüge wenigstens seine alte Stätte, wenn auch nicht
seine vormalige innre Vermögenheit und Bedeutung be=
halten hat. Noch jetzt ist es eine Herberge der Pilgrime
des Westens. Von den Fenstern unsers Speisezimmers
aus genossen wir später den Anblick auf die vom Mond
beleuchtete, kräftig bewegte Wasserfläche des äußern
(neuen) Hafens und auf die felsige Landzunge, auf wel=
cher einst der Pharos stund und erfreuten uns dann der so
lang entbehrten Bequemlichkeit eines guten, nach heimath=
licher Weise eingerichteten Lagers.

Mittwochs den 21ten December war es, sobald wir
das Haus verließen, mein erstes Tagesgeschäft, mich auf
der Stätte des vormaligen älteren und ältesten, so wie
in dem jetzt bestehenden, neuesten Alexandria zu orienti=
ren. In Gesellschaft der Hausfrau, denn die andern
Reisegefährten waren schon nach andrer Richtung voraus,
gieng ich durch die große neue Straße des Frankenquar=
tiers, dann weiterhin zu den sogenannten Nadeln der
Cleopatra: jenen Obelisken, welche nebst den felsigen Vor=
gebirgen Lochias und Pharos, dann der Säule des Pom=
pejus und den Katakomben die Hauptanhaltspunkte für
die Forschungen über Lage und innre Anordnung des al=
ten Herrschersitzes der Ptolemäer gewähren. Nur noch
der eine jener herrlichen, mit Hieroglyphen beschriebenen
Obelisken stehet aufrecht, der andre liegt niedergestürzt
am Boden, ist aber in neuerer Zeit wenigstens so weit
von dem früherhin über ihm liegenden Sand und Schutt
befreit, daß man seine Hieroglyphenschrift ungehemmt von
drei Seiten, und, wenn man sich etwas hinabbengt, selbst
von

von einigen Parthieen der vierten, zum Theil untergra=
benen Seite lesen kann. Die Höhe der beiden stattlichen
Spitzsäulen, deren jede aus einem Stück rothen, ägypti=
schen Granit gearbeitet ist, beträgt mit dem Piedestal und dem
Dreieck des Gipfels 70, der Durchmesser der Basis sieben Pari=
ser Fuß; zwischen den Obelisken und der Meeresküste stehen
Gebäude, welche, wie es scheint anjetzt zum Bezirk der
neuerrichteten Quarantänehäuser gehören, zu denen die
Annäherung jedem der sich nicht selber leiblich suspekt
machen will, versagt ist.

Stellen wir uns hin, auf eine der benachbarten An=
höhen, und rufen wir uns mitten in dieses Gewirre der
Palläste, der Häuser, wie der armseligen, von den
Frauen der Soldaten bewohnten Hütten und der leeren
Räume, das Bild des alten durch Alexander den Großen
begründeten, dann jenes des noch immer bedeutungsvollen
sarazenischen Alexandria hervor. Hier, bei den Obelisken
war die Ostseite jenes Stadtviertels der Königspalläste,
welches Bruchion hieß und welches dem Namen nach
nicht nur den vierten, sondern fast den dritten Theil der
auf drei Stunden des Umfanges ausgedehnten Stadt
umfaßte. Mitten in diesem Bezirk der von Gartenanla=
gen umgebenen Palläste stund jenes Museum, welches
durch seine, mit Marmorsitzen versehene Säulenhalle,
durch seinen großen Saal und durch sein von der Frei=
gebigkeit der Ptolemäer zur täglichen Bewirthung der hier=
her zusammenberufenen Gelehrten bestimmten Speisezim=
mer zu einem Mittel dienen sollte, das einmüthige Zu=
sammenwirken der Geister, zum gemeinsamen Zweck
der höheren Bildung herbeizuführen. Freilich hat auch
die damalige Erfahrung gelehrt, daß eine solche Einheit der
Geister nicht durch wohlmeinende Gaben der königlichen

v. Schubert, Reise i. Morgld. I. Bd. 32

515

Milde, nicht durch leibliche Speise und Getränke, son=
dern nur durch einen anders woher kommenden (magneti=
schen) Zug bewirkt werden könne, welcher dem allbewälti=
genden, vereinigenden Einfluß des Bienenweisels gleichet.
Dennoch hat der wohlmeinende Sinn der edlen Begründer
dieses Museums Früchte getragen, welche auf dem Wege
des geistigen Forschens und Erkennens vielen nachkom=
menden Geschlechtern der Menschen zur erquicklichen Nah=
rung dienten. Jener Leuchtthurm, an welchem die große
Kunst seines Erbauers, des Sostratus von Cnidos
eines der gepriesensten „Wunderwerke der Welt" erschaf=
fen hatte, ist schon längst von seiner Stätte verschwunden,
noch aber leuchtet, bis auf unsre Tage allen Arbeitern
in den reichen Fundgruben der ägygtischen Hieroglyphen=
sprache und Geschichte, Eratosthenes aus Cyrene *),
welcher das feste Gebäu seines wissenschaftlichen Forschens
auf dem uralten Grund der Tempelweisheit errichtete.
Jene vierhundert Säulen aus ägyptischem Granit, welche
noch zu Saladins Zeiten die Umgegend der großen Pom=
pejussäule zierten, hat Karadja ins Meer gestürzt; keine
Macht aber der Barbarei vermochte jene Säulen zu zer=
brechen, mit denen Euclides und Aristarch, Erasistratos
und Hipparch, auch Appian und Herodian und mit ihnen
noch viele der alexandrinischen Gelehrten das Gebäu des
wissenschaftlichen Erkennens verherrlichten. In dieser gei=
stigen Stadt der Ptolemäischen Herrscherzeit fällt es des=
halb noch immer ungleich leichter sich zu orientiren als
auf der verwüsteten Stätte des alten, leiblichen Alexandria.

*) Unter Ptolemäus Euergetes (246—224) zum Aufseher der
Bibliothek ernannt.

Wo hat jenes mit Recht gepriesene Museum gestanden? Vielleicht dort, bei jener Stelle am Ende der großen, neuen Straße, wo wir gestern und auch wieder heute die Ausgrabungen der Granitsäulenhallen betrachteten? Immerhin ist es erfreulich, daß die europäische Cultur und Baukunst gerade wieder in die Fußtapfen der höchsten alexandrinischen Herrlichkeit ihre Schritte setzt, denn die neue Straße und das Quartier der Franken nimmt einen Theil der Stätte des alten Bruchion: des Bezirkes der Palläste und des Grabestempels Alexanders des Großen ein.

Folgen wir von hier aus weiter über das nun verödete oder entstellte Land hinüber jenen zurechtweisenden Fäden, die uns, vor allem in S t r a b o ' s Beschreibung den Umriß des alten Alexandria bezeichnen. Nach jener ersten Grundlage, welche auf Alexanders Geheiß D i n o c h a r e s der Stadt gegeben, erstreckte sich dieselbe ihrer Länge nach 1½ Stunden weit von West gegen Ost *), während die Breite an den schmalsten Stellen nur ein Viertel der Länge, der Umfang der ganzen Stadt über 3 Stunden Weges betrug. Wenn in der blühendsten Zeit des innern Wohlstandes Alexandria 300,000 freie Einwohner, zusammen aber mit den Sklaven und den Bewohnern der Judenvorstadt wahrscheinlich über 600,000 zählte, da mochte wohl der Anbau der Häuser in den Vorstädten so bedeutend geworden seyn, daß jene Hauptstraße, welche die Stadt ihrer Länge nach durchzog, nach Diodors Zeugniß 40 Stadien oder eine geographische Meile weit zwischen den Reihen der Häuser dahinlief. Die Richtung und Gränze der beiden Dimensionen wird uns auf eine genü-

---

*) Genauer fast von W. S. W. nach O. N. O.

gende Weise durch das hier zusammentretende Land und
Gewässer gegeben. Das felsige Vorgebirge Lochias mit
der Insel Farillon, auf welcher in den Zeiten der Pto-
lemäer ein königliches Schloß stund, ist noch dasselbe ge-
blieben; es ist jene Felsenreihe, die man beim Einfahren
in den neuen (äußern) Hafen zur Linken (nach Osten)
siehet. Eben so ist der Felsengrund der Insel Pharos
noch vorhanden. Hier stund der nahe 400 Fuß hohe, aus
mehreren Etagen bestehende Leuchtthurm, dessen pracht-
volle Gallerieen von Marmorsäulen getragen wurden, auf
dessen Gipfel bei Nacht die angezündete Leuchte auf 300
Stadien weit den Schiffen sichtbar war, am Tage aber
die Schiffe in einem später hier angebrachten stählernen
Spiegel schon aus großer Ferne bemerkbar wurden. Statt
dieses bewundernswürdigen Gebäudes, das Sostratus un-
ter dem Zweiten der Ptolemäer (dem Philadelphus) in
der Mitte des dritten Jahrhunderts vor Christo vollende-
te, stehet jetzt auf der Felseninsel des Pharos jenes Ka-
stell, das beim Einfahren in den neuen Hafen rechts
(westwärts) sich zeigt. Von der Stadt aus führte ein mäch-
tiger Damm, welcher 7 Stadien, oder eine Viertelstunde
Weges lang war und deshalb Heptastadien hieß, hinaus
ins Meer zu der Insel Pharos und theilte den Hafen in
zwei Theile, deren einer der jetzt sogenannte neue, der
andre der alte Hafen (vormals Eunoste genannt) war.
Während wir bei unsrer Ausfahrt aus dem neuen oder
äußern Hafen zuerst weit hinaus ins Meer fahren muß-
ten, um den zur Einfahrt in den alten Hafen günstigen
Wind zu erfassen und deshalb mehrere Stunden zu die-
sem Weg gebrauchten, fand sich in alter Zeit eine unmit-
telbare Verbindung beider Häfen durch zwei, im Hepta-
stadion offen gelassene Zwischenräume, über welche die

von mächtigen Säulen getragenen Brücken so hoch sich
hinüberspannten, daß den Schiffen hinreichender Raum
zur Durchfahrt blieb.

Die beiden Häfen des alten sind, wie wir oben er=
wähnten, auch noch die des neuen, jetzigen Alexandria's
geblieben; sie sind noch denselben Winden ausgesetzt, de=
nen sie dies, nach der Klage der Alten ehemals gewe=
sen; die Umgränzung der Klippen und höheren Fel=
sen ist noch die gleiche; was aber ist aus dem tief
und fest im Meere begründeten Heptastadion geworden?
Nichts andres als jene zum Theil nur fünf= bis sechshun=
dert Schritte breite Landzunge, die sich nordwestlich vom
Frankenquartier in gerader Linie etwa eine Viertelstunde
lang ins Meer hineinzieht, rechts (nach Osten) von dem
neuen, links vom alten Hafen begränzt ist und auf wel=
cher sich die jetzige Stadt der Türken angebaut hat. Das
Meer hat zu beiden Seiten, von Osten wie von Westen
her, seine Gerölle und Schuttmassen an dem festgegrün=
deten Damm angelegt; die alten Oeffnungen, über welche
die Brücke führte, sind von diesen Auswürfen der Flath
schon längst verstopft und angefüllt, eben so jener, wel=
cher die kleine Insel Antirhode von dem Meere schied;
diese Insel wie die nachbarliche Stätte des Theaters sind
nun selber mit ihren Schutthaufen in die Landzunge ein=
geschlossen; das anfangs lose Gerölle ist zum Theil durch
den feineren Absatz des Meeres zu einer breccienartigen
Festigkeit gelangt und in bedeutender Mächtigkeit von
Sand und Erde bedeckt. So hat das merkwürdige Volk
der Türken, welches in seinem Wesen selber einer An=
schwemmung des großen Völkerstromes auf den Boden
der alten Weltenreiche gleicht, auch hier seine Wohnstätte
auf dem Schutt und Graus der von den Elementen wie

von ihm selber angerichteten Verheerungen aufgeschlagen;
es wohnet auf einem Lande, das kein Land war; hier wo
nun der türkische Bazar hinläuft, war der Molo; die Kaf-
feehäuser am Saume des neuen Hafens stehen da wo
vormals das Meer fluthete und gegen den Molo an-
brandete.

Wenden wir uns nun weiter zu der westlichen und
südwestlichen Gränze der alten Stadt. In Westen be-
schränkte die weitre Ausdehnung der Ennostische oder jetzt
sogenannte alte Hafen, in dessen südöstlichster Ecke der
kleine, nun ganz mit Sand und Gerölle ausgefüllte
Hafen Kibotos abgedämmt war. Nach Südwesten hin
setzte die Natur keine solche Gränzen. Hier zog sich die
Gräberstraße zwischen dem Meere und dem Mareotißsee
bis zu dem öfters sogenannten Bad der Kleopatra und
den hier angränzenden Gräbergewölben, welche fast eine
halbe Stunde weit von der jetzigen Stadt, an einem
Punkte des Meeresufers liegen, den man bei der Ein-
fahrt in den alten Hafen zur Rechten hat. Es gleichen
die einzelnen Systeme jener Grabeskammern, welche an-
jetzt der genaueren Betrachtung allmählig zugänglicher wer-
den, einer unterirdischen Stadt, zum Theil mit domarti-
gen in den Felsen ausgehauenen Wölbungen, getragen
von Säulen, verwandt mit jenen einfachen der älteren
dorischen Ordnung, welche jenen ähnlich sind, die in einigen
später zu erwähnenden Gräbern bei Jerusalem gefunden
werden. Das sogenannte Bad der Kleopatra scheint
mehr zur Abwaschung der todten menschlichen Körper als
der lebenden bestimmt gewesen zu seyn.

Die ganze Vorstadt der Gräber oder Nekropolis, de-
ren Hölengebäude weithin am Meeresufer sich verbreite-
ten, war gegen Süden von dem Mareotißsee begränzt,

welcher, als wir ihn sahen, abermals in den widerwärti-
gen Zustand eines weit ausgedehnten, mächtigen Sumpfes
zurückgesunken war, dessen tiefste Stellen etliche Fuß hoch
ein brackiges Wasser anfüllt, aus welchem weißliche
Schlammhügel hervorragen. Zu Strabo's Zeiten münde-
ten vier Canäle in diesen damals von Papyrusschilf grü-
nenden See; an seinem Ufer verbreiteten sich die rei-
chen Pflanzungen der Oliven und der Reben, deren Wein
selbst nach Rom ausgeführt und dort hoch geschätzt ward;
noch im Mittelalter, bis zu dem tiefen Verfall und Elend,
welches diese Gegend bei der Besitznahme durch die Tür-
ken traf, sahe man hier nach allen Richtungen hin eine
üppig grünende, von Palmenhainen durchzogene Land-
schaft. Später war der einst so lieblich umgürtete
See mit den verschlämmten Betten seiner Canäle zu ei-
ner sumpfigen Wüste geworden, aus deren stehenden La-
chen die Sonnenhitze fast beständige Seuchen ausbrütete,
bis die Engländer im Frühling des Jahres 1801, wäh-
rend ihres Kampfes mit der französischen Macht bei Abou-
kir jenen Uferdamm durchstachen, auf dem der Canal
hinläuft, welcher vom Nil aus der Stadt Alexandria ihr
trinkbares Wasser zuführt. Damals drang das Gewässer
des Meeres in solcher Fülle durch den Aboukirsee in das
alte, seichte Becken des Marcotissees herein, daß eine
Menge Meierhöfe und (meist sehr kleine) arabische Ort-
schaften der Nachbargegend von ihm überschwemmt wur-
den und erst nach einem Monat hörte das Anwachsen
des Wassers auf. Auf die gesündere Stimmung der Luft
schien dieser Einbruch der Fluth von so wohlthätigem Ein-
fluß, daß hierdurch der momentane Nachtheil desselben
fast aufgewogen wurde. Seit der Wiederherstellung des
Uferdammes, welcher den Zufluß des Nilwassers vermit-

telt ist dem Einströmen des Meeres Einhalt geschehen
und zugleich hat nun auch die allmälige Wiederaustrock-
nung des Mareotissees begonnen. Immerhin dient je-
doch der Umriß jenes Brackenwassers und seiner schlam-
migen Ufer noch zu einem wichtigen Anhaltspunkt für die
Umgränzung der alten Stadt.

Wir betrachten nun, von dem „Bad der Kleopatra"
fast in gerader Richtung nach Osten gehend die südliche
Umgränzung Alexandrias. Hier fällt uns schon aus weiter
Ferne die außerhalb des Sedrathores der (Araber-) Stadt
stehende imposante „Pompejussäule" ins Auge, de-
ren riesenhaften Schaft bei einem Durchmesser von acht
Fuß und acht und sechszig Fuß Höhe dennoch aus einem
einzigen Stück rothen, ägyptischen Granites gehauen ist.
Die Säule gehört zur corinthischen Ordnung; der Schaft,
und sein Fußgestell das auf Steinen ruhet, welche mit
Hieroglyphen beschrieben sind, scheint aus älterer Zeit
als das zierlich gearbeitete Capital; die Gesammthöhe
des Werkes, von der Basis des Fußgestelles bis zum
obern Ende des Knaufes misset 98½ pariser Fuß. Wir
gaben uns, da wir an einem späteren Tage unsres hie-
sigen Aufenthaltes die Pompejussäule besuchten ganz je-
nem Eindruck hin, den dieser vereinsamt in der Wüste
stehende, mächtige Ueberrest der alten Herrlichkeit auf die
Sinnen macht, ohne für diesmal jener verschiedenartigen
Meinungen zu gedenken, welche die europäischen Gelehr-
ten über den Begründer und die Bestimmung jenes Kunst-
werkes aufgestellt haben. Der gelehrte Araber Abulfeda
nennt sie die Säule des Severus; eine erst in neuer Zeit
wieder erkannte griechische Inschrift am Piedestal führte
zu der Vermuthung, daß Diocletian der Begründer ge-
wesen; Clarke macht es wahrscheinlich, daß Julius Cäsar

wirklich einmal dieser wahrscheinlich schon lange vor sei=
ner Zeit errichteten Säule die Bestimmung gegeben habe,
oben, in einer noch jetzt sichtbaren beckenartigen Eintiefung
des damals neu zu dem alten Schaft hinzugefügten Capitals
jene Urne zu tragen, in welcher das Haupt des Pompe=
jus beigesetzt war. Obgleich dann Hadrian und vielleicht
noch manche andre römische Kaiser sich um die Wieder=
erneuerung der Säule Verdienste erwarben, würde sie
dann noch immer mit mehrerem Rechte ihren gewöhnlichen
Namen als „Pompejussäule" führen. Fragen wir nun,
an welcher Stelle der großen ägyptischen Herrscherstadt
der Ptolemäer und Römer diese Pompejussäule stund, so
erscheint es wahrscheinlich, daß ihre Stätte westwärts
von dem südlichen Ende jener Straße war, welche von
Nord nach Süden gehend die große, von Ost gen West
streichende Hauptstraße durchkreuzte *).

Schwieriger als nach den andren Seiten ist die Ab=
gränzung des alten Alexandria in Osten nachzuweisen.
Im Süden von den Nadeln der Kleopatra, vor dem Ro=
settethor der ehemaligen Araberstadt sahen frühere Rei=
sende noch viele jener Marmorsäulen, deren Reihen in
den Tagen der prachtliebenden Ptolemäer die mehr denn
sechshundert Fuß langen Säulenhallen trugen, welche
zum Gebäude des Gymnasiums gehörten. Auch dem
jetzigen Reisenden deuten noch einzelne solcher mächtigen
Ueberreste diese Stätte der Uebungen an, deren Bestim=
mung es war mit den Kräften des Leibes zugleich auch
die der Seele zu üben und zu stärken, weil der rechte
Gebrauch und die Bewältigung der Glieder in der Hand

---

*) Den Lauf dieser Hauptstraße deuten noch jetzt lange Reihen der
Schutthaufen, einzelne Granitsäulen und viele Cisternen an.

des rechten Erziehers ein Mittel werden kann, die Selbst-
herrschaft des Willens über die Leiblichkeit zu begründen.
Ostwärts von der Stätte des Gymnasiums, vor dem Ca-
nopusthore, gegen die damalige stattliche Vorstadt Nikopo-
lis hin war auch der große, zum Wettrennen bestimmte
Circus, dessen Stätte anjetzt einige armselige Hütten der
Araber einnehmen.

Forschen wir nun auch nach der gewesenen Stellung
und Anordnung der innren Theile des alten Alexandria. Jene
Hauptstraße, welche sich in einer Breite von mehreren
hundert geometrischen Schritten durch die ganze Länge
der Stadt, von Ost nach Westen zog, ward, wie schon
erwähnt von einer andren Straße, deren Richtung von
Nord in Süden gieng, unter einem rechten Winkel durch-
schnitten. Da wo beide Straßen sich kreuzten bildeten
sie einen freien viereckten Platz von mächtigem Umfang,
auf welchem stehend man zu den Thoren hinausblicken
und im großen Hafen wie im Eunostischen die Schiffe
sehen konnte. Dieser freie Platz wird mithin mitten in
dem nun verödeten Bezirk der Stadt der Araber in einer
Linie zu suchen seyn, welche ostwärts von der Pompejus-
säule gegen Norden nach dem neuen Hafen läuft.

Von der Stelle des Stadtbezirkes, welches die könig-
lichen Palläste und das Museum in sich faßte, sprachen
wir schon oben. Seine Länge erstreckte sich von den Na-
deln der Kleopatra bis an den Molo oder die jetzige
Türkenstadt. Westwärts, mehr gegen den alten Hafen
hin, jedoch diesseits des Kanals, welcher von dem klei-
nen, Kibotos genannten Hafenraum nach dem Mareotis-
see führte, lag der Serapistempel, der nach Am-
mians Zeugniß nächst jenem des Capitoliums in Rom das

prachtvollste Gebäude seiner Art in der damals bekannten
Welt war. Von diesem Tempel erhielt der ganze ihn
umgränzende Bezirk der Stadt den Namen Serapion,
ein Name, welcher in dem Freunde der alten Literatur
schmerzliche Erinnerungen weckt, denn hier war die spätere,
weltberühmte alexandrinische Bibliothek. Schon zu Ju-
lius Cäsars Zeit war eine andre hiesige Bibliothek, jene
welche in den königlichen Pallästen aufbewahrt stund, ein
Raub der Flammen geworden, die sich von der durch
Cäsar in Brand gesteckten ägyptischen Flotte hieher ver-
breitet hatten; damals aber hatte sich bereits neben jener
königlichen und aus der Ueberfülle derselben eine andre
Bibliothek im Serapion begründet, welche nachmals, obgleich
noch mancher ähnliche kleinere Unglücksfall sie betroffen,
der vereinigende Sammelplatz für die wissenschaftlichen
Werke des Alterthumes geworden. Sie war es, welche
im Jahr 651 auf des Kalifen Omars Befehl als Hei-
zungsmaterial der Bäder verbrannt wurde. Anjetzt läßt
sich kaum noch mit Sicherheit die Baustelle des Serapis-
tempels so wie jene vom Tempel des Neptun, am großen
Marktplatz bestimmen; ein hochgethürmter Anbau des
Schuttes und Sandes verbirgt die mächtigen Grundge-
mäuer und so manche ansehnliche Reste der alten Herr-
lichkeit tief unter seinen Massen; mit der Augenlust des
alten Alexandria, mit vielen seiner Marmor- und Granit-
werke hat Rom sich ausgestattet und nachmals Byzanz, über
andren fluthet das Meer, nur die hunderte der noch im-
mer vorhandnen Cisternen, deren Zahl einstmals jener der
Tage des Jahres gleichkam, bezeugen es noch, daß hier
die große Stadt, die mächtige Herrscherin der Meere
und Wüsten gestanden, welcher an Reichthum und Pracht,
während der Zeit ihrer höchsten Blüthe keine andre dama-

lige Stadt der Erde zu vergleichen war *), und welche
selbst später unter der Herrschaft Roms für die zweite
Stadt des Reiches galt.

Selbst in seiner Verstümmelung durch die Araber,
welche nach sechszehn monatlicher Belagerung im Jahr 651
die von ihrem byzantinischen Herrscher ohne Hülfe gelas-
sene Stadt einnahmen, stund Alexandria fortwährend als
ein herrlicher Koloß da. Zwar hatten die Sieger viele
der noch übrigen Züge der vormaligen Schönheit zerstört,
hatten im Jahr 875 die alten Mauern abgetragen und
in einem nur etwa halb so großen Raume die neue Stadt
„mit ihren hundert Thürmen" begründet, deren sarazeni-
sche Mauern namentlich auf der Südseite, gegen die
Pompejussäule hin noch jetzt ziemlich wohlerhalten dastehen,
dennoch blieb auch damals Alexandria die Hauptstadt der
afrikanischen Küste. Denn bis zu Edrisi's Zeit im 12ten
Jahrhundert war, außer dem weltberühmten Leuchtthurm,
auch ein großer Theil der alten Monumente und der
Plätze der Stadt bestehen geblieben; bis ins 13te Jahrhun-
dert blühete Alexandria durch seinen reichen Handelsver-
kehr mit drei Welttheilen und selbst bei dem beginnenden
Verfall durch viele innere und äußere Kämpfe, blieb der
Stamm, wenn auch der Blüthe beraubt, noch kräftig ge-
nug, bis im Jahr 1517 Selim der Wütherich mit den

---

*) Nach Appian hinterließ der zweite der Ptolemäer (Phila-
delphus), obgleich ihm nur allein der Bau des Pharos
3½ Million gekostet, eine baare Summe von nahe 440
Millionen Gulden (740,000 ägyptischer Talenten). Die
Flotte war damals 2000 Segel stark, das besoldete Heer
zählte 240,000 Mann.

Schaaren seiner Henker und Mordbrenner über Aegypten kam. In diesen neuen Eroberern war für die freilich veraltete Schönheit des greisen Alexandria weder Sinn noch Schonung; was für Feuer, Schwert und Hämmer nicht zu fest gewesen, das wurde vernichtet oder unter Schutt begraben, auch auf die Stadt der Araber, welche durch ihre sich rechtwinklich durchschneidenden Gassen einem Schachbret glich, ist damals der zermalmende Felsen gestürzt, welcher mit den spielenden Figuren zugleich das zierliche Gefüge der zinnenreichen Gebäude zerstäubte. Wenn man jetzt von der großen Straße südwärts durch eine der kleinen Seitengassen hinausgeht in das ehemalige Gebiet des sarazenischen Alexandrias findet man allerdings freie Plätze genug; Plätze, so weit und geräumig, daß sie die Emporien und Mittelräume der Herrscherstadt der Ptolemäer bei weitem an Umfang übertreffen. Statt der Palläste jedoch und Tempel, statt der zum Theil nach Rom geretteten Obelisken und prachtvollen Säulen findet man neben den vereinzelten Gebäuderesten aus sarazenischen und einzelnen aus dem Schutt hervorragenden Trümmern der noch älteren Zeit hier etwa eine arabische Hütte, dort das zierliche Haus eines Franken oder die im ummauerten Hofraum gelegne Wohnung eines Türken; anderwärts geräumige Gärten mit den Pflanzungen der hohen Palmen. Wer in das alte Alexandria eintrat, der sahe sich in diesem Paris der Vorzeit alsbald unter dem Gedräng eines Volkes das mit dem Gepräge der feinen äußren Bildung zugleich jenes der Vielgeschäftigkeit und der unruhigen Neuerungssucht an sich trug; eines Volkes das hier, im reichsten Lande der Erde mit dem Reichthum und üppigen Wohlleben einen Bund für immer geschlossen zu haben schien. Der größte Theil der jenesmaligen

Bewohner waren Griechen, welche zum Theil das Ver-
langen nach dem geistigen Erwerb des Wissens, häufiger
aber noch die Lust an irdischem Gut hieher gezogen und
zu Bürgern der Stadt gemacht hatte; unter ihnen wohnte
jedoch auch der ernste Aegypter, der Handel treibende
Jude und Fremdlinge aus allen Gegenden der Erde;
Sklaven wie Freie. Wenn man aber in unsren Tagen
auf der Spur jener langen Straße wandelt, welcher nach
Diodors Zeugniß an großartiger Pracht keine Gasse ir-
gend einer Stadt der Erde gleichkam, da sieht man nur
ein armes Volk der Araber, neben ihm das wiederkäuende
Cameel, das besser gesättigt scheint, denn seine Treiber;
statt der köstlichen Waaren Indiens und Nubiens werden
da Bohnen verkauft und Datteln.

Nachdem wir uns so über die Schuttmassen des neuen
Alexandria ein beiläufiges Abbild des vormaligen, alten
hingezeichnet haben, erwähnen wir noch mit einigen Wor-
ten der einfachen und unbedeutenden Geschichte unsres
dortigen Aufenthaltes.

Die Weihnachtszeit, die wir in Alexandria zubrach-
ten, erscheint ganz besonders dazu geeignet dem Bewoh-
ner des kühleren Europa's, welcher zum ersten Male
nach Aegypten kommt, an das neue Clima zu gewöhnen.
Wir fanden da noch die Kräfte unsres Sommers mit der
Fülle des Herbstes vereint, während an vielen Stellen
der neu grünende Boden an die Tage des Frühlings er-
innerte und ein oder etliche Male ein leichter Nebel ein
Schattenbild unsrer winterlich trüben Tage gab. Schwal-
ben flogen in der Luft; in dem Garten des Bogusbay,
dahin ein Freund am 23ten December uns führte, blüheten
Nelken, Jpomöen und Rosen während die Palmenbäume
voll reifer Datteln hiengen; die Abende waren so mild,

daß wir, von unsrem freundlichen Landsmann Dr. Koch
geleitet noch spät bei hellem Mondenschein zwischen den
Bazars und den Kaffeehäusern der Türkenstadt herum-
wandelten, deren Bewohner jetzt, in der Zeit des Rama-
dans erst am Abend zu den gewöhnlichen Belustigungen
der Sinnen aufwachen. Am Tage, im Sonnenschein,
war die Wärme so stark und kräftig, daß uns das schön
eingerichtete europäische Bad im arabischen Stadtbezirk
außerordentlich wohlthat und daß wir am ersten Weih-
nachtstage, selbst noch in einer der späteren Stunden sehr
begierig den Schatten eines Palmengartens aufsuchten, in
welchem wir uns mit frischen, reifen Datteln und Pisang-
früchten, deren Geschmack an eine süße Mehlspeise erin-
nert, erquickten.

Hätten uns übrigens nicht die Palmengärten, die Spring-
hasen und buntfarbigen Nilenten, welche die Beduinen zum
Verkauf brachten, so wie die unserem Auge noch neuen
Formen der Fische des Fischmarktes, so oft daran erin-
nert, daß wir in Aegypten seyen, dann möchte sich leicht
in uns der Wahn erzeugt haben, daß wir in einer euro-
päischen Stadt verweilten, wohin etwa der Handel eine
Schaar der Orientalen gezogen hätte. In unserm Fran-
kenquartier und im Umgang mit so vielen Landsleuten
walteten beständig der Charakter und die Formen der Hei-
math vor; in den Kaffeehäusern wie in den Wohnungen,
an Kleidung wie Sprache und Sitte der Menschen, die
man da sahe, war fast Alles so wie man es bei uns fin-
det; Alexandria trug schon in alter Zeit nicht den eigent-
lichen Charakter Aegyptens, sondern des Auslandes und
noch jetzt erscheint es vorherrschend als eine Pflanz- und
Wohnstätte der Fremden. Selbst jene armen arabischen
Landleute (Fellahs), die man auf den Feldern und in der

Stadt sieht, die Soldaten und ihre in ärmlichen Hütten
wohnenden Frauen und Kinder erscheinen wie vorüber-
ziehende Fremdlinge; der Gesang der arabischen Mäd-
chen, welche Baumaterial auf ihrem Haupt durch die Gas-
sen trugen, lautete fast wie hie Töne der Klageweiber, die
wir am 22ten December einen Todten zu seinem Grabe, in
der Nähe der Pompejussäule geleiten sahen, zu jenem ab-
geschiedenen Räumlein der Erde, das der müde Wandrer
zuletzt doch sein eigens nennen darf.

Den Weihnachtsabend feierten wir still und auf hei-
mathliche Weise in unsrem Zimmer; Palmenzweige von
Wachslichtchen beleuchtet vertraten die Stelle des deut-
schen Tannenbäumchens. Am ersten Weihnachtstag sam-
melte sich bei uns, nach griechischer Sitte, zum Besuch un-
ser alter Capitän Angeli mit einem Theile seines stattlich
geputzten Schiffsvolkes. Vor allen Andren hatten wir sei-
nen kleinen Pflegesohn, der auf dem Schiff uns zur Be-
dienung gegeben war, mit mancherlei Weihnachtsgaben
bedacht; so war dann auch für uns in der weiten Ent-
fernung von der theuren Heimath der liebe Tag ein Fest
der Kinder geworden. Hat ja über Alexandria, so tief
es auch gesunken war, niemals, in geistiger Hinsicht auf-
gehört der Wechsel von Säen und Ernten, Morgen und
Abend, denn seit der ersten Verkündigung der großen
Botschaft des Heiles der Menschen durch den Evangeli-
sten Marcus und den von ihm zum Bischof geweihten
Anicenus, ist diese Stadt immer die Wohnstätte einer
Christengemeinde gewesen und geblieben.

Die Tage nach dem Weihnachtsfeste vergiengen im
Umgang der Freunde, unter denen uns der naturkundige
Dr. Hedenborg ein lehrreicher Führer und Rathgeber
wurde, gar schnell. Noch am letzten Morgen, Dienstags
den

den 27ten December, machte ich eine einsame Wanderung
hinaus nach Nordost auf dem Wege nach Abukir.   Ich
wollte wenigstens auf die Stätte des alten Canopus hin-
überblicken, das mir seit langer Zeit so bedeutend war.
Auf einem der Pylonen des dortigen Serapistempels hat
Claudius Ptolemäus, der kenntnißreiche Forscher
des Laufes der Gestirne vierzig Jahre lang gewohnt und
den Himmel beobachtet. Mein Weg gieng, jenseits den
Nadeln der Cleopatra an den Hütten der Soldatenfrauen
vorüber, bald nachher über das Schlachtfeld von 1801;
weiterhin bestieg ich eine der Anhöhen bei dem alten Ka-
stellgemäuer, welches, wie man vermuthet, aus den Zei-
ten der Römer stammt. Von einem der Hügel überblickt
man die ganze schmale Landzunge, die sich zwischen dem
See von Abukir und dem Mittelmeer hinzieht und auf
welcher vormals die schöngebauten Nachbarstädte des grö-
ßeren Alexandria: Nikopolis, Taposiris und Canopus (jetzt
Abukir) lagen.   In Südost zieht sich die noch schmälere
Landzunge zwischen dem See von Abukir und dem Ma-
reotis hin, über welche der Nilkanal, der Alexandria mit
dem Nil verbindet und zugleich mit seinem trinkbaren Was-
ser versorgt, hingeführt ist.   Das feste Gestell dieser Land-
zungen, so weit nicht die Hand des Menschen dabei mit-
baute, ist ein Kalksandstein mit vielen Muscheltrümmern,
welcher noch fortwährend als Ansatz des Meeres sich zu
bilden scheint.

     Ziemlich ermüdet kehrte ich, bald nach Mittag zur
Stadt zurück, denn die ägyptische Sonne erschien mir
auch in ihrer Winterschwäche noch überkräftig und stark.
Noch einige Stunden verweilten wir in dem gastlichen
Alexandria, dann zogen wir im Geleite der freundlichen,
gütigen Landsleute, v. Dumreicher und Koch, neben dem

v. Schubert, Reise i. Morgld. I. Bd.		33

Kameel, das all unsre Sachen trug, hinaus zum Canal,
wo schon die Nilbarke unsrer wartete.

Die Nilfahrt nach Cairo.

Eine Nilbarke, wie der treffliche americanische Con-
sul H. Glidden ihrer mehrere erbauen ließ, gewährt
freilich ganz andre Bequemlichkeiten als etwa ein solches
Segelschiff wie unser bisheriges türkisches war. Man
hat einige wohleingerichtete Cajütenzimmer zur Wohnung,
unten im Schiffsraum kühle Verwahrungsorte für die
Speisen und Getränke, auf dem Verdeck eine Art von
Küchenherd. Ein arabischer Diener, Ibrahim genannt,
den uns Freund Dumreicher empfohlen, begleitete uns
als Koch; auch der Reis oder Capitän der Barke so
wie sein Schiffsvolk waren Araber.

Erst gegen Abend fuhren wir ab; die Baumanlagen
und Landhäuser zu beiden Seiten des Machmut-Kanals
beleuchtete uns, mit unsicherem Schimmer, nur die Däm-
merung; die enge Landzunge zwischen dem Abukirsee und
der sumpfigen Tiefe des Mareotissees durchfuhren wir
bei Nacht. Bald nach Anbruch des Morgens am 28sten
December hielt unsre Barke bei Birket Gitas still, bei
welchem unmittelbar am Canal eine Art von Markt ge-
halten wurde, zu dem aus der ganzen Umgegend Käu-
fer und Verkäufer herbeigekommen waren. Das Dorf
selber liegt etwas tiefer landeinwärts; bei ihm das Ge-
bäude eines Telegraphen; zum ersten Male sahen wir
hier die sonderbare kegelförmige Bauart der ägyptischen
Bauernhäuser, deren Hauptmasse ein getrockneter Nilschlamm
ist. Von der Höhe des Dammes aus war eine weite,
herrliche Aussicht über die üppig grünende, zum Theil
noch vom Wasser des Nils bedeckte Ebene. Es ward

Mittag, ehe es unsern Schiffern, welche vergeblich auf
günstigen Wind warteten, weiter zu fahren gefiel, diese
Fahrt war indeß für sie auch keinesweges eine vergnüg=
liche, denn die Barke mußte von den Matrosen an Sei=
len gezogen werden. Bei solchem Lauf der Dinge schien
es uns besser und anmuthiger auf dem Lande, wo jeder
Schritt etwas Neues uns zeigen konnte, zu gehen, als in
der Barke zu stehen oder zu sitzen: wir ließen uns aus=
setzen. Als ich da in einer der späteren Nachmittagsstun=
den zwischen den Heerden der fröhlich springenden Läm=
mer durch die Wiesen des blühenden Trigonellenklees und
des alexandrinischen Dreiblattes hingieng, singende Ler=
chen und Bachstelzen neben mir emporschwirrten, da
glaubte ich mich in einen Maitag des Vaterlandes und
zwischen die grünenden Ebenen und Felder der fruchtba=
ren Ebenen von Thüringen versetzt; ich fühlte mich in
dieser milden, balsamischen Luft so leicht und wohl, wie
in der Zeit meiner Jünglingsjahre. Von der Höhe des
Dammes, in der Nähe eines ägyptischen Wachthauses
sahe ich noch einmal die Sonne, die in der unbegränzten
Ebene, wie in einem grünenden Meere untergieng; am
Abhang des Dammes glänzten wie kleine Sterne die
Stücken des Salzes, welche hier überall aus dem aufge=
grabenen Erdreich hervorblicken; in Nordost ruhete das
Auge auf dem dunklen Grün der Palmenwälder. Nach
Sonnenuntergang kehrten wir in unsre Barke zurück;
gegen neun Uhr am Abend landeten wir bei Abfu, am
Ende des Machmutkanals.

Ein erquickender Schlaf auf dem kühlen, reinlichen
Lager der Barke hatte alle Sinnen kräftig gestärkt und
empfänglich gemacht für den hohen Genuß der ihnen
heute bevorstund. So bedeutungsvoll der Kanal, auf

33 *

dem wir von Alexandria hieher fuhren, für das jetzige
Land ist, so viel man auch Ursache hat dieses im Jahr
1820 vollendete Werk der Hände von 25,000 ägyptischen
Landleuten (Fellahs) zu bewundern, so weit steht doch
das Alles, was die Fahrt auf dem Machmutskanal ge=
währt, hinter dem Genuß einer eigentlichen Nilfahrt
zurück. Wir konnten am Morgen es kaum erwarten
den Strom zu sehen, welcher durch sich selber wie durch
sein Land ein Wunder der Welt ist. In Abfu besteigt
man eine größere Barke; die unsrige lag schon bereit,
ehe aber die Waaren, die sie, sammt uns nach Cairo
führen sollte, so wie jene die sie aus Cairo, zur Befrach=
tung unsrer bisherigen Barke brachte, aus= und eingeladen
waren, vergieng der größere Theil des Vormittages.
Wir brachten dann die müßige Zeit des Wartens zwischen
dem Gedränge der Araber zu, die hier Datteln, Oran=
gen und andre Früchte des Landes feil boten und dagegen
Waaren, aus Alexandria gekommen, einhandelten, und
im Besehen der Umgegend. Endlich war es so weit ge=
kommen, daß wir das neue, schöne Fahrzeug, dessen Ca=
jütenzimmer ganz zu unsrer Disposition waren, beziehen
und abfahren konnten. Das tacktmäßige Geschrei unsers
arabischen Schiffsvolkes beim Aufziehen des Ankers und
dem Aufspannen der Segel; das Rauschen des Wassers,
dessen Lauf wir durchschnitten, klang uns wie ein Lied
des Jubels als wir an dem von Palmenwäldern beschat=
teten Fuah und an Salmieh hinfuhren.

Obgleich mir die früher gemachten Wasserfahrten auf
der Rhone und Etsch, auf dem Rhein und der Donau
manchen schönen Genuß gewährten, so stund dieser doch
unvergleichbar weit hinter dem Genuß der Nilfahrt zu=
rück. Man darf ja wohl sagen, daß diese nicht nur zu

den anmuthigsten und herrlichsten gehöre, die man auf
Erden machen kann, sondern daß sie die herrlichste von
allen sey, denn welcher befahrbare Fluß der Erde ist an
vielfacher Bedeutendheit mit dem Nil zu vergleichen? Es
sind hier nicht allein die Waldungen der Palmen und der
blühenden Mimosen, nicht die weithin schattenden Stäm-
me der uralten Sykomoren oder das Smaragdgrün der
Saatfelder, das sich am gelben Saume der Wüste hin-
ziehet; es ist nicht der balsamische Duft den jeder Wind-
hauch aus den Hainen der Orangen oder aus den Fel-
dern der blühenden ägyptischen Bohnen und des Klees
mit sich bringt; sondern das was hier wie ein belebender
Odem die Seele aufregt, das sind die riesenhaften Fuß-
tapfen einer Heroënzeit der Wissenschaft, der Kunst und
der gesammten Geschichte unsres Geschlechts, die allent-
halben, selbst dem Sande der Wüste, mit unvergänglicher
Kraft eingeprägt erscheinen.

Noch ein andres äußres Element war es, das den
Becher der innren Freude mit seinen Strömen des Wohl-
gefallens füllte. Der Frühling von Aegypten war gekom-
men; die Mimosen entfalteten ihre goldgelben Blüthen;
auf den Feldern grünten und blüheten die Saaten und
Kräuter zur Sättigung des Menschen und seiner Heer-
den; die strauchartige Baumwolle zeigte neben den reifen
Saamenkapseln zugleich wieder die große, wunderschöne
Blüthe; reife Orangen von ungemeinem Wohlgeschmack
bedeckten die Bäume; die edle Palme sättigte auch das
ärmere Volk mit der Fülle ihrer Datteln. So hätten
wir denn keine schönere Zeit des Jahres zu unsrer Reise
durch das Nildelta wählen können als die von den letzten
Tagen des Decembers bis in die erste Woche des Ja-
nuars; war doch diese Zeit schon den alten Aegyptern

eine besonders festliche, denn jetzt, wo die Sonne aus den
südlichen Sternbildern zurückkehrt in die nördlichen, ward
Horos, der Sohn der Isis und des Osiris, er selber eine
liebliche Blüthe unter Blumen geboren.

Der Nil war zwar wieder in sein Bett zurückgekehrt,
floß aber in diesem noch in voller Strömung und hatte
überall in der angränzenden Niederung von seiner Ueber-
fülle Wasser zurückgelassen. Unsre Fahrt, aufwärts auf
dem kräftigen Strome gieng gerade nicht mit Dampf-
schiffseile von statten, wir brauchten zu ihr von Abfu bis
Cairo fast so viele Tage als etwa ein Dampfschiff Stun-
den dazu nöthig gehabt hätte; unsre fortrückende Bewe-
gung glich den Schritten eines Spaziergängers, der durch
einen Lustgarten wandelt und zur Betrachtung wie zum
Genuß sich volle Zeit gönnet. Die Windstille wechselte
großentheils nur mit dem Winde aus Süden, der uns
entgegen war, und erst am letzten Tage der Reise be-
schleunigte ein wahrhaft günstiger Wind, der fast zum
Sturm ward, unsre Fahrt. Gerade aber diese scheinbare
Ungunst der Witterung gab uns Gelegenheit das schöne
Land am Ufer nicht blos zu sehen, sondern auch zu durch-
wandern; denn so oft das Fahrzeug gezogen werden
mußte, oder stille lag, stiegen wir aus und ergiengen uns
bald in den Wäldern der Palmen, bald in den Feldern der
Baumwollen-Gesträuche oder des Indigos, oder zwischen
jenen sonderbaren, zuckerhutförmigen Häusern des ägypti-
schen Landvolkes, die, aus Lehmen und irdenen Krügen
zusammengesetzt, mehr und besser zu Wohnungen unzäh-
liger Tauben als der Menschen eingerichtet sind.

Nach dieser allgemeinen Beschreibung unsrer Nilfahrt
geben wir auch die besondre der einzelnen Tagesstationen
in einigen wenigen Zügen.

Die erste Tagesfahrt von Abfu aus gieng noch im-
mer ziemlich schnell von statten. Wir kamen gleich an-
fangs an der herrlichen, mit Palmenwäldern bedeckten
Insel und Ebene bei Fuah (Fueh?) vorüber, erreichten
dann nach etwa anderthalb Stunden die Gegend von Sal-
mieh und die Palmenhaine des nahe gegenübergelegenen
Abon Salem, brauchten von hier keine ganze Stunde
zu dem grünumsäumten Mehallet Malek, kamen
noch in der letzten Neige des Tages an Marieh vor-
über und sahen die Sonne hinter den Palmen versinken,
ehe wir die Nähe von Rahmanieh gewonnen. Unsre
arabischen Schiffsleute sammt ihrem alten Reis oder
Capitän hatten sehnlich auf diesen Augenblick gewar-
tet; ihr heutiges Tagwerk, das Hinübertragen der Waa-
ren aus der einen Barke in die andre war ein sehr schwe-
res gewesen und dabei hatten sie wegen des Ramadan,
den sie mit größter Strenge feierten, seit Sonnenaufgang
noch mit keinem Bissen oder Trunk Wassers sich gelabt.
So groß aber auch ihr Verlangen seyn mochte, ihre
Hände und den Mund mit den gekochten Bohnen zu fül-
len, fragten sie dennoch, auch da die Sonne augenschein-
lich untergegangen war, uns, die wir Uhren hatten, ob
jetzt der Tag zu Ende sey und erst als wir dies bejaht
hatten, griffen sie fröhlich nach ihrem hölzernen Gefäß mit
Nilwasser und nach den Bohnen. Wir, bei unsrem Abend-
essen bemerkten heute zum ersten Male einen Mangel, der
uns freilich schon nach wenig Tagen nicht mehr fühlbar
war. In Alexandria sammelt man zur Zeit der Strom-
schwelle das Nilwasser in die seit alter Zeit zu diesem Zweck
bestimmten Cisternen, wo es seinen Schlamm absetzt und
klar wird. Wir hatten deshalb dort immer helles, reines
Wasser getrunken und auch in der Barke die uns nach

Abfu brachte, fand sich ein Faß mit solchem Getränk. In Abfu selber hatten wir ganze Haufen von jenen wohl= feilen thönernen Gefäßen gesehen, durch deren poröse Wände man das trübe Nilwasser durchseihen läßt und so dasselbe beständig klar und zugleich abgekühlt erhalten kann, wir hatten aber versäumt dergleichen Gefäße zu kaufen und mußten daher bis Cairo mit unsern Arabern das un= klare Flußwasser genießen.

Da der günstige Wind noch anhielt und noch vor Mitternacht der Mond aufgieng, setzten unsre Schiffer auch bei Nacht die Fahrt fort. Der Wind war indeß nach Mitternacht immer schwächer geworden und hatte vor Sonnenaufgang sich ganz gelegt, der Morgenglanz des 30ten Decembers beleuchtete uns die grünenden Ufer jenseits El Goudabi (Ghodabbi). Ein Theil unsres Schiffsvolkes stieg aus, um die Barke zu ziehen; wir be= nutzten die Gelegenheit begierig, um hier ans Land zu kommen. Wie schmerzlich hatten wir es zu beklagen, daß die Windstille nicht um einige Stunden früher eingetre= ten war. Denn so wenig auch die Stätte der ältesten griechischen Niederlassung Naukratis, nahe bei der jetzi= gen Ortschaft Mahallet Dakhel dem Auge dargebo= ten hätte, so bedeutungsvoll und erwünscht wäre uns der Anblick der bei Sa el Habschar (Salhabschar) gelege= nen Ruinen von Sais gewesen. Diese konnten von der Stelle des Ufers bei El Goudabi, an der wir jetzt ans Land gestiegen waren, kaum anderthalb Stun= den Weges entfernt seyn. Bei der großen Langsamkeit, mit welcher die Fahrt seit Mitternacht vor sich gegangen war, hätten wir, wäre es am Tage gewesen, gar leicht die wallartigen, grünbewachsnen Schutthügel und die Felder der Fellahs von Sa el Habschar besuchen können,

unter deren mit Bohnen besäeten Boden der nachgrabende
Freund des Alterthums gar leicht eine Ernte machen
würde, welche reicher wäre als alle Ernten dieser Land=
schaft. Zwar wußten wir wohl, daß jetzt, seitdem auch
die letzten über die Erdfläche hervorragenden Reste der
alten Kunstwerke, so weit sie nur tragbar waren, hin=
weggenommen sind, fast nichts mehr die Stätte von Sais
und vom Grabmahl des Osiris bezeichne als nur die wall=
artigen Hügel, welche einen fast viereckten Raum um=
schließen, dennoch beklagen wir es den Besuch dieser Hö=
hen verfehlt zu haben, auf welche einst ein so geistig
Hohes seinen Glanz warf, daß der Wiederschein weiter
über das Reich des Erkennens strahlte, als das Licht des
Pharos zu Alexandria über Meer und Land *).

Die Morgenstunde während welcher wir da, in der
Nachbarschaft des alten Sais im Schatten der eben blü=
henden NilMimosen (Mimosa nilotica), zwischen den
Feldern der großblumigen Baumwolle **) lustwandelten,
war unbeschreiblich schön. Jenes Lied der sieben Stamm=
laute, jenes Lied, in welchem die Priester des alten Ae=
gyptens Ihn, den erhabenen, ewigen Gott priesen; Ihn
den rastlosen Vater der Wesen, den Ordner und Erhalter
des Weltalls, tönte, wie ein Säuseln im Wipfel der
Palme aus dem alten Sais herüber, und weckte tief im
Herzen seinen Nachklang. Wie der ferne Klang der Po=
saunen lautete dem Ohr das Rauschen des herrlichen

---

*) Von dem Dienst der Neith zu Sais und der dortigen
Tempelweisheit reden wir noch einmal im nächsten Bande
dieses Buches.

**) Es war das strauchartige Gossypium hirsutum.

Stromes der hier, zur Linken einer langen waldbewachs=
nen Insel, in etwas verengterem Bett geht.

Jenseits El Farastagh, Nifleh gegenüber ka=
men wir an einen Wassergraben, der das Weitergehen
hinderte; wir mußten in die Barke zurück, welche, den
schwachen Windhauch benutzend, der sich eben wieder er=
heben hatte, langsam von Mahallet Läbben gegen
Mordeh auf dem hier kaum sechshundert Fuß breitem
Strome hinaufschwamm. Bei Kufur Sowali bildet
der Fluß, in mehrere Arme getheilt, große, mit Saat=
feldern und Lebech=Akazien bepflanzte Inseln. Die Barke
wurde hier von neuem gezogen bis gegen Mit Schaha=
leh, wo der Lauf des Stromes eine Krümmung gegen
Osten (fast O. N. O.) macht, bei welcher uns der jetzt
aus Südosten wehende Wind hülfreich zu statten kam.
Es war schon in einer späteren Nachmittagsstunde als
wir vor Schabur, mit den Schiffsleuten zugleich, wel=
che dort von neuem die Barke ziehen mußten, wieder aus
Land stiegen. Wie verödet und verbrannt sahe hier das
Erdreich aus, an der Stätte da einst Andropolis
stund, das noch zur alexandrinischen Synode des Jahres
362 einen eignen Bischof (Zoilus) sendete. Keine einzige
blühende Pflanze ließ sich hier finden, auch von dem schö=
nen, großen.Isiskäfer (Copris Isidis) den wir heute früh
zum ersten Male, bei Farastagh gesehen hatten, fanden
wir, unten am Ufer nur etliche verstümmelte Leichname. Der
Ort Schabur, der durch die siegreiche Schlacht der
Franzosen am 14ten July 1798 bekannt ist, nimmt sich
von außen ziemlich stattlich aus; sein Inneres, durch wel=
ches wir zum Theil hindurchgiengen, zeigte uns meist nur
armselige, halbverfallene Lehmhütten und eine Menge der
erblindeten Bettler. Ein Theil der rüstigsten Jugend,

welche dem vereinsamten Orte noch übrig gelassen ist, be=
gegnete uns jenseits demselben, dies waren die jungen
arabischen Frauen oder Jungfrauen, welche kleine Körbe,
gefüllt mit Baumwollenkapseln und kleinen Limonien auf
dem Kopf trugen und von den letzteren uns zum Verkauf
boten. Auf einer Sandbank des Stroms sahen wir viele
Pelikane, nahe bei uns, am Ufer lustwandelte die soge=
nannte ägyptische Elster: der spornflügliche Regenpfeifer *).
Wir waren unsrer Barke weit vorausgekommen, denn
das arme Schiffsvolk, vom strengen Fasten ermüdet,
konnte dieselbe nur langsam nachziehen; das einbrechende
Dunkel und ein breiter Wassergraben nöthigte uns wieder
ins Fahrzeug zu steigen; wir übernachteten im Flusse,
unter den Baumpflanzungen von Salamun.

Als wir am letzten Morgen des Jahres, Sonnabends
den 31ten December, erwachten, lag unser Schifflein noch
still. · Unsre jungen Freunde giengen auf die Jagd und
der Maler, Herr Bernatz, hatte auf einem Baum ein
Nest mit ganz befiederten Jungen des ägyptischen Weihen
erbeutet. Etwas nach acht Uhr rief unser Ibrahim die
jungen Jäger zurück in die Barke, die nun, bald von
einem schwachen Winde bewegt, bald gezogen, ihren lang=
samen Lauf antrat, vorüber an El Bahgi und El
Dschedid. Bei der ruhigen Bewegung des Schiffes
benützten wir den größten Theil des Tages zum Briefe=
schreiben, was hier, in der bequem eingerichteten Barke,
freilich viel leichter war als im türkischen Schiffe. Wir
kamen noch am Nachmittag bis nach El Zahrah (Sa=
hyarah) wo die Fahrt durch den widrigen Wind gehemmt
ward. Unser Schiffskapitän sagte uns, daß dieser Ort

---

*) Charadrius spinosus.

wegen des Raubgesindels, das in ihm hauste, sehr be=
rüchtigt sey, – erbat sich etwas Pulver und Blei, um
einige Flinten zu laden und. ersuchte auch uns, wir möch=
ten zur etwa nöthigen Vertheidigung bereit seyn. Wir
schenkten der Warnung wenig Glauben; gingen noch
am hohen Nilufer gegen Tanoub hinab spazieren, lasen
dann in der stillen Cajüte noch Einiges; gedachten all
der großen, guten Dinge die in diesem nun vergangenen
Jahre an uns geschehen und tranken zum Schlaftrunk,
nach heimathlicher Gewohnheit, ein Glas Punsch. Unsre
Schiffsleute hielten wirklich abwechselnd Wache, sie hat=
ten auch, bei einbrechender Nacht, mehrere Male ihre
Gewehre abgefeuert, um den Leuten in El Zayrah es
bemerkbar zu machen, daß wir bewaffnet seyen; die gan=
ze Nacht vergieng aber so still und ruhig wie in einer
sichern Kammer der Heimath.

Der erste Tag des Jahres 1837 war ein Tag der Todes=
schrecken für Tausende der Bewohner von Syrien und Palä=
stina; ein furchtbares Erdbeben hatte Saphet wie Tiberias
und eine Menge andrer Ortschaften niedergestürzt; hatte in
Nazareth wie in Sichem Verheerungen angerichtet; die
Höhen der Gebirge vom Sinai bis zum Libanon erschüt=
tert. Auch im Nilthale, namentlich in Cairo, wo es vier
Häuser umwarf, hatte es sich theils durch Erdstöße, theils
aber als heftiger Sturmwind bemerkbar gemacht; in der letz=
tern Gestalt erschien es auch uns bei El Zayrah und hielt
uns hier, weil seine Richtung der Fahrt entgegen war, den
ganzen Tag festgebannt. Dennoch war diese Verbannung
eine sehr erträgliche. Die Gegend um El Zayrah ist
wahrhaft reich und schön; die Alleen der Mimosen wechs=
len mit den Pflanzungen der Orangen= und Zitronenbäu=
me; zwischen den Feldern der Indigopflanzen, dem

Strauchwerk der Baumwolle und der Saat des Sesams, duften die Gewürzkräuter Arabiens; das benachbarte Tanub, südwärts von Zayrah und die ostwärts vom Strome gelegenen Ortschaften Rabia wie Mit-Koram liegen jedes in einem dichten Haine der Palmen.

Wir begannen das neue Jahr mit dem wohlthuenden Gefühl und Bewußtseyn, daß es nicht bloß dieselbe Sonne sey, welche hier uns wie dort in der weit entfernten Heimath die theuern Verwandten und Freunde beleuchte; sondern daß dieselbe, allumfangende Mutterliebe uns wie diese aus dem alten Jahre ins neue herübergetragen habe und auch ferner tragen werde, und wenn sich dann auch manchmal an uns wie an jenen eine Neigung „zum Weinen" im neuen Jahre einstellen möchte, so werde ja wohl auch das Sprichwort an uns beiden sich bewähren, daß wenn am Abend das Weinen walte, bald hernach, am Morgen die Freude komme. Ein lieber Freund in München lag, nach den letzten Zeitungsnachrichten, welche wir lasen, an der Cholera krank; wir hofften, er werde uns ja auch fürs neue Jahr und fernerhin erhalten werden und unsre Hoffnung ist nicht zu schanden geworden.

Ich hatte, als wäre ich zu Hause, in der Barke einige Briefe geschrieben; die jungen Freunde waren auf der Jagd oder mit dem Zubereiten des bereits Erbeuteten für unsre Sammlungen beschäftigt; die Hausfrau in Gesellschaft der Freundin Elisabeth hatte sich aufgemacht, die Landschaft von Zayrah zu besehen. Die Briefe waren geschrieben; ich wollte nun auch wieder hinaus zu den Freunden. Ich hatte mich zwischen den Indigofeldern hin nach Osten gewendet; da vernahm ich, die ohnehin laute Stimme der Hausfrau noch lauter als ge-

wöhnlich sprechend. Ich wendete mich hin nach der
Orangenpflanzung, aus welcher der Ton der Rede kam,
und sahe dann die beiden Freundinnen eilig aufs Feld
heraustreten. Sie hatten sich während der wärmeren Zeit
des Mittags im Schatten der Bäume ergangen und sa=
hen sich jenseits der Alleen der Mimosen auf einmal un=
ter arbeitenden Männern, die mit scharfen Hackmessern
die Orangenbäume beschnitten. Sie wollen schnell
vorbei gehen; die Hausfrau aber, voraustrippelnd, da
sie nach der Freundin sich umsieht, bemerkt zu ihrem
Schrecken, daß ein Araber dieser nachgeht und das scharfe
Hackmesser über ihrem Nacken schwingt. Sie ruft laut
auf; der Araber verschwindet zwischen dem Gesträuch,
noch lange aber hatte der Wiederhall des Schreckens in
dem kräftigen Stimmorgane der Hausfrau nachgetönt.
Zusammengehalten mit der Aeußerung unsres arabischen
Reis, daß hier ein Raub= und Mordgesindel wohne,
möchte man wohl glauben, daß die Schwingung des
Hackmessers gegen das Haupt unsrer Freundin nicht
Scherz, sondern Ernst gewesen sey. Wir hatten aber ja
jetzt wieder des Schutzes im vollen Maaße; zuerst die
Barke, mit dem rüstigen Schiffsvolk, dann den tapfren
Maler Bernatz, der uns mit seiner nicht vergeblich ge=
ladnen, sondern für einige Wiedehopfe des Nilstrandes
todtgefährlich gewordnen Flinte hinaus nach Tanub be=
gleitete, wo wir im Schatten der Palmen noch eine
liebliche Frühlings=Abendstunde genossen.

Heute Abend machten sich die Schiffsleute wie die
jungen Freunde noch mehr denn gestern auf eine etwa
nöthige Erwiederung des Begrüßens der Zayrahuer be=
reit, aber noch, vor 10 Uhr erhub sich plötzlich ein gün=
stiger Wind, den unsre Schiffer benutzten, und zuerst

zum westlichen Ufer bei Kum Scherif hinübergewendet,
dann in der Mitte des Stromlaufes weitergehend am
Morgen bereits Nadir, noch vor Mittag aber Ge-
zaieh (Ghisahi) erreichten. Hier fanden wir mehrere
Nilschiffe, die sich, gleich dem unsrigen, an dem wie es
scheint wohlhabenden Orte mit Lebensvorräthen versorgen
wollten. Während wir da die wunderlichen Lehmhütten
der Fellahs betrachteten, welches eigentlich Schläge und
Colonien der Tauben sind, bei denen der Mensch zur
Miethe wohnt, war unser Ibrahim hinein ins Dorf ge-
gangen, um frische Brote, Eier und Milch für unsern
verschwenderischen Haushalt zu kaufen. Auf einmal ent-
stund bei und in der Barke ein Geschrei; man wollte im
Dorfe unsern Ibrahim behalten und zum Soldatenstand
pressen. Aber die tapfern, mit dem weiten Gewand des
fliegenden Hemdes bekleideten Seemänner unsrer Barke,
die jungen, arabischen Helden der Bohnen und Linsen,
ergriffen Stangen und Stöcke und drangen so kräftig in
das Volk der halbblinden und lahmen Männer, welche
das Dorf beherrschten, ein, daß Ibrahim bald wieder mit
all seinen eingekauften Eiern, Broten und Milchkrügen
frei war. Wir fuhren, noch immer mit günstigem Win-
de, weiter, vorüber an Terraneh und seinen nachbar-
lichen, modernen Ruinen, dann an Zaviet Nezin und
Abu Roschabeh; erst jenseit Mit Salameh verließ
uns der Wind. Im Ganzen hatten wir seit voriger Nacht
einen Weg von fast zehn Stunden zurückgelegt.

. Dafür lagen wir aber auch schon in der Nacht und
am Morgen des dritten Januars unbeweglich still, an
der Westseite des Flusses, in einer Gegend, in welcher
das Auge, als wir ans Land stiegen, weiter gegen We-
sten hin nichts erblickte als die Hügel des Sandes.

Schon vor Sonnenaufgang verkündete uns einer der jungen Freunde, der vor uns ans Land gestiegen war, daß man außen auf der sandigen Anhöhe beim Ufer die Pyramiden sehen könne. Wir stiegen hinan ans hohe Ufer und siehe die aufgehende Sonne bestrahlte uns jene Wunder der ältesten Baukunst, welche schon Abraham sahen und Moses, deren Höhen Thales maß, deren Pracht Herodot bewunderte und in deren Nähe Joseph, der Versorger und Ernährer seiner Brüder so wie achtzehn Jahrhunderte nach ihm ein andrer Joseph seine Zufluchtsstätte fand, dem noch ein viel höherer Beruf des Pflegens und Versorgens geworden war, als Joseph, dem Sohne des Altvaters Jacob. Jetzt, bei Sonnenaufgang sahen wir außer den beiden größesten Pyramiden von Ghizeh auch die dritte kleinere; da die Sonne höher stieg, verschwand uns diese und nur die größeren blieben sichtbar.

In der That es war noch eine Gedultsprobe dergleichen unsre Wasserfahrten mit Segelschiffen uns schon mehrere aufgegeben hatten: so nahe und bereits im Anblick eines ersehnten Zieles abermals, wir wußten ja nicht auf wie lange? stillstehen zu müssen. Zwar gab uns die Natur auch hier, auf den öden Sandhügeln manche Unterhaltung; wir machten glückliche Jagd auf mehrere Pimelien- und selbst auf den großen Isiskäfer, sahen zum ersten Male einige vereinsamte Straucharten der Wüste, dennoch ward uns da in den glühend heißen Strahlen der Sonne die Zeit des Wartens, bis fast gegen Mittag, sehr lang. Endlich erhub sich ein Wind aus Westen (W. N. W.), welcher jedoch hier, wo unser Schiff hinter der Wand des hohen, gähansteigenden Nilufers lag, die Segel nicht recht fassen konnte; die Schiffsleute ruderten deshalb in ihrem Boote hinüber an die östliche Seite und zogen

zogen die Barke nach), deren Segel alsbald sich füllten und das Schifflein wie auf Taubenflügeln von hinnen trugen. Wie im Fluge zogen wir an dem Grabmahl eines türkischen Santo's vorüber, das vor Atris nahe am Ufer liegt, dann an Wardan und Abu Awali. Der Fluß wendet sich hier nach Osten; der Westwind stund gerade in unser Segel. Als aber jetzt der Stromlauf wieder mehr nach Süden sich kehrte und der Wind fast zur Stärke des Sturmes sich steigerte, da hatten sich die sanften Taubenflügel, die uns vorhin weiter trugen, wenigstens in den Augen der sorgsamen Hausfrau in Rabenschwingen verkehrt; das Schiff, das den Wind von der Seite hatte, lag so schief, daß Alles was in unsrer Kajüte nicht fest gemacht war, in Bewegung gerieth. So flogen wir an El Ghatah und bei einer neuen Krümmung an El Aksas vorüber, erreichten schon um vier Uhr des Nachmittags vor El Akmin und noch mehr bei Dschaladnich und El Machi jene Orte der ungetheilten Stärke und jugendlichen Kraft des Nilstromes, an welchen dieser die Fülle seines Wassers noch nicht an alle seine Sprößlinge, an jene Arme vererbt hat, welche das Nildelta bilden. Von den Herrlichkeiten des in dieser Jahreszeit paradiesischen Schubra sahen wir nur die grüne Schaale der hohen Bäume. Ein Gedränge der Wetterwolken war an dem vorher so klaren, blauen Himmel emporgestiegen, gleich als wollte es uns daran erinnern, daß keine Regel, welche die Sichtbarkeit giebt, ohne Ausnahme sey. Wir waren kaum, gegenüber von Embabeh, in den Nilhafen von Cairo, in Boulak eingelaufen und hatten dort den stillen, sichren Landungsplatz gefunden, an welchem, nach eingezogenen Segeln das Schiff wieder gerade und still stund, da stürzte der

v. Schubert, Reise i. Morgld. I. Bd.   34

Regen in solchen Strömen herab, daß unsre, scheinbar
so gut gedeckte Kajüte mit ganzen Wasserbächlein erfüllt
ward, die sich weiter hinunter in den Schiffraum, auf
die geladenen Waaren ergossen. So alltäglich und unbe=
deutend ein solches Naturereigniß bei uns erscheinen
würde, gehörte es dennoch in früheren Zeiten wenigstens,
für diese Gegend von Aegypten zu den ungewöhnlicheren.
Wie man sagt, hat sich, seitdem Ibrahim Pascha der
Umgegend von Cairo durch seine reichen Gartenanlagen
eine neue Gestalt gab, auch die hiesige Witterung anders
gestaltet denn sonst; der starke Regen, welcher in alter
Zeit in dem Distrikt von Memphis unter die seltneren
Erfahrungen eines Menschenlebens gerechnet war, ist
seitdem ein öfter wiederkehrender, wohlthätiger Gast des
Landes geworden.

So sehr es auch außen wetterte, so still und behag=
lich war es, die Näffe, die sich nicht wohl vermeiden
ließ, abgerechnet, innen in unsren Cajütenzimmern. Die
gute Hausfrau hatte heute Mittag, als das Schiff so
schief stund und Alles in der Cajüte ins Bewegen gerieth,
nicht mehr da bleiben mögen; hatte von dem vortreffli=
chen Gerichte der gekochten Gerste, welches der arabische
Knecht mit arabischer Vortrefflichkeit zur Tafel brachte,
nichts genießen können; jetzt da Alles wieder auf festem
Fuße stund, that auch ihr die Erquickung des Thees und
des frischen, arabischen Brodes wohl. Wir Alle aber
ruheten, besser denn auf Polstern, auf dem Bewußtseyn,
daß jetzt doch endlich der Anfangspunkt unsrer eigent=
lichen Reise in das Morgenland erreicht sey.

Als wir am Morgen des vierten Januars erwach=
ten, da war das gestrige Ungewitter, mit aller Trübung
des Himmels, wie ein Traum verschwunden. Die Son=

ne schien wieder hell und heiß; kein Wölklein war mehr
zu sehen; nur die Durchweichung des fruchtbaren Bodens
am Ufer und die Näsfe auf den Verdecken und in den
Räumen der Nilschiffe erinnerte noch an die Regenströme
der vergangenen Nacht. Das erste, was uns beim
Hinaustreten ans Land, bei dem Obdach der Chans von
Boulak in das Auge fiel, waren unsre türkischen Had-
schi's: die beständigen Reisegefährten von Smyrna nach
Alexandrien. Bald aber bewillkommten uns auch, denn
wir hatten durch Ibrahim Botschaft hinein nach Cairo
gesendet, mehrere der lieben Freunde und Landsleute aus
der Herrscherstadt des jetzigen Aegyptens, und machten
es uns fühlbar, daß, wenn auch die Heimath des Leibes
auf gewisse Gränzen gewiesen, dennoch die des Geistes
an allen Orten der Erde, und unumschränkt sey.

Das ägyptische Zollamt in Boulak hielt nur we-
nig auf, bald war unser, nicht sehr großes Hab und
Gut auf den Rücken der Eselein geladen und auch für
uns stunden etliche dieser reitbaren Thiere bereit. Meh-
rere von uns, unter denen auch ich, zogen es vor den
Weg nach der Stadt zu Fuße zu machen. Und siehe,
da lag denn das große, mächtig ausgedehnte Cairo mit
seiner hochgebauten Burg, seinen dreihundert Moscheen,
und, wie man sagt, mehr denn siebenhundert Thürmen,
ganz nahe vor den Augen.

Ein Gedränge der Fußgänger und Reiter, der Last-
thiere und ihrer Treiber zog mit uns zugleich nach der
volkreichen Hauptstadt; wie Staub vom Winde erregt
stieg der Lärmen, den das lautstimmige Volk machte,
vom Boden auf. Fast an jedem andern Orte wäre
das Getöse überlästig geworden, hier aber, im Anblick

der hehren Pyramiden, gestaltete es sich für das innre
Ohr zu dem Rauschen eines Wasserfalles, welcher, so
tief auch seine zerstäubenden Tropfen auf die Ebene
herabstürzen, dennoch an die Höhe und an den uralten
Sitz des Alpenschnees erinnert, aus welchem sein Strö=
men herkam.

Verbesserungen.

Neben manchen andren Druck= und Schreibfehlern hat sich
in diesem Bande einer, und zwar doppelt eingeschlichen, den
man zu verbessern bittet; auf S. 31 Z. 3 und 2 v. u. in den
Noten steht nämlich Daniel 4 statt Daniel 9.

Nachricht.

Die auf diese Reise bezüglichen, aber auch ein selbst-
ständiges Kunstwerk bildenden

„Vierzig ausgewählte Original-Ansichten aus dem heiligen Lande, aufgenommen und gezeichnet von J. M. Bernatz, lithographirt von Emminger und Federer, mit erläuterndem Texte von G. H. v. Schubert"

erscheinen bei Unterzeichneter binnen Jahresfrist in viererlei Ausgaben:

Nro. 1 auf großem französ. Velinpapier à 3 Rthlr. 8 ggr. Preuß.

 ⸗ 2 ⸗ chinesischem Papier à 2 Rthlr. 12 ggr.

 ⸗ 3 ⸗ weißem Papier in der Größe von Nro. 2 à 2 Rthlr.

 ⸗ 4 ⸗ etwas kleinerem Pap. (Allgem. Ausg.) à 1 Rthlr. 16 ggr.

p. Heft mit je zehn Ansichten.

welche Subscriptionspreise nach der Vollendung jedes der
vier Hefte aufhören. Ein Blick auf die fertigen Blätter
wird den Werth dieses Unternehmens außer Zweifel
setzen.

Stuttgart im Juli 1838.

J. F. Steinkopfsche Buchhandlung.

Monroe

Druck:
Customized Business Services GmbH
im Auftrag der KNV-Gruppe
Ferdinand-Jühlke-Str. 7
99095 Erfurt